BIANDIANZHAN XIANCHANGYUNXING
SHIYONG JISHU

变电站现场运行实用技术

狄富清　狄晓渊　编

内容提要

本书是作者根据自己多年从事变电站运行管理的技术工作，及变电站现场运行管理的实际经验编写而成的。本书共分为八章，主要内容包括变电站日常运行管理、变压器运行维护及事故处理、电气设备运行维护及异常故障处理、电气设备事故处理、变电站电气设备的倒闸操作、变压器及电气设备微机保护装置、线路微机保护装置、变电站综合自动化，详细阐述了变电站主变压器及电气设备微机保护装置的特点、功能、操作、继电保护整定计算实例，及电气设备异常、故障、事故的检查处理。

本书内容丰富、资料翔实、图文并茂，实用性强，技术设备先进，可供220kV及以下变电站运行值班人员阅读，对于从事变电运行管理的专职技术人也有一定的参考价值。

图书在版编目(CIP)数据

变电站现场运行实用技术/狄富清，狄晓渊编. —北京：中国电力出版社，2019.6（2023.4重印）
ISBN 978-7-5198-3241-4

Ⅰ.①变… Ⅱ.①狄… ②狄… Ⅲ.①变电所-电力系统运行 Ⅳ.①TM63

中国版本图书馆CIP数据核字(2019)第104936号

出版发行：中国电力出版社
地　　址：北京市东城区北京站西街19号（邮政编码100005）
网　　址：http://www.cepp.sgcc.com.cn
责任编辑：安小丹（010-63412367）
责任校对：黄　蓓　郝军燕
装帧设计：赵姗姗
责任印制：吴　迪

印　　刷：三河市万龙印装有限公司
版　　次：2019年6月第一版
印　　次：2023年4月北京第二次印刷
开　　本：787毫米×1092毫米　16开本
印　　张：20
字　　数：486千字
印　　数：2001—2500册
定　　价：**98.00**元

前 言

近年来，随着国家经济的快速发展，相应地方电力网建设发展极快，已经形成500kV电压等级的骨干电网，从而促进了220kV及以下变电站的普遍建设，变电技术与时更新，变电设备日新月异，变电站运行管理人员年轻化、知识化要求更高。为了提高变电站现场运行人员的业务技术水平，确保变电设备安全运行，特编写《变电站现场运行实用技术》一书，供变电运行人员学习使用。

本书内容丰富、资料翔实、图文并茂，主要介绍电压为220kV、容量为240MV·A及以下变电站的一次及二次设备、微机保护装置、综合自动化系统等变电站现场运行实用技术知识。本书共分为八章，包括变电站日常运行管理、变压器运行维护及事故处理、电气设备运行维护及异常故障处理、电气设备事故处理、变电站电气设备的倒闸操作、变压器及电气设备微机保护装置、线路微机保护装置、变电站综合自动化。尤其详细介绍了变电站电气主设备的运行维护、异常故障及事故处理；变电站电气设备常见事故预想处理方案；变电站电气设备各种典型倒闸操作程序；变电站微机保护及综合自动化先进设备的性能特点、逻辑原理、运行维护及注意事项；电压为220kV、容量为180MV·A主变压器微机保护定值计算举例。变电站运行人员，通过学习这些知识后，将会全面提高变电站综合管理业务能力和实际操作技能；保障人身设备安全，认真吸取本书事故案例教训，防止发生变电站运行事故，做到防患于未然；确保变电站安全可靠供电，发挥较好的社会经济效益。

本书在编写过程中，参考了江苏省电力公司编制的《变电站的运行管理》《220kV变电站的倒闸操作》《220kV变电站异常及缺陷处理》《220kV变电站事故处理》变电站值班员培训讲义，以及江苏省电力工人高级技术培训中心胡林宝编著的《变电站及电力系统运行》高级工培训教材，同时参考了大量的相关书籍文献，并得到了江苏省溧阳市供电公司领导的大力支持，变电运行人员、相关专业的工程技术人员提供了许多宝贵的技术资料，在此一并表示衷心感谢！

由于作者经验和理论水平所限，书中难免出现错误和不妥之处，敬请读者批评指正。

本书编写者

2018年11月3日

目 录

第一章

变电站日常运行管理

第一节　变电站运行管理制度

一、运行值班制度

（1）监视仪表、控制屏、光子牌信号、事件记录器（运行监控系统）和信号继电器的各种信号告警、掉牌及设备运行状况。

（2）及时记录和汇报各种事故、异常告警信号和掉牌。

（3）正确处理各种事故和设备异常情况。

（4）正确接受和执行调度下达的各项操作命令。

（5）负责接传有关生产调度的联系电话。

（6）根据调度的要求向调度汇报当值运行情况和设备运行状态。

（7）根据调度命令的要求和当值值班长的安排完成设备的倒闸操作。

（8）审核并办理工作票的开、收、完工手续。

（9）对设备的修、试、校工作进行验收和事故处理。

（10）按照规定巡视运行设备。

（11）负责抄表和核对电量，填写有关运行记录和运行日志。

（12）定期启动备用设备运行和设备轮换运行的切换。

（13）负责日常和定期的设备运行维护工作。

（14）负责做好主控制室和专责设备场所的清洁卫生工作。

二、交接班制度

（1）为了明确职责，交接班时，双方应履行交接班手续，在按规定的项目逐项交接清楚后，接班人先在交接班记录簿上签名，然后交班人员依次签名，从此时起，变电站的全部运行工作由接班人员负责，交班负责人才能带领全值人员离开岗位。

（2）交班工作由当值值班长（正值）组织全体人员事先做好交班准备工作。检查应交的物件是否齐全，检查应交的有关事项，整理各种资料，记录簿、室内整洁工作，以及为下值做好接班后立即要执行的准备工作。填写交接班记录簿等待交接。接班人员应提前15min到达，看阅交接班记录簿，了解有关运行工作事项，然后开始进行交接班工作。如果遇有特殊情况，可以延迟时间进行交接班，但不得连值两班。实行值宿轮值制的变电站，交接班时间由所在班组根据具体情况规定，不得任意更改。

（3）交接班一定要在变电站（集控中心）内认真交接，严禁使用电话、书信等通信方式或途中进行交接班。接班人员未到岗位，交班人员不得离开变电站（集控中心）。

（4）交接班的要求。

1）五清即：看清、讲清、问清、查清、点清。

2）四交接即：站队交接、图板交接、现场交接、实物交接。

3）站队交接：交接班双方均应站队立正，面对面进行交接。

4）图板交接：指交接值班长会同全值接班人员，在模拟图板上交代当时的允许方式。

5）现场交接：指现场设备（包括二次设备）经过操作方式变更，所做安全措施，特别是接地线、设备缺陷，保护的停复役和定值的更改，在现场交接清楚。

6）实物交接：指具体物件如“两票”，文件通知、工具用具、仪器仪表等物件。

（5）交接班的项目。

1）系统异常运行及事故处理情况。

2）各项操作任务的执行情况，包括未操作的任务票和操作票。

3）设备的停复役及变更、继电保护方式或定值的更改情况。

4）工作票的执行情况，包括未许可的工作票，现场的安全措施和接地线的数量和地点。

5）设备的检修情况和缺陷情况，信号装置异常等。

6）各种记录簿、资料、图纸的收存保管情况。

7）上级命令指示或有关通知。

8）各种安全用具、钥匙及有关材料工具情况。

9）本值尚未完成需下一班做的工作和注意事项。

10）系统运行方式及模拟图板接线情况。

11）无人值班控制中心还包括：

a. 远动通道及工作站的运行情况；

b. 核对工作站显示器画面是否与实际设备相符，报表打印正常。

（6）交接班注意事项。

1）在交接班过程中，需要进行的重要操作、异常运行或事故处理，仍由交班人员处理，必要时可要求接班人员协助工作，待事故处理或操作结束或告一段落后，继续交接班。交接班期间，一般不办理工作票的许可或终结手续和一般的倒闸操作。

2）交接班的内容一律以记录和现场交接清楚为准，凡遗漏应交待的事情，由交班者负责；凡没有接清楚听明白的事项，由接班者负责；交接班双方都没有履行交接手续的内容，双方都应负责。

3）遇有下列情况时，不准进行交接班：

a. 接班人员有醉酒时。

b. 事故处理或正在进行的重要倒闸操作。

c. 接班人员还没有到齐之前。

三、巡回检查制度

（1）变电站应按设备的布置，建立科学的切合实际的巡回检查路线，采用定点检查的方法。

（2）巡回检查设备必须集中思想，按照运行规程的规定检查项目和巡视路线，依次巡查，不得漏查设备，并按要求跑到、看到、听到、闻到、摸到（按设备性能、不允许触及的部分除外）。发现设备缺陷时，应填写缺陷记录并及时上报。

（3）正常巡回检查的周期。

1）轮值轮换值宿制的变电站，每24h内巡回检查不少于4次，包括夜间熄灯巡查一次。时间为10：00、15：00、20：00、7：00。

2）无人值班变电站每周巡视不得少于2次，间隔不大于4天。

（4）除正常巡视外，应根据设备情况、负荷情况、气候情况安排特巡、夜巡。遇有下列情况应适当增加巡视次数：

1）大雾、大雪、冰冻、台风、汛期、雷雨后。

2）设备过负荷或有显著增长时。

3）新建、大修或改建或长期停用后投运的设备。

4）设备缺陷近期有发展时。

5）对发生故障处理后的设备。

6）恶劣气候、事故跳闸和设备运行中有可疑现象时。

7）法定节假日（元旦、五一、十一、春节）及重要供电期间。

8）110kV及以上变电站对继电保护每周应全面巡视一次，35kV变电站每半月一次。

9）无人值班变电站根据各自情况，市供电公司的各下属供电公司、变电工区可分别制订相应的特巡制度。

（5）市供电公司分管生产工作的副总经理、总工程师、生产运营部主任，每季应对220kV变电站进行监督性巡视一次，对直属工区110kV变电站每半年巡视一次，对下属供电公司管辖的220kV、110kV变电站也应定期深入巡视。变电工区党、政、工、团领导每月对变电站夜巡检查工作一次。各下属供电公司经理、总工程师、生产运行部主任，每月应对220kV变电站进行监督性巡视一次，对110kV变电站每季巡视一次，对35kV变电站每半年巡视一次，各下属供电公司党、政、工、团领导每月对变电站夜巡检查一次。运行专职工程师，变电工区运行主任、运行技术人员应经常深入各变电站结合运行工作进行巡视。

（6）巡视设备时，遇有事故异常等情况，应根据调度要求，进行事故、异常情况的处理、倒闸操作及履行工作许可人等职责。

（7）对已布置的安全措施进行检查，发现工作人员的违章行为应及时制止。

四、定期切换试验制度

（1）制订定期维护项目周期表，制订本站的月、季、年维护计划。

（2）定期切换试验内容应填写在相应记录中，发现问题或缺陷应及时汇报。

（3）定期切换、试验的内容及周期。

1）中央信号、闪光装置、直流系统绝缘监察装置交接班时切换试验一次；值宿制变电站在夜间休息前和次日起身后校验，无人值班变电站每周校验不少于2次，间隔时间不大于4天。

2）蓄电池组根据型式采取不同的测试项目和周期。

3）高频通道每天测试一次；无人值班变电站结合设备巡视时测试。

4）110kV及以下重合闸装置每半月试验一次。

5）事故照明每月切换试验一次。

6）所用电源每月切换试验一次。

7）主变压器备用冷却器每月切换试验一次。

8）直流备用充电机每月切换试验一次。

9）备用变压器每月投运一次，时间至少 2h（根据调度指令执行）。

10）主变压器冷却器 2 组工作电源备自投切换每季一次。

11）储能电容每周切换一次。

12）微机保护时钟校验半月一次。

13）断路器空气压缩机构放水，每周一次。

（4）备用变压器的投运切换由值班员向调度员提出，根据调度员指令执行。备用电源自投装置的校验工作，由继电保护班负责，按规定的周期校验。其他定期切换试验的项目，由班组安排进行。

（5）所有定期切换试验的结果、都应记入记录簿，对于存在的问题，当值人员能处理的应立即清除，若不能处理，则应填缺陷报告。

五、运行分析管理制度

（1）运行分析工作主要是针对设备运行、操作、异常情况以及运行人员执行规程制度的情况进行分析，找出薄弱环节，制订措施，防止事故发生。

（2）运行分析正常每月进行一次，对事故、异常、缺陷及不安全情况等应及时组织专题分析。运行分析的内容包括：

1）运行岗位分析，分析两票三制的执行情况。

2）发生事故及异常情况后，对处理过程及有关操作进行分析评价，总结经验教训。

3）学习事故通报，对照本班组、本工区情况，提出防范措施。

4）分析设备缺陷产生的原因，总结对缺陷发现和判断经验。

5）讨论季节性预防和反事故措施。

6）电能电压质量情况分析。

7）分析人员遵章守纪情况，反习惯性违章。

（3）对运行分析的内容、防止对策、执行人和日期，都应记入运行分析记录簿内，并定期检查执行情况，需要变电工区、生产运营部（生技科）解决的问题由班长向上一级汇报，工区、生产运营部（生技科）应制定计划，指定专人负责解决。

六、培训管理制度

（1）变电站各岗位运行人员，均应按变电站各级人员的岗位职责要求实施培训，经考核、考试取得“岗位合格证书”后，方可上岗。

（2）新人员上岗前必须经过不少于一年的系统专业技术理论培训和操作技能培训，并经岗位培训，考核合格方可上岗。

（3）定期对在岗运行人员进行考试、考核。

（4）脱离运行岗位 3 个月以上者，或调至同类型变电站的相同岗位工作时，须跟班实习，经考核合格后上岗。

（5）转岗人员或由电压等级低的变电站到电压等级高的变电站运行人员，均需进行培训并经考试、考核合格，方可上岗，其实习期限如下：

1）110kV 及以下同类型变电站，需有一个月的实习，220kV 同类型变电站需有 1～3 个月的实习。

2）由 35kV 变电站调至 110kV 变电站，需经 1～3 个月的实习。

3）由 110kV 变电站调至 220kV 及以上变电站，需经半年以上的实习。

4）由220kV变电站调至500kV变电站，需经半年以上的实习。

(6) 各运行岗位的任职，必须由副值、正值、值班长，依次晋升。

(7) 副值班员（可根据变电站设备接线复杂程度）至少经过一年的锻炼后，已能单独处理事故和对异常情况做出正确判断，能单独开票、审票，能熟练进行操作，已掌握检修设备的许可和验收工作，掌握一定的维修技能后，经考试合格后方可担任正值班员。担任副值班员期间确实成绩优异，对一、二次设备较为熟悉，操作熟练，可以适当考虑提前考正值。

(8) 每年进行一次电业安全工作规程考试。

(9) 每年进行一次现场运行规程考试。规程每次修订后，应及时组织学习并考试。

第二节　变电站各级人员的职责

一、值班人员的共同职责

(1) 变电值班人员为所辖变电站设备的主人，在值班时间内对所辖变电站设备负责监视、维护操作及事故处理。

(2) 值班人员在行政上受班长领导，在运行操作上受当值调度员领导。

(3) 值班人员必须坚守岗位，如有特殊情况经班长（所长）批准并有人代班，履行交接手续后方可离开岗位。

(4) 值班员的值班地点在主控室，当进行巡视或因工作需要离开时，应相互通报。

(5) 值班员应按所规定的值班制度进行值班，遵守统一安排的作息时间。

(6) 必须熟悉和严格执行安全、运行、调度规程以及有关制度。

(7) 熟知所管辖的设备系统和可能的运行方式，掌握主要设备的规范和性能，掌握保护和自动装置的一般原理和运行规定。

(8) 必须正确进行倒闸操作，严格执行操作票填写、操作准备、操作指令、模拟核对、操作监护、操作检查等有关制度。

(9) 努力学技术、学业务、学文化，练好基本功，做到“三熟三能”。“三熟”是指熟悉设备、系统；熟悉操作和事故处理；熟悉本岗位的规程和制度。“三能”是指能正确进行操作和分析运行状况；能及时发现故障和排除故障；能掌握一般的维修技能。

(10) 严格遵守变电运行工作八条纪律和文明值班行为规范。

(11) 做好变电站生产生活环境文明卫生工作。

(12) 无人值班变电站运行人员的职责按《无人值班变电站管理导则》执行。

二、变电运行班长的职责

(1) 组织贯彻落实上级指示及各种规章制度，负责本所岗位责任制、经济责任制的落实和各项指标的考核工作。

(2) 负责本班人员的安全思想教育，定期组织安全活动。

(3) 组织政治学习，做好政治思想工作，定期召开班务会、民主管理会。

(4) 组织制订培训计划，并督促完成。

(5) 完成上级下达的工作任务。编制年、季、月度工作计划并定期总结。

(6) 定期进行运行分析，对事故、障碍、未遂事故等，进行调查分析及汇报，制订并完成反事故技术措施和安全措施计划。

（7）及时传达上级指示，布置工作任务。分析各项安全技术经济指标完成情况。

（8）参与和指挥设备的巡视检查、倒闸操作、工作许可、事故处理及日常维护工作。

（9）组织并参加新建、扩建及检修设备的验收、启动投运。

（10）定期督促检查备品备件、安全工器具是否良好、齐全。

（11）定期巡视设备运行状况，及时掌握设备缺陷并上报，督促消除。

（12）负责审查各类记录、两票、报表的正确性，掌握本站各种技术资料的归档情况。根据设备变更情况，及时完善资料、台账。

（13）负责图纸、技术资料的归档整理工作，图板、图表的维护工作。

三、变电站值班长的职责

（1）值班长应在班（站）长的领导下工作，是当值全班（站）安全生产、运行操作和事故处理等工作的负责人。

（2）在当值期间，负责组织监督全值人员严格执行各项规章制度和上级调度指令。负责设备的操作、维护、事故及异常处理。

（3）负责办理工作票许可、间断和终结手续。检修完毕后，主持现场验收工作。

（4）当发生事故及异常情况时，应立即组织全值人员处理，并及时汇报。

（5）认真按时督促做好设备的正常及特殊巡回检查，发现异常情况和缺陷及时进行复查、判断定性，并根据严重程度进行正确处理。

（6）组织好本值人员技术学习，按所内计划完成本值培训工作。

（7）负责督促填写各类记录、两票、报表并检查其正确性，根据设备变更情况，及时做好各种记录和台账。

（8）对学员、副值班员的技术业务培训工作。

四、变电站正值班员的职责

（1）在值班长的指导下，主动协助做好一切运行工作，当做完每一件工作后，及时向值班长报告。

（2）正确接受当值调度员发布的操作任务，认真审查“两票”的正确性，从事操作或操作监护、许可和终结工作票，并参加检修设备的验收工作。

（3）做好设备巡回检查工作，正确判断缺陷的程度和性质，并提出处理意见，做好发现缺陷和消除缺陷的登记工作。

（4）熟悉本站在系统中的运行方式和设备运行状况。

（5）事故处理时，负责检查断路器的跳合闸及其状况，记录继电保护和各种信号装置的动作情况，检查故障范围内设备状况，并进行事故分析、处理工作。

（6）协助做好交接班的准备工作，整理各种资料、记录、“两票”的执行情况，以及安全用具等，补充应交代的事项。

（7）当值班长不在控制室时，应代替值班长负责运行工作，如遇有重大异常和事故时，除正确处理外应迅速向值班长报告。

（8）对学员、副值班员的技术业务的培训工作。

五、变电站副值班员的职责

（1）在值班长的领导和正值班员的指导下进行日常值班、倒闸操作及事故处理等工作。严格执行运行规程和各项规章制度，协助正值做好设备的定期切换试验和维护工作，按时认真巡视设备，发现缺陷和异常及时汇报，并按要求填写和登记缺陷报告。

(2) 正确接受当值调度员的预发任务，根据任务内容填写倒闸操作票，执行操作时的操作人，许可和终结第二种工作票，并参加检修设备的验收工作。

(3) 按交接班标准，配合值班负责人做好交接班工作。熟悉本站在系统中的运行方式和设备运行状况，按规定准时抄录表计。

(4) 事故处理时，协助检查断路器的跳合闸及其状况，负责记录时间，继电保护和各种信号装置的动作情况，并执行事故处理的操作。

(5) 负责千次操作无差错的统计，各种资料和记录簿的记录工作，协助做好交接班的准备工作。

(6) 认真学习技术，提高业务水平。

六、跟班值班员的工作范围

经考试合格并批准的跟班值班员，不得接受当值调度员的操作任务，但可在值班长或正值监护下执行简单操作，且做好当值运行工作的辅助工作。学员必须在师傅的指导下工作，认真学习技术，不准擅自乱动设备，积极做好日常环境卫生工作。

第三节　安全生产管理

一、安全生产目标

(1) 不发生人身伤亡事故。

(2) 杜绝误操作事故。

(3) 不发生人员责任的设备事故。

(4) 不发生人员责任的火灾事故。

(5) 不发生人员责任的小动物事故。

二、安全规章制度管理

(1) 应具备相关的现场安全现场规程、标准、管理制度、条例等。

(2) 抓好安全教育和安全培训工作。每年进行一次安规考试，考试不合格不准上岗。

(3) 现场运行规程内容齐全与实际相符，每年定期考试，不合格者不准上岗。

(4) 运行人员安全生产职责内容完善且有可操作性和考核性，定期修订，定期检查。

(5) 切实抓好安全目标“三级控制”。制订实施细则，开展班组成员劳动安全互保活动。

(6) 定期进行事故预想和反事故演习。

(7) 严格执行“两票三制”(操作票制度、工作票制度、交接班制度、巡回检查制度、设备定期切换试验制度)，确保两票合格率达到100%。

(8) 结合安全性评价工作，坚持贵在真实，重在整改的原则，对设备实施动态管理。

三、安全活动管理

1. 安全活动要求

(1) 每周开展一次安全活动。安全活动必须结合本所的具体情况，做到有分析、有措施、有记录。

(2) 开展季节性安全大检查，检查有重点、有内容。

2. 安全活动内容

（1）班组及个人的安全情况回顾、分析、总结。

（2）对事故及异常按“三不放过”的原则进行分析。

（3）表扬在安全生产中做出贡献的人和事。

（4）结合季节性特点，开展有针对性的安全活动，并布置下阶段工作，指出危险点和注意点。

（5）认真分析“两票三制”的执行情况。

（6）学习规程、事故通报、上级文件、会议精神，结合本班组的实际情况、制订相应措施。

（7）检查安全工器具的使用情况。

（8）结合变电站的实际情况，进行有针对性的安全技术提问。

四、安全工器具管理

（1）定期检查安全工器具的使用和管理情况，保证安全工器具合格。

（2）安全工器具必须按安规规定定期试验，并取得试验合格证，被试安全工器具应编号，试验合格证上的名称、编号应与被试工器具相符。损坏的器具应及时修复或更换。

（3）安全工器具应建立台账、账物相符；应按定置管理要求定点、定位、对号放置，排列整齐有序，使用中的安全工器具标明试验日期、试验人。

（4）运行人员应熟练掌握本所各种工器具的使用方法和注意事项。

变电站应具备的安全工器具见表 1-1。

表 1-1　　变电站应具备的安全工器具

序号	名　称	单位	数　量
1	绝缘手套	副	不少于 2
2	绝缘靴	双	不少于 2
3	绝缘垫	块	适量
4	绝缘棒	支	按需配置
5	验电笔	支	按电压等级各不少于 1 支
6	绝缘挡板	块	按需配置
7	接地线、接地棒	组	按需配置
8	标示牌	块	满足所内安全措施最大需用量
9	安全围栏		满足所内安全措施最大需用量
10	警告红布		满足所内安全措施最大需用量
11	安全帽	顶	按需配置
12	护目眼镜	副	2
13	低压钳形电流表	只	按需配置
14	小型常用工具	套	按需配置
15	调度录音装置	部	各级调度均能录音
16	操作录音机	只	按需配置
17	万用表	只	按需配置
18	高内阻电压表	只	按需配置
19	绝缘电阻表	只	按需配置
20	直流电压表	只	按需配置
21	便携式蓄电池测试仪	只	按需配置
22	防毒面具	面	按需配置
23	绝缘梯	架	按需配置
24	望远镜	只	按需配置

五、消防设施管理

（1）变电站是消防重点单位，应在变电站大门处悬挂醒目的防火警告标牌。变电站全体人员应掌握“三懂三会”的消防知识，即懂火灾危险性、懂预防措施、懂扑救方法。会使用消防器材、会扑灭初起火灾、会报火警。

（2）变电站应按规程配置消防设施。应有相应消防设施布置图，消防设施附近不得堆放杂物和其他设备，现场消防设施不得移作他用，室外使用的消防器材要有保护措施。

（3）变电站生产现场严禁存放易燃易爆物品。

（4）排水沟、电缆沟等沟内不应有积油、充油。各类废油应倒入指定的容器内，严禁随意乱倒。

（5）生产场所需动火工作时，必须执行动火工作票制度。

（6）消防用沙应保持充足和干燥。消防沙箱、消防桶、消防锹把上应涂红色。

（7）穿越墙壁、楼板和电缆沟道进入控制室、电缆夹层、控制柜及仪表盘、保护屏等处电缆孔、洞、竖井必须用防火材料严密封堵。靠近充油设备的电缆沟，应设有防火阻燃措施，盖板应封堵完好。

（8）电缆夹层内、电缆沟内通往室内的电缆头应刷防火涂料，已完成电缆防火措施的电缆层上新敷设电缆，必须及时补做相应的防火措施。

（9）消防器材的存放地点、放置数量、类型等发生变动应进行登记。灭火器应贴有标签。消防器材的试验或检查由变电站消防设备负责人协同保卫部门每季进行。每年由检修部门结合停电检查和清理变压器储油坑卵石层，以防堵塞。

（10）发现火灾，立即报警，及时切断有关电源。

六、防误操作装置管理

（1）配电装置的防误装置应达到“五防”，室外四防、室内五防，即：防误拉、合断路器；防带负荷拉、合隔离开关；防带电挂地线（接地开关）；防带接地线（接地开关）合闸；防误入带电间隔。

（2）防误装置的操作程序必须与正常运行方式、正常操作顺序相对应。

（3）防误装置的正（逆）向操作均应按硬闭锁程序执行。

（4）尽量采用简单、可靠的机械直接闭锁，不能实现时，则可采用程序锁、电磁锁或电气闭锁方案，对于复杂接线的变电站宜采用微机防误装置。同一变电站应尽量采取同一种形式的防误操作装置。

（5）防误装置结构应简单、可靠、操作维护方便、不能影响断路器、隔离开关的性能。

（6）必须采用经省级及以上电力主管部门鉴定生产的防误操作装置。

（7）防误装置的管理和运行维护。

1）运行人员均应熟悉所辖范围内的防误装置的原理和程序，熟练掌握防误装置的操作和维护。

2）正常运行时，所有电气设备的防误装置均应投入，并保持其状态完好。

3）防误装置应纳入交接班及定期巡回检查项目，并作为设备单元评级的内容之一。运行人员发现防误装置有缺陷或损坏时应及时汇报，并做好记录。

4）已投运的防误装置不得随意停用、解除。若需长期停运，须经本单位总工程师（技术负责人）批准。短时间退出的，应经有关领导批准并备案。

5）建立健全防误装置的基础资料及台账。

(8) 防误装置解锁工具（总钥匙）管理规定：

1）正常情况下，解锁工具保管应封存严密，并按值移交，严禁启封使用。

2）下列情况下，在征得变电工区正、副主任或主任工程师同意后，可启用解锁工具进行解锁操作：

a. 设备异常紧急停运消缺；

b. 防误装置发生故障；

c. 特殊运方操作。

3）启用解锁工具应在专用记录本上做好记录。使用完毕，应放至原处，封存完好。

4）当遇到危及人身或设备安全时，值班员可以先按照规定紧急处理，然后汇报相关人员。

(9) 每月进行一次防误装置的检查和维护工作。

(10) 供电设备的大、小修均应把所属防误装置的检修列入工作项目中，检修周期与所属一次设备相同，并应与一次设备同时进行验收，合格后一次设备方可投运，对影响倒闸操作的缺陷应立即处理。

(11) 微机“五防”系统的电脑钥匙应保持电力充足，保持防误主机及电脑钥匙电压稳定，配备UPS稳压电源，保持环境清洁，室内相对干燥，防误主机、打印机、电脑钥匙有故障时，应立即汇报，派专业人员处理，不得随意乱拆乱动。

(12) 微机“五防”主机应专机专用，禁止作为管理机使用，任何人不准拷取微机防误操作装置系统软件。严禁在微机上使用软盘、光盘及进行一切与倒闸操作无关的工作。

(13) 现场运行现程中应编制各种运行方式下的防误操作规则和注意事项。

七、防小动物措施

(1) 按照“堵其洞，断其食，追其踪，灭其身”的十二字法，做好防鼠和防其他小动物事故。

(2) 门窗应关闭严密，高压室对外通道门口加装防小动物措施。

(3) 通往生产场所的电缆孔洞严密封堵。

(4) 室内各开关柜等前后的上下柜门关闭严密，柜与柜间夹缝封堵完好。

(5) 室外主变压器低压进线排应加装相色护套。

(6) 对小动物可能出没的道口以及设备周围应设置捕捉工具、投放鼠药。

(7) 变电站生产区内禁止喂养家禽家畜；禁止种植高杆、粮食、豆类作物、油料作物和爬藤作物等。

第四节　变电站设备管理

一、设备缺陷管理

1. 一类设备缺陷

一类设备缺陷直接威胁了设备和人身的安全，随时都有发生事故的可能，性质严重，情况危急，需要立即进行处理。

2. 二类设备缺陷

二类设备缺陷对设备和人身安全有一定的威胁，设备可以带病运行，性质严重，不必立即处理但需采取防止人身、设备事故的临时措施，并要加强巡检，虽尚可暂时运行，但必须在停电检修时及时处理。

3. 三类设备缺陷

三类设备缺陷性质一般，程度较轻，不及时处理暂时对安全运行威胁不大，可借设备正常计划停电检修时再行处理。

当班人员对发现的设备缺陷应立即分析其原因和发展的趋热，确定类别，做好记录，并向有关领导汇报。情况危急和严重时应立即上报。

当设备发生一、二类缺陷时，运行应加强监视，增加巡视次数，并有针对性地进行事故预想，做好事故处理的准备工作：缺陷消除并经运行人员验收合格后，缺陷记录应及时注销，同时将检修试验情况、缺陷发现处理情况转入设备档案。

二、设备评级标准

1. 一类设备评级标准

(1) 设备不存在缺陷。

(2) 设备检修、预试、校验结果合格，记录齐全，未超过规定周期。

(3) 设备整齐清洁，编号准确。

(4) 资料齐全。

2. 二类设备评级标准

(1) 设备存在一般缺陷，暂不威胁设备安全运行。

(2) 设备检修、预试、校验结果有偏差，但能继续运行。

(3) 设备检修、预试、校验超过规定周期而仍未进行。

(4) 资料不全，但能反映主要数据为运行分析提供依据。

3. 三类设备评级标准

(1) 设备存在严重缺陷。

(2) 设备检修、预试、校验结果不合格，不能继续运行。

(3) 资料严重不齐全或未建立技术资料。

三、设备的单元划分

变电站设备的单元划分是设备管理的一项基础工作，划分应根据现场设备的配置情况和划分原则来确定。设备单元划分的原则如下：

(1) 主变压器每台为一个单元，包括变压器各侧的电压互感器、避雷器等设备（如果是单相变压器组成的三相变压器组，则每台单相变压器为一个单元，但变压器各侧的电压互感器、避雷器等设备可单独划分为一个单元）。

(2) 双母线分段带旁路（或双母线带旁路）接线方式的单元划分是以每台断路器（如线路断路器、旁路断路器、母联断路器和分段断路器等）的回路间隔为一个单元，包括电流互感器、电压互感器、阻波器、耦合电容器和隔离开关等设备。

(3) 每条母线为一个单元，包括母线电压互感器、避雷器和隔离开关等设备。

(4) 无功补偿装置（包括静补）应根据其结构特点来划分单元。每台断路器为一个单元，包括变压器、互感器、避雷器和隔离开关等设备。每组固定投切电容器组为一个单元。每组（台）无功电抗器为一个单元。可控硅自动控制调节的电容器组、电抗器组，以及水处理冷却辅助设备为一个单元。辅助交、直流电源设备及蓄电池组为一个单元。

(5) 站用变压器每台为一个单元，包括断路器、互感器、隔离开关和电缆等设备。站用电低压配电设备为一个单元。

(6) 每组蓄电池为一个单元，包括充电、配电等设备。

(7) 站用供水设备为一个单元。

(8) 站用空调及采暖通风设备为一个单元。

(9) 故障录波器为一个单元。

(10) 稳定装置为一个单元。

(11) 监控系统为一个单元。

(12) 中央信号为一个单元。

(13) 变电站防雷为一个单元。

(14) 变电站土建设施为一个单元。

四、设备验收制度

凡新建、扩建、大小修、预试和校验的一、二次变电设备，必须经过验收。验收合格，手续完备，方可投入系统运行。

1. 设备验收的要求

(1) 设备验收工作由工作票完工许可人进行，有关技术人员对运行班验收工作进行技术指导。

(2) 设备验收均应按有关规程规定、技术标准以及现场规程进行。验收设备时应进行以下工作：①认真阅读检修记录、预防性试验记录或二次回路工作记录，弄清所记的内容，如有不清之处要求负责人填写清楚；如暂时没有大小修报告，应要求负责人将报告的主要内容及结论写在记录内，并注明补交报告的期限；②现场检查核对修试项目确已完成，所修缺陷确已消除；③督促工作负责人消除缺陷。

(3) 设备的安装或检修。在施工过程中，需要中间验收时，由当值运行班长指定合适值班人员进行。中间验收也应填写有关修、试、校记录，工作负责人、运行班长在有关记录上签字。设备大小修，预防性试验，继电保护、自动装置、仪表检验后，由有关修试人员将修、试、校情况记入有关记录簿中，并注明是否可投入运行，无疑后方可办理完工手续。

(4) 验收的设备个别项目未达到验收标准，而系统急需投入运行时，需经上级主管总工程师批准。

2. 验收电气设备时应注意事项

(1) 应有填写完整的检修报告，包括检修工作项目及应消除缺陷的处理情况。检查应全面，并有运行人员签名。

(2) 设备预防性试验、继电保护校验后，应在现场记录簿上填写工作内容、试验项目是否合格、可否投运的结论等，检查无误后，运行人员签名。

(3) 二次设备验收应使用继电保护验收卡，按照继电保护整定书验收核对继电保护及自动装置的整定值，检查各连接片的使用和信号是否正确，继电器封印是否齐全，运行注意事项是否交清等情况。

(4) 核对一次接线相位应正确无误，配电装置的各项安全净距符合标准。

(5) 注油设备验收应注意油位是否适当，油色应透明不发黑，外壳应无渗油现象。充气设备、液压机构应注意压力是否正常。

(6) 户外设备应注意引线不过紧、过松，导线无松股等异常现象。

(7) 设备接头处示温蜡片应全部按规定补贴齐全。

(8) 绝缘子、瓷套、绝缘子瓷质部分应清洁、无破损、无裂纹。

(9) 断路器、隔离开关等设备除应进行外观检查外，进行分、合操作 3 次应无异常情况，且连锁闭锁正常。检查断路器、隔离开关最后状态在拉开位置。

(10) 变压器验收时应检查分接头位置是否符合调度规定的使用挡。

(11) 一、二次设备铭牌应齐全、正确、清楚。

(12) 检查设备上应无遗留物件，特别要注意工作班施工时装设的接地线、短路线、扎丝等应拆除。

五、设备修试周期监督管理

(1) 变电站设备修试周期监督数据的登录工作应有专人负责。设备修试工作应及时揭示。使用微机管理变电站的设备周期监督的数据每季度应进行备份，存档备查。

(2) 设备主人须定期检查设备修试记录，对设备的健康状况应做到心中有数，严格把好设备修试周期关。

(3) 设备修试到周期或超周期时，设备运行部门须及时督促有关检修单位，同时上报生产管理部门。

(4) 运行人员应监督所辖设备缺陷发展和消除情况，并及时做好记录。

六、设备档案管理

(1) 电气设备都必须有完善的设备档案。

(2) 设备台账要求实行微机化管理。

(3) 设备档案主要内容：

1) 设备名称编号。

2) 主要技术参数。

3) 设备技术说明书、出厂试验记录。

4) 设备安装交接资料。

5) 历年大修、校验、预防性试验报告。

6) 设备发生的一类缺陷、部件更换情况。

7) 设备改造和迁移情况。

(4) 新设备安装投运前，必须将有关资料交变电站存档，否则不予投运。

第五节　变电站技术资料管理

一、应具备的规程及制度等

(1) 全国互联电网调度管理规程。

(2) 省调电力系统调度规程。

(3) 地区调（中心调）电力系统调度规程。

(4) 电力系统稳定运行规程。

(5) 电力安全工作规程（变电部分）。

(6) 电力安全工作规程（变电部分）修订补充规定。

(7) 变电站现场运行规程。

(8) 电力变压器运行规程。
(9) 高压断路器运行规程。
(10) 电力设备交接和预防性试验规程。
(11) 微机保护装置运行管理规程。
(12) 继电保护安全自动装置运行管理规程。
(13) 故障录波器运行管理规程。
(14) 电力生产事故调查规程。
(15) 变电站运行管理制度。
(16) 变电设备评级办法及评级标准。
(17) 电气装置安装工程施工及验收规范。
(18) 有载调压开关运行维护导则。
(19) 设备检修工艺导则。
(20) 110kV～220kV电网继电保护与安全自动装置运行条例。

二、应具备技术图纸

(1) 一次系统接线图。
(2) 直流系统图。
(3) 继电保护和自动装置展开图。
(4) 站用电系统图。
(5) 防雷保护和接地网图。
(6) 盘后接线布置图。

三、应具备的图板及图表

(1) 一次系统模拟图板。
(2) 紧急事故拉闸顺序表。
(3) 各级熔断器配置表。

四、应具备的制度

(1) 岗位责任制。
(2) 交接班制度。
(3) 巡回检查制度。
(4) 设备定期切换制度。
(5) 设备缺陷管理制度。
(6) 设备验收制度。
(7) 现场培训制度。
(8) 运行分析制度。
(9) 文明生产责任制。
(10) 无人值班运行导则(集控中心)。

五、应具备的各种记录簿及报表

(1) 运行日志。
(2) 设备缺陷记录。
(3) 断路器跳闸记录。

（4）设备修试记录。
（5）继电保护及自动化工作记录。
（6）高频保护信号交换记录。
（7）蓄电池测量记录。
（8）主变压器分接头调整记录。
（9）安全活动及运行分析记录。
（10）历年事故及异常情况记录。
（11）培训记录。
（12）保护定值单。
（13）避雷器动作及电导电流测量记录。
（14）变电运行月报。
（15）电能平衡月报。
（16）设备定级报表。
（17）高频保护及220kV母差停运月报。

六、应具备的技术资料

（1）检修记录和定期修、试、校、化验报告。
（2）设备检修、预防性试验部分项目超标准许可继续运行的批准手续（包括批准记录）。
（3）变更设计的实际施工图及证明文件。
（4）制造厂提供的产品说明书、试验记录、合格证及安装图纸、技术文件等。
（5）安装、调试记录。
（6）图纸、图表应与现场实际相符，填写或修改及时，内容正确，字迹工整。

七、应具备的台账

（1）变压器台账。
（2）断路器台账。
（3）隔离开关台账。
（4）电流互感器台账。
（5）电压互感器台账。
（6）耦合电容器台账。
（7）避雷器台账。
（8）阻波器台账。
（9）电抗器台账。
（10）电力电容器台账。
（11）电力电缆台账。
（12）工器具台账。
（13）仪器仪表台账。
（14）消防台账。
（15）直流设备、蓄电池台账。
（16）母线台账。
（17）消弧线圈台账。

第二章

变压器运行维护及事故处理

第一节　变压器的基本要求

电力变压器用来改变电压及传递电能，是电力系统中间环节中最重要的主设备，是电网安全、经济运行的基础。变电站安装的变压器首先应选用符合国家标准的变压器。变压器在投运前应做全面的检查，变压器本体，冷却装置套管、储油箱及所有其他附件，均应可靠良好、无缺陷，且无遗留杂物，方可投运。

一、变压器的标准及型式要求

1. 变压器运行基本要求

变压器是变电站的电气主设备，运行中的主变压器应满足以下基本要求。

(1) 变压器应符合 GB/T 17468《电力变压器选用导则》及国家电网公司《110(66)kV～500kV 油浸式变压器(电抗器)技术标准》的要求。

(2) 变压器的制造质量应符合 GB/T 1094《电力变压器》的要求。

(3) 变压器的参数选择应符合 GB/T 6451《油浸式电力变压器技术参数和要求》的规定。

2. 变压器型式选择原则

(1) 220kV 变电站主变压器宜选用三相、自耦或三绕组、油浸式、自然油循环风冷、有载或无载调压电力变压器。

220kV 变压器的容量选择上，目前 120MV·A 主变压器通常用于负荷较轻地区，180MV·A 主变压器通常用于负荷较重地区。在经济较发达、负荷增长较快、土地资源较为紧张的地区推广使用 240MV·A 主变压器。

(2) 110kV 变电站主变压器宜使用三相、三绕组或双绕组有载调压、油浸、自冷或自然油循环风冷电力变压器。冷却方式优先采用自冷。应选择通过突发短路试验的同厂家、同型变压器。

(3) 35kV 变电站主变压器宜使用三相、双绕组、油浸或干式、自冷、低损耗电力变压器。户外布置优先选用油浸式变压器，户内布置优先选用干式变压器。

3. 主要技术参数

在运行中的各电压等级主变压器容量、电压比、冷却方式、阻抗电压、调压方式等参数，都是根据当地变电站实际供电负荷情况计算确定。变电站主变压器主要技术参数见表 2-1，供变电运行值班人员参考。

表 2-1　　变电站主变压器主要技术参数

<table>
<tr><td>电压(kV)</td><td colspan="3">220</td><td colspan="3">110</td><td colspan="3">35</td></tr>
<tr><td rowspan="2">容量(MVA)</td><td colspan="3" rowspan="2">120/120/60(40)
180/180/60(45)
240/240/180(60)</td><td colspan="3" rowspan="2">20、31.5、40、50、63</td><td>配电变压器</td><td colspan="2">0.25、0.63、0.8、1.25、1.6</td></tr>
<tr><td>主变压器</td><td colspan="2">3.15、4、5、6.3、8、10、16、20、31.5</td></tr>
<tr><td rowspan="2">电压比</td><td colspan="3" rowspan="2">$220 \pm \frac{3}{1} \times 2.5\%/118/37.5(15)$kV
$220 \pm 8 \times 1.25\%/118/37.5(15)$kV
$220 \pm \frac{10}{6} \times 1.25\%/118/37.5(15)$kV</td><td colspan="3" rowspan="2">110±8×1.25%/37±2×2.5%/10.5kV(三绕组)
110±8×1.25%/37.5kV(双绕组)
110±8×1.25%/10.5kV(双绕组)</td><td>配电变压器</td><td colspan="2">37.5±5%/0.4kV
37.5±3×2.5%/0.4kV</td></tr>
<tr><td>主变压器</td><td colspan="2">35±5%/10.5kV
35±3×2.5%/10.5kV</td></tr>
<tr><td>冷却方式</td><td colspan="3">自然油循环风冷(ONAF)或自然(ONAN)</td><td colspan="3">自冷(ONAN)或自然油循环风冷(ONAF)</td><td colspan="3">自冷(ONAN)</td></tr>
<tr><td rowspan="2">阻抗电压</td><td colspan="3" rowspan="2">U12=10%,U23=24%
U13=34%(自耦)
U12=14%,U23=9%
U13=24%(三绕组)</td><td colspan="3">U12=10.5%,U23=6.5%
U13=18%(三绕组)</td><td>配电变压器</td><td colspan="2">U12=6.5%
U12=6%(800~2500kVA)
U12=7%(3150~5000kVA)</td></tr>
<tr><td colspan="3">U12=10.5%(双绕组)</td><td>主变压器</td><td colspan="2">U12=7.5%(6300~12500kVA)
U12=8%(16000~31500kVA)</td></tr>
<tr><td>调压方式</td><td colspan="3">高压线端无励磁调压或有载调压</td><td colspan="3">有载调压</td><td colspan="3">无励磁调压或有载调压</td></tr>
<tr><td>接线组别</td><td colspan="3">自耦:YNa0yn0+d或YNa0d11
三绕组:YNyn0yn0+d或YNyn0d11</td><td colspan="3">YNyn0d11、YNd11</td><td colspan="3">Dyn11</td></tr>
<tr><td>噪声水平</td><td colspan="3">城区(居民区)<68dB;城区(非居民区)<72dB;农村地区<75dB</td><td colspan="3"><60dB(非市区);<56dB(市区)</td><td colspan="3"><50dB(配电变压器);<56dB(主变压器)</td></tr>
<tr><td rowspan="5">温升要求(油浸变压器)</td><td>绕组</td><td>65K</td><td>电阻法</td><td>绕组</td><td>65K</td><td>电阻法</td><td>绕组</td><td>65K</td><td>电阻法</td></tr>
<tr><td>绕组热点</td><td>78K</td><td>计算法</td><td>绕组热点</td><td>78K</td><td>计算法</td><td>绕组热点</td><td>78K</td><td>计算法</td></tr>
<tr><td>顶层油面</td><td>50K</td><td>温度计法</td><td>顶层油面</td><td>55K</td><td>温度计法</td><td>顶层油面</td><td>55K</td><td>温度计法</td></tr>
<tr><td>铁芯表面</td><td>70K</td><td>温度计法</td><td>铁芯表面</td><td>80K</td><td>温度计法</td><td>铁芯表面</td><td>80K</td><td>温度计法</td></tr>
<tr><td>油箱及结构表面</td><td>70K</td><td>温度计或红外测量</td><td>油箱及结构表面</td><td>80K</td><td>温度计或红外测量</td><td>油箱及结构表面</td><td>80K</td><td>温度计或红外测量</td></tr>
<tr><td>绝缘耐热(干式变压器)</td><td colspan="3">—</td><td colspan="3">—</td><td colspan="3">F级</td></tr>
<tr><td>温升要求(干式变压器)</td><td colspan="3">—</td><td colspan="3">—</td><td>绕组</td><td>100K</td><td>电阻法</td></tr>
</table>

二、变压器主体方面的要求

1. 变压器本体

（1）内部芯体经过检查应正常（进口产品及免检产品等除外）。

（2）电气试验符合规程要求。

（3）油化分析数据符合标准、油质良好。

（4）铭牌、标牌、相色正确齐全，油漆整洁。

（5）铁芯引下接地线装置有供测量的断开连接点，本体外壳有两处与接地网不同位置连接。

2. 冷却器附件

（1）风扇、潜油泵旋转方向正确，且无杂声。

（2）油流继电器动作灵活、指示正常。

（3）所有蝶阀均在开启位置、安装正确，方向一致。

（4）按温度和（或）负载投切的冷却器，整定值及动作正确。

（5）分控制箱整洁干燥、控制正常。

3. 调压装置

（1）无载调压开关分接位置应符合调度规定档位，且三相一致。

（2）有载调压开关装置远方及就地操作动作可靠、指示位置正确。

4. 套管

（1）套管是高压引线对外壳（大地）之间的外绝缘，应无破损；油位指示正常，高压套管接地小套管引出线可靠接地。

（2）套管的电气、油化分析试验合格。

5. 其他

（1）油循环系统阀门应开启，各种放气部位应放尽残留空气。全部紧固体处于完好、齐全、坚固状态。变压器全部密封胶垫应富有弹性，密封良好。

（2）全部变压器所连接的控制、电源电缆线均采用耐油电缆线。

（3）变压器沿气体继电器管道方向应有1%～1.5%的升高坡度，其他通向气体继电器的总管连管应有2%～4%升高坡度。

（4）变压器各侧引线接头紧固，相间与对地距离符合规定。

三、变压器保护装置与测量仪表的要求

1. 保护装置

（1）储油柜（简称油枕）油位指示正常，吸湿器（俗称呼吸器）装置正确、呼吸通畅，硅胶（呈蓝色）有效。

（2）净油器均处于投入状态，除酸硅胶有效，使变压器油在运行中不断净化。

（3）气体继电器应为防震型，经校验合格，已加装防雨罩并装置牢固，轻、重气体继电器接点已分别接信号及跳闸，（继电保护）其他系统及电源系统也均处于正常状态。

（4）压力释放阀应有试验合格证，装置合理并接信号，安全气道防爆膜符合要求，应有放水塞及装置结构正确。

（5）继电保护经校验合格，整定值及整组动作正确。

2. 测量仪表

（1）测温表分别装置水银温度计、热电偶等温度表均应校验合格；

（2）电源侧各相装设合格电流表，其他二侧都装一只电流表，及其他规定电表；

（3）10kV 侧应装电压鉴定装置。

第二节　变压器的运行方式

一、额定运行

1. 运行电压

变压器在额定电压、额定电流条件下，允许按名牌规范长期额定运行。

变压器的外加一次电压可以较额定电压为高，但一般不得超过相应分头电压值的 5%，不论电压分头在任何位置，如果所加一次电压不超过其相应额定值的 5%，则变压器的二次侧可带额定电流运行。

变压器外加一次电压可按下式加以限：

$$U(\%) = 110 - 5K^2$$

式中　K——负载系数，即负荷电流与额定电流的比值。

变电站主变压器运行时，允许外加电压：35kV 时为 36.75kV；110kV 时为 115.5kV；220kV 时为 231kV。

2. 运行温度

为防止变压器油质加速劣化，防止变压器绕组过热，主变压器为自然冷却运行中，上层油温不得经常超过 85℃，最高不得超过 95℃，温升不得超过 55℃。油浸式变压器最高顶层油温一般不应超过表 2-2 的规定。

表 2-2　油浸式变压器最高顶层油温

冷却方式	冷却介质最高温度（℃）	最高顶层油温（℃）
自然循环自冷、风冷	40	95
强迫油循环、风冷	40	85
强迫油循环、水冷	30	70

例如，一台油浸自冷式变压器，当周围空气温度为 30℃时，其上层油温为 60℃，没有超过上层油的允许温度 95℃，上层油的温升为 60℃－30℃＝30℃，没有超过允许温升 55℃，变压器可以正常运行。当周围空气温度为 0℃时，其上层油温为 60℃，没有超过上层油的允许温度 95℃，但上层油的温升为 60℃－0℃＝60℃，超过允许温升 55℃，变压器不允许运行。

二、过负荷运行

1. 正常过负荷运行

变压器正常过负荷，与过负荷倍数及过负荷前上层油的温升有关。变压器过负荷倍数与允许过负荷持续时间见表 2-3。

表 2-3　变压器过负荷倍数与允许过负荷持续时间　h：min

过负荷倍数	过负荷前上层油的温升（℃）						
	18	24	30	36	42	48	54
1.05	5：50	5：25	4：50	4：00	3：00	1：30	—
1.10	3：50	3：25	2：50	2：10	1：25	0：10	—
1.15	2：50	2：25	1：50	1：20	0：35		
1.20	2：05	1：40	1：15	0：45			
1.25	1：35	1：15	0：50	0：25			
1.30	1：10	0：50	0：30				

环境温度为 20℃时，根据过负荷前变压器所带负荷，确定过负荷系数及允许时间见表 2-4。

表 2-4　变压器过负荷倍数及允许时间　h：min

过负荷系数	起始负荷系数						
	0.4	0.5	0.6	0.7	0.8	0.9	1.0
1.1	7：00	6：40	6：40	6：30	6：00	4：00	—
1.2	3：00	2：30	2：20	2：10	2：00	1：45	—
1.3	1：45	1：40	1：30	1：15	1：00	0：30	—

注　变压器过负荷时，环境温度为 20℃。

2. 事故过负荷运行

主变压器一旦发生故障，会造成变电站其他主变压器严重过负荷。必须迅速降低负荷或减短运行时间，避免变压器发生故障。变压器负载导则规定这种负载持续时间应小于变压器的热时间常数，且与负载增加前的运行温度有关。一般应小于 0.5h，短期急救负载运行方式，超额定电流运行时，在急救负载前负载系数 K_1 下对应允许的负载系数 K_2 值见表 2-5。

表 2-5　变压器事故过负荷允许的负载系数 K_2 值

变压器类型	急救负载前的负载系数 K_1	环境温度（℃）							
		40	30	20	10	0	−10	−20	−25
配电变压器 ONAN（油浸自冷）	0.7	1.95	2.00	2.00	2.00	2.00	2.00	2.00	2.00
	0.8	1.90	2.00	2.00	2.00	2.00	2.00	2.00	2.00
	0.9	1.84	1.95	2.00	2.00	2.00	2.00	2.00	2.00
	1.0	1.75	1.86	2.00	2.00	2.00	2.00	2.00	2.00
	1.1	1.65	1.80	1.90	2.00	2.00	2.00	2.00	2.00
	1.2	1.55	1.68	1.84	1.95	2.00	2.00	2.00	2.00
中型变压器冷却方式 ONAN 或 ONAF（油浸风冷）	0.7	1.80	1.80	1.80	1.80	1.80	1.80	1.80	1.80
	0.8	1.76	1.80	1.80	1.80	1.80	1.80	1.80	1.80
	0.9	1.72	1.80	1.80	1.80	1.80	1.80	1.80	1.80
	1.0	1.64	1.75	1.80	1.80	1.80	1.80	1.80	1.80
	1.1	1.54	1.66	1.78	1.80	1.80	1.80	1.80	1.80
	1.2	1.42	1.56	1.70	1.80	1.80	1.80	1.80	1.80

续表

变压器类型	急救负载前的负载系数 K_1	环境温度（℃）							
		40	30	20	10	0	−10	−20	−25
大、中型变压器冷却方式 OFAF 或(强油风冷) OFWF (强油水冷)	0.7	1.50	1.50	1.50	1.50	1.50	1.50	1.50	1.50
			1.62	1.70	1.78	1.80	1.80	1.80	1.80
	0.8	1.50	1.50	1.50	1.50	1.50	1.50	1.50	1.50
			1.58	1.68	1.72	1.80	1.80	1.80	1.80
	0.9	1.48	1.50	1.50	1.50	1.50	1.50	1.50	1.50
			1.55	1.62	1.70	1.80	1.80	1.80	1.80
	1.0	1.42	1.50	1.50	1.50	1.50	1.50	1.50	1.50
				1.60	1.68	1.78	1.80	1.80	1.80
	1.1	1.38	1.48	1.50	1.50	1.50	1.50	1.50	1.50
				1.58	1.66	1.72	1.80	1.80	1.80
	1.2	1.34	1.44	1.50	1.50	1.50	1.50	1.50	1.50
					1.62	1.70	1.76	1.80	1.80

注 大型和中型变压器的负载电流最大限值不同，表中同一格内有两个数时，上面数为大型变压器的 K_2 值，下面为中型变压器的 K_2 值。

根据不同的冷却方式和环境温度，油浸式变压器事故过负荷的允许值见表 2-6、表 2-7。

表 2-6　油浸自然循环冷却变压器事故过负荷允许运行时间　h：min

过负荷倍数	环境温度（℃）				
	0	10	20	30	40
1.1	24：00	24：00	24：00	19：00	7：00
1.2	24：00	24：00	13：00	5：50	2：45
1.3	23：00	10：00	5：30	3：00	1：30
1.4	8：30	5：10	3：10	1：45	0：55
1.5	4：45	3：10	2：00	1：10	0：35
1.6	3：00	2：05	1：20	0：45	0：18
1.7	2：05	1：25	0：55	0：25	0：09
1.8	1：30	1：00	0：30	0：13	0：06
1.9	1：00	0：35	0：18	0：09	0：05
2.0	0：40	0：22	0：11	0：06	—

表 2-7　油浸式强迫油循环冷却的变压器事故过负荷允许运行时间　h：min

过负荷倍数	环境温度（℃）				
	0	10	20	30	40
1.1	24：00	24：00	24：00	14：30	5：10
1.2	24：00	21：00	8：00	3：30	1：35
1.3	11：00	5：10	2：45	1：30	0：45
1.4	3：40	2：10	1：20	0：45	0：15
1.5	1：50	1：10	0：40	0：16	0：07
1.6	1：00	0：35	0：16	0：08	0：05
1.7	0：30	0：15	0：09	0：05	—

三、冷却器的运行

变压器在运行时绕组中通过电流所产生的损耗和铁芯通过磁通时所产生的损耗都将转化为热能，使其温度升高。为了防止变压器温度、温升太高、超过其允许值，需要采取相应措施。

1. 干式变压器风冷却

目前，为了防止油浸式变压器产生燃烧的可能性，不少安装在重要场所及高层建筑中的变压器采用无油变压器，这种变压器的绝缘采用环氧树脂，它是在铁芯及绕组间留有风道，再用鼓风机鼓风冷却。

2. 油浸式变压器自然空气冷却

这种冷却方式的变压器，容量一般为7500kV·A及以下，它将变压器的铁芯和绕组直接浸入变压器油中。由于变压器在运行中内部产生的热量使油温度升高，体积膨胀，密度减小，因此油就向上流动。而变压器的上层油，经过散热器冷却后，因密度增大而下降，这种冷却油的交换，称为对流。由于冷、热油的不断对流，便将变压器铁芯和绕组的热量带走而传给了油箱散热器，依靠油箱壁的辐射和散热器周围空气的自然对流，把热量散发到空气中去。

对于这种变压器，运行时只要保证油箱和散热器连接处的阀门在敞开位置即可。

3. 油浸式变压器风冷却

对容量较大的变压器，一般为10000kV·A以上，为了加强油的冷却，在散热器上加装风扇（每组散热器上装设两台小风扇），即用风扇将风吹于散热器上，使热油能迅速冷却，以加速热量的散出，降低变压器的油温，这种方式称为风冷式。为了节约站用电，当周围空气温度在额定值以下，变压器的上层油温不超过55℃时，可停用风扇。若油温超过55℃，负荷超过额定值的70%时，则应启用风扇。

油浸风冷变压器在风扇停止工作时，允许的负载和运行时间应遵守制造厂规定，其中油浸风冷变压器，当上层油温不超过65℃，允许不开风扇带额定负载运行。

某市220kV变电站内，安装1台0SFPS10-180000/220型主变压器，额定容量为180MV·A，额定电压为220/118/37.5kV，自然风冷式，共有18只散热器片，18只风扇分两组投切。在不启用2组风扇时，主变压器器可按额定容量的67%运行；在启用2组风扇时，主变压器可按额定容量运行，其出力为180MV·A/180MV·A/90MV·A。

主变压器为自然冷却运行中，上层油温不得经常超过85℃，最高不得超过95℃，温升不得超过55℃。

主变压器散热器风扇电动机损坏并带负荷运行时间见表2-8。

表2-8　散热器风扇电动机损坏并带负荷运行时间

带负荷百分比	100%	90%	80%	70%	60%	50%	40%	30%	20%	10%
损坏1台风机	—	—	—	—	长期	长期	长期	长期	长期	长期
损坏2台风机	—	—	—	—	长期	长期	长期	长期	长期	长期
损坏3台风机	—	—	—	—	长期	长期	长期	长期	长期	长期
损坏4台风机	—	—	—	—	长期	长期	长期	长期	长期	长期
损坏5台风机	—	—	—	—	长期	长期	长期	长期	长期	长期

续表

带负荷百分比	100%	90%	80%	70%	60%	50%	40%	30%	20%	10%
损坏6台风机	—	—	—	—	长期	长期	长期	长期	长期	长期
损坏7台风机	—	—	—	—	长期	长期	长期	长期	长期	长期
损坏8台风机	—	—	—	—	长期	长期	长期	长期	长期	长期
损坏9台风机	—	—	—	—	长期	长期	长期	长期	长期	长期
损坏10台风机	—	—	—	—	长期	长期	长期	长期	长期	长期
损坏11台风机	—	—	—	—	长期	长期	长期	长期	长期	长期
损坏12台风机	—	—	—	—	长期	长期	长期	长期	长期	长期
损坏13台风机	—	—	—	—	—	—	—	—	—	—
损坏14台风机	—	—	—	—	—	—	—	—	—	—
损坏15台风机	—	—	—	—	—	—	—	—	—	—
损坏16台风机	—	—	—	—	—	—	—	—	—	—
损坏17台风机	—	—	—	—	—	—	—	—	—	—
损坏18台风机	—	—	—	—	—	—	—	—	—	—

4. 强迫油循环风冷

强迫循环变压器运行时，必须投入冷却器，并根据负载情况确定投入冷却器的台数，在空载和轻载时不应投入过多的冷却器。

强迫油循环冷却器，必须有两路电源，且可自动切换。为提高风冷自动装置的运行可靠性，要求对风冷电源及冷却器的自动切换功能定期进行试验。

强迫油循环风冷式变压器运行中，当冷却系统（指油泵、风扇、电源等）发生故障，冷却器全部停止工作，允许在额定负荷下运行20min。20min后顶层油温尚未达到75℃，则允许继续运行到顶层油温上升到75℃。但切除全部冷却装置后变压器的最长运行时间在任何情况下不得超过1h。

第三节　变压器的巡视检查

一、巡视检查的基本方法

（1）目测检查法。所谓目测检查法就是用眼睛来检查看得见的设备部位，通过设备外观的变化来发现异常情况。通过目测可以发现的异常现象综合如下：①破裂、断线；②变形（膨胀、收缩、弯曲）；③松动；④漏油、漏水、漏气；⑤污秽；⑥腐蚀；⑦磨损；⑧变色（烧焦、硅胶变色、油变黑）；⑨冒烟，接头发热；⑩产生火花；⑪有杂质异物；⑫表计指示不正常，油位指示不正常；⑬不正常的动作等。

（2）耳听判断法。用耳朵或借助听音器械，判断设备运行时发出的声音是否正常，有无异常声音。

（3）鼻嗅判断法。用鼻子辨别是否有电气设备的绝缘材料过热时产生的特殊气味。

（4）触试检查法。用手触试设备的非带电部分（如变压器的外壳），检查设备的温度是否有异常升高。

（5）用仪器检测的方法。借助测温仪定期对设备进行检查，是发现设备过热最有效的方法，目前使用较广泛。

二、巡视检查的规定

（1）经本单位批准允许单独巡视检查高压设备的人员巡视检查高压设备时，不准进行其他工作，不准移开或越过遮栏。

（2）雷雨天气，需要巡视检查主变压器等室外高压设备时，应穿绝缘靴，并不准靠近避雷器和避雷针。

（3）发生火灾、地震、台风、冰雪、洪水、泥石流、沙尘暴等灾害时，如需对变电站等电气设备进行巡视检查时，应制定必要的安全措施，得到设备运行单位分管领导批准，并至少两人一组，巡视检查人员应与派出部门之间保持通信联络。

三、巡视检查注意事项

（1）高压设备发生接地故障时，室内不准接近故障点 4m 以内，室外不准接近故障点 8m 以内。进入上述范围内人员应穿绝缘靴，接触设备的外壳和构架时，应戴绝缘手套。

（2）巡视检查高压配电设备装置一般应有两人同行。经考试合格后，单位领导批准，允许单独巡视高压设备的人员可单独巡视。

（3）巡视检查高压设备时，人体与带电导体的安全距离不得小于安全工作规程的规定值，严防因误接近高压设备而引起的触电。

（4）进入高压室巡视时，应随手将门关好，以防小动物进入室内。巡视检查结束后，及时交还高压室的钥匙。

（5）主变压器等高压电气设备的巡视检查时，应做好巡视检查记录。

（6）发现缺陷及时分析，做好记录并按照缺陷管理制度向班长和上级汇报。

四、日常巡视检查项目

1. 检查引线桩头

检查变压器套管的桩头引线或结合处应无松动、松股和断股现象，铜铝过度线卡应无过热产生变色现象。

2. 检查套管外表

检查套管外表应清洁、无明显污垢，无破损现象；法兰应无生锈、裂纹、无电场不均匀发生放电声。

3. 检查油位

检查注油套管内的油位应保持正常；检查变压器本体油位及有载调压开关油位应在标准油位线范围内，其中有指针铁磁式油位计及玻璃管油位指示（油标），有全密封油枕及半密封油枕两种结构方式。本体油枕油位、有载调压开关油枕油位，要求在其结构高度同样情况下的油位高度也应相同。气候突然变化、气温相差比较大时，应加强油位检查，尤其是套管油位。

4. 检查油色

对于不带密封隔膜的变压器，油标中的油和其本体的油是连通的，所以做油色检查可观察油标中油色的变化。一般正常油色为透明微黄色，若油色变成红棕色，甚至发黑时，则应怀疑油质已经劣化，应对油进行简化分析。

5. 检查渗漏油

在巡视检查中应特别注意以下几处是否有渗漏油现象：

(1) 套管升高座流变小瓷瓶引出的桩头处，及所有套管引线处桩头、法兰处。

(2) 气体继电器及连接管道处。

(3) 潜油泵接线盒，观察窗、连接法兰、连接螺栓紧固件，胶垫。

(4) 冷却器散热管。

(5) 全部连接通路蝶阀。

(6) 集中净油器或冷却器净油器油通路连接处。

(7) 全部放气塞处。

(8) 全部密封部位胶垫处。

6. 检查防爆装置

(1) 检查压力释放阀装置应密封，有信号装置的导线应完整无损。

(2) 安全气道（防爆管）装置玻璃应完好无破裂，有观察窗的无积水现象，防爆管菱形网应完整。

7. 检查温度

(1) 检查各温度计测温装置所指示的数值应在规定允许的范围之内。

(2) 检查周围环境温度、油温与表计温度应合理，温度计与各热电偶温度器、压力测试计等应一致。

8. 检查呼吸器

(1) 呼吸器油封应通畅，呼吸应正常。

(2) 呼吸器硅胶变色不应超过 2/3，如超过则应安排更换。

9. 检查气体继电器

从观察窗检查内腔机构正常，无气体，器身及接线端子盒严密且应无进水。

10. 检查冷却器

(1) 油流继电器动作指示正常，玻璃腔内应密封，且无积水现象。

(2) 风扇无反转、卡住，电机应无停转现象，风扇运转时，应平稳无抖动。电源线瓷接头包扎良好，并应叉开，无浸水脏污碰线等现象，潜油泵运行无异状。

(3) 散热器片应无渗漏油。

(4) 整个冷却器无异常振动，应平稳运行。

(5) 冷却器分控制箱及电缆进线应密封无受潮及杂物。

(6) 冷却器控制箱内各电源开关、切换开关应在正常位置，信号显示正常。

11. 检查接地线

外壳接地线应无锈蚀现象，铁芯接地引线经小套管引出接地完好。

12. 检查事故排油坑

事故排油坑内应无杂物，如有则应消除之，排油道畅通。

13. 检查变压器声音是否有异常

变压器正常运行中发出连续均匀的“嗡嗡”声，及附属设备发出的均匀振动声，属于正常响声，一般均不大于 85dB 声级。

若听到有不同于正常声音的异常响声，如：

(1) 不连续较大的“嗡嗡”声。

(2) 油箱内油的特殊翻滚声或啪啪放电声。

(3) 瓷件表面电晕或电场不均的外部放电声。

(4) 转动电机轴承磨损或轴承钢珠碎裂等尖锐声响。

(5) 其他紧固件零部件的松动而发出的共鸣声。

应首先判别异声的部位，辨清是变压器外部引起的还是内部产生的，可以用听音金属棒仔细分辨。

14. 检查变压器是否有异常气味

变压器故障及各附件，由于接触处不良或松动会产生过热或氧化，从而引起异常气味，着重注意：如高压导电部位连接部分，低压电源接线端子，套管、瓷管、绝缘子冷却器系统电机、导线、瓷接头、分控制箱内的接触器，热继电器绝缘板等发出的焦味、臭味。

五、特殊巡视检查项目

大风、大雾、大雪、雷雨后和气温突变的异常天气，及事故跳闸时，应对变压器进行特殊巡视检查：

(1) 大风时，检查变压器附件应无容易被吹动飞起的杂物，防止吹落至变压器带电部分；并注意引线的摆动情况，气体继电器盖子防雨罩及端子盖应盖好。

(2) 大雾、毛毛雨、小雪天时，检查套管绝缘子应无严重电晕闪络和放电等现象。

(3) 大雪天检查，引线接头应无积雪，观察融雪速度有无冒气，以判断是否过热。检查变压器顶盖，油位至套管连线间有无积雪、冰水情况，油位计、温度计、气体继电器应无积雪覆盖情况。

(4) 雷雨后，检查变压器各侧避雷器计数器动作情况，检查套管应无破损、裂纹及放电痕迹。

(5) 夜巡时，应注意引线接头处、线卡应无过热、发红及严重放电等。

(6) 超额定电流运行期间加强检查负荷电流，运行时间，顶层油温。

(7) 当变压器气体继电器发信号时，应进行变压器外部检查。

(8) 当事故跳闸时，运行人员应检查一次设备有无异常，如导线有无烧伤、断股。设备的油位、油色、油压是否正常，有无喷油异常情况，绝缘子有无闪络、断裂等情况）；二次设备应检查继电保护及自动装置的动作情况，事件记录及监控系统的信号情况，微机保护的事故报告打印情况，故障录波器录波情况；所用电系统的运行情况等。

六、有载分接开关的巡视检查项目

(1) 操作计数器动作应正常与动作次数记录一致。

(2) 电压表指示应在变压器规定的调压范围内。

(3) 调压挡位指示灯与机械指示器的挡位应正确一致。

(4) 操作箱应密封无受潮、进水现象。

七、巡视检查周期

(1) 主变压器新安装或大修后，从投入运行起，每小时应进行一次巡视检查。在投运后的一周内，每班巡视检查的次数也应适当增加，甚至24h内经常巡视检查。

(2) 主变压器的正常巡视每天4次，分别为早上7时、上午10时、下午15时、晚上20时（熄灯巡视）。上午和下午负荷或环境温度较高时，应各巡视一次。

(3) 在大风、大雾、大雪、雷雨后以及气候突变或特殊过负荷等情况下的巡视次数应适当增加。

第四节 变压器的运行维护

一、变压器运行维护基本要求

(1) 变电运行人员应随时监视变电站电气设备的运行状况。监视电压、电流、温度、油位、油色、声音、各种保护信号等。

(2) 变压器正常过负荷或事故过负荷时，其过负电流、油温、油位、油色、声音和过负荷持续时间等，都应及时记入有关记录簿内，并及时汇报调度及领导。

(3) 加强对变电站的一次电气设备、二次回路电气设备、继电保护装置、自动化装置的巡视检查，一旦发现异常、故障、事故时，及时汇报调度及领导，同时采取正确的处理方法。

(4) 加强对变电站电气设备的缺陷处理。一旦发现设备缺陷，应及时填写缺陷处理单，交有关专业人员进行处理。

(5) 严格执行调度操作命令，熟悉变电站电气设备典型操作程序。防止发生误操作事故，确保人身设备的安全。

二、变压器分接开关的运行与维护

变压器分接开关分为无载分接开关和有载分接开关两种。过去无载分接开关应用较多，随着对电压质量的考核，有载分接开关应用越来越广泛，有载分接开关对供电系统的电压合格率有着重要作用。

1. 无载分接开关的运行维护

无载分接变压器，当变换分接头时，应先停电后操作。一般要求各正、反转动，消除触头上的氧化膜及油污。变换分接头后，应测量绕组挡位的直流电阻，并检查锁紧位置，还应将分接头变换情况做好记录并报告调度部门。对于运行中不常进行分接变换的变压器，每年结合小修（预防性试验）将分接头操作 3 个循环，并测量全挡位直流电阻，发现异常及时处理合格后方可投运。

2. 有载调压开关的运行维护

(1) 有载调压变压器的有载分接开关投运前，检查其油枕油位正常，无渗漏油，控制箱防潮良好。用手动操作一个（升—降）循环，档位指示器与计数器应正确动作，极限位置的闭锁应可靠，手动与电动控制的连锁亦应可靠。

(2) 有载分接开关气体保护，重瓦斯保护投入动作于跳闸、轻瓦斯接入动作发信号。气体继电器应装在运行中便于检查的位置。新投运有载开关的气体继电器安装后，运行人员在必要时（有载本体内有气体）应适时放气。

(3) 有载分接开关的电动控制应正确无误、电源可靠、各接线端子接触良好。驱动电机转动正常，转向正确，其熔断器额定电流按电机额定电流的 2～2.5 倍配置。

(4) 有载分接开关的电动控制回路，在主控制盘上的电动操作按钮与有载开关控制箱按钮应完好，电源指示灯、行程指示灯应完好，极限位置的电气闭锁应可靠。

(5) 有载分接开关的电动控制回路应设置电流闭锁装置，其整定值为主变压器额定电流的1.2倍，电流继电器返回系数应大于或等于0.9。当采用自动调压时，主控制盘上必须有动作计数器，自动电压控制器的电压互感器断线闭锁应正确、可靠。

(6) 新装或大修后有载分接开关，应在变压器空载运行时，在主控制室用电动操作按钮至少试操作一个（升—降）循环。各项指示正确，极限位置的电气闭锁可靠，方可调至调度要求的分接挡位以带负载运行，并加强监视。

(7) 值班员根据调度下达的电压曲线及电压信号，自行调压操作。每次操作应认真检查分接头动作和电压电流变化情况（每调一个分头计为一次），并做好记录。

(8) 两台有载调压变压器并联运行时，允许在变压器85%额定负载电流以下进行分接变换操作，但不能在单台变压器上连续进行两个分接变换操作，可在一台变压器的分接变换完成后再进行另一台变压器的分接变换操作。

(9) 值班人员进行有载分接开关操作时，应按巡视检查要求进行。在操作前后均应注意并观察气体继电器有无气泡出现。

(10) 运行中有载分接开关气体继电器重瓦斯保护应接跳闸。当轻瓦斯频繁动作时，值班员应先做好记录、汇报调度，后停止操作、分析原因及时处理。

(11) 有载分接开关的油质监督与检查周期。运行中每6个月应取油样进行耐压试验一次，其油耐压值不 低于30kV/2.5mm；当油耐压在25～30kV/2.5mm之间，应停止使用自动调压控制器；若油耐压低于25kV/2.5mm时应停止调压操作，并及时安排换油。

(12) 有载分接开关本体吊芯检查，其检查周期如下：

1) 新投运1年后，或分接变换5000次。

2) 运行3年后，或累计调节次数达10000次。

3) 结合变压器检修。

(13) 有载分接开关吊芯检查时，应测量过渡电阻值，并与制造厂数值一致。

(14) 当电动操作出现“连动”（即操作一次，会出现调整一个以上分头，俗称“滑挡”）现象时，应在指示盘上出现第二个分头位置后，立即切断驱动电机的电源，然后手动操作到符合要求的分头位置，并通知检修人员及时处理。

3. 有载调压开关的维护和操作注意事项

(1) 调压操作每天调节次数：110kV、220kV主变压器一般不超过10次（每调一个分头为一次），35kV主变压器一般不超过20次。

(2) 正常情况下调压操作应用电动机构进行，按钮时间应符合制造厂规定，操作时要注意观察电压、电流指示、位置指示器及动作计数器都应有相应变化。

(3) 有载调压切换次数超过5000次应换油，一年之内切换次数不到5000次也需换油。

(4) 每次调压操作应记录操作时间，分头位置及电压变化情况。

(5) 在变压器过载1.2倍以上时禁止操作有载调压开关。

(6) 在有载调压电动操作中出现“连动”（即操作一次，调整一个以上分头）现象时，应在指示盘上出现第二分头位置后立即切断驱动电机电源或揿有载调压的紧急停止按钮，然后用手摇到适当的分头位置，并汇报调度和填写缺陷单报告工区。

(7) 有载调压开关运行三年内至少吊芯检查一次，三年内如果累计调节次数达10000次时也应吊芯检查（在快到规定次数前填写缺陷单报告工区）。

(8) 运行中有载调压开关的气体继电器接跳闸，当轻瓦斯信号频繁动作时应停止调压操作，并做好记录，汇报调度及工区。

三、冷却器的运行维护

1. 冷却系统功能

（1）变压器投入电网的同时，冷却系统依靠片式散热器冷却（ONAN）；当变压器顶层油温（或绕组温度）达到规定值时，能自动启动尚未投入运行的风扇（ONAF），或当变压器的负荷增加到规定值时，也可以启动风扇来提高冷却效率。切除变压器时，冷却装置能自动切除全部投入运行的风扇。

（2）冷却系统的控制方式有自动、手动两种。正常运行时置于自动控制方式。当风扇回路有检修，应切至手动控制方式。

（3）整个冷却系统由两路独立的电源供电。两种电源可以任选一路工作，另一路备用。当工作电源发生故障时，自动投入备用电源。

（4）风扇电机设有过负荷、短路保护，以保证电机的安全运行。

（5）当冷却系统在运行产生故障时，能发出异常信号，向值班人员报警。

2. 冷却器正常运行时的要求

（1）主变压器投运前应先将风扇电源切换及信号切换开关切至“Ⅰ工作”或“Ⅱ工作”位置。

（2）风扇电源投入开关切至“工作”位置。

（3）两组风扇投入开关切至“自动”位置。

（4）各只风扇电源开关QF1～QF18切至“合”位置。

（5）两组风扇交流控制电源开关3QF、4QF切至“合”位置。

（6）直流信号电源开关5QF、6QF切至“合”位置。

（7）回路熔丝接触正常。

3. 冷却器的电源要求

冷却器有两路独立的电源互为备用，当两路电源都送上电后，接触器KV1、KV2的绕组激磁，KV1、KV2的常开接点闭合，HS1、HS2两个电源监视灯亮。同时，继电器K1、K2的绕组也激磁，K1、K2的常开接点闭合，常闭接点断开。当转换开关SS预先放在Ⅰ的位置时，接触器KMS1的绕组激磁，KMS1的主触头闭合，同时KMS1的常开接点闭合，常闭接点断开，电源Ⅰ带上负载成为工作电源。此时由于K1的常闭接点已断开，所以接触器KMS2的绕组不能激磁，电源Ⅱ为备用状态。当电源Ⅰ掉电时KMS1和KV1的绕组失电，此时K1和KMS1的常闭接点已闭合，常开接点已断开，接触器KMS2的绕组激磁，KMS2的主触头闭合，电源Ⅱ为负载供电。同理，当SS预先放在Ⅱ的位置时，电源Ⅱ就成为工作电源，电源Ⅰ就成为备用电源，控制原理同前所述。

4. 风扇的启动条件

变压器投入运行，且电源工作正常。当油温上升到规定值时（75℃），温度计的微动接点闭合；主变压器负荷上升到67%时，电流继电器接点闭合。上述两种情况均会启动风扇回路的继电器，使风扇投入运行。

四、变压器油的简化试验

1. 变压器油的作用

变压器油在变压器中起绝缘和冷却作用。

变压器内的油可以增加变压器内各部件间的绝缘强度，因为油是易流动的液体，它能充满变压器内各部件间的任何空隙，将空气排除，避免了部件因与空气接触受潮而引起的绝缘降低。其次，因为油的绝缘强度比空气大，从而增加了变压器内各部件之间的绝缘强度，使绕组与绕组之间、绕组与铁芯之间、绕组与油箱外壳之间均保持良好的绝缘。

变压器的绝缘油还可以使变压器的绕组和铁芯得到冷却，因为变压器运行中，靠近绕组与铁芯的油受热后，温度升高，体积膨胀，密度减少而上升，经冷却装置冷却后，再进入变压器油箱的底部，从而形成油的循环，这样，在油的循环过程中，将热量散发给冷却装置，从而使绕组和铁芯得到冷却。

另外，绝缘油能使绝缘物如木质、纸等保持原有的化学和物理性能，使金属如铜得到防腐作用，以及能熄灭电弧。

综上所述，绝缘油的运行，实际上是要解决变压器的散热、防潮及防劣化三个问题，因此，解决油的防劣化，以便使油在经济、合理的基础上延长其使用期限，便成为一项很重要的工作。

为了确保变压器油的质量，保证变压器的安全可靠供电，必须定期对变压器油进行简化试验。

2. 油的简化试验项目

为了掌握变压器油在长期运行中的情况，需要进行取样试验。在一般情况下，仅做以下简化试验项目。

（1）酸价。它表示油中游离酸的含量，是由空气中的氧气对油中烃类化合物进行氧化的产物，以及油中的氧化物、杂质在温度作用下分解出来的。酸价的大小表明油的氧化及劣化程度，其值是以中和1g油中的全部游离酸所需的氢氧化钾的毫克数来表示。酸价越高表明氧化越严重，因此油的酸价越低越好。

（2）电气绝缘强度。它是指试油器两电极间油层击穿时电压表所示的最小电压。油的电气绝缘强度基本上决定于其中所含的潮气、纤维杂质、碳和其他机械污垢以及空气泡的数量，它们都会使油的电气绝缘强度降低。在各种电压下，标准间隙的击穿电压应不低于表2-9所列的数值。

表2-9　变压器油的击穿电压标准　kV

使用电压	新油标准	运行油标准
35kV以上	40	35
35～6kV	30	25
6kV以下	25	20

（3）闪光点。它是油加热时所发生的蒸汽与空气混合后，遇到明火能发生燃烧的最低温度。闪光点表示油的蒸发度，油的闪光点越低，其蒸发度越高。油蒸发时使其成分变坏；黏度加大，体积减小，并可能产生可爆性气体，因此，油的闪光点越高越好，一般此值在130～140℃之间。

（4）游离碳。最好是没有，即使有少量悬浮炭存在，也说明已经过热。有游离碳时，除应滤油外，尚应明确过热原因，必要时应进行变压器的内部检查。

（5）机械混合物。它是由设备内固体绝缘纤维及空气中的灰尘纤维所造成的，另外，还由油中的不饱和烃类所分解出来的氧化物、可溶性树脂、油泥及游离碳等所造成。它们在电场的作用下，最易形成桥路，使油的电气绝缘强度大为降低，故最好是没有机械混合物。

(6) 水分。它是由空气中的潮气侵入和设备内有机物质包括绝缘油因温度过高而复分解出来所形成的。含有水分的绝缘油，其绝缘水平将会显著降低，特别是水分对绝缘油击穿电压的降低影响更大，故最好无水分。

(7) 酸碱度。它是由绝缘由氧化及皂化（因油中的高分子有机游离脂肪酸的存在而产生）产生的，是绝缘油的重要性质之一。酸碱度用 pH 值表示，pH＞4.6 为中性，pH＝4.1～4.5 为弱酸性；pH＜4 为酸性。新油 pH 值一般为 5.4～5.6。

变压器油通过简化试验后，若符合上述标准时，即认为合格，若不符合标准时，必须针对存在的问题进行处理。如当电气绝缘强度试验不合格时，需进行过滤；又如某些化学性能不合格时，需进行再生处理等。

每次取油样试验的结果，还应与上一次取样试验的结果作比较，以掌握油质性能变化的趋势。

运行中的变压器油和备用变压器油，对电压在 35kV 及以上的变压器，每年至少取样做一次简化试验；对电压在 35kV 以下的变压器，则每两年至少取油样做一次简化试验。但变压器每次大修后，均应取样做简化试验。对电气绝缘强度试验，则在每两次简化试验之间，至少应再做一次试验。除按计划取样试验外，在变压器切断短路故障后，或在其他情况下加油时，亦需取样分析。

取样由值班人员进行，试验由化验人员进行。由于取样的质量对试验结果有很大影响，如污垢、尘土、纤维和水分进入油样中，都会使油的试验结果不正确，为此在取样前，应将变压器下部的放油阀门上的尘垢及水分清理干净，并稍开此门放油冲洗后，再用取样瓶取样。在冬季取样时，应先将取样瓶加热到要取油样的油温或其以上的温度，以避免因瓶壁潮气凝结而进入水分。

五、变压器充氮灭火装置的运行维护

1. 装置的基本要求

220kV 变电站的主变压器，都装有充氮灭火装置，变电站值班人员应加强对变压器充氮灭火装置的运行维护。

(1) 充氮灭火装置是变压器的安全保护装置。用于变压器发生严重内部故障并伴有着火时，能自动或手动启动，关断油枕与主变压器油流通道，从上部排出一定量的高温变压器油，并从变压器底部充入液态氮气，以降低变压器油温至闪点以下，同时使油与空气隔离达到迅速灭火的目的

(2) 装置由火警探头、控流阀、排油管路、充氮管路、消防柜以及控制柜组成。

(3) 火警探头装于主变压器本体顶部易着火部位，发生火灾（其附近温度达到 93℃）时发出接点信号以便自动或人工启动装置灭火。

(4) 控流阀装于主变压器油枕与气体继电器间，当主变压器本体破裂大量流油或发生火灾排油时自动关闭阀门切断补油通道。

(5) 排油管路装于主变压器本体较高部位，当火灾发生时变压器上层高温油经它向外排出。

(6) 充氮管路装于主变压器本体底部，当火灾发生时液态氮从底部进入变压器本体，以

降低变压器油温隔离空气迅速灭火。

（7）消防柜装于主变压器附近由充氮开阀装置、充氮阀、排油开阀装置、排油阀、两只高压氮瓶和输出压力流量调节阀、防结露加热器及氮压指示仪表、欠压报警开关等组成。火灾发生时接受控制柜来的指令进行排油、充氮。

（8）控制柜装于控制室由运行方式控制开关（自动/断开/手动）、工作状态指示灯、报警指示灯、试灯按钮、手动启动操作开关和投运压板等组成。

（9）控制柜有下列工作状态指示信号：

1）“系统投入”：自动/断开/手动开关切至自动或手动时亮。

2）“系统退出”：氮阀、油阀重锤任一插入机械闭锁稍时亮。

3）“油阀关”：正常时亮，动作时灭。

4）“氮阀关”：正常时应亮，装置动作时应灭。

（10）控制柜有下列报警信号：

1）“氮压低”：正常运行时灭，氮气压力低（小于 9MPa）或装置异常时亮。

2）“控流阀关”：正常运行时灭，装置动作时亮。

3）“探头动作”：正常运行时灭，当变压器箱盖火焰温度大于 93℃时动作。

4）“瓦斯动作”：正常时灭，变压器有故障时亮。

5）“消防进行”：正常时灭，充氮阀打开时亮。

6）“排油阀开”：正常时灭，装置动作时亮。

7）“报警”：以上任一信号动作该灯闪亮。

2. 装置的运行检查及操作

（1）充氮灭火装置投运前应做好安装高度试验和功能检查试验，确证装置机械、电气连接正常，指示灯、信号输出正常，具备投运条件。

（2）装置投运前应进行下列检查和操作：

1）有管道螺栓已坚固，垫圈密封良好，无渗漏油现象。

2）打开下部排油管检查孔，检查排油管的密封性应良好。

3）检查排油重锤和充氮重锤是否被抬起并被相应支撑杆闭锁；二重锤机械锁定应退出。

4）检查除氮阀及油阀外本系统其他阀门应在开启状态，如：控流阀、液态氮钢瓶阀等。

5）液态氮压力指示应正常（不低于 10MPa），并使高压表下限整定在 9MPa。

6）输出压力表调整至 0.8～1.0MPa，并使低压表上限整定在 0.4MPa。

7）确认氮阀膜片是否完好，否则将影响变压器的正常运行。

8）所有电缆接线准确，接头端子紧固、接触良好；探头引线、开关接线盒盖密封良好，导线在支架上固定良好。

9）电接点温度计（用于消防柜内温度控制，以防结露）下限设定 5℃、上限设定 15℃。

（3）加入装置交直流电源，自动/断开/手动控制方式开关切至手动位置后应检查控制柜：

1）“系统投入”、“油阀关”、“氮阀关”灯应亮。

2）“系统退出”、“氮压低”、“控流阀关”、“探头动作”、“瓦斯动作”、“消防进行”、“排油阀开”及“报警”灯应灭。

3）手动按下“试灯”按钮时以上所有灯均亮，“报警”灯闪亮并发蜂鸣音响。

4）装置运行时严禁大流量（流量<40L/min）采集变压器油，以免控流阀动作关闭。控流阀一旦关闭，只能在变压器停运时人工操作解除。

5）装置运行主变压器无故障时严禁按下“手动启动操作开关”。

3. 装置的异常处理

（1）当“充氮灭火装置故障”光字牌亮时，应将该装置消防柜“充氮阀”和“排油阀”用机械锁定，将控制柜直流电源断开以免误为，并立即汇报工区听候处理。

（2）当“主变着火”光字牌亮时若主变压器无故障，则是由于“火警探头”误动或二次小线腐蚀短路引起，也应立即停用该装置。

（3）当装置动作后，应汇报工区派员进行补氮及控流阀等复位工作。

（4）当控制柜“氮压低”灯亮时，“报警”灯也将闪亮，此时应检查消防柜内氮气压力表指示情况、氮气瓶项阀门是否打开等，若压力低于9MPa时，应汇报工区要求检流并补充氮气，否则属灯回路误发信，应汇报工区并做好记录。

（5）当控制柜“控流阀关”灯亮时，应仔细检查判明原因。若由于变压器油箱严重漏油、人工大流量采油、手动关闭控流阀、消防程序启动等原因造成，表明控流阀确已关闭，应汇报工区消除故障重新打开控流阀；若无上述原因引起，则可能是灯回路误动应汇报工区并做好记录。

（6）其他报警灯亮时，应综合实际情况分析判断分别处理。

六、变压器安装与大修后的验收项目

大型电力变压器一般定期大修规定为7～13年，平均为10年进行大修，其中应视设备的运行状况可以加以变动。国产新设备则一般要进行吊罩检查，安装（或定期大修）后必须验收合格才能投入运行。

1. 变压器安装、检修后的验收项目

（1）外观检查。油漆、相色标志、封堵应完好清洁。

（2）顶盖（包括有载开关联管）沿气体继电器出口方向升高坡度为1%～1.5%或按厂方要求。

（3）本体接地检查。两点接地，上下钟罩可靠短接。

（4）中性点接地。异地两点接地。

（5）铁芯、夹件、平衡线圈（如有）接地，接地良好。

（6）设备高压引线连接检查。应紧固，净距符合要求。

（7）吸湿器油封油位。符合规范。

（8）吸湿器呼吸道检查、硅胶检查。无阻塞，硅胶应无变色。

（9）气体继电器检查。内部应无气体，箭头指示方向向油枕侧，有防雨罩。

（10）套管外观及充油套管油位检查。符合要求。

（11）压力释放阀检查。闭锁装置应拆除。

（12）套管末屏及套管TA接地。接地良好。

（13）温度计检查。现场与远方指示应一致。

（14）整体密封性检查。无渗漏油现象。

（15）阀门检查。各种阀门应处于运行状态。

（16）油流继电器动作可靠性检查。正确可靠。

(17) 油泵、风扇旋转方向检查。正确。

(18) 冷却控制箱检查。符合运行要求。

(19) 油标指示检查。油标指示与环境温度相符，有载油位应略低于本体油位。

(20) 无载开关检查。分接位置三相应一致，并与调度指定值一致。

(21) 有载开关检查。近控、远控、遥控操作正确，极限位置限位应可靠。

(22) 集气盒检查。应充满油，无气体。

(23) 运行编号检查。冷却器、有载开关控制箱等应有运行编号。

(24) 管路标记检查。标记应正确。

(25) 箱盖检查。应无遗留物，各放气部位体应经多次放气。

(26) 事故油坑检查。清洁，无积水，符合规范。

(27) 表计、信号、保护完备、符合规程要求，动作可靠。

(28) 资料检查。出厂、交接资料应完整。

(29) 检修（安装）、试验及技术改造检修工作总结等技术资料应齐全，填写正确。

2. 验收过程

变压器检修、安装工作实行三级验收。

(1) 施工中对检修、安装的各部件及隐蔽部分或本体内部，各部件内部的验收由施工单位、班组按规定范围及时进行施工验收，这是保证质量的第一个流程验收。

(2) 施工完毕由施工单位上一级会同变电运行单位（含变电站运行人员）组织验收。如施工由基建单位乙方进行的（外单位施工），则由供电公司一级组织并运行单位进行验收。

(3) 施工完毕对变压器启动、冲击、空载前及试运行阶段由供电公司一级组织正式投运的验收。

(4) 对在施工中关键情况下，如吊罩检查芯体、特殊试验项目的施工，甲（运行）乙（施工）方各方的上一级单位均应在现场参加监察验收。

(5) 变压器经交接验收，符合运行条件后开始带电，并带一定负荷运行24h所经历的过程称“变压器的试运行”。

空载试运行，电源侧应有完善的保护措施。变压器冲击合闸时，应在使用的分接头位置上，大型变压器空载冲击合闸时，应注意：

1) 冲击合闸前应起动冷却器，以排除本体内气体，合闸时可停止冷却器，以检查有无异常响声。

2) 电源侧三相断路器同步应小于10ms，非合闸侧应有避雷器保护；中性点应直接可靠接地，过流保护动作时限整定为零，气体继电器信号回路暂接在跳闸回路上。

3) 在5次冲击合闸中，第一次合闸后持续时间应大于10min，每次冲击合闸的间隔时间应大于5min，变压器励磁涌流，不应引起继电保护装置动作。

空载冲击合闸结束后，应将气体继电器的信号接点接至报警回路，跳闸接点应接至跳闸回路。调整好过流保护值，拆除临时接地线，最后再次将所有放气塞打开排气。

对装有散热器或冷却器的变压器，要检测空载下的温升。不启动冷却装置，空载运行12～24h，记录环境温度及变压器上层油温，若温度超过75℃，则启动1～2台散热器或冷却器，直至油温稳定为止。

4）若条件具备时，试运行前，应以85％出厂试验电压值进行工频耐压试验。

带负荷运行，在空载试运行48h无异常后，转入带负荷运行，并逐步以25％、50％、75％、100％增加负荷，随着变压器温度升高，逐步启动投一定数量的冷却装置，在带负荷运行24h（其中满载2h）后，变压器本体及附件正常，则试运行结束为合格，方可正式并网运行。

第五节　变压器的异常处理

变压器在运行中一旦发生异常情况，便将影响系统的运行方式及对用户的正常供电，甚至大面积停电。对异常运行进行分析，防止事故及其扩大，及时地采取预防措施。变压器运行中的异常。一般有以下几种情况。

一、外表异常处理

1. 防爆管防爆膜破裂

防爆管防爆膜破裂会引起水和潮气进入变压器内，导致绝缘油乳化及变压器的绝缘强度降低。其原因有下列几方面：

（1）防爆膜材质如玻璃选择处理不当。当材质未经压力试验验证，玻璃未经退火处理，受到自身内应力的不均匀导致裂面。

（2）防爆膜及法兰加工不精密、平正，装置结构不合理，检修人员安装防爆膜时工艺不符合要求，紧固螺栓受力不匀，接触面无弹性等所造成。

（3）呼吸器堵塞或抽真空充氮情况下不慎，受压力而破损。

（4）受外力或自然灾害袭击。

（5）变压器发生内部短路故障。

2. 油枕、呼吸器、防爆管向外喷油

此情况表明，变压器内部已有严重损伤。喷油的同时，气体保护可能动作跳闸，若没有跳闸，应将变压器各侧断路器断开，若气体保护没有动作，也应切断变压器的电源。但有时某些油枕或呼吸器冒油，是在安装或大修后，油枕中油面异常升高而冒油。此时，油位计中的油面也很高，应注意分辨，汇报上级，按主管领导的命令执行。

3. 压力释放阀动作后原因及检查处理

（1）压力释放装置动作的原因：

1）内部故障。

2）变压器承受大的穿越性短路。

3）压力释放装置二次信号回路故障。

4）大修后变压器注油较满。

5）负荷过大，温度过高，致使油位上升而向压力释放装置喷油。

（2）检查及处理：

1）检查压力释放阀是否喷油。

2）检查保护动作情况、气体继电器情况。

3）检查主变压器油温和绕组温度、运行声音是否正常，有无喷油、冒烟、强烈噪声和振动。

4）检查是否有压力释放阀误动。

5）在未查明原因前，主变压器不得试送。

6）压力释放阀动作发出一个连续的报警信号，只能通过恢复指示器人工解除。

7）若仅压力释放装置喷油但无压力释放装置动作信号，则可能是（1）点的4）、5）所致。

4. 渗漏油

（1）渗漏油的原因。渗漏油是变压器常见的缺陷，渗与漏仅是程度的区别，要求渗油两滴间隔时间应大于5min，并从根本上消除漏油。渗漏油常见的具体部位及原因如下：

1）阀门系统、蝶阀胶垫材质和安装不良，放油阀精度不高，螺纹处渗漏。

2）胶垫接线桩头、高压套管基座电流互感器出线胶垫桩头不密封、无弹性，小绝缘子破裂渗漏油。

3）胶垫不密封渗漏，一般胶垫压缩应保持在2/3，有一定的弹性，随运行时间、温度、振动易老化龟裂失去弹性，或本身材质不符要求，位置偏心。

4）设计制造不良，高压套管升高座法兰、油箱外表，油箱底盘大法兰等焊接处材质太薄、加工粗糙，形成渗漏油。

（2）处理方法。若发现变压器加漏油现象，运行人员填写漏油缺陷，通知专业检修人员处理。

5. 变压器潜油泵油流指示不正确原因及处理

变压器潜油泵油流指示器正常运行时，其指针应当指向流动的位置，若指针指向停止位置，则有以下两种情况：

（1）潜油泵因某种原因没有启动。

（2）潜油泵三相交流电源在检修后将相序接反（如U、W相互反），造成潜油泵反转。

出现以上两种情况都会使变压器温度不断上升，因此，运行人员应立即查找原因进行处理，其处理方法如下：

（1）启动备用冷却器。

（2）检查潜油泵交流电源接线是否正确，其回路是否有断线现象。

（3）检查潜油泵控制回路是否有故障。

6. 变压器油流故障现象及处理

（1）变压器油流故障的现象：

1）变压器油温不断上升。

2）风扇运行正常，变压器油流指示器指在停止的位置。

3）如果是管路堵塞（油循环管路阀门未打开），将会发油流故障信号，油泵热继电器将动作。

（2）油流故障原因：

1）油流回路堵塞。

2）油路阀门未打开，造成油路不通。

3）油泵故障。

4）变压器检修后油泵交流电源相序接错，造成油泵电机反转。

5）油流指示器故障（变压器温度正常）。

6）交流电源失压。

（3）处理方法。油流故障告警后，运行人员应检查油路阀门位置是否正常，油路有无异常，油泵和油流指示器是否完好，冷却器回路是否运行正常，交流电源是否正常，并进行相应的处理。同时，严格监视变压器的运行状况，发现问题及时汇报，按调度的命令进行处理地。若是设备故障，则应立即向调度报告，通知有关专业人员来检查处理。

7. 套管闪络放电

套管闪络放电会造成发热导致老化，绝缘受损甚至引起爆炸，常见的原因有以下几方面：

（1）套管表面过脏，如粉尘污秽等在阴雨天就会发生套管表面绝缘强度降低，容易发生闪络事故，若套管表面不光洁在运行中电场不均匀会发生放电异常。

（2）高压套管制造不良，焊接不良，形成绝缘损坏，也有可能导致电位提高而逐步损坏。

（3）系统出现内部或外部过电压，套管内存在隐患而导致击穿。

针对闪络放电，运行人员应立即报告调度及有关领导处理。

（1）套管损坏，更换新的瓷套管。

（2）套管表面污秽，应进行清洁处理。

二、轻瓦斯动作后的原因及处理

轻瓦斯动作发出信号后，值班人员应首先停止音响信号，并观察气体继电器动作的次数、间隔时间的长短、气量的多少，检查气体的性质，从颜色、气味、可燃性等方面判断变压器是否发生内部故障。

1. 轻瓦斯动作原因分析

（1）因滤油、加油、充气时空气进入变压器内。

（2）因温度突降或漏油致使油面下降。

（3）变压器内部或有载调压开关内部发生故障而产生气体。

（4）气体继电器二次回路绝缘不良。

2. 轻瓦斯动作后的处理

（1）若空气进入，可根据轻瓦斯动作发信的时间，间隔不断延长来判断，此时只需要将瓦斯放气即可。

（2）若轻瓦斯动作时间间隔不断缩短，可判断为变压器内部故障引起，即应向调度及有关部门汇报，加强监视并记录每次动作的时间。

（3）若轻瓦斯动作，并查明是瓦斯保护二次回路原因，即汇报调度及工区。

（4）变压器无论是轻瓦斯或重瓦斯动作后，应对气体继电器进行取气鉴别，并根据气体的性质判别故障的类别，但采集气体时应考虑人对 35kV、10kV 的安全距离，气体故障分析参见表 2-10。

（5）通过气体性质及气相色谱分析检查，确认是由于变压器内部轻微故障而产生的气体时，则应考虑该变压器能否继续运行。

表 2-10　　气体故障分析

气体的颜色及气味	可燃性	判断
无色无味	不燃	空气
黄色	不易燃	木质故障
浅灰色强臭	可燃	纸质故障
灰黑色	易燃	铁芯或油故障

3. 取油样分析发现油已劣化处理

油质劣化，含有杂质或颗粒，会导致油的绝缘性能降低，部分颗粒由于电压作用会在绕组之间搭成“小桥”，可能造成变压器相间短路或绕组与外壳发生击穿现象。在这种情况下，应立即停用该台变压器，以免事故发生，烧毁变压器。

三、声音异常处理

变压器虽属静止设备，但运行中会发现轻微的，连续不断的“嗡嗡”声，这种声音是运行中电气设备的一种固有特征，一般称之为“噪声”。若均匀连续则视为正常，而不均匀的间断响声则视为不正常。

（1）噪声的原因有：

1）励磁电流的磁场作用使硅钢片振动。

2）铁芯的接缝和叠层之间的电磁力作用引起振动。

3）绕组的导线之间或绕组之间的电磁力作用引起振动。

4）连接在变压器上的某些零部件松动引起的振动，正常运行中变压器发生的“嗡嗡”声是连续的、均匀的。如果产生的声音不均匀或有特殊的响声，应视为不正常现象。判断变压器的声音是否正常，可借助于“听音棒”等工具进行。

（2）变压器声音大，但均匀。变压器声音比平时增大，声音均匀，一般有以下几种原因：

1）电网发生过电压。电网发生单相接地或产生谐振过电压时，都会使变压器的声音增大，出现这种情况时，可结合电压表计的指示进行综合判断，消除接地谐振。

2）变压器过负载。将会使变压器发出沉重的“嗡嗡”声，减轻负荷。

（3）变压器有杂音。声音比正常时增大且有明显的杂音，但电流、电压无明显异常时，则可能是内部夹件或压紧铁芯的螺钉松动，使硅钢片振动增大所造成，应停用检查处理。

（4）变压器有放电声。若变压器内部或表面发现局部放电，声音中就会夹杂有“噼啪”放电声。发生这种情况时，若在夜间或阴雨天气下，看到变压器套管附近有兰色的电晕或火花，则说明瓷件污秽严重或设备线卡接触不良；若是变压器内部放电，则是不接地的部件静电放电，或是分接开关接触不良放电。这时，应对变压器作进一步检测或停用。

（5）变压器有水沸腾声。声音夹杂有水沸腾声，且温度急剧变化，油位升高，则应判断为变压器绕组发生短路故障，或分接开关因接触不良引起严重过热，这时应立即停用变压器进行检查。

（6）变压器有爆裂声。声音中夹杂不均匀的爆裂声，则是变压器内部或表面绝缘击穿，此时应立即将变压器停用检查。

（7）变压器有撞击声或摩擦声。若变压器的声音中夹杂有连续、规律的撞击声或摩擦声，则可能是变压器外部某些零件的摩擦声或外来高次谐波源所造成，应根据情况予以处理。

四、油温异常处理

运行中的变压器如果油温过高，使变压器处在过热状态下运行，这对变压器是极其有害的。变压器绝缘损坏大多是由过热引起，温度的升高降低了绝缘材料的耐压能力和机械强度。IEC 354《变压器运行负载导则》指出：变压器最热点温度达到140℃时，油中就产生气泡，气泡会降低绝缘或引发闪络，造成变压器损坏。

变压器过热也对变压器的使用寿命影响极大。国际电工委员会（IEC）认为在80～140℃的温度范围内，温度每增加6℃，变压器绝缘有效使用寿命降低的速度会增加一倍，这就是变压器运行的6℃法则，GB 1094中规定：油浸变压器绕组平均温升值是65℃，顶部油温升是55℃，铁芯和油箱是80℃。IEC还规定绕组热点温度任何时候不得超过140℃，一般取130℃作为设计值。

1. 变压器油温异常的原因

（1）变压器过负荷运行。

（2）温度指示装置误指标。

（3）内部故障引起油温异常。

（4）冷却器运行不正常引起油温异常。

2. 变压器油温异常的检查和处理

（1）检查主变压器就地及远方温度计指示是否一致，用手触摸比较各相变压器油温有无明显差别。

（2）调阅站内自动化系统的主变压器温度与负荷曲线进行分析，若是因长期过负荷引起油温升高，应向调度汇报，要求减轻负荷。

（3）检查冷却设备运行是否正常，若冷却器运行不正常，则应采取相应的措施。

（4）检查主变压器声音是否正常，油温是否正常，有无故障迹象。

（5）若在正常负荷、环境和冷却器正常运行方式下主变压器油温仍不断升高，则可能是变压器内部有故障，应及时向调度汇报，征得调度同意后，申请将变压器退出运行，并做好记录。

（6）判断主变压器油温升高，应以现场指示、远方打印和模拟量告警为依据，并根据温度—负荷曲线进行分析。若仅有告警，而打印和现场指示均正常，则可能是误发信号或测温装置本身有误。

（7）当发现主变压器温度较相同运行条件下的历史数据有明显差距，或温度虽未越限但在负荷没有大幅变化的情况下呈现较快的增长速率时，必须引起高度重视，如原因不明必须立即报告调度及有关领导，请专业人员进行检查并寻找原因加以排除。

（8）变压器内部故障引起温度异常时，如绕组匝间或层间短路，线圈对围屏放电，内部引线接头发热，铁芯多点接地使涡流增大过热，零序不平衡电流等漏磁通与铁件油箱形成回路而发热等因素引起变压器温度异常，发生这些情况，还将伴随着气体或差动保护动作。故障严重时，还可能使防爆管或压力释放阀喷油，这时变压器应停用检查。

（9）冷却器运行不正常或发生故障引起温度异常时，如潜油泵停运，风扇损坏，散热器管道积垢，冷却效果不良，散热器阀门没有打开，温度计指示失灵等因素引起温度升高，应对冷却系统进行维护或冲洗，提高冷却效果。

五、油位异常的处理

变压器储油柜的油位表，一般标有－30℃、＋20℃、＋40℃三条线，它是指变压器使用地点在最低平均和最高环境温度时对应的油面，并注明其温度。根据这三个标志可以判断是否需要加油或放油。运行中变压器温度的变化会使油体积变化，从而引起油位的上下位移。

1. 油位异常的原因

（1）指针式油位计出现卡针等故障。

（2）隔膜或胶囊下面储积有气体，使隔膜或胶囊高于实际油位。

（3）呼吸器堵塞，使油位下降时空气不能进入，油位指示将偏高。

（4）胶囊或隔膜破裂，使油进入胶囊或隔膜以上的空间，油位计指示可能偏低。

（5）温度计指示不准确。

（6）变压器漏油使油量减少。

（7）大修后注油过满或不足。

（8）变压器长期在大负荷下运行。

2. 油位异常的处理

（1）发现变压器油位异常，应迅速查明原因，并视具体情况进行处理。特别是当油位指示超过满刻度或降到 0 刻度时，应立即确认故障原因并进行及时处理，同时应监视变压器的运行状态，出现异常情况，立即采取措施。主变压器油位可通过油位与油温的关系曲线来判断，并通过油位表的微动开关发出油位高或低的信号。

（2）检查油箱呼吸器是否堵塞，有无漏油现象。查明原因，汇报调度及有关领导。

（3）若油位异常降低是由主变压器漏油引起，则需迅速采取防止漏油措施，并立即通知有关部门安排处理。如大量漏油使油位显著降低时，禁止将气体保护改信号。若变压器本体无渗漏，且有载调压油箱内油位正常，则可能是属于大修后注油不足（通过检查大修后的巡视记录与当前油位进行对比）。

（4）若注油箱油位异常低，而有载调压油箱油位异常高，可能是主油箱与有载调压油箱之间密封损坏，造成主油箱的油向调压油箱内漏。

（5）若油位因温度上升而逐渐上升，最高油温下的油位可能高出油位指示（并经分析不是假油位），则应放油至适当的高度以免溢出。应由检修单位处理。

（6）若发现变压器油位异常时，应报缺陷处理。程度较严重的漏油或长期的微漏油现象可能会使变压器的油位降低，应立即通知检修人员进行堵漏和加油。如因大量漏油而使油位迅速下降时，禁止将重气体保护改信号，通知检修人员迅速采取制止漏油的措施，并立即加油。如油面下降过多，危及变压器运行时应提请调度将故障变压器停运。

六、颜色、气味异常处理

变压器的许多故障常伴有过热现象，使得某些部件或局部过热，因而引起一些有关部件的颜色变化或产生特殊臭味。

1. 线头（引线）、线卡处过热引起异常

套管接线端部紧固部分松动，或引线头线鼻子滑牙等，接触面发生氧化严重，使接触处过热，颜色变暗失去光泽，表面镀层也遭到破坏。连接处接头部分一般温度不宜超过 70℃。可用示温蜡片检查（一般黄色熔化为 60℃、绿色为 70℃、红色为 80℃），也可用红外线测温仪测量，温度很高时同时产生焦臭味。

2. 套管、绝缘子产生臭氧味

套管、绝缘子污秽或有损伤严重时发生放电、闪络，产生一种特殊的臭氧味。

3. 呼吸器硅胶变色

呼吸器硅胶一般正常干燥时为蓝色，其作用为吸收空气中进入油枕胶袋、隔膜中的潮气，以免变压器绕组受潮。当硅胶中蓝色变为粉红色，表明受潮而且硅胶已失效，一般当硅胶变色部分超过2/3时，应予更换。硅胶变色过快的原因主要有以下几方面：

（1）如长期天气阴雨，空气湿度较大，吸潮变色过快。

（2）呼吸器容量过小，如有载开关采用0.5kg的呼吸器，变色过快是常见现象，应更换较大容量的呼吸器。

（3）硅胶玻璃罩罐有裂纹及破损。

（4）呼吸器下部油封罩内无油或油位太低，起不到良好油封作用，使湿空气未经油封过滤而直接进入硅胶罐内。

（5）呼吸器安装不良，如胶垫龟裂不合格，螺栓松动安装不密封受潮。

4. 附件、电源线或二次线产生异常气味

附件、电源线或二次线的老化损伤，造成短路产生的异常气味。

5. 电动机、接触器、热继电器等产生焦臭味

（1）冷却器中电机短路，分控制箱内接触器、热继电器过热等烧损，产生焦臭味。

（2）变电站发现电气设备有颜色、气味异常现象时，应加强检查与监视，并及时汇报调度及有关领导，安排专业人员进行检修处理。

七、变压器过负荷处理

（1）变电站值班人员发现变压器过负荷运行时，应记录过负荷起始时间、负荷值及当时环境温度。

（2）将过负荷情况向调度汇报，采取措施压降负荷。查对相应型号变压器过负荷限值表，并按表内所列数据对正常过负荷和事故过负荷的幅度和时间进行监视和控制。

（3）根据变压器允许过负荷情况，及时做好记录，并派专人监视主变的负荷及上层油温和绕组温度。

（4）过负荷期间，变压器的冷却器应全部投入运行。

（5）按照变压器特殊巡视的要求及项目，对变压器进行特殊巡视。检查风冷系统运转情况及各连接点有无发热情况。

（6）过负荷结束后，应及时向调度汇报，并记录过负荷结束时间。若过负荷运行时间已超过允许值时，应立即汇报调度将主变压器停运。

八、变压器过励磁处理

变压器过励磁运行时会使变压器的铁芯产生饱和现象导致励磁电流激增，铁芯温度升高，损耗增加，波形畸变。严重时会造成变压器局部过热，危及绝缘甚至引发故障。主变压器的过励磁是由于其铁芯的非线性磁感应特性造成的，与变压器的工作电压和频率有关，由于电力系统的频率相对稳定，可近似地视作与系统的电压升高有关。

变压器过励磁运行时，值班人员必须及时向调度报告并记录发生时间和过励磁倍数，并按现场运行规程中的有关限值与允许时间规定进行严密监控，逾值时应及时向调度汇报，提请调度采取降低系统电压的措施或按调度指令进行处理。与此同时，严密监视主变压器的油

温、线温的升高情况和变化速率，当发现其变化速率很高时，即使未达到主变压器的温度限值，也必须提请调度立即采取降低系统电压的措施。

九、冷却器异常故障处理

1. 冷却器故障的原因

（1）冷却器的风扇或油泵电动机过负荷，热继电器动作。

（2）风扇、油泵本身故障（轴承损坏，摩擦过大等）。

（3）电机故障（短相或断线）。

（4）热继电器整定值过小或在运行中发生变化。

（5）控制回路继电器故障。

（6）回路绝缘损坏，冷却器组空气断路器跳闸。

（7）冷却器动力电源消失。

（8）冷却器控制回路电源消失。

（9）一组冷却器故障后，备用冷却器由于自动切换回路问题而不能自动投入。

2. 冷却器信号异常处理

（1）冷却器异常信号分类。

1）就地信号：① Ⅰ工作电源故障；② Ⅱ工作电源故障；③ 操作电源故障；④ 散热器全停故障；⑤Ⅰ组风机故障；⑥ Ⅱ组风机故障。

2）远方信号：① 工作电源故障；② 操作电源及直流控制、信号电源故障；③ 风机及散热器控制回路故障；④ 散热器全停故障。

（2）异常信号处理。当远方信号发出时，值班员应到现场对照就地信号检查相关设备，及时消除异常，并汇报调度和工区。

1）当继电器Ⅰ的线圈失电，继电器Ⅰ的动断触点闭合，指示灯Ⅰ亮，表示工作电源Ⅰ故障。

2）当继电器Ⅱ的线圈失电，继电器Ⅱ的动断触点闭合，指示灯Ⅱ亮，表示工作电源Ⅱ故障。

3）当运行中的风扇断路器QF1～QF18中任何一个跳闸，继电器的线圈励磁，继电器的动合触点闭合，指示灯亮，表示散热器风扇电机故障。当散热器控制电源开关3QF、4QF跳闸，动断触点闭合，指示灯亮，表示散热器控制回路故障。发相应就地信号，并发远方信号。

4）直流控制电源开关5QF跳开或直流信号电源开关6QF跳开或操作电源监视K5失电都会发相应就地信号，并发远方信号。

3. 冷却装置故障处理方法

（1）冷却装置电源故障。冷却装置常见的故障就是电源故障，如熔断器熔断、导线接触不良或断线等。当发现冷却装置整组停运或个别风扇停转以及潜油泵停运时，应检查电源，查找故障点，迅速处理。若电源已恢复正常，风扇或潜油泵仍不能运转，则可按动热继电器复归按钮试一下。若电源故障一时来不及恢复，且变压器负荷又很大，可采取用临时电源，使冷却装置先运行起来，再去检查和处理电源故障。

（2）机械故障。冷却装置的机械故障包括电动机轴承损坏、绕组损坏、风扇叶变形及潜油泵轴承损坏等，此时需要尽快更换或检修。

（3）控制回路故障。控制回路中的各元件损坏，引线接触不良或断线、接点接触不良时，应查明原因迅速处理。

4．当一台风扇故障或运行声音异常时的处理

冷却器在运行中出现一台风扇故障或运行声音异常的现象很普遍，此时，若热继电器未动作（没有造成一组冷却器全停故障），则可按以下方法进行处理：

（1）手动启动备用冷却器。

（2）停用工作冷却器。

（3）断开工作冷却器的动力电源开关。

（4）若需将两组冷却器（只有两组的情况下）都投入运行时，可解下故障风扇的电源，复归热继电器。合上电源断路器将两组冷却器投入运行。

5．一组冷却器全停处理

（1）迅速投入备用冷却器，若风扇或潜油泵的热继电器动作使该组冷却器停运，则自动启动备用冷却器运行。

（2）检查冷却器电源是否正常，有无缺相和故障。

（3）若冷却器热偶断路器自动跳闸，应检查冷却器回路有无明显故障。若无明显故障，运行人员可将热偶断路器试合一次。若再跳闸，则将其退出运行，通知检修人员处理。

（4）若一组冷却器运行，另一组冷却器故障退出运行，则运行人员应严格按照有关运行规程规定，监视主变压器的电流和油温不得超过规定数值。否则应立即向调度报告，采取相应的措施。

（5）若一台风扇热继电器动作退出运行，则可按单位风扇异常运行进行处理。

6．变压器冷却器全停故障处理

在大型变压器运行中，出现两组冷却器全停事故使主变压器跳闸或被迫减负荷的情况经常发生。变压器运行中，冷却器全停，多属于冷却器电源故障及电源自动切换回路故障引起，此时将发“冷却器全停”中央信号。对冷却器全停故障，若不及时处理使冷却器恢复运行，则在全停时间超过20min或油温超过跳闸整定值时不同厂家规定不一样，变压器会自动跳闸。

（1）冷却器全停故障现象。

1）变压器油温上升速度比较快，变压器的温度曲线有明显的变化。

2）监视变压器风扇运行的指示信号灯熄灭。

3）部分故障还伴随有“动力电源消失”或“冷却器故障”等信号。

（2）冷却器故障检查。

1）冷控箱内电源指示灯是否熄灭，判断动力电源是否消失或故障。

2）冷控箱内各小开关的位置是否正常，判断热继电器是否动作。

3）冷控箱内电缆头有无异常，检查动力电源是否缺相。

4）站用电配电室冷却器动力电源保险是否熔断，电缆头有无烧断现象。

5）备用电源自动投入断路器位置是否正常，判断备用电源是否切换成功。

（3）冷却器全停故障处理方法。

1）发现冷却系统故障或发出冷却器故障信号时，变电站值班人员必须迅速做出反应。首先应判明是冷却器故障还是整个冷却系统故障。

2）冷却器全停时，应由值班负责人指定专人监视变压器上层油温变化、记录主变压器的电流与温度，并立即向调度汇报，同时以最快的速度分析有关信号，查找原因并设法恢复冷却器运行。

3）若两组电源均消失或故障，则应立即设法恢复电源供电。

4）若一组电源消失或故障，另一组备用电源自投不成功，则应检查备用电源是否正常，如果正常，应立即到现场手动将备用电源断路器合上。

5）当发生电缆头熔断故障而造成冷却器停运时，可直接在站用电配电室将故障电源断路器拉开。若备用电源自投不成功，可到现场手动将备用电源断路器合上。

6）若主电源（或备用电源）断路器跳闸，同时备用电源断路器自投不成功时，则手动合上备用电源断路器，若合上后再跳开，说明公用控制回路有明显的故障，这时，应采取紧急措施（合上事故紧急电源断路器或临时接入电源线避开故障部分）。

7）若是控制回路小断路器跳闸，可试合一次，若再跳闸，说明控制回路有明显故障，可按前述方法处理。

8）若是备用电源自动投入回路或电源投入控制操作回路故障，则应该改为手动控制备用电源投入或直接手动操作合上电源断路器。

9）若故障难以在短时间内查清并排除，在变压器跳闸之前，冷却器装置不能很快恢复运行，应做好投入备用变压器或备用电源的准备。

10）冷却器全停的时间接近规定（20min），且无备用变压器或备用变压器不能带全部负荷时，如果上层油温未达 75℃（冷却器全停的变压器），可根据调度命令，暂时解除冷却器全停跳闸回路的连接片，继续处理问题，使冷却装置恢复工作，同时，严密注视上层油温变化。冷却器全停跳闸回路中，有温度闭锁（75℃）接点的，不能解除其跳闸连接片。若变压器上层油温上升，超过 75℃时或虽未超过 75℃但全停时间已达 1h 未能处理好，应投入备用变压器，转移负荷，故障变压器停止运行。

11）如果一时无法恢复冷却器运行时，应于无冷却器允许运行时间到达前报告调度要求停用主变压器。而不管上层油温或线温是否已超过限值，因为在潜油泵停转的情况下，热传导过程极为缓慢，在温度上升的过程中，绕组和铁芯的温度上升速度远远高于油温的上升速度，此时的油温指示已不能正确反映主变压器内部的温度升高情况，只能通过负荷与时间来进行控制，以避免变压器温度升高的危险的程度。

第六节 变压器事故处理

一、变压器事故跳闸处理原则

（1）检查相关设备有无过负荷问题。

（2）若主保护（气体保护、差动等）动作，未查明原因消除故障前不得送电。

（3）如只是过流保护（或低压过流）动作，检查主变压器无问题后可以送电。

（4）装有重合闸的变压器，跳闸后重合闸不成功，应检查设备后再考虑送电。

（5）有备用变压器或备用电源自动投入的变电站，当运行变压器跳闸时应先考虑备用变压器或备用电源，然后再检查跳闸的变压器。

（6）如因线路故障，保护越级动作引起变压器跳闸，则故障线路断路器断开后，可立即恢复变压器运行。

(7) 变压器跳闸后应首先确保所用电的供电。

二、变压器事故跳闸检查

(1) 根据断路器的跳闸情况、保护的动作掉牌或信号、事件记录器（监控系统）及其监测装置来显示或打印记录，判断是否为变压器故障跳闸，并向调度汇报。

(2) 检查变压器跳闸前的负荷、油位、油温、油色，变压器有无喷油、冒烟，瓷套有否闪络、破裂，压力释放阀是否动作或其他明显的故障迹象，作用于信号的气体继电器内有无气体等。

(3) 检查站用电的切换是否正常，直流系统是否正常。

(4) 若本站有两组（两台）主变压器，应检查另一组（台）变压器冷却器运行是否正常，并严格监视其负荷情况。

(5) 分析故障录波的波形和微机保护打印报告。

(6) 了解系统情况，如保护区内外有无短路故障及其他故障等。

若检查发现下列情况之一者，应认为跳闸是由变压器故障引起的，则在排除故障后，并经电气试验、色谱分析以及其他针对性的试验证明故障确已排除后，方可重新投入运行。

1) 从气体继电器中抽取的气体经分析判断为可燃性气体。

2) 变压器有明显的内部故障特征，如外壳变形、油位异常、强烈喷油等。

3) 变压器套管有明显的闪络痕迹或破损、断裂等。

4) 差动、气体、压力等继电保护装置有两套或两套以上动作。

三、变压器事故处理注意事项

(1) 主变压器差动或气体保护动作跳闸，未经查明原因和消除故障之前，不得进行强送和试送。由于大型变压器的造价昂贵，其绝缘与机械结构相对薄弱，故障跳闸后对其进行强送或试送的相对成本过高，而且，一旦故障发生在变压器内部，其自行消除的可能性微乎其微，使强送失去意义。因此，主变压器故障跳闸后一般不考虑通过强送的方法尽快恢复供电，只有在完全排除主变压器内部故障的可能，外部检查找不到任何疑点或确认主变压器属非故障跳闸且情况紧急的情况下，方可对主变压器进行试送，但这种情况需要由现场值班人员或其有足够权威和资质的人员（如总工程师）加以确切的认定。

(2) 主变压器故障跳闸，特别是承担大量负荷的大型变压器突然跳闸，会引发系统内的一系列连锁反应，严重时甚至可能造成系统失去稳定。在变电站，最常见的连锁反应或并发情况就是相邻主变压器的严重过负荷。恶劣情况下，主变压器事故还会引发火灾，此时，变电站值班人员因为需要应对多个异常情况而容易产生顾此失彼的情况，因此值班人员必须沉着冷静，抓住主要矛盾，分清轻重缓急，主动与调度员协商，确定处理的优先处理的顺序。

(3) 一台主变压器跳闸后，值班人员除应按常规的事故处理规定迅速向所属值班调度员报告跳闸时间、跳闸断路器等信息外，还应报告未跳闸的另一台主变压器的潮流及过负荷情况，以及象征系统异常的电压、频率等明显变化的信息。

(4) 未跳闸主变压器过负荷的情况下，在按规定对跳闸主变压器一、二次回路进行检查时，如能确认主变压器属非故障跳闸或查明故障点确在变压器回路以外时，应立即提请值班调度员对跳闸主变压器进行试送，以迅速缓解另一台主变压器过负荷之危险。

(5) 如主变压器属故障跳闸或无法确认主变压器属非故障跳闸时，应同时进行主变压器跳闸处理和未跳闸主变压器的过负荷处理。过负荷情况比较严重时，应优先进行未跳闸主变压器的过负荷处理。

（6）如主变压器故障跳闸引发系统失稳等重大异常情况时，应优先配合调度进行电网事故的处理，同时按短期急救性负荷的规定对过负荷主变压器进行监控。

（7）一旦主变压器因故障着火时，灭火及防止事故扩大便成为最紧迫的首要任务。此时应迅速实施断开电源、关停风扇和油泵、启动灭火装置、召唤消防人员、视需要打开放油阀门等一系列处理措施，火情得以控制后，再迅速进行其他异常的处理。

（8）根据保护动作情况判断主变故障性质。主变压器是保护配置最复杂、最完善的设备，由多种不同原理构成的主变压器保护对不同类型的故障往往呈现不同的灵敏度和动作行为，因此，通过保护动作情况和动作行为的分析，结合现场检查情况和必要的油、气试验，一般情况下可以对主变压器故障的性质、范围做出基本的判断：

1）是否存在区外故障越级的可能。

2）是否存在保护误动或误碰的可能（气体、压力保护二次线路受潮短路，差动回路断线，阻抗保护失压等）。

3）是否存在误操作的可能。

4）主变压器回路中辅助设备故障的可能。

5）如果发现有下列情况之一时，应认为主变压器存在内部故障：

a. 气体继电器采集的气体可燃；

b. 变压器有明显的内部故障征象，如外壳变形、防爆管喷油、冒烟火等情况；

c. 差动、气体、压力等主保护中有两套或两套以上动作。

对故障录波图存在表示内部故障的特征进行分析。一旦认为主变压器存在内部故障，必须进一步查明原因，排除故障。并经电气试验，油、气分析，证明故障已经排除时，方可重新投入运行。

（9）一旦查明故障在主变压器外部，必须尽一切努力隔离故障，恢复主变压器运行。一般情况下，主变压器的停运会对变电站的供电和电网的运行造成严重影响，因此一旦查明故障在主变压器外部或其他辅助设备上，应迅速采取隔离、拆除、抢修等措施排除故障，恢复主变压器的运行，然后对已隔离的设备进行检查处理。

（10）调度关于变压器事故处理的有关规定：

1）变压器的主保护（包括重瓦斯、差动保护）同时动作跳闸，未经查明原因和消除故障之前，不得进行强送。

2）变压器的气体或差动之一保护动作跳闸，在检查变压器外部无明显故障，检查瓦斯气体，证明变压器内部无明显故障者，在系统急需时可以试送一次，有条件时，应尽量进行零起升压。

3）变压器后备过流保护动作跳闸，在找到故障并有效隔离后，一般对变压器试送一次。

4）变压器过负荷及其他异常情况，一方面应汇报调度，并按现场规程进行处理。

四、变压器自动跳闸的处理

为了保证变压器的安全运行及操作方便，在变压器高、中、低各侧部装有断路器及必要的继电保护装置。当变压器的断路器自动跳闸后，调度及运行人员应采取下列措施：

（1）若有备用变压器，应立即将其投入，以恢复向用户供电，然后查明故障变压器的跳闸原因。

（2）若无备用变压器，则一方面尽快转移负荷，改变运行方式；另一方面查明何种保护动作。在查明变压器跳闸原因时，应查明变压器有无明显的异常现象，有无外部短路，线路故障过负荷，明显的火光、异声、喷油等。当确实证明变压器各侧断路器跳闸不是由于内部故障引起的，而是由于过负荷、外部短路或保护装置二次回路误动时，则变压器可不经内部检查重新投入运行。

如果不能确定变压器跳闸是上述外部原因造成的，则应进一步对变压器进行事故分析，如通过电气试验、油化分析等与以往数据比较分析。如经检查判断为变压器内部故障，则需要对变压器进行吊芯壳检查，直到查出故障为止。

五、重瓦斯保护动作后的原因和处理

1. 重瓦斯保护动作的原因

变压器内部发生故障，会引起重瓦斯动作。

2. 重瓦斯保护动作检查和处理

（1）重瓦斯保护动作后，应立即向调度及有关部门汇报，并做好记录。

（2）掉牌信号指示应待有关人员到场后方可复归，值班员不得私自复归。

（3）值班人员应随即对变压器外部进行全面检查：

1）变压器外部是否有短路现象。

2）防爆管是否破裂喷油。

3）气体继电器内气体情况及二次回路是否正常。

4）变压器油温是否正常，并了解此时的负荷情况。

5）重瓦斯保护动作后在没经检查和试验，没查明故障跳闸原因前不得将变压器投入运行。

若轻瓦斯发信号和重瓦斯跳闸同时出现，往往反映是变压器内部发生故障。为了进一步判明变压器内部故障性质，应立即取气（或油）样进行气相色谱分析及电试分析，并根据气体多少、颜色、气味、可燃性鉴定气体继电器动作的原因和性质，见表 2-10。

3. 气体继电器内取气注意事项

在气体继电器内取气时，应注意如下安全事项：

（1）先准备好有关用具和工具，取气时应有两人进行，一人监护，一人操作取气。

（2）操作时须注意人与带电体之间的安全距离，不得越过专设的遮栏。

（3）在气体继电器内取气的部位应正确，用具需采用密封的容器（如针筒）从气体继电器内抽取气体。取气装置应严密，所取得的气体不得泄漏。因为气量多少也是判别故障性质之一。

主变压器发生重瓦斯动作后，不经详细检查原因或原因不明者，不得投入运行。

六、变压器差动保护动作跳闸的处理

1. 变压器差动保护动作的原因

（1）变压器内部故障。

（2）变压器及其套管引出线，各侧差动电流互感器以内的一次设备故障。

（3）保护二次回路问题引起保护误动作。

（4）差动电流互感器二次开路或短路。

（5）严重的穿越性故障。

2. 变压器差动保护动作跳闸后的检查

变压器差动保护动作跳闸后，应立即汇报调度及有关部门，复归事故音响，停用潜油泵的运行，对保护范围内的设备和二次回路进行全面检查：

(1) 变压器各侧断路器是否跳闸。

(2) 主变压器油位、油温是否正常。

(3) 变压器套管有无损伤，有无闪络放电痕迹，变压器本体外部有无因内部故障引起的异常现象。

(4) 差动保护范围内所有一次设备，瓷质部分是否完整，有无闪络放电痕迹；变压器及各侧断路器、隔离开关、避雷器、绝缘子等有无接地短路现象，有无异物落在设备上。

(5) 差动电流互感器本身有无异常，瓷质部分是否完整，有无闪络放电痕迹，回路有无断线接地。

(6) 气体继电器内有无气体，防爆管是否喷油。

(7) 差动继电器及二次回路有无不正常现象。

(8) 直流系统有无接地现象。

(9) 差动保护范围外有无短路故障。

(10) 各侧供电线路有无保护动作。

(11) 检查保护动作情况，做好记录。

3. 差动保护动作跳闸后的处理

主变压器差动保护动作跳闸后，经认真作综合分析差动保护动作跳闸的原因，做出正确处理，恢复供电。

(1) 经检查发现明显故障点，故障并非因主变压器本体部分所造成，应汇报调度及工区，并尽速切除故障点，恢复供电。

(2) 主变压器差动保护动作跳闸，不论变压器有无故障，经外部检查未发现故障原因，不准投入运行，应对主变压器进行试验，确证无问题经总工程师同意后，方可恢复运行。

(3) 检查故障明显可见，发现变压器本身有明显的异常和故障迹象，差动保护范围内一次设备上有故障现象，应停电检查处理故障，检修试验合格方能投运。

(4) 未发现明显异常和故障迹象，但有气体继电器保护动作，即使只是气体继电器报警信号，属变压器内部故障的可能性极大，应经内部检查并试验合格后方能投入运行。

(5) 未发现任何明显异常和故障迹象，变压器其他保护未动作，检查保护出口继电器接点在打开位置，绕组两端无电压，差动保护范围外有接地、短路故障，可将外部故障隔离后，拉开变压器各侧隔离开关，测量变压器绝缘无问题，根据调度命令试送一次，试送成功后检查有无接线错误。

(6) 检查变压器及差动保护范围内一次设备，无发生故障的痕迹和异常，变压器气体保护未动作，其他设备和线路无保护动作信号掉牌，根据调度命令，拉开变压器各侧隔离开关，测量变压器绝缘无问题，可试送一次。

(7) 如不能判断为外部原因时，则应对变压器作进一步的试验、检查、分析，以确定故障档质及差动保护动作原因，必要时进行吊（芯）壳检查。

七、重瓦斯与差动保护同时动作的处理

重瓦斯与差动保护同时动作跳闸，则可认为是变压器内部发生故障，故障未消除前不可送电。

八、后备保护动作后的检查及处理

1. 后备保护动作后的检查

零序电流电压保护、复合电压过流保护动作跳闸后汇报调度并进行下列检查：

(1) 动作的后备保护范围内的供电线路保护是否动作，是否存在越级跳闸。

(2) 保护范围内的设备瓷质部分有无闪络和破损痕迹。

(3) 继电保护本身有无不正常现象。

(4) 差动保护及气体保护有无动作。

(5) 保护装置本身有无不正常现象。

(6) 跳闸断路器情况。

(7) 对变压器全面检查。

2. 后备保护动作后的处理

(1) 变压器后备保护动作后，值班人员应立即汇报调度及有关部门，并做好事故记录。

(2) 在主变压器差动、气体保护未动作，并已将故障点切除后，则可不经试验对主变压器试送一次。

九、变压器的紧急拉闸停用

变压器有下列情况之一时，应紧急拉闸停止运行，并迅速汇报调度：

(1) 音响较正常时有明显增大，而且极不均匀或沉重的异常声，内部有爆裂的放电声。

(2) 在正常负荷和冷却条件下，并非油温计故障引起的上层油温异常升高，且不断上升。

(3) 严重漏油、油面确认为急剧下降最低限值，并无法堵漏，油位还在继续下降低于油位标的指示限度。

(4) 油色剧变，油内出现碳质等。

(5) 防爆管或压力释放阀启动喷油或冒烟、着火。

(6) 套管发现有严重破损和放电现象。

(7) 冷却系统故障，断水、断电、断油的时间超过了变压器的允许时间。

(8) 变压器冒烟、着火、喷油。

(9) 变压器已出现故障，而保护装置拒动或动作不明确。

(10) 变压器附近着火、爆炸，对变压器构成严重威胁。

十、变压器着火处理

(1) 主变压器着火时，不论何种原因，应立即断开各侧断路器和冷却装置电源，使各侧至少有一个明显的断开点，然后用灭火器进行扑救并投入水喷雾装置，同时立即通知消防队及上级主管部门协助变压器着火处理。

(2) 若油溢在主变压器顶盖上着火时，则应打开下部油门放油至适当油位；若主变压器内部故障引起着火时，则不能放油，以防主变压器发生严重爆炸。

(3) 消防队前来灭火，必须指定专人监护，并指明带电部分及注意事项。

(4) 如遇因喷油引起着火时，应迅速向 119 报警，并应拉开主变压器各侧断路器，利用灭火器材进行灭火（严禁用水灭火），灭火应站在上风侧。若变压器油溢在顶盖上着火，则应打开下部放油阀门，使油面低于着火处。

第三章

电气设备运行维护及异常故障处理

第一节 断路器的运行维护

一、断路器的型号规格及技术参数

1. 断路器的主要型号规格

断路器的型号规格比较多。例如，在某市220kV变电站中，220kV电压等级的断路器为GL 314-252型SF_6断路器，额定电压252kV，额定电流3150A，额定短路开断电流40kA；110kV电压等级的断路器为GL 312-145型SF_6断路器，额定电压145kV，额定电流3150A，额定短路开断电流40kA。35kV电压等级，安装FP-4025型SF_6断路器，额定电压40.5kV，额定电流1600A，额定短路开断电流25kA；ZN 39A-35型真空断路器，额定电压35kV，额定电流1600A，额定开断电流25kA。在10kV配电系统中，一般安装ZN 28-12型真空断路器，额定电压12kV，额定电流630～3150A，额定短路开断电流20、25、31.5、40kA。

2. 断路器的主要技术参数

SF_6断路器主要技术参数见表3-1。

表3-1　SF_6断路器主要技术参数

设备额定电压（kV）		252	126	40.5	12
设备额定电流（A）		2500、3150	1250、2500	1250、2000	1250、4000
额定短路开断电流（kA）		50	40	25	25
额定短路开断电流/持续时间（kA/s）		50/2	40/4	25/4	25/4
型　式		单柱式单断口 SF_6绝缘	单柱式单断口 SF_6绝缘	单柱式单断口 SF_6、真空绝缘	单柱式单断口 真空绝缘
SF_6气体额定压力（20℃，MPa）		0.64	0.60	0.50	
SF_6气体报警压力（20℃，MPa）		0.54	0.55	0.45	
SF_6气体闭锁压力（20℃，MPa）		0.51	0.50	0.40	
操作机构	液压或弹簧或 液压弹簧	弹簧	弹簧	弹簧或电动	电磁或弹簧
开断电容电流能力	分、合250A 电容电流	分、合140A 电容电流	投切电容器组 不重燃、弹跳	投切电容器组 不重燃、弹跳	

续表

开断小电感电流（空载变压器）能力	开断 0.5～15A 空载电力变压器励磁电流	无要求		
近区故障特性	开断 90%和 75%的额定短路开断电流	开断 80%的额定短路开断电流	无要求	
电晕和无线电干扰水平	1.1p.u.下，无可见电晕，干扰电压不超过 500μV		无要求	
噪声水平	距离声源直线距离 2m，对地高度 1.5m 处，不超过 110dB			
SF_6 气体要求	年泄漏量<1%，含水量<150ppm		无要求	

220kV SF_6 断路器 SF_6 气体压力与温度关系曲线如图 3-1 所示。如环境温度为 $T=20℃$ 时，SF_6 气体额定压力 $P_e=0.64MPa$，SF_6 气体报警压力 $P_e=0.54MPa$，SF_6 气体闭锁压力 $P_e=0.51MPa$。

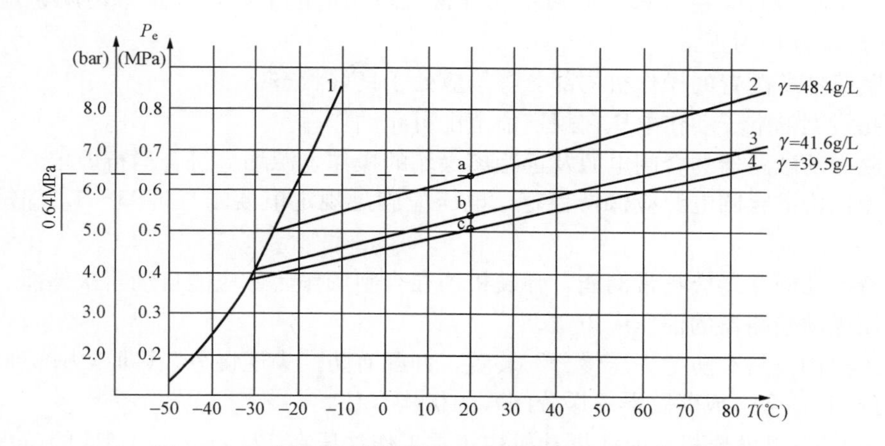

图 3-1 220kV SF_6 断路器 SF_6 气体压力与温度关系曲线

P_e—SF_6 气体压力，1bar=0.1MPa；T—温度℃；1—SF_6 液化曲线；2—SF_6 气体额定压力曲线；3—SF_6 气体报警压力曲线；4—SF_6 气体闭锁压力曲线；a—20℃时，SF_6 气体额定压力 $P_e=0.64MPa$；b—20℃时，SF_6 气体报警压力 $P_e=0.54MPa$；c—20℃时，SF_6 气体闭锁压力 $P_e=0.51MPa$；γ—密度，g/L

二、断路器的基本要求

（1）严禁将有拒分闸或合闸不可靠的断路器投入运行。

（2）严禁将有严重漏气或绝缘介质不合格的断路器投入运行。

（3）严禁将分、合闸速度，三相不同期性，分合闸时间不合格的断路器投入运行。

（4）断路器由于某种原因在合闸时发生非全相合闸，应立即将已合上的相拉开，重新操作合闸一次，如仍不正常，则应拉开。或在分闸时发生非全相分闸，应立即拉开控制电源，用手动拉开拒动相，查明原因，在缺陷未消除前，均不得进行第二次合、分闸操作。

（5）一切断路器均应在断路器轴上装有分、合闸机械指示器，以便运行人员在操作或检查时用它来校对断路器断开或合闸的实际位置。

（6）明确断路器的允许分、合闸次数，以保证一定的工作年限。根据标准，一般断路器允许空载分、合闸次数（也称机械寿命）应达 1000～2000 次。

（7）断路器金属外壳及机构的接地应可靠，使用接地体的截面积，必须满足安全规程的要求。

（8）与断路器相连接的接线板、引接线头，接触必须良好、可靠，并有监视运行温度状况的示温蜡片等，以防止因接触部位过热而引起断路器事故。

（9）检查断路器的瓷件应完好，本体及相位油漆应完好无缺，机构箱及电缆孔洞应使用耐火材料封堵。场地周围应清洁。

（10）长期停运的断路器，在正式操作前，应检查操动机构（储能机构已储能或液压回路正常）、控制电源、操作系统处于完好状态，再通过远方控制方式操作2～3次。同时，监视有关电压表、电流表的指示及红、绿灯指示的变化对应正常。联动继电保护、自动装置整组试验动作正确。

（11）真空断路器应配有限制操作过电压的保护措施等。投运前应全面外观检查，绝缘件表面擦干净，机械转动摩擦部位应涂润滑油。

（12）真空断路器应检查真空灭弧室无异常，玻璃泡应清晰，屏蔽罩内颜色应无变化。在分闸时弧光呈蓝色为正常。

（13）断路器所配置的操作机构部分等均应处于良好状态：

1）脱扣线圈的端子动作电压在规定值范围可靠动作。

2）电磁操动断路器的合闸电源及远距离操作的操作电源均应符合运行要求。

3）电磁机构的合闸电源应保持稳定，电压应满足规定值要求（0.85～1.1倍额定操作电压）。

4）弹簧操动断路器应正常储能，弹簧机构在合闸操作后，应能自动再次储能。

5）液压操动断路器的油压应正常。

6）液压机构应具有防“失压慢分”装置，并配有防“失压慢分”（即压力降到零，重新启动油泵打压时，会造成断路器缓慢分闸）的机构卡住。

7）采用CY3型液压机构时，操动机构正常工作油压在17.5～20.7MPa的范围内变化，当工作压力大于20.7MPa时，应有压力安全释放装置，液压式、弹簧式、气动式机构应有加热装置和恒温控制措施。

三、SF_6 断路器运行的有关规定

（1）正常运行及操作时的安全技术措施：

1）SF_6 断路器装于室内时，距地面人体最高处应设置含氧量报警装置和 SF_6 泄漏报警仪，含氧量浓度低到18%应发警报，SF_6 泄漏报警仪在含量超过1000ppm时应发警报。这些仪器应定期试验，保证完好。

2）为防止低凹处工作缺氧窒息事故，工作前应先启动 SF_6 断路器室底部通风机进行排风，进入低凹处工作前应先用含氧量报警装置测试含氧量浓度大于18%和用检漏仪测试 SF_6 浓度不大于1000ppm。

3）在 SF_6 断路器上正常操作时，禁止任何人在设备外壳上工作，有关人员应离开设备，直至操作结束为止。手动操作隔离开关及接地隔离开关时，操作人员应戴绝缘手套，并与设备外壳保持一定距离。

（2）SF_6 断路器发生故障造成气体外逸时的安全技术措施：

1）人员立即迅速撤离现场，并立即投入全部通风装置。

2）在事故发生后15min以内，人员不准进入室内，在15min以后，4h以内，任何人员进入室内都必须穿防护衣、戴手套及防毒面具。4h以后进入室内进行清扫时，仍须用上述安全措施。

3）若故障时有人被外逸气体侵入，应立即清洗后送医院诊治。

（3）SF_6 气体压力的监视：

1）每周抄表一次，必要时应根据实际情况增加次数。

2）为使环境温度与 SF_6 断路器内部气体温度尽可能一致，抄表时间应选择在日温较平坦的一段时间的末尾进行。通过抄表以便及早发现可能漏气的趋势。

3）通过抄表发现压力降低或巡视时发现有异臭，应立即通知有关专业人员检查处理。

（4）SF_6 断路器应定期测量 SF_6 气体的含水量。

1）SF_6 含水量在交接试验和运行中的最高允许值见表3-2。

表3-2　SF_6 断路器中 SF_6 含水量在交接试验和运行中最高允许值

项　目	不发生分解气体的气隔	发生分解气体的气隔
交接试验值	250ppm（体积比）	150ppm（体积比）
运行最高允许值	500ppm（体积比）	300ppm（体积比）

2）SF_6 断路器投运前，应检验设备气室内 SF_6 气体水分和空气含量。设备运行后每三个月检查一次 SF_6 气体含水量，直至稳定后方可每年检查一次含水量。SF_6 气体有明显变化时，应请上级复核。

（5）在下列情况下，应投入加热驱潮装置：

1）在梅雨和凝霜季节。

2）在湿度大于80%及以上时，以及雨后24h内。

3）在室外温度达10℃及以下时。

（6）SF_6 断路器应装有密度继电器、压力表，具有 SF_6 气体补气或抽气接口，附有“压力温度”关系曲线。SF_6 开关室内通风设备应良好。

（7）对于 SF_6 断路器，应每班定时记录 SF_6 气体压力和温度，对照“压力温度”曲线进行比较。若表计指示数值折算到当时的环境温度，应在标准范围内。如压力降低，在同一温度下两次表压力读数差值超过规定值，则说明有漏气现象，应及时检查、汇报工段（区）处理。如进入 SF_6 开关室，应开启通风机一般不少于15min。当 SF_6 密度断电器报警时，不得进入开关室，如果工作人员进入须戴防毒面具、手套、穿防护衣服。

四、SF_6 断路器的巡视检查

1. 正常巡视检查

（1）加强 SF_6 气体水分的监视。水分较多时，SF_6 气体会水解成有毒的腐蚀性气体；当水分超过一定量，在温度降低时会凝结成水滴，黏附在绝缘表面。这些都会导致设备腐蚀和绝缘性能降低，因此，必须严格控制 SF_6 气体中的含水量。含水量测试周期，在设备投入运行后每3个月检测1次。直到稳定后，方可每年检测1次。

（2）检查绝缘瓷套管有无裂纹、放电及脏污现象。检查外部连接导体和电气设备接头处有无过热现象。检查 SF_6 气体管道系统及阀门，有无损伤和裂缝。

（3）加强 SF_6 气体压力的监视。SF_6 气体压力正常值为0.4～0.6MPa，为保持气体压力在正常值范围内，应对气体压力表加强监视，并及时调整压力。

1）每周抄表1次，必要时应根据实际情况增加次数。

2）为使环境温度与SF_6断路器内部气体温度尽可能一致，抄表时间应选择在日温较平坦的一段时间的末尾进行。

3）通过抄表能及早发现漏气情况，若发现压力降低或发现有异臭时，应立即通知有关专业人员，查明原因，及时处理，否则会使绝缘性能和灭弧能力降低。还应检查气体压力表有无生锈及损伤。

（4）检查断路器各部分信道有无漏气声及振动声，有无异臭。若有上述现象，应查明原因，及时处理。

（5）检查声音。倾听金属筒内传出的声音，若金属筒内出现局部放电，就会发出“淅、淅”的类似小雨落在金属外壳上的声音。若断定是内部放电声，则应立即停电解体进行内部检查。若听到的声音与日常巡视听到的电磁声不同，说明存在螺丝松动等状态变化，需进一步检查。

2. 操作机构的巡视检查

（1）弹簧操动机构的运行检查。

1）断路器在运行状态，储能电动机的电源开关或熔断器应在投入位置，并不得随意断开。

2）检查储能电动机，其行程开关触点无卡住和变形，分、合闸线圈无冒烟及异味。

3）断路器在分闸状态时，分闸连杆应复归，分闸锁扣应钩住，合闸弹簧应储能。

4）运行中的断路器应每隔6个月用万用表检查其操作熔断器的良好情况。

（2）CY_5型液压机构的检查与维护。

1）开关机械分、合闸指示器应到位。

2）CY_5型液压机构的压力：110kV为30MPa，220kV为25MPa左右。油箱内油位正常，无渗漏油现象。

3）经常监视运行设备或备用中液压机构起泵次数，在24h内不超过2次，频繁启泵时，应到现场进行详细检查有无明显漏油现象，并设法排除；若漏油严重，应汇报调度及工段（区），有条件申请旁路运行。

4）CY_5型液压机构正常压力时，经分—合—分操作后，启泵建压时间不超过1min，若从零压启泵，建压至额定油压的时间不大于3min。

5）均压电容应无渗油现象，否则要求停电更换，以免引起电容器爆炸事故。

6）CY_5型液压机构20℃时的压力整定值及光字牌信号见表3-3。

表3-3　CY_5型液压机构20℃时的压力整定值及光字牌信号

名　称	压力整定值（MPa）	光字牌信号	动作结果
启泵（微动开关2W）	23	油泵运转	启动油泵建压
停泵（微动开关1W）	25	—	停止油泵
合闸闭锁（微动开关3W）	21.5	油压降低	闭锁开关合闸回路
分闸闭锁（微动开关4W）	19.2	油压降低	闭锁开关分闸回路
零压闭锁（微动开关5W）	0	—	闭锁油泵启动
压力过高（表压）	28	预压力异常	闭锁油泵启动
压力过低（表压）	17	预压力异常	闭锁开关分、合闸回路

7）液压机构的油压受环境温度影响大，当环境温度为20℃时，压力为额定值。温度每变化10℃，油压将相应地增加或减少0.85～1MPa。

8）液压机构蓄压时间应不小于5min，在额定油压下，进行一次分合闸操作油泵运转不大于1min。

9）运行中的断路器严禁慢分合操作（油压过低或开放高压放油阀将油压释放至零），紧急情况下，在液压正常时，可就地手按分闸按钮进行分闸。

（3）运行时的注意事项。

1）正常运行时，断路器操动机构动作应良好，断路器分合闸位置与机构指示器及红、绿指示灯状态相符。

2）操动机构应清洁、完整、无锈蚀，连杆、弹簧、拉杆等亦应完整，紧急分闸机构应完好、灵活。

3）端子箱内二次线的端子排完好，无受潮、锈蚀、发霉等现象产生，电缆孔洞应用耐火材料封堵严密。

4）经常监视液压机构油泵启动次数，当开关未进行分合闸操作时，油泵在24h内启动，大多为高压油路渗油，应汇报调度和领导，及时处理。高压油路渗油油压降低至下限，机械压力结点闭锁，断路器将不能操作。

3. 断路器的特殊巡视检查

（1）在系统或线路发生事故使断路器跳闸后，值班员应立即记录故障发生时间，停止音响信号。为判别断路器本身有无故障，须对有关的断路器进行下列检查：

1）检查SF_6断路器应无漏气现象。

2）检查断路器各油箱应无变形和漏油现象。

3）检查断路器各部分应无松动、损坏，瓷件应无裂纹等异常现象。断路器的分、合位置指示正确，符合当时实际工况。

4）检查液压机构压力表指示应正常。

5）检查各引线接头应无过热现象，示温蜡片应无熔化现象。

（2）在线路故意跳闸实行强送电后，无论成功与否，均应对断路器外观进行仔细检查。

（3）高峰负荷时，如负荷电流接近或超过断路器额定电流，应检查断路器导电回路各发热部分无过热变色。如负荷电流比断路器额定电流小得多，应重点检查断路器引线椿头与连接触部位无过热。

（4）户外式断路器天气突变时的检查。

1）气温骤降时，检查油断路器油位应正常。液压机构和SF_6断路器压力指示仪表应在标准范围之内，根据环境温度与现场规定值，应及时投入加热装置。检查连接导线应不过紧等。

2）气温骤增时，检查油断路器油位应不过高，并及时调整油位。液压机构和SF_6断路器压力指示仪表应在标准范围之内。

3）下雪天，应检查室外断路器各接头处无过热融雪冒气现象。

4）浓雾天气，应检查瓷套无严重放电闪络现象。

5）雷雨大风天气和雷击后，应检查瓷套无闪络痕迹。室外断路器上应无杂物，防雨帽应完整，导线应无断脱和松动现象。

(5) 新设备投运后，在72h内应缩短巡视检查周期，且夜间闭灯巡视，以后转为正常巡视。

(6) 下列情况应投入加热驱潮装置：

1) 在梅雨凝露季节。

2) 当湿度大于80%及以上时，或雨后24h内。

3) 室外温度低于10℃及以下时。

五、断路器安装大修后的验收项目

断路器新安装或大修后的验收项目见表3-4。

表3-4　　断路器新安装或大修后的验收项目

项　　目	标　　准
1. 外观检查	
(1) 绝缘子	无损坏、裂纹
(2) 转动部分、防松件	灵活、有润滑脂，防松可靠
(3) 机械指示	正确
(4) 油漆	良好
(5) 导电部分连接	紧固、美观及符合安全距离
(6) 二次接线、标签	接线美观无松动、标签正确
(7) 机构箱密封及加热、照明装置	密封良好、工作正常
(8) 机构箱内时间继电器整定	符合要求
(9) SF_6 额定压力指示（20℃）	0.7MPa
(10) 封堵	良好
(11) 接地	符合要求
2. 操作试验	
(1) 泄漏报警信号（20℃）	0.64MPa，动作正确
(2) SF_6 总闭锁（20℃）	0.62MPa，动作正确
(3) 控制回路信号	正确、可靠
(4) 远/近操作的循环操作	可靠
(5) 机构动作无异常、异声	正常
(6) 与相关设备连锁试验	连锁正确
(7) 油泵启动压力/停泵压力（抽检）	32MPa/33.1MPa
(8) N_2 泄漏动作（抽检）	35.5MPa，动作良好
(9) 合闸闭锁动作（抽检）	27.3MPa，动作良好、闭锁正确
(10) 自动重合闸闭锁动作（抽检）	30.8MPa，动作良好、闭锁正确
(11) 总闭锁动作（抽检）	25.3MPa，动作良好、闭锁正确
(12) 补压时间（抽检）	(47±12)s
(13) 重新储能时间（抽检）	5.5min
(14) 三相不一致时间检查（EG不适用）（抽检）	符合定值单要求
3. 图纸资料	

续表

项　　目	标　　准
(1) 施工图纸	齐全
(2) 制造厂提供的产品说明书、试验记录、合格证件及安装图纸等技术文件	齐全
(3) 安装记录卡	齐全、数据符合标准
(4) 试验报告	齐全、数据符合要求

SF_6 气体的技术标准见表3-5。

表3-5　SF_6 气体的技术标准

名　称	指　标	名　称	指　标
空气（N_2+O_2）	≤0.05%	可水解氟化物（以HF计）	≤1.0ppm
四氟化碳	≤0.05%	矿物油	≤10ppm
水　分	≤8ppm	纯　度	≥99.8%
酸度（以HF计）	≤0.3ppm	生物毒性实验	无　毒

第二节　SF_6 断路器的异常处理

一、SF_6 断路器的异常现象

(1) SF_6 气体泄漏。

(2) 液压机构漏油。

(3) 液压机构内部泄压。

(4) SF_6 气体含水量超标。

(5) 液压机构回路打压频繁。

(6) 液压回路氮气消失。

(7) 液压回路压力释放，零压闭锁。

(8) 合闸线圈烧断。

(9) 分闸线圈烧断。

(10) 断路器慢分。

(11) 弹簧机构不能储能。

(12) 断路器辅助触点转换不良造成断路器不能合闸。

(13) 断路器机构箱内加热器烧毁。

(14) 断路器预防性试验部分项目不合格。

(15) 并联电容放电。

(16) 合闸电阻投切失灵，不能有效的提前投入。

(17) SF_6 密度继电器失灵或不能正确动作。

二、SF_6 断路器的异常处理方法

1. SF_6 断路器漏气

(1) 现象。SF_6 气体压力表指示值降低，温度补偿式压力开关发出压力低警报，则说明

SF_6 断路器漏气。

(2) 漏气原因。漏气是气体密封性能不良造成的。其漏气部位可能是金属圆筒外壳法兰连接处，气体管道及接头处，断路器本体的动、静触头密封处，紧固螺栓处，引出线附近，铸件存在砂眼及裂缝等缺陷部位。

(3) 漏气的检测。SF_6 断路器年漏气率要求小于1%，这样可保证长期（如10年）不须补气，而且不易进水受潮，运行维护也方便。

若年漏气率超过1%，便应进行查漏，其检漏方法如下：

1）发泡液法。在气体密封部位涂上发泡液，如发现气泡，就是漏气部位，便可进行修漏或更换部件。

2）压力降法。此法只能检测显著的漏气，即用精密的压力表来测量 SF_6 气体的压力，相隔一定时间（如几天或一星期后）再进行复测，根据压力变化来确定 SF_6 气体系统的漏气，所测压力应根据当时温度进行换算。

3）局部定性检漏法。用 SF_6 检漏仪检查所有密封部位，若有漏气，则根据 SF_6 的漏气速度，进行补充 SF_6 气体。

4）定量检测法。用塑料罩把整个设备罩起来，包扎时间不小于8h，然后用检漏仪分别在上、中、下三点检测 SF_6 气体浓度，取其平均值，从而计算整个设备的年漏气率。

若年漏气率超过规定，则应补充 SF_6 气体，并查漏，消除漏气点。若由于漏气太多而断路器气室内不能保持气压时，也应补充 SF_6 气体。

(4) SF_6 断路器漏气时的注意事项。

1）当 SF_6 气体出现泄漏压力降至0.54MPa时，发出报警信号，此时断路器仍可进行操作，但应立即汇报调度及工区，安排停电后予以泄漏处理或补气。

2）当 SF_6 气体泄漏到不能保证可靠熄弧（0.5MPa）时，断路器分、合闸闭锁，发“SF_6 总闭锁”光字牌，值班员应立即汇报调度，申请用旁路断路器代供，将该断路器隔离后通知工区排除故障，SF_6 气体补至额定压力后方可投运。

3）运行一段时间后部分 SF_6 断路器发生频繁补气情况。一般来说，运行人员发现某相（柱）的 SF_6 断路器发出频繁告警或闭锁信号时（一般10天左右一次），预示着该 SF_6 断路器年漏率远远超过1%。检修中为了缩短停电时间，一般采用合格的备品相（柱）替代运行中漏气相（柱），而利用其他不停电时间对漏气相（柱）补充 SF_6 气体。

4）运行中若 SF_6 气体压力下降，发出警报时，值班人员应到现场检查，必须补气。

如漏气严重发生“闭锁信号”或“SF_6 气压突然降到零”时，应立即将断路器改为非自动（拉开其控制电源），并报告调度和工段（区），停用处理。

5）如发现明显漏气、异声、异味，在对 SF_6 气体做漏气处理后，一般需对漏气间隔外壳内 SF_6 气体做一次含水量测定。因为有漏气，空气中的水分子就可能渗入 SF_6 封闭容器外壳内，以便判别和处理。

6）当 SF_6 气体压力下降达报警时，应及时补气，为检验其电气绝缘性能，必要时可进行工频交流耐压试验，对110kV设备断口对地加电压94kV/5min，相间加电压142kV/5min为合格，表示断口能达到技术性能要求。

7）当 SF_6 气体检漏仪发生报警时，进入该间隔的人员应力求从“上风”接近设备检查，且不宜蹲下，以防中毒、窒息事故。因为 SF_6 气体无色、无味、不燃、无毒，在常温常压下密度是空气的5倍，沉在空气下层，附在地面，应防止由于SF_6气体漏出后，产生的剧毒物混在气体中，使人体中毒。

2. SF_6气体纯度降低

SF_6气体纯度是指SF_6气体内纯SF_6所占的重量百分比，其新气纯度标准为99.8%，充入设备后为97%，运行时为95%。

由于新的SF_6气体本身纯度不纯和充气过程不严密，使SF_6气体含有水分和氧气等杂质，导致气体纯度降低。当SF_6气体的纯度低于标准时，应进行放气，将SF_6放入净化装置（不得排向大气），同时进行补充新鲜SF_6气体，使SF_6气体纯度提高到正常的数值。在充新鲜SF_6气体时，应选择好天气进行，且周围环境的相对湿度应小于或等于80%。充气时，若采用液相充气法，应使钢瓶斜置或倒罩，以使出口处的SF_6气体呈液相状态。

3. SF_6断路器放电闪络

SF_6断路器由于瓷套管污秽较多，或有其他异物，使绝缘不良，出现放电闪络现象。应申请停电处理，清理污秽及其他异物，或更换合格的瓷套管。

4. SF_6断路内部机构卡死拒动

发现SF_6断路器内部机构卡涩，某相完全不能动作时，应将SF_6断路器退厂方，或由厂方维修站检修。

三、操作机构异常处理

1. 电磁操动机构异常处理

（1）断路器配用电磁操动机构，其分、合闸线圈由于进行分/合闸操作、继电保护动作、自动装置动作后，出现分、合闸线圈严重过热、有焦味、冒烟等现象，其原因是分、合闸线圈长时间带电所造成的。

（2）合闸线圈烧毁的原因主要有合闸接触器本身卡涩或触点黏连；操作把手的合闸触点断不开；重合闸辅助触头黏连；防跳跃闭锁继电器失灵，或动断触点连接；断路器的动断辅助触点打不开，或合闸中由于机械原因铁芯卡住。

（3）为了防止合闸线圈通电时间过长，在合闸操作中发现合闸接触器不能断开，处于保持状态，应迅速拉开操作电源熔丝，或拉开合闸电源（可就近在直流屏上拉一下总电源）。但不得用手直接拉开合闸熔断器，以防合闸电弧伤人。

（4）分闸线圈烧坏的原因主要有分闸传动时间过长，分、合闸次数多（包括重合闸失败再分闸）。断路器分闸后，机构的动合辅助触点打不开，或由于机械原因分闸铁芯卡住，使分闸线圈长时间带电。这时应迅速拉开操作电源熔丝。

（5）一旦发现电磁操动机构的分、合闸线圈烧坏，或在操作过程中误发信号，值班人员应通知调度，变电工区，查明故障原因，更换烧坏的分、合闸线圈及接触器或继电器。

2. 弹簧操作机构异常处理

弹簧不能储能属弹簧操作机构常见异常现象，其原因有：储能电机没有电源或是机构箱内断路器断开、电动机发生故障、储能弹簧行程开关故障等。断路器合闸后如“DL弹簧未储能”光字牌不亮或“DL弹簧未储能”光字牌长亮不熄灭，说明合闸弹簧未储能，此时断路器将不能重合。弹簧不储能时，值班员应对机构进行检查，查找原因，并手动储能。手动储能前，应拉开储能电源闸刀或熔丝，储能完毕，应将手柄取下，并汇报调度及工区，申请停电检查处理。

3. 液压机构异常处理

常见液压机构异常现象有：压力异常高、压力过低、超时打压等。

（1）压力异常高。压力异常高的原因为：

1）油泵启动打压，油泵停止微动开关位置偏高或接点打不开。

2）储压筒活塞因密封不良，液压油进入氮气内，导致预压力过高。

3）气温过高，使预压力过高。

4）压力表失灵。

压力异常高应按如下处理：检查储压筒活塞杆的相对位置，如果活塞杆高于高压力闭锁微动开关油泵才停转，属油泵停止微动开关接点没有打开，可以稍放油压，使信号消失，再更换微动开关；如果检查活塞杆位置正常，应向上级汇报，由专业人员进行处理；若属于气温过高的影响，可将油压稍放低一些，再使机构箱通风降温。

（2）压力过低。压力过低的原因为：

1）油压正常降低，油泵因回路二次问题，不能自动打压储能。

2）高压油路渗油，油泵打压但压力不上升。

油压低应按如下处理：

1）若有压力降低信号，压力表的指示低于合闸压力值，油泵电动机的接触器未动作，则表示储能电源熔断器熔断（或小开关跳闸）或接触不良，应更换熔断器（试合小开关）或使熔断器接触良好，启动油泵打压，使压力上升至正常工作压力，如果熔断器再次熔断（或小开关再次跳闸），说明回路中有短路故障，应查明短路点，处理后启动油泵打压，若有手动打压机构，则可以同时用手动打压；油泵控制回路的各微动开关中，存在某一接点接触不良或微动开关损坏，接触不良的微动开关可人为将其打压接点接通，使油泵打压，待压力正常后再请专业人员对微动开关进行处理。

2）检查接触器已动作，油泵电动机不转，若查明电机控制回路、微动开关的接点、各继电器等均良好，可能是接触器本身的问题，应通知专业人员进行处理。

（3）超时打压的现象为：

1）油泵电动机热继电器动作。

2）油泵启动运转超过 3min。

超时打压的原因为：

1）油泵电动机电源断线，使电动机缺相运行。

2）电动机内部故障。

3）油泵故障。

4）管道严重泄漏。

超时打压应按如下处理：

1）立即到现场检查，注意电动机是否仍然在运行。

2）立即断开油泵电源开关或熔断器，并监视压力表指示。

3）检查油泵三相交流电源是否正常，如有缺相（如熔断器熔断、熔断器接触不良、端子松动等），立即进行更换或检修处理。

4）检查电动机有无发热现象。

5）合上电源开关，这时油泵应启动打压恢复正常。如果三相电源正常，热继电器已复归，机构压力低需要进行补充压力而电机不启动或有发热、冒烟、焦臭等故障现象，则说明电机已故障损坏；如果电动机启动打压不停止，电动机无明显异常，液压机构压力表无明显下降，可判明油泵故障或机构油管内有严重漏油现象，应立即断开电动机电源。当确定是电动机或油泵故障时，可用手动泵进行打压。

6）发生电动机和油泵故障或管道严重泄漏时，应报紧急缺陷申请检修，并采取相应的措施。

（4）液压机构在运行中发生下列现象时，应立即汇报调度及领导：

1）“压力异常”光字牌亮，红灯或绿灯熄灭，此时断路器已处于非自动状态，已不能进行正常操作，要求立即处理。

2）“分闸闭锁”或“合闸闭锁”光字牌亮时，不准擅自解除闭锁进行操作。

3）液压机构大量漏油。

四、断路器操作回路闭锁处理

1. 断路器合闸闭锁处理

当压缩空气压力、油压低于分合闸闭锁压力，或 SF_6 压力低于闭锁压力时，断路器操作回路将被闭锁，同时发出“SF_6 及空气低气压”或“分合闸闭锁”“失压闭锁”等信号，此时，断路器已不能操作，在断路器合闸的情况下，由于防误闭锁回路的作用，两侧隔离开关的操作回路也被解除而不能操作。一旦出现这种情况时，应进行处理。

（1）断路器合闸闭锁的原因为：

1）操作机构压力下降至合闸闭锁压力。

2）合闸弹簧未储能。

3）SF_6 压力低于分、合闸闭锁压力。

（2）处理方法为：

1）如果是油泵电动机交流失压引起，运行人员应用万用表检查电机三相交流电源是否正常，复归热热电器，使电动机打压至正常值，若是电动机烧坏或机构问题，应通知专业人员处理。

2）如果是弹簧机构未储能，应检查其电源是否完好，若属于机构问题，应通知专业人员处理。

3）如果灭弧介质压力降低至合闸闭锁值，则应断开断路器的跳闸电源，通知专业人员补气至正常值。

4）如果是保护动作引起合闸闭锁，则待查明原因后，复归保护动作信号解除闭锁，根据调度的命令进行处理。

5）如果是 SF_6 或机构压力下至分闸闭锁且经检查无法使闭锁消除，则应申请停用单相重合闸；断开断路器合闸电源小开关；对于 220kV 系统，可用旁路断路器带运行，采用等电位拉开故障断路器两侧的隔离开关（对于线路断路器要确认对侧断路器已断开），或用母联串断故障断路器，即将非故障出线断路器倒换至另一母线，用母联断路器切除故障断路器。

6）若断路器就地控制箱内“远方—就地”控制把手置于就地位置或接点接触不良，则可将“远方—就地”控制把手置远方位置或将把手重复操作两次，若接点回路仍不通，应通知专业人员进行处理。

7）若是控制回路问题，应重点检查控制回路易出现故障的位置，如同期回路、控制开关、合闸线圈、分相操作箱内继电器等，对于二次回路问题，一般应通知专业人员进行处理。

8）若是某些保护动作闭锁未复归，应尽快复归。

9）合闸电源不正常或未投入，应尽快恢复。

2. 断路器分闸闭锁处理

（1）断路器分闸闭锁的原因为：

1）操作机构压力下降至分闸闭锁压力。

2）分闸弹簧未储能。

3）SF_6 压力低于分、合闸闭锁压力。

（2）断路器分闸闭锁的处理方法为：

1）如果是油泵电动机交流失压引起，运行人员应用万用表检查电动机三相交流电源是否正常，复归热继电器，使电动机打压至正常值，若是电动机烧坏或机构问题，应通知专业人员处理。

2）如果是弹簧机构未储能，应检查其电源是否完好，若属于机构问题，应通知专业人员处理。

3）如果灭弧介质压力降低至合闸闭锁值，则应断开断路器的跳闸电源，通知专业人员补气至正常值。

4）如果是 SF_6 或机构压力下降至分闸闭锁且经检查无法使闭锁消除，则应断开断路器跳闸电源小开关或取下跳闸电源熔断器；停用单相重合闸；取下断路器液压机构油泵电源熔断器或断开油泵电源小开关（以液压机构为例）；220kV 断路器故障时，可用旁路断路器带故障断路器运行（注意：当两台断路器并联运行后，应断开旁路断路器的跳闸电源，拉开故障断路器两侧隔离开关，操作完后，将旁路跳闸电源小开关合上）；对于 220kV 系统未装旁路断路器时，可倒换运行方式，用母联断路器串断故障断路器；对于母线断路器可将某一元件两条母线隔离开关同时合上，再断开母联断路器两侧的隔离开关。

5）若是控制回路存在故障，应重点检查分闸线圈、分相操作箱继电器、断路器控制把手，在确定故障后应通知专业人员进行处理。

6）若是断路器辅助触点转换不良，应通知专业人员进行处理。

7）若是“远方—就地”把手位置在就地位置，应将把手放在对应的位置，若是把手辅助触点接触不良，应通知专业人员进行处理。

8）分闸电源不正常或未投入，应尽快恢复。

第三节 断路器故障处理

一、断路器拒绝合闸

断路器常见的故障是在远距离操作断路器时拒绝合闸，此种故障会延迟事故的消灭，有时甚至会使事故扩大。例如，在事故情况下要求紧急投入备用电源时，如备用电源断路器拒绝合闸，则会扩大事故。

1. 断路器拒绝合闸的现象

(1) 控制开关置于“合闸”位置，红、绿灯指示不发生变化（绿灯仍闪光），合闸电流表无摆动，说明操作机构未动作，断路器未合闸。

(2) 控制开关置于“合闸”位置，绿灯灭，红灯不亮，合闸电流表有摆动，操作把手“合闸后”位置，未报事故音响（若报出，说明断路器未合上），红绿灯均不亮。

2. 断路器拒绝合闸的原因

(1) 控制电源消失。

(2) 控制箱内合闸电源小开关未合上。

(3) 控制箱内“远方—就地”选择开关在“就地”位置，而未在“远方”位置。

(4) 控制回路断线或接触不良。

(5) 合闸线圈及合闸回路继电器烧坏。

(6) 位置继电器或辅助触点切换接触不良。

(7) 压缩空气低气压或低油压闭锁。

(8) SF_6 低气压闭锁。

(9) 同期装置闭锁。

3. 断路器拒绝合闸故障处理

断路器拒绝合闸时，应首先检查是否操作电源的电压过高或过低、直流电源中断或蓄电池容量不足。如电压不正常，应先调整电压，再行合闸。

(1) 当操作把手置于合闸位置时，绿灯闪光（说明合闸操作回路是通的），合闸红灯不亮，合闸电流表计无指示，喇叭响，断路器机械位置指示器仍指在分闸位置，则可判断合闸线圈无电压或电压很低使断路器未合上。这可能是合闸时间短引起的，此时再试合一次（时间长一些）；也可能是操作回路内故障或操动机械卡住引起的，此时应作如下处理：

1) 操作回路内故障。如果操作把手置于合闸位置而信号灯的指示不发生变化，此时，可能是控制开关触点、断路器辅助触点或防跳中间继电器触点接触不良，接触器合闸线圈烧坏、断线、接错极性，操作熔断器熔断或接触不良，控制开关返回过早及同期开关未投入等所造成，待消除设备缺陷后，再行合闸。如果分闸绿灯熄灭而合闸红灯不亮，则可能合闸红灯灯泡烧坏，应更换灯泡。

2) 操动机构卡住。如果控制开关和合闸线圈动作均良好，而断路器呈现跳跃现象（分闸绿灯熄灭后又重新点亮），此时操作电压正常，这种现象说明操动机构有故障。可能是辅助开关拉杆不适当，致使触点未接触；掉闸机构未复归；合闸铁芯卡涩；三连板三点过高，合闸支架与滚轴振动，传动轴杆或销子脱出等所致。此时，应将操动机构的故障修好或调整好后，再行合闸。

(2) 当将操作把手置于合闸位置时，分闸绿灯闪光或熄灭，合闸红灯不亮，表计有指示，机械分、合闸位置指示器在合闸位置，则可判断断路器已合上。这可能是断路器辅助触点接触不好，例如动断触点未断开，动合触点未合上，致使绿灯闪光和红灯不亮；还可能是合闸回路断线及合闸红灯烧坏。此时，操作人员应将断路器断开，消除故障后再行合闸。

(3) 断路器合闸后，分闸绿灯熄灭，合闸红灯瞬时明亮又熄灭，分闸绿灯又闪光且有喇叭响，则可判断断路器合上后又立即自动分闸了。这可能是操动机构拐臂的三点过高、因振动而使分闸机构脱扣；还可能是操作电源的电压过高，在操作把手置于合闸位置时发生强烈冲击，使挂钩未能挂住；或操作把手返回太快。此时，应调整好拐臂的三点位置和操作电压后，再行合闸。

（4）弹簧储能机构合闸弹簧未储能（检查牵引杆位置），或分闸连杆未复归和分闸锁扣未钩住。

（5）油压机构的油压低于规定值，合闸回路被闭锁。

（6）如果电气回路正常，断路器仍不能合闸，则说明机械方面故障，当一时不能排除时，应汇报调度，必要时是否可以旁路断路器代送电。同时报告工段（区），将拒合断路器停用，检查处理。

二、断路器拒绝分闸

当断路器有故障时，断路器的操作机构拒绝分闸，则会引起严重的后果，如可能烧坏电气设备，或越级分闸而引起电源断路器分闸，变电站母线电压消失，造成大面积停电事故。

1. 断路器拒绝分闸的现象

（1）如果值班人员发现表计全盘摆动，电压指示值显著下降，继电器信号掉牌，光字牌亮，则说明断路器拒绝分闸。

（2）表计指示明显变化，电流表值剧增，电压表值大为降低，功率表指示晃动。继电保护动作，继电器信号掉牌，光字牌亮，显示保护动作，确定该断路器拒绝分闸。

（3）主变压器发出大负荷沉重“嗡嗡”异常响声，表示故障断路器仍处在合闸位置而拒绝分闸。

2. 断路器拒绝分闸的原因

（1）分闸电源消失。

（2）就地控制箱内分闸电源小开关未合上。

（3）继电保护故障，如定值不正确、保护接线错误、电流互感器回路故障等。

（4）操动机构故障，如分闸铁芯卡住、操动机构失灵、三连板三点过低、部件变形、断路器传动机构有故障等。

（5）操作回路熔断器熔丝熔断。

（6）分闸线圈烧坏。

（7）操作开关触点和断路器的辅助触点接触不良。

（8）液压机构油压低于规定值，断路器分闸回路将被闭锁。

（9）SF_6 低气压闭锁。

（10）断路器操作控制箱内“远方—就地”选择开关在就地位置。

3. 断路器拒绝分闸的处理

在运行中的断路器，一旦发生拒绝分闸事故时，应先查明是继保拒动及具体原因，还是断路器及操动机构本身拒动，再判别是电气回路（元件）故障，还是机械性故障。对简单的电气故障（如回路中熔断器接触不良、熔丝熔断、触点接触不良等造成控制回路断开）除能迅速排除外，对其他一时难以处理的电气或机械性故障，均应汇报调度停用检查处理。

（1）断路器拒绝分闸时，在尚未判明具体故障断路器之前，若主变压器电源低压侧电压显著降低，电源断路器电流表值碰足，则故障在低压侧（如 35kV），应先拉开主变压器低压侧断路器，防止主变压器过载而烧坏。

（2）若查明各分路断路器继保未动作（可能保护同时拒掉牌），逐一试合上各分路的断路器送电，如又再重复上述“拒分闸”现象，则判明刚合上该分路断路器即为“拒分闸”故障断路器，应立即手动拉开，停用检查处理，同时报告调度。

（3）对“拒分闸”断路器，如能用控制开关合闸，且操作前红灯亮，表示分闸回路完好，一般属继保拒分闸，则应检查电流互感器二次开路，看是否保护接线错误、整定值不当、保护回路断线、保护压板接触不良、分闸继电器有故障或电压回路断线等。

（4）如用控制开关分闸仍“拒分闸”，且操作前红灯不亮，（当灯泡、灯具良好时），分闸铁芯不动，表示分闸回路故障。

1）检查分闸电源的电压是否过低。

2）检查是否控制回路的熔丝熔断、熔断器接触不良、控制开关触点或断路器动合辅助触点接触不良、分闸线圈断线或烧坏，使分闸回路不通。

3）若分闸电源正常，分闸铁芯动作无力（有卡涩现象），多为机械性故障，并可能同时伴有电气故障。

（5）若继保动作、信号掉牌，用控制开关分闸时断路器“拒分闸”，操作前红灯亮（分闸铁芯动作良好），则属机械性故障。

（6）对已投运的断路器，在正常操作控制开关分闸时“拒分闸”，若红灯不灭或闪光而绿灯不亮，表示断路器仍处在合上位置，则可能属机械性故障“拒分闸”。

（7）机械方面“拒分闸”的原因通常有：触头焊接或机械卡住、传动部分（如锁子脱落等）机构失灵、弹簧机构铁芯卡住、液压机构分闸阀系统有故障等。

（8）断路器拒绝分闸时，将该断路器改用旁路或母联断路器代供电。如图 3-2 所示，若断路器 QF1 拒绝分闸，则应调整运行方式，用母联断路器代替拒绝分闸的断路器 QF1。即将母线Ⅰ上的其他线路倒换至母线Ⅱ上，线路 WL-1 经母联断路器向用户供电，其电流方向如图中箭头所示，并将母联断路器的继电保护整定值改为故障断路器的继电保护整定值。待高峰负荷过去后，用母联断路器切断线路 WL-1。停用线路断路器 QF1，或通知用户停电后，拉开线路断路器 QF1，并拉开其两侧隔离开关，进行修理。

如果限于接线系统条件不可能经另一断路器供电时，则应通知用户停电后，立即设法将拒绝分闸的断路器手动断开，并拉开其两侧隔离开关，以便消除故障。

三、断路器误分闸

设备的保护装置未动作，而断路器自动分闸，且在分闸时，主系统中又未发现短路或接地现象，则说明断路器误分闸，必须查明误分闸的原因，并进行处理。

1. 断路器误分闸的现象

（1）在分闸前表计指示正常，表示无短路故障。

（2）分闸后，绿灯连接闪光，红灯熄灭，该断路器回路电流表及有功、无功表指示为零。

2. 断路器误分闸的原因

（1）在调查分闸原因时，首先应检查是否属于人员误操作。为此，应调查在分闸时是否有人

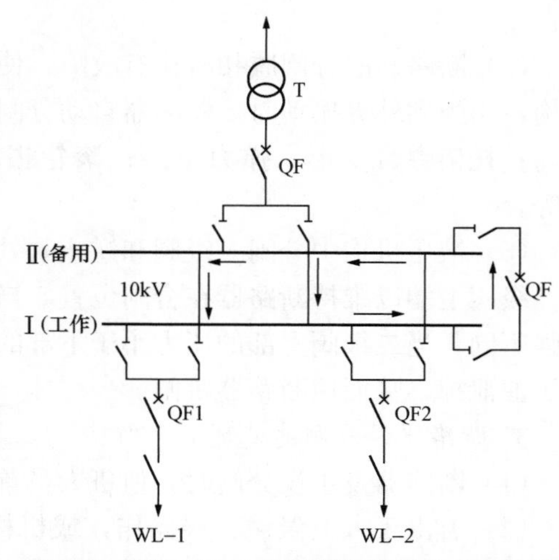

图 3-2　线路 WL-1 经母联断路器供电的接线

靠近断路器的操动机构，或继电保护回路上是否有人工作，致使断路器误分闸。

(2) 保护误动作使断路器误分闸，可能整定值不当，或电流互感器、电压互感器回路故障。

(3) 二次回路绝缘不良，直流系统分闸回路发生两点接地，造成断路器自动分闸。

如图3-3所示，在分闸线圈的直流操作回路中，发生a点和b点接地，使直流回路正、负极接地，造成断路器自动分闸，其故障电流方向如图中箭头所示。为此，在变电站中都要求对操作回路的绝缘状态进行连续监视。当操作回路某一点发生接地时，立即发出信号。为了估计绝缘状态，信号装置上还设有电压表。当发现操作回路绝缘水平有所降低时，运行人员必须立即采取措施寻找接地点并消除。

如经检查操作回路的绝缘状态是良好的，则应对继电保护装置进行检查，看是否保护装置误动作而使断路器自动分闸。如图3-4所示，在保护回路上发生a点和b点接地，使直流正、负电源接通，造成断路器自动分闸，这相当于继电器动作而使断路器分闸，造成对用户停电。为了保证对用户的供电，在线路断路器自动分闸后，对辐射线路可用手动或动重合闸装置进行合闸。

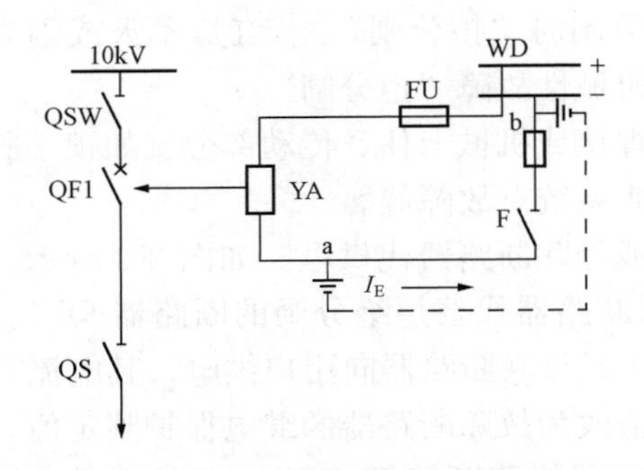

图3-3 直流回路两点接地使断路器分闸

QF1—线路断路器；QS—线路隔离开关；I_E—接地电流；YA—分闸线圈；WD—直流母线；FU—熔断器；F—断路器辅助触点

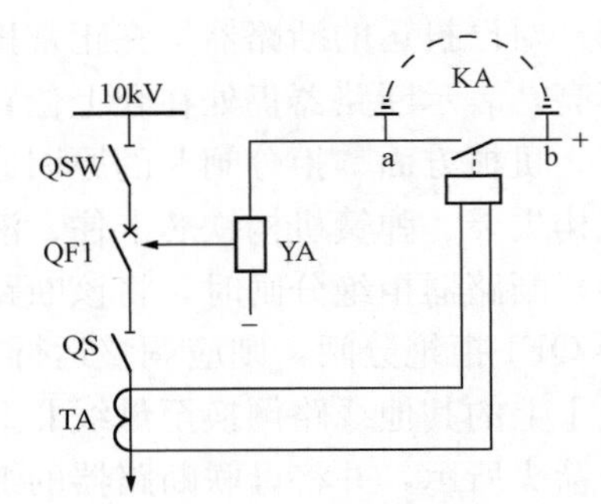

图3-4 直流回路两点接地使断路器误动作

QF1—线路断路器；QS—线路隔离开关；TA—电流互感器；YA—分闸线圈；KA—分闸继电器；QSW—母线隔离开关

(4) 断路器的分闸脱扣机构有故障，使断路器脱扣，造成断路器自动掉闸。对电磁操动机构，当受到外界振动时，断路器自动分闸。可能的原因有定位螺杆调整不当，使拐臂三点过高；托架弹簧变形，弹力不足；滚轮损坏；托架坡度大、不正；滚轮在托架上接触面少等。

(5) 液压机构中分闸一级阀和逆止阀处，由于密封不良渗漏油，此时由合闸保持孔供油到二级阀上端以维持断路器在合闸位置，当漏的油量超过补充油量，在二级阀上下两端造成压强不同，当二级阀上部的压力小于下部的压力时，二级阀会自动返回，使工作缸合闸腔内高压油泄掉，从而使断路器跳闸。

3. 断路器误分闸的处理

(1) 断路器发生误分闸时，值班人员首先应查明故障原因，同时汇报调度处理。

(2) 若由于人员误碰、误操作，或机构受外力振动，保护盘受外力振动引起自动脱扣"误分闸"，则应：

1）对馈线立即送电。

2）对联络线，检查线路无电压送电，或线路上有电压时，须经并列合闸。

(3) 对其他电气或机械性故障，无法立即恢复送电的，应联系调度与有关部门将“误分闸”断路器停用，待检修处理。

四、断路器误合闸

1. 断路器误合闸现象

断路器未经操作而自动合闸，则属“误合闸”。

2. 断路器误合闸的原因

(1) 直流回路中，正负两点接地，使合闸控制回路接通。

(2) 自动重合闸断路器动合触点误闭合，或其元件某些故障原因，使断路器合闸控制回路接通。

(3) 由于合闸接触器线圈电阻过小，且动作电压偏低，直流系统发生瞬间脉冲时，引起断路器误合闸。

(4) 弹簧操动机构，储能弹簧锁扣不可靠，在有震动的情况下（如断路器分闸时）锁扣自动解除，造成断路器自行合闸。

3. 断路器误合闸的处理

(1) 经检查未经合闸操作的：

1）操作手柄处于“分闸后位置”红灯连续闪光，表明断路器已合闸（即“误合”）。

2）拉开误合的断路器。

(2) 对“误合闸”的断路器如果拉开后又再“误合闸”，则应取下合闸熔继器，分别检查电气和机械方面的原因，联系调度和有关部门，将断路器停用，待检修处理。

(3) 当断路器误合闸时，应立即拉开。如已合于短路或接地的线路上时，则保护会动作分闸，但须对断路器及一切通过故障电流的设备进行详细检查。

五、断路器慢分慢合或分合闸不同步的处理

断路器慢分慢合通常是由操作动力不足、机构卡涩等原因造成的。如果发生在故障分闸或合闸于故障线路时，将会造成断路器灭弧室燃弧时间过长而导致爆炸。

断路器分合闸不同步会导致系统非全相运行或出现较大的零序和负序分量对系统造成扰动。故障情况下，如果断路器同一相的各个断口间出现不同步时，先断开的断口将承受全电压下的故障电流，使其不能灭弧而导致爆炸。

因此，当正常操作中发现断路器有慢分慢合或分合闸不同步情况时，应立即对断路器及其操作机构进行检查，并向有关部门及领导报告，以便采取必要的措施。

六、断路器出现非全相运行时的处理

在操作断路器时断路器三相不一致或正常运行中发现“断路器三相不一致”信号，同时红、绿灯熄灭，“开关继电器故障”信号动作，则可判定断路器“三相不一致”，值班人员应立即报告总调值班调度员听候处理。

根据断路器发生不同的非全相运行情况，分别采取以下措施：

(1) 一相断路器合上其他两相断路器在断开状态时，应立即拉开合上的一相断路器，而不准合上在断开状态的两相断路器。

(2) 一相断路器断开其他两相断路器在合上状态时，应将断开状态的一相断路器再合一次，若不成即拉开合上状态的两相断路器。

(3) 如果非全相断路器采取以上措施无法断开或合上时，则马上将线路对侧断路器断开，然后在断路器机构箱就地断开断路器。

(4) 也可以用旁路断路器与非全相断路器并联，用隔离开关解除非全相断路器或用母联断路器串联非全相断路器切断非全相电流。

(5) 母联断路器非全相运行时，应立即调整降低断路器电流，倒为单母线方式运行，必要时应将一条母线停电。

七、断路器故障时申请停用处理

断路器发生以下故障时应申请停用处理：

(1) 套管有严重破损和放电现象。

(2) 断路器内部有爆裂声。

(3) 空气断路器内部有异常声响或严重漏气，压力下降，橡胶吹出。

(4) SF_6 气室严重漏气或发出操作闭锁信号。

(5) 真空断路器出现真空损坏的咝咝声。

八、断路器着火处理

(1) 切断断路器各侧电源，将着火断路器与带电部分隔离起来，防止事故扩大。

(2) 用干粉灭火器进行灭火。

(3) 在高压室中灭火，应注意打开所有房门排气散烟。

(4) 在灭火时，如发现火势危及二次线路时，应切断二次回路的电源。

(5) 如果是10～35kV高压室内断路器着火，应根据控制室内所报信号、表计指示、高压室内的事故象征、设备运行情况、事故分闸情况等，判断清楚故障性质和范围，见表3-6。

表3-6　高压断路器着火处理

状态	母线已失压		母线未失压	
高压断路器着火	着火断路器，应在失压母线范围	故障断路器是否已在断开位置，保护动作与否，6～10kV分路分闸，报出事故音响故障在控制室内	只将故障断路器与电源隔离，而不需将母线停电	可以将故障断路器与电源隔离，停电以后再灭火

第四节　组合电器运行维护及异常故障处理

一、主要技术参数

GIS组合电器主要技术参数见表3-7。

表3-7　GIS组合电器主要技术参数

额定电压	252kV	126kV
额定电流	2500A、3150A	1250A、2500A
断路器额定开断短路电流	50kA	31.5kA、40kA
额定开断短路电流/持续时间	50kA/2s	31.5kA/4s、40kA/4s

续表

断路器操作机构	液压或弹簧或液压弹簧	液压或弹簧或液压弹簧
断路器断口	单断口	单断口
开断空载线路能力	分、合 250A 电容电流	分、合 140A 电容电流
开断小电感电流（空载变压器）能力	开断 0.5～15A 空载电力变压器励磁电流	
近区故障特性	开断 90%和 75%的额定开断短路电流	
电晕和无线电干扰水平	1.1p.u. 下，无可见电晕，干扰电压不超过 500μV	
噪声水平	距离声源直线距离 2m，对地高度 1.5m 处，不超过 110dB	
SF_6 气体年泄漏量	年泄漏量<1%	

二、GIS 组合电器在运行中的主要监视项目

（1）检查并记录好各气室的 SF_6 气体压力及当时环境温度。

（2）检查 SF_6 气体压力指示应正常，将压力读数根据气温变化，按照“压力—温度”曲线在同一温度下，若相邻两次读数差值达 0.01～0.03MPa（表压力）时，说明该气室间隔漏气，应监视和检查，并报告工段（区）处理。

（3）在巡视中发现 SF_6 气体表压力下降，若有异声、严重异味，发现眼、口、鼻有刺激症状，应尽快离开，若因操作或工作不能离开时，则应戴防毒面具、防护手套等安全用具，并立即报告调度和工段（区）采取措施。

（4）注意辨别各种异常声音，如放电声、励磁声等。

（5）注意辨别外壳、扶手端子等处温升是否正常，有无过热变色，有无异常气味。

（6）检查法兰、螺栓、接地导体的外部连接部分有无生锈。

（7）检查操动机构联板、联杆有无脱落下来的开口销、弹簧、挡圈等连接部件。

（8）检查压缩空气系统和油压系统中储气（油）罐、控制阀、管路系统密封是否良好，有无漏气、漏油痕迹，油压和气体是否正常。

（9）检查结构是否变形、油漆是否脱落、气体压力表有无生锈和损坏、SF_6 气体管路和阀门有无变形，以及导线绝缘是否完好。

（10）检查 SF_6 气体监控箱（GMB）门是否关紧，箱内有无受潮、生锈等情况。

（11）检查动作计数器的指示状态和动作情况。

（12）检查合、分指示器及指示灯显示是否正确。

三、GIS 组合电器运行维护注意事项

（1）进入 GIS 配电装置巡视必须两人（不得单独巡视），且应先开启通风设备换气，确保通风良好（将可能漏出的 SF_6 气体排出净化处理），检查分、合闸指示位置应正确，符合实际运行工况。

（2）若手动操作 GIS 接地开关时，应戴绝缘手套，穿绝缘靴，且与设备外壳保持一定距离，防止外壳可能麻电（以免 GIS 内部故障等产生一定的接触电压等），同时，在操作过程中，其他人员应停止在外壳上工作，离开设备到操作结束为止。

（3）压缩空气气动操作系统压力指示应正常，每班应检查一次，如由于操作或管道系统漏气，则空气压缩机自行启动补气，以维持规定的操作压力；若无操作，管道不漏气时，空气压缩机不启动，但值班人员仍应按现场运规对空气压缩机进行定期启动检查，以保持设备

处于良好状态。空气压缩机出口的排污阀工作状态应良好，停机时均应排污一次。

（4）GIS在运行中SF_6气体含水量应定期测量，新安装或大修后每3个月一次，待含水量稳定后可每年一次，灭弧室的含水量应小于300ppm（体积比），其他气室的应小于500ppm（体积比）。

四、GIS组合电器安装检修后验收项目

GIS组合电器安装检修后验收项目见表3-8。

表3-8　GIS组合电器安装检修后验收项目

项　目	验收标准
1. 外观检查	
（1）外观检查	清洁、油漆完整无损伤，相色漆正确；瓷件、绝缘件完整无损伤、表面清洁
（2）固定、连接螺栓、开口销	齐全、牢固
（3）接地	牢固、布置合理且导通良好
（4）气室分隔标志	清晰、与图纸相符
（5）SF_6、液压压力表、油位表	指示在允许范围内
（6）各种充气、充油管路，阀门及各连接部件	密封良好，阀门开闭位置正确且有明显标识
（7）避雷器漏电流表、计数器	密封完好，便于观察
（8）一次铭牌、名称、编号	完整、清晰、正确、牢固
（9）箱、柜检查	密封良好，封堵完好、符合要求，内部清洁，接地良好，加热及照明装置良好
（10）二次标签	齐全、正确与图纸相符
（11）二次接线	布线整齐
2. 操作试验	
（1）断路器、隔离开关操动试验（手分、手合；远方、就地；三相不一致）	操作机构与连杆传动部分应灵活，无卡阻现象；分、合闸就地、远方指示正确；辅助开关动作正确可靠
（2）防误装置、连锁与闭锁	准确可靠，符合产品技术条件、设计图纸的规定
（3）SF_6密度继电器及压力动作阀的报警和闭锁动作情况（抽检）	符合产品技术条件的规定，电气回路传动正确
3. 图纸资料	
（1）施工图纸	齐全
（2）制造厂提供的产品说明书、试验记录、合格证件及安装图纸等技术文件	齐全
（3）安装记录卡	齐全、数据符合标准
（4）试验报告	齐全、数据符合要求

第五节　隔离开关运行维护及异常故障处理

一、隔离开关的巡视检查

（1）监视隔离开关的电流不得超过额定值，温度不超过允许温度70℃，接头及触头应

接触良好，无过热现象，否则应设法减小负载或停用。若电网负载暂时不允许停电时，则采取降温措施并加强监视。

（2）检查隔离开关的绝缘子（瓷质部分）应完整无裂纹、无放电痕迹及无异常声音。

（3）隔离开关本体与操作连杆及机械部分应无损伤。各机件紧固、位置正确，电动操作箱内应无渗漏雨水，密封应良好。

（4）检查隔离开关运行中应保持“十不”：不偏斜、不振动、不过热、不锈蚀、不打火、不污脏、不疲劳、不断裂、不烧伤、不变形。

（5）检查隔离开关在分闸时的位置，应有足够的安全距离，定位锁应到位。

（6）检查隔离开关的防误闭锁装置应良好，应检查电气闭锁和机构闭锁均在良好状，辅助触点位置应正确，接触应良好。隔离开关的辅助切换触点应安装牢固，动作正确（包括母线隔离开关的电压辅助开关），接触良好。装于室外时，应有防雨罩壳，并密封良好。

（7）检查带有接地开关的隔离开关，应接地良好，刀片和刀嘴应接触良好，闭锁应正确。

（8）合上接地隔离开关之前，必须确知有关各侧电源均已断开，并进行验明无电后才能进行。

（9）对液压机构（指油压操作）的隔离开关，机构内应无渗油现象，油位指示应正常；对电动操作的隔离开关，操作完毕后应拉开其操作电源。

（10）装有闭锁装置的隔离开关，不得擅自解锁进行操作（包括电动隔离开关，直接掀动接触器、铁芯等进行操作），当闭锁确实失灵时，应重新核对操作命令及现场命名，检查有关断路器位置等确保不会带负载拉合隔离开关时方可操作，不准采取其他手段强行操作。

（11）在110kV及以上双母线带旁路的接线中，隔离开关和断路器之间、正副母线隔离开关之间、母线隔离开关和母联断路器之间、旁路母线隔离开关和旁路断路器之间设有电气回路闭锁，接地隔离开关与有关隔离开关之间设有机械或电气闭锁装置。因此，在操作过程中，应特别注意操作的正确性。

（12）在运行或定期试验中，发现防误装置有缺陷，应视同设备缺陷及时上报，并催促处理。

二、隔离开关安装大修后的验收项目

（1）操动机构、传动装置、辅助开关及闭锁装置应安装牢固，动作灵活可靠，位置指示正确。

（2）合闸时三相不同期值应符合产品的技术规定。

220kV隔离开关：20mm

35～110kV隔离开关：10mm

10kV隔离开关：5mm

（3）相间距离及分闸时，触头打开角度和距离应符合产品的技术规定。

（4）触头应接触紧密良好。

（5）每相回路的主电阻应符合产品要求。

（6）隔离开关的电动（远方、就地）和手动操作应正常。

（7）隔离开关与接地开关之间机械闭锁装置功能应正常。

（8）电磁锁、微机闭锁、电气闭锁回路正确，功能完善。

（9）端子箱二次接线整齐。

（10）油漆应完整、相色标志正确，接地良好。

（11）交接资料和文件齐全：①变更设计的证明文件；②制造厂提供的产品说明书、试验记录、合格证件及安装图纸等技术文件；③安装或检修技术记录；④调试试验记录；⑤备品、配件及专用工具清单。

三、隔离开关异常故障处理

1. 隔离开关过热

（1）用示温蜡片复测或用红外线测温仪测量接头实际温度，若超过规定值（70℃）时，应查明原因并及时处理。

（2）需立即设法减少负荷，如通知用户限负荷或拉开部分断路器。在采取措施前，尚应加强监视。

（3）发热剧烈时，应以适当的隔离开关，利用倒母线或以备用断路器倒旁路母线等方法，转移负荷，使其退出运行。

（4）如需停用发热隔离开关，而可能引起停电并造成损失较大时，应采取带电作业进行抢修，做部件整紧工作。此时如仍未消除发热，可以使用接短路线的方法，临时将隔离开关短接。

2. 隔离开关绝缘子闪络放电

（1）应立即报告调度员尽快处理，在停电处理前应加强监视。

（2）如绝缘子有更大的破损或放电，应采用上一级断路器断开电源。

（3）禁止用本身隔离开关断开负载和接地点。

3. 触点转换不良

若辅助触点转换不良，应调整辅助触点，检查隔离开关机构有无卡阻等故障。

4. 隔离开关拒绝合闸

电动机构的隔离开关拒合闸时，应观察接触器动作与否、电动机转动与否以及传动机构动作情况等，区分故障范围，并向调度汇报。

（1）若接触器不动作，属回路不通。应做如下检查处理：

1）首先应核对设备编号、操作程序是否有误，操作回路被防误闭锁，回路闭锁，回路就不能接通，纠正错误操作。

2）若不属于误操作，应检查操作电源是否正常，保险是否熔断或接触不良。

3）若无以上问题，可能是接触器卡滞合不上，应暂停操作，处理正常后继续操作。

（2）若接触器已动作，应做如下检查处理：

1）问题可能是接触器卡滞或接触不良，也可能是电动机问题。

2）如果测量电动机接线端子上电压不正常，则证明接触器问题。反之，属电动机问题。

3）若不能自行处理，可用手动操作合闸。汇报上级，安排停电检修。

（3）若检查电机转动，机构因机械卡滞合不上，应暂停操作，并做如下检查处理：

1）检查接地开关看是否完全拉到位，将接地开关拉开到位后，可继续操作。

2）检查电动机是否缺相，三相电源恢复正常后，可又继续操作。

3）如果不是缺相故障，则可用手动操作，检查机械卡滞，抗劲的部位，若排除可继续操作。若无法操作，应利用倒运行方式的方法先恢复供电，再汇报调度。

5. 隔离开关拒绝分闸

（1）电动操作机构的检查及处理措施。

1）若接触器不动作，属回路不通。首先应核对设备编号、操作程序是否有误，操作回路被防误闭锁，回路闭锁，回路就不能接通，纠正错误操作。若不属于误操作，应检查操作电源是否正常，熔丝是否熔断或接触不良。若无以上问题，可能是接触器卡滞合不上，应暂停操作。处理正常后继续操作。

2）若接触器已动作，此时可能是接触器卡滞或接触不良导致，也可能是电动机问题。如测量电动机接线端子上电压不正常，则证明接触器问题；反之，属电动机问题。若不能自行处理，可用手动操作分闸。汇报上级，安排停电检修。

3）若电动机拒动，机构因机械卡滞合不上，应暂停操作。检查电动机是否缺相，三相电源恢复正常后，可继续操作；如果不是缺相故障，则可用手动操作。检查机械卡滞、抗劲的部位，若难排除无法操作，汇报调度及工区。

（2）手动操作机构的检查及处理措施。

1）首先核对设备编号，看操作程序是否有误，检查断路器是否在断开位置。

2）无上述问题时，可反复晃动操作手把，检查机械卡滞的部位。如属于机构不灵活、缺少润滑，可加注机油，多转动几次，拉开隔离开关。如果抵抗力在隔离开关的接触部位、主导流部位，不许强行拉开。应采取倒运行方式，将故障隔离开关停电检修。

6. 合闸不到位、三相不同期的故障处理

隔离开关如果在操作时不能完全到位，接触不良，运行中会发热，出现隔离开关不到位、三相不同期时，应拉开反复重合几次，操作动作符合要领，用力要适当。如果无法完全合到位，不能达到三相完全同期，应戴绝缘手套，使用绝缘棒，将隔离开关的三相触头顶到位。汇报上级，安排计划停电、检修。

7. 隔离开关电动分、合闸操作时中途自动停止时的故障处理

隔离开关在电动操作中，出现中途自动停止故障，如触头之间距离较小，会长时间拉弧放电。原因多是操作回路过早打开，回路中有接触不良而引起。拉闸时，出现中途停止，应迅速手动将隔离开关拉开。汇报上级，安排停电检修。若时间允许，应迅速将隔离开关拉开，待故障排除后再操作。

8. 隔离开关自动掉落合闸的处理

一些垂直拉合的隔离开关，在分闸位置时，如果操作机构的闭锁装置失灵或未加锁，遇到振动较大的情况下，隔离开关会自动掉落合闸。例如，110kV 和 220kV 系统上还有一些老式 GW_2-110D 隔离开关，在分闸状态时，由于刀片较长，刀片趋向合闸的惯性较大，当检修人员在隔离开关手动操作机构上用锤子打击物体时，由于受到振动，销子自动滑出而掉落合闸。发生这种情况十分危险，尤其当有人在停电设备上工作时，很可能造成人身伤害、设备损坏，从而引起系统带接地线合闸事故。

9. 人员误操作带负载前拉合隔离开关的处理

（1）误拉隔离开关是由于运行人员对实况未掌握，或没有认真执行规程而发生的。一旦发生带负载误拉隔离开关时，如刀片刚离刀口（已起弧），应立即将隔离开关反方向操作合上。但如已误拉开，且已切断电弧时，则不许再合隔离开关。

（2）误合隔离开关是运行人员失误带负载误合隔离开关，则不论任何情况，都不准再拉

开。如确需拉开，则应使用该回路断路器将负载切断后，再拉开误合的隔离开关。

第六节　母线运行维护及异常故障处理

一、母线的巡视检查

母线是变电站最重要的电气设备之一，一旦发生故障将会中断全部出线供电。因此，加强对母线的运行维护和检查，对保证变电站安全生产至关重要。母线的巡视检查项目包括：

（1）母线有无断股，伸缩是否正常，母线接头连接处有无发热变色现象。

（2）设备线卡、金具是否紧固，有无松动严重锈蚀、脱落现象。

（3）绝缘子是否清洁，有无裂纹损伤，放电现象。

（4）所有构架的接地是否完好、牢固、有无断裂现象。

二、母线异常处理

1. 母线过热

（1）母线过热的原因：

1）母线容量偏小。

2）母线严重过负荷。母线运行中汇集和传送的电流严重超过允许值，将会造成母线过热。特别是对于通风不良的户内母线，在超负荷的情况下，过热更易发生。

3）母线连接处接触不良，母线与引线接触不良，使母线接头处连接螺栓松动或接触面氧化，使接触电阻增大。

（2）母线过热的处理：

1）母线是否过热，可用变色漆或示温蜡片判别。若变色漆变黄、变黑，则说明母线过热已经很严重。有条件的地方可用红外线测温仪来测量母线的温度，以便更为方便、准确地判断母线是否过热。

2）值班人员发现母线过热时，应尽快报告调度员，采取倒备用母线运行或转移负荷，直至停电检修的方法进行处理。

2. 母线电压不平衡

（1）母线电压不平衡的原因：

1）输电线路发生金属性接地或非金属性接地故障。

2）电压互感器一、二次侧熔断器熔丝熔断。

3）空母线或线路的三相对地电容电流不平衡，有可能出现假接地现象。

4）输电线路长度与消弧线圈分接头调整不当，也可能会出现假接地现象。

（2）母线电压不平衡的处理：

1）输配电线路发生单相接地时，引起母线电压不平衡，值班人员应通知调度、工区安排线路专业人员巡线检查，消除线路单相接地故障。

2）经检查发现电压互感器一、二次侧熔断器熔丝熔断时，更换合格的新熔丝。

3）征得调度同意，调整消弧线圈分接头。

3. 母线绝缘子裂纹或破损

（1）绝缘子裂纹或破损的原因：

1）气温骤变使瓷件内部应力发生变化，以及瓷质、铁件、黏合剂三者热胀冷缩存在差异，使绝缘子老化。

2）安装使用不合理，如机械负荷超过规定、电压等级不符等。

3）系统短路冲击，产生很大的应力，使绝缘子断裂破损。

4）外力伤害，如人员误伤、冰雹袭击等。

（2）绝缘子裂纹或破损的处理：

母线是由许多绝缘子（支持绝缘子、悬式绝缘子）固定并使相对地绝缘的。这些绝缘子一旦破损，会造成母线接地或相间短路，严重的可能由于绝缘子击穿放电而将母线烧坏、烧断。因此，发现母线绝缘子破损、放电等异常情况时，值班人员应尽快报告调度员，请求停电处理。在停电更换绝缘子前，应加强对破损绝缘子的监视，增加巡回检查次数。

4. 绝缘子闪络和击穿

（1）绝缘子闪络和击穿的原因：

1）绝缘子闪络，多因其表面污秽严重引起。尤其是在化工厂附近的变电站，含有大量硅钙的氧化物及硫化物粉尘落在绝缘子表面，形成一种固体和不易被雨水冲走的薄膜。当阴雨天气时，这些粉尘薄膜能够导电，使绝缘子表面耐压降低，泄漏电流增大，导致绝缘子对地放电，发生闪络。闪络事故通常发生在绝缘子表面，可以看到放电痕迹。

2）若绝缘击穿是发生在绝缘子内部，外表可能看不到放电痕迹，发生绝缘击穿的原因有制造方面的，如绝缘强度不够；也有使用方面的，如绝缘子数量不够；还有外力方面的，如振动撞击或承受拉力过大使内部受到伤害。

（2）绝缘子闪络和击穿的处理：

运行值班人员一旦发现母线绝缘子闪络和击穿时，应尽快报告调度，申请停电处理。

5. 硬母线变形

运行中的硬母线，在正常状态下，相间和相对地间的距离虽然满足运行要求，但裕度不大。因此，当运行中的母线发生变形时，应首先考虑相间和相对地间的距离是否仍满足要求的问题。

造成母线变形的原因，除外力造成的机械损伤外，母线过热或通过较大短路电流产生的电动力都会使母线变形。因此，发现母线有变形情况时，一方面应尽快报告调度员请求处理，另一方面应尽可能找出变形原因，以便尽快消除变形。

三、母线失电后的处理

母线失电是指母线本身无故障而失去电源。一般是由于外部故障，该跳的断路器拒动引起断路器越级跳闸，或系统拉闸限电所致。这种情况多发生于单电源供电的母线。母线失电后，该母线电压互感器仍保持运行状态，不应拉开（故障除外）。

1. 母线失电的现象

（1）该母线电压表指示消失。

（2）该母线的各出线及变压器负荷消失（电流表、功率表指示为零）。

（3）该母线所供站用变压器失电。

2. 母线失电的原因

（1）母线设备本身故障或母线保护误动作。

（2）出线线路故障断路器拒动，引起越级跳闸。

（3）单电源变电站的受电线路或电源故障。

3. 母线失电处理的一般原则

(1) 变电站母线失电后，值班人员自行将失电母线上的断路器全部拉开，然后汇报有关调度。如要对停电母线进行试送电，应尽可能用外来电源。

(2) 母线失电后，值班人员应立即进行检查，并汇报当值调度员，当确定失电原因非本站母线或主变压器故障所引起时，可保持本站设备原始状态不变。

(3) 若为主变压器故障越级跳闸，则应拉开主变压器各侧断路器，进行检查处理。

(4) 主变压器中（低）压侧断路器跳闸，造成母线失电后，值班人员应对该母线及各出线间隔电气设备进行详细检查，并汇报当值调度员，拉开连接于该母线的所有断路器。如非本站母线故障或主变压器保护误动，则一般为线路故障，为其断路器或保护拒动所致。在查出拒动断路器使其断开并拉开隔离开关后，可恢复对停电母线送电。

(5) 变电站母线失电后，现场值班人员应根据断路器失灵保护、出线和主变压器保护的动作情况分析失电原因，并将保护动作情况和分析结果汇报有关调度员。

(6) 对多电源变电站母线失电，为防止各电源突然来电引起非同期，现场值班人员应按下述要求自行处理：

1) 单母线应保留一电源断路器，其他所有断路器（包括主变压器和馈供断路器）全部拉开。

2) 双母线应首无拉开母联断路器，然后在每一组母线上只保留一个主电源断路器，其他所有断路器（包括主变压器和馈线断路器）全部拉开。

(7) 如停电母线上的电源断路器中仅有一台断路器可以并列操作的，则该断路器一般不作为保留的主电源断路器。

(8) 变电站母线失电后，保留的主电源断路器由调度定期发布。

4. 110kV 母线失电后的处理

(1) 由于 110kV 线路或主变压器断路器拒动造成 110kV 正母线（或副母线）失电时，值班人员应汇报调度将拒动的断路器隔离，拉开失电母线上其余线路断路器，根据具体运行方式及调度命令恢复母线运行。

(2) 因 110kV 母差保护误动造成 110kV 母线失电后，值班人员应立即向有关调度汇报，并应迅速检查是否由于母差保护误动引起，对一次设备进行检查。如检查一次设备无异常，确属保护误动，应检查失电母线上所有断路器均已跳开，应汇报调度退出 110kV 母差保护。根据具体运行方式及调度命令恢复母线运行。

(3) 若因母线短路或由母线到断路器间的引线发生短路引起母线电压消失，运行人员应汇报调度并将故障母线隔离，将线路尽快倒至备用母线或无故障母线，恢复供电。

(4) 因线路保护拒动造成 110kV 母线失电后，值班人员应立即向有关调度汇报，查明保护拒动线路，并将该线路转为冷备用，根据具体运行方式及调度命令恢复母线运行。

5. 35kV 母线失电后的处理

(1) 由于 35kV 线路断路器拒动造成 35kV Ⅰ段母线（或Ⅱ段母线）失电时，值班人员应汇报调度将拒动的线路断路器隔离，拉开失电母线上其余线路断路器，根据具体运行方式及调度命令恢复母线运行。

(2) 由于主变压器故障主变压器保护动作造成 35kV Ⅰ段母线（或Ⅱ段母线）失电时，值班人员应汇报调度将故障主变压器隔离，拉开失电母线上所有线路断路器，根据具体运行方式及调度命令恢复母线运行。

（3）因线路保护拒动造成35kV母线失电后，值班人员应立即向有关调度汇报，查明保护拒动线路，并将该线路转为冷备用，根据具体运行方式及调度命令恢复母线运行。

（4）若因母线短路或由母线到断路器间的引线发生短路引起母线电压消失，运行人员应汇报调度并将故障母线隔离，待检修部门处理后，恢复供电。

四、母线保护动作后的检查处理

1. 母线保护动作后的检查

母线保护动作后，运行人员应根据仪表指示、信号、掉牌、继电保护、自动装置的动作情况判断故障性质，判明故障发生的范围及事故停电范围。汇报有关调度，并将故障母线上的未跳闸的断路器全部拉开。对母差保护范围内的母线及其引线、所有母线隔离开关、该母线上的断路器及电流互感器、电压互感器、避雷器等设备进行详细检查，并将检查情况汇报调度。

2. 母线保护动作后的处理原则

（1）找到故障点，向调度汇报并将故障点隔离，按调度命令对停电母线恢复送电。

（2）找到故障点但不能很快隔离的，按调度命令将非故障线路及主变压器冷倒至运行母线，并恢复送电，同时调整母差保护运行方式及电压互感器二次负载。

（3）若找不到故障点，不准将主变压器或线路冷倒至运行母线，应根据调度命令由线路对侧电源对故障母线进行试送电。

3. 220kV母线故障处理原则

220kV母线故障停电后，通信中断时，值班人员可按下列原则自行处理：

（1）首先检查或拉开故障母线上的全部断路器（须在15min内完成）。

（2）故障点隔离后，用220kV充电合闸按钮合上220kV旁路断路器或母联断路器（此时即充电保护投入），使母线电压正常，然后对无故障的主变压器恢复送电，220kV母差保护仍应在固定连接方式。

（3）故障点不能很快隔离的，可将确实无故障的主变压器冷倒向运行母线后恢复送电，220kV母差保护应改为破坏固定连接方式。

（4）若故障点发生在220kV主变压器断路器回路内，应迅速将其隔离，在可能情况下，应考虑旁路断路器代替主变压器断路器送电，并注意相应的二次部分的调整。

（5）待通信恢复后，向调度报告处理情况，并按调度命令恢复220kV系统运行方式。

220kV母线失电应区别于变电站母线保护范围内的电气设备，故障性质如上述情况是属于变电站内部的故障性质，但母线失电是由于电源中断引起的，一般属于系统故障，值班人员必须严格把两类故障情况区别开来分别按故障性质处理，母线失电原因有以下几种：

1）送电线路故障引起越级跳闸。

2）母线保护装置误动。

3）母线电源中断。

4. 送电线路越级跳闸的处理

当线路发生事故后，由于某些原因，送电线路本身保护装置未动作，或断路器拒绝跳闸时，将引起母线后备保护装置动作，使母线失电事故扩大。

220kV母线失电后，值班人员应根据某一线路可能出现的保护掉牌，如断路器失灵保护及主变压器保护动作情况，检查是否系本所断路器拒动，寻找故障点并迅速切除，按下列情况分别处理：

（1）线路故障断路器拒动，此时220kV失灵保护及故障线路保护同时动作，失电母线上的其余线路断路器、主变压器断路器及母联断路器均跳闸，值班人员应将拒动的线路断路器拉开，并检查失电母线上的所有断路器确已断开后，合上220kV母联断路器（以母线充电方式进行）。无母联断路器时用旁路断路器（作母联方式）对母线充电。然后汇报有关调度，按其命令恢复主变压器及线路的环网运行。

（2）若主变压器故障断路器拒动，此时保护动作线路对侧越级跳闸造成220kV全部失电时，值班人员应立即拉开故障主变压器断路器，并于15min内自行拉开220kV母联断路器以及不应保留的电源断路器，然后汇报有关调度，听候处理。

（3）220kV主变压器断路器拒动，线路对侧越级跳闸造成220kV部分失电（一条母线）时，值班人员应隔离主变压器故障断路器，汇报调度后根据具体运行方式及调度命令把部分线路冷倒至运行母线。

5. 220kV母线保护装置误动作的事故处理

当母线上的电源元件及送电线路在运行中突然跳闸，并伴有直流接地或差动断线等现象时，值班人员应迅速检查是否由于母差保护误动作引起，并对一次设备进行检查，当检查一次设备无异常现象，应根据下列情况来判断和处理。

（1）事故现象：

1）该母线的电压表指示和主变压器及线路的有功功率表、无功功率表及电流表指示消失。

2）该母线上的主变压器所供的110kV、35kV（或10kV）母线、线路、站用变压器失电。

3）控制室“电压回路断线”预告信号报警、光字牌亮、故障录波器动作，220kV JJL-21型装置故障光字牌示警等。

4）可能伴有直流接地或差动断线等现象。

（2）事故处理：

1）拉开失电35kV（10kV）母线上的电容器断路器。

2）值班人员应立即向有关调度汇报，并应迅速检查是否由于母差保护误动引起，对一次设备进行检查。

3）如检查一次设备无异常，确属母差保护误动，则应拉开母线上的所有断路器，并退出母差保护或故障继电保护装置。

4）用母联断路器（或旁路兼母联断路器）对母线充电，当充电成功后即可恢复下一步正常运行方式，并通知继电保护班检查母差保护装置。

5）如直流接地引起继电保护误动，应及时查明原因或切除有关保护，恢复送电。若难以解决，则用旁路断路器代替线路断路器。

五、母线单相接地故障处理

有中性点直接接地系统，称为大电流接地系统，有不接地系统和经过消弧线圈接地系统，称为小电流接地系统，发生单相接地仍可继续运行一段时间，一般不应超过2h。但出现一相接地是电力系统运行中的一种异常情况，如果又发生另一相接地，则会形成相间接地短路，造成出线断路器或主变压器断路器掉闸，造成事故扩大。因此，发生单相接地应尽快消除。

1. 单相接地现象

(1) 站内预告警铃响。

(2) 接地警告光字牌亮。

(3) 消弧线圈动作报警，其电流表有指示。

(4) 接地相对地电压降低或等于零，其他二相对地电压升高或可达线电压值。

2. 母线单相接地故障处理

(1) 应自行拉开故障系统上的电容器组，判明是否该回路上有接地。

(2) 汇报有关调度，并记录接地动作时间、相别、零序电压及消弧线圈电压与电流值。

(3) 检查站内接地系统中的设备有无异常情况，检查时应自身做好完全措施，穿绝缘鞋，必要时应戴绝缘手套，进行接地巡视，如发现明显接地时，不得接近故障点，应设置安全遮栏（室内 4m，室外 8m）。

(4) 解列母联断路器使接地系统不与良好系统并列，以缩小故障区域。若查不到接地点，应按调度命令，分割系统查找。

(5) 使用接地探寻按钮寻找接地故障时，应注意下列事项：

1) 了解该线路重合闸已投入，并且检验重合闸装置正常。

2) 了解该线路不是在合环状态运行及无小发电运行。

3) 接地探寻按钮时间不宜过长，并注意母线三相电压表及消弧线圈残流变化。

4) 在按接地探寻按钮前，要打开防误操作盒，做好重合闸失灵或断路器未合闸时立即手动合上该断路器的准备。

5) 在系统接地时，不得拉合消弧线圈隔离开关。

(6) 若接地发生在主变压器低压侧及其 35kV 断路器以内的回路中，应汇报调度，按其命令转移有关负荷等后，拉开主变压器各侧电源。

(7) 若判断为线路接地引起，应汇报调度，立即停用故障线路。

(8) 寻找接地故障应按现场规程规定处理。

(9) 用“瞬停法”查找故障时，无论线路上有无故障，均应立即合上。

六、母线发生谐振后的处理

(1) 主变压器投运后向 35kV 母线充电时，为了防止产生铁磁谐振过电压，在充电前应做到母线投入一条空线路。操作中一旦发生谐振，可在空母线上合一台空载变压器或一条无源线路，改变回路参数，消除谐振条件。

(2) 为了防止 110kV 及以上的断路器断口电容与母线电压互感器产生铁磁谐振过电压，在母线停电时，应将负载移出后将电压互感器转为冷备用，最后再将母联断路器转为冷备用。操作中不宜先将所有断路器转为热备用，然后再全部由热备用转为冷备用，母线送电操作也应逐一由冷备用转为运行。

(3) 110kV 及以上断路器断口电容与母线电压互感器发生谐振过电压时，母线电压表异常升高，值班员不得拉开母线电压互感器隔离开关，或重新合上所拉开的带断口电容的断路器，而应立即拉开所有热备用中带断口电容断路器的电源侧隔离开关，或合上一台空载变压器或一条无源线路，改变回路参数，消除谐振条件。

(4) 电压互感器一经发生谐振，应退出运行。如谐振在 3min 以内，经电试合格并经总工程师批准后可继续使用；如谐振超过 3min 以上，严禁继续使用。

七、母线故障处理注意事项

（1）排除母差保护误动及非故障跳闸的可能。

母线故障时，故障电流很大，在母差保护动作的同时，相邻线路/元件保护都会启动或发信，故障录波器因其具有更高的灵敏度而必然启动，如果相邻线路/元件保护不启动或很少启动，故障录波图上没有明显的故障波形，则可认为母差保护有误动可能或因其他原因造成的非故障跳闸。此时，值班人员可在停用母差保护、排除非故障原因并确认该母线上所有断路器均已跳闸后，要求调度选择合适的电源并提高其保护灵敏度后对停电母线进行试送，试送成功后，逐一送出停电线路。

（2）查找到故障点并加以隔离，力求迅速恢复母线的供电。

当某一段母线故障，相应母差保护动作跳闸时，值班人员应在确认该母线上的断路器全部跳开后对故障母线及连接于母线上的设备进行认真检查，努力寻找故障点并设法排除。切不可在故障点尚未查明的情况下贸然将停电线路冷倒至健全母线，以防止扩大故障。只有在故障点已经隔离，并确认停电母线无问题后，方可对停电母线恢复送电。

（3）如母差保护动作后，故障母线上留有未跳断路器时，应自行拉开该断路器，并充分考虑该断路器所属线路、设备故障而断路器拒动造成越级跳闸的可能。

（4）若找到故障点但无法隔离时，应迅速对故障母线上的各元件进行检查，确认无故障后，冷倒至运行母线并恢复送电（与系统联络线要经同期并列或合环）。

（5）发现母线失电现象时，首先应排除电压互感器二次侧空气断路器跳闸或熔丝熔断、表计指示失灵等情况，为防止各电源突然来电引起非同期并列，值班员应按规定在失电母线上各保留一路主电源线的情况下，迅速拉开该母线上其他所有断路器，等候来电，并与有关调度保持联系。

若经检查发现母线失电系本站断路器拒跳或保护拒动所致时，则应在15min内自行将失电母线上的拒动断路器与所有电源线断路器拉开，并报告值班调度员，然后利用主变压器或母联断路器对失电母线充电。

母线恢复来电后，按调度指令逐路送出，或在确认线路有电的情况下自行通过同期装置合环或并列。

第七节　电压互感器运行维护及异常故障处理

一、电压互感器的巡视检查

电压互感器在运行中，值班人员应进行定期巡视检查。

（1）绝缘子应清洁、完整，无损坏及裂纹，无放电痕迹及电晕声响。

（2）电压互感器油位应正常，油色透明不发黑，且无严重渗、漏油现象。

（3）呼吸器内部吸潮剂不应潮解，如硅胶由原来的天蓝色变为粉红色，则说明硅胶已受潮，需进行更换。

（4）运行中，内部声响应正常，无放电声及剧烈振动声。当外部线路接地时，更应注意供给监视电源的电压互感器声响是否正常，有无焦臭味。

（5）高压侧导线接头不应过热，低压电路的电缆及导线不应腐蚀及损伤，高、低压侧熔断器及限流电阻应完好，低压电路应无短路现象。

(6) 电压表三相指示应正确，电压互感器不应过负荷。

(7) 电压互感器外壳应清洁、无裂纹、无渗漏油现象，二次绕组接地线应牢固良好。

二、电压互感器安装大修后的验收项目

(1) 检查外观油漆、相色标志、封堵应完好、清洁，瓷件无缺损。

(2) 检查顶盖、底座螺栓连接应紧固。

(3) 检查电容式电压互感器的端子接地应良好。

(4) 检查电容式电压互感器电容编号应与铭牌相符，上、下节安装应符合厂方要求。

(5) 检查整体密封性应完好不渗漏。

(6) 检查设备安装，高压侧应朝向母线，串并联应符合要求，运输的保护件应拆除。

(7) 检查设备高压引线连接应紧固，净距应符合要求。

(8) 交接电气试验、油化、SF_6 气体试验，各项数据应符合新产品要求。

(9) 检查 SF_6 气体压力应符合厂方要求。

(10) 检查油标指示应与环境温度相符。

(11) 检查接地引下线，异地两点接地。

(12) 检查出厂、交接资料应完整。

三、35kV 及以下电压互感器的异常故障处理

1. 电压互感器的故障

有下列情况之一时，应立即停用：

(1) 高压熔断器熔丝连续熔断 2～3 次（指 10～35kV 电压互感器）。

(2) 互感器温度过高。

(3) 互感器内部有噼啪声或其他噪声。

(4) 在互感器内或引出口处有漏油或流胶的现象。

(5) 互感器内发出臭味或冒烟。

(6) 引线与外壳之间有火花放电现象。

2. 10kV 或 35kV 母线电压互感器二次侧熔丝熔断

(1) 异常故障现象：

1) 熔断相的相电压及线电压严重下降，有功功率表、无功功率表指示降低，电能表走慢。

2) 接有故障录波器装置，可能会引起录波器低电压启动动作。

3) 会引起主变压器 35kV 电压回路和装有电容器的“电压回路断线”光字牌示警。

(2) 异常故障处理：

1) 汇报调度。

2) 停用该母线上的可能误动跳闸的出口连接线（如低周、低电压保护等）。

3) 停用接在该母线的故障录波器。

4) 检查在 35kV 电压互感器二次回路上有无工作人员误碰或有短路情况。

5) 更换熔丝试送，若不成功，应汇报工段（区）处理。

3. 10kV 或 35kV 母线电压互感器高压熔丝熔断

(1) 异常故障现象：

1) 熔断相的相电压降低或近于零，完好相电压不变或稍有降低，线电压可能降低，有

功功率表、无功功率表指示降低，电表走慢。

2）接有故障录波器可能会引起录波器低电压启动动作。

3）主变压器 35kV 电压回路断线、电容器的电压回路断线、35kV 母线接地及掉牌未复归光字牌示警。

（2）异常故障处理：

1）汇报调度。

2）停用该母线上的可能会误动跳闸的出口连接线（如低电压保护等）。

3）停用该母线上的故障录波器。

4）拉开电压互感器隔离开关，取下低压熔丝做好安全措施后，检查外部应无故障，更换相同规格的高压熔丝，若送电时发生连续熔断，可能互感器内部有故障，应将该电压互感器停用，并汇报调度及工段（区）查明原因。

4. 10kV 或 35kV 线路电压互感器高压或二次侧低压熔丝熔断

（1）异常故障现象：线路无电压鉴定，重合闸电压指示灯熄灭。

（2）异常故障处理：

1）检查或更换二次侧低压熔丝后进行试送。

2）停用线路和电压互感器，更换相同规格的高压熔丝，并注意与带电部分的安全距离。

3）若试送不成，可根据调度命令将无电压鉴定连接线投入（即回路切出），或将线路重合闸退出。

四、110kV 及以上电压互感器的异常故障处理

1. 110kV 母线电压互感器电压回路二次侧断路器脱扣

（1）异常故障现象：

1）母线电压表、有功功率表、无功功率表降为零。

2）主变压器 110kV“电压回路断线”，110kV 母线“电压回路断线”，所属线路直流消失及距离保护“振荡闭锁动作，光字牌示警。

3）故障录波器可能动作。

（2）异常故障处理：

1）汇报调度。

2）停用该母线上的线路距离保护连接线（晶体管保护）。

3）停用故障录波器。

4）试送电压互感器二次侧断路器，若不成功，应及时汇报工段（区）处理。

5）不准将 110kV 正、副母线电压互感器在二次侧并列运行，以防引起事故扩大。

2. 220kV 母线电压互感器的电压回路二次侧断路器脱扣处理

（1）异常故障现象：

1）母线电压表、有功功率表、无功功率表降为零。

2）主变压器 220kV“电压回路断线”，220kV 母线差动交流“电压回路断线”，整流型保护（距离）的线路中直流消失及振荡闭锁，有关线路保护装置、微机保护装置故障光字牌动作示警。

3）故障录波器可能动作。

（2）异常故障处理：

1）汇报调度。

2）停用该母线上线路距离保护（相间及接地）高频闭锁保护的出口连接线。

3）停用故障录波器。

4）试送二次侧断路器，若不成功，应汇报工段（区）处理。

5）不准以 220kV 母线电压互感器二次侧断路器及电压互感器二次并列断路器，将正、副母线电压互感器二次回路并列，防止引起事故扩大。

6）220kV 正、副母线电压互感器的二次侧并列，断路器正常运行应断开，如在双母线接线时，仅当 220kV 热倒母线，即把母联断路器合上并改为非自动后（即拉开控制直流电源），为防止电压切换中间继电器承受过大的电压互感器不平衡负荷，把电压互感器二次侧并列断路器投入，待倒母线结束，将母联断路器改为自动之前，先停用该并列断路器。

7）220kV、110kV 母线电压互感器切换装置直流熔断时，有关线路综合重合闸装置的交流电压消失直流消失，振荡锁动作或有关线路接地距离保护装置故障，及交流电压消失光字牌示警，此时接地距离及零序保护被闭锁，应立即汇报调度，将距离保护停用后，更换直流熔丝。

8）220kV 电压互感器有两只快速空气断路器，如果其中一只空气断路器出现断相或跳去，只能是反应在电能表上转慢或停转，故在当时要发现比较困难，待要在结算电量时或在抄表时才能发现。因此，值班人员须在结算当天电量时尽量及时发现。

9）若发生以下情况之一时，首先停用接地距离及零序保护，并设法处理，待正常后投入保护：①隔离开关辅助触点接触不良（电压）；②母线电压互感器、二次侧断路器或本线电压小开关脱扣。

如果电压互感器二次断线发生在整流型距离保护上，此时总闭锁动作及直流电压消失，光字牌示警，应停用相间接地距离保护及高频闭锁保护，并及时汇报调度的工段（区），由继保班派员检查处理。

五、电压互感器二次侧电压回路短路

1. 事故原因及现象

电压互感器由于二次侧电路导线受潮、腐蚀及损伤而发生一相接地，便可能发展成二相接地短路。另外，电压互感器内部存在着金属性短路，也会造成电压互感器低压电路短路。在低压电路短路后，其阻抗减少，仅为二次绕组的电阻，所以通过低压电路的电流增大，导致二次侧熔断器熔断，影响表计指示，引起保护误动作。此时，如低压熔断器容量选择不当，还极易烧坏电压互感器二次绕组。

当电压互感器低压侧电路短路时，在一般情况下高压侧熔断器不会熔断，但此时电压互感器内部有异声，将低压熔断器取下后亦不停止，其他现象则与断线情况相同。

2. 事故处理

当发生上述故障时，值班人员应进行如下处理：

(1) 对双母线系统中的任一故障电压互感器，可利用母联断路器切断故障电压互感器，将其停用。

(2) 对其他电路中的电压互感器，当发生低压电路短路时，如果高压熔断器未熔断，则可拉开其出口隔离开关，将故障电压互感器停用，但要考虑在拉开隔离开关时所产生弧光的危害性。

六、电磁式电压互感器的铁磁谐振

电压互感器发生铁磁谐振的间接危害是当电压互感器一次熔断器熔断后将造成部分继电保护和自动装置的误动作，从而扩大事故。

当发现电压互感器铁磁谐振时，一般应区别情况进行下列处理：

（1）当只带有电压互感器的空载母线产生电压互感器基波谐振时，应立即投入一个备用设备，改变电网参数，消除谐振。

（2）当发生单相接地产生电压互感器分频谐振时，应立即投入一个单相负荷。由于分频谐振具有零序分量性质，故此时投三相对称负荷不起作用。

（3）谐振造成电压互感器一次熔断器熔断，谐振可自行消除。但可能带来继电保护和自动装置的误动作，此时应迅速处理误动作的后果，如检查备用电源开关的联投情况，如没有联投应立即手动投入，然后迅速更换一次熔断器，恢复电压互感器的正常运行。

（4）发生谐振但尚未造成一次熔断器熔断时，应立即停用有关失压容易误动的继电保护和自动装置。母线有备用电源时，应切换到备用电源，以改变系统参数消除谐振；如果用备用电源后谐振仍不消除，应拉开备用电源开关，将母线停电或等电压互感器一次熔断器熔断后谐振便会消除。

（5）由于谐振时电压互感器一次绕组电流很大，应禁止用拉开电压互感器或直接取下一次侧熔断器的方法来消除谐振。

单相接地故障与电压互感器高、低压侧熔断器一相熔断及铁磁谐振现象的比较见表3-9。

表 3-9　单相接地故障与电压互感器高、低压侧熔断器一相熔断及铁磁谐振现象的比较

事故分类	相对地电压	信　号	小电流接地装置
单相接地	接地相电压降低，其他两相电压升高；金属性接地时，接地相电压为0，其他两相升高为线电压	接地报警	对应母线接地指示灯亮
电压互感器高压保险熔断	熔断相降低，其他两相不变	接地报警，电压回路断线	对应母线接地指示灯亮
电压互感器低压保险熔断	熔断相降低，其他两相不变	电压回路断线	
谐振	三相电压无规律变化，如一相降低、两相升高或两相降低、一相升高或三相同时升高	接地报警	对应母线接地指示灯亮

七、电压互感器异常故障处理注意事项

（1）在电压互感器出现异常的情况下，不得用近控操作方式拉开电压互感器高压隔离开关而将电压互感器切除，不得将异常电压互感器的二次侧与正常电压互感器二次侧并列。禁止将该电压互感器所在母线保护停用或将母差保护改为非固定连接方式（或单母方式）。

（2）电压互感器出现异常并有可能发展为故障时，值班人员应主动提请调度将该电压互感器所在母线上的设备倒至另一条母线上运行，然后用隔离开关以远控操作方式将异常电压互感器隔离。

(3) 发现电压互感器电磁振动明显增强或有异常声响，并伴有电压大幅度升高或波动时，应考虑发生谐振的可能。

(4) 运行中的母线电压互感器原则上不准停用，母线电压互感器停用时，应将有关保护停用。

(5) 母线电压互感器二次并列断路器应经常断开，原则在母线联络后接通，以提供母线电压。

(6) 电压互感器停电操作应包括高压侧隔离开关、二次侧断路器或熔丝及计量专用熔丝，防止由二次侧反充电造成保护误动。停电步骤应先二次后一次，送电时反之。电压互感器二次熔丝熔断或自动开关跳闸后，应立即恢复，若再次熔断或跳闸，此时不允许以二次电压并列断路器并列，应汇报调度申请停用故障电压互感器及相关保护，报检修部门派人检查。

第八节　电流互感器运行维护及异常故障处理

一、电流互感器的巡视检查

电流互感器在运行中，值班人员应进行定期检查，以保证安全运行。其检查项目如下：

(1) 电流互感器的接头应无过热现象。

(2) 应无异声及焦臭味。

(3) 电流互感器瓷质部分应清洁完整，无破裂和放电现象。

(4) 电流互感器的油位应正常，无渗、漏油现象。

(5) 定期校验电流互感器的绝缘情况，对充油的电流互感器要定期放油，试验油质情况。因为绝缘油受潮气侵入后，绝缘要降低，会引起发热膨胀，造成电流互感器爆炸起火。

(6) 有放水装置的电流互感器，应进行定期放水，以免雨水积聚在电流互感器上，增加潮气侵入的可能性。

(7) 电流表的三相指示值应在允许范围内，不允许过负荷运行。

(8) 电流互感器一、二次绕组接线应牢固，二次绕组应经常接上仪表，防止二次开路。

(9) 检查户内浸膏式电流互感器应无流管现象。因运行年久后，绝缘膏会受潮而老化，如散热条件不好，在过负荷运行时会发热，引起绝缘膏温度升高，使其溶化而流膏。液体膏滴在断路器的瓷套管上，会造成套管闪络故障。

(10) 检查呼吸器内部吸潮剂的吸潮程度，如硅胶受潮，则需进行更换。

(11) 对环氧式电流互感器，要定期进行局部放电试验，以检查绝缘水平，防止爆炸起火。

(12) 对 SF_6 电流互感器，要检查压力正常。

二、电流互感器安装检修后验收项目

(1) 互感器外形清洁，本体和瓷套完整无损，无锈蚀。

(2) 引线、触点和金具完整，连接牢固。

(3) 油位指示正常，无渗漏油。

(4) 端子箱内端子连接正确、牢固，端子箱内无异常现象。

(5) 电流互感器末屏和“E”端子必须接地。

(6) 新安装的和更换的互感器，应检查极性和变比是否符合铭牌及设计。

（7）试验项目齐全、合格，记录完整，结论明确。

（8）保护间隙的距离符合规定。

（9）油漆完整，相色正确。

（10）验收时应移交：变更设计的证明文件；制造厂提供的产品说明书、试验记录、合格证件及安装图纸等技术文件；安装技术记录、器身检查记录、干燥记录；试验报告。

三、电流互感器异常故障处理

1. 电流互感器异常故障的原因

（1）电流互感器过热。可能原因是：负荷过大、主导流体接触不良、内部故障、二次回路开路等。

（2）电流互感器内部有臭味、冒烟。可能原因是：内部严重发热，绝缘被烧坏。

（3）电流互感器内部有放电声。可能原因是：引线与外壳之间有火花放电现象，内部短路、接地、夹紧螺栓松动，内部绝缘损坏。

（4）电流互感器内部声音异常。可能原因是：铁芯松动，发出不随一次负荷变化的嗡嗡声；饱和及磁通的非正弦，使用硅钢片振荡发出较大的声音。

（5）充油式电流互感器严重漏油。可能原因是：电流互感器内部故障过热，引起严重漏油。

（6）外绝缘破裂放电。可能原因是：外力破坏或污闪放电。

2. 电流互感器异常故障的处理

电流互感器发生下列情况之一时，应立即停用：

（1）电流互感器内部发出异常响声、过热，并有冒烟及焦味。

（2）电流互感器严重漏油，瓷质损坏或有放电现象。

（3）电流互感器喷油燃烧或流胶。

（4）电流互感器金属膨胀器的伸张明显超过环境温度时的规定值。

3. 电流互感器二次回路开路的处理

电流互感器二次回路开路时，对于不同的回路分别产生下列现象：

（1）由负序、零序电流启动的继电保护和自动装置频繁动作，但不一定出口跳闸（还有其他条件闭锁），有些继电保护则可能自动闭锁（具有二次回路断线闭锁功能）。

（2）有功功率表、无功功率表指示不正常，电流表三相指示不一致，电能表计量不正常。

（3）电流互感器存在有嗡嗡的异常响声。

（4）开路故障点有火花放电声、冒烟和烧焦等现象，故障点出现异常的高电压。

（5）电流互感器有严重发热，并伴有异味、变色、冒烟现象。

（6）继电保护发生误动或拒动。

（7）仪表、电能表、继电保护等冒烟烧坏。

造成电流互感器二次回路开路的原因主要有：

（1）靠近振动的地方，如二次侧导线端子排上的螺栓因受振动而松动脱落。

（2）交流电流回路中的试验接线端子，由于结构和质量上的缺陷，在运行中发生螺杆与铜板螺孔接触不良。

（3）电流回路中的试验端子连接片，由于连接片胶木头过长，旋转端子金属片未压在连接片的金属片上，而误压在胶木套上。

(4) 修试工作中失误，如忘记将继电器内部接头接好。

(5) 二次线端子接头压接不紧，回路中电流很大，发热烧断或氧化过热。

(6) 用于切换可读三相电流值电流表的切换开关接触不良。

(7) 靠近传动部分的电流互感器二次侧导线，有受机械摩擦的可能，使二次侧导线磨断。

(8) 室外端子箱、接线盒受潮，端子螺栓和垫片锈蚀过重。

电流互感器二次回路开路的处理方法有：

(1) 分清故障属哪一组电流回路、开路的相别，对保护有无影响，汇报调度，解除可能误动的保护。

(2) 尽量减小一次负荷电流，若电流互感器严重损伤，应转移负荷，做停电检查处理。

(3) 尽快设法在就近的试验端子上，将电流互感器二次短路，再检查处理开路点。短接时，应使用良好的短接线，并按图纸进行。

(4) 若短接时发现火花，说明短接有效，故障点就在短接点以下的回路中，可以进一步查找。

(5) 若短接时无火花，可能是短接无效，故障点可能在短接点以下的回路中，可以逐点向前变换短接点，缩小范围。

(6) 在故障范围内，应检查容易发生故障的端子及元件，检查回路因工作时触动过的部位。

(7) 对检查出的故障，能自行处理的，如接线端子等外部元件松动、接触不良等，可立即处理，然后投入所退出的保护。

(8) 若不能自行处理故障（如继电器内部故障）或不能自行查明故障，应汇报上级派人检查处理，或经倒运行方式转移负荷，停电检查处理。

4. 电流互感器二次回路开路处理注意事项

在电流互感器二次回路开路时，要防止危及人身、设备的安全。在处理电流互感器二次回路开路时，值班人员应穿绝缘靴，戴好绝缘手套、绝缘工具，在电盘上将该电流互感器二次回路的近开路端前一级的试验端子短路处理。若采取上述措施无效，则认为该电流互感器内部可能故障，此时应将其停止使用，并应停用有关保护装置。因为电流互感器二次绕组或发生回路开路时，能使电流表、功率表等指示为零或减少，同时也可能使继电保护装置误动作或拒动。因此，如运行人员发现这种故障以后，应保持负荷不变，停用可能误动的保护装置，并通知检修人员迅速消除。

5. 户外 SF_6 电流互感器异常故障处理

(1) SF_6 压力指示在报警区域，应立即汇报调度，并做相应处理。

(2) SF_6 压力指示在危险区域，应立即将电流互感器停用。

第九节　电容器运行维护及异常故障处理

一、电容器的运行维护

1. 电容器的一般运行规定

(1) 电容器应在额定电流下运行，最高不应超过额定电流的 1.3 倍。

（2）电容器应在额定电压下运行，一般不超过额定值的1.05倍，但允许在额定电压的1.1倍以下运行4h。如电容器使用电压超过母线额定电压的1.1倍时，应将电容器停用。

（3）正常运行时，电容器周围环境温度不应超过40℃，电容器外壳温度不得超过55℃。

（4）电容器在运行时，三相不平衡电流不宜超过额定电流的5％。

（5）系统发生单相接地时，不准带电检查该系统上的电容器。

（6）当电容器的断路器投切次数达到200次时，运行人员应填报缺陷，及时通知检修部门检查试验。

2. 电容器的正常巡视

（1）进入电容器室前，应先听室内无严重异声后方可进入。

（2）套管、外壳应无渗漏油，套管及支持绝缘子应完好，无破损裂纹及放电痕迹。

（3）电容器内部无放电声，外壳无变形及鼓肚现象。

（4）桩头无发热现象，外壳示温蜡片无熔化脱落。

（5）电容器的编号熔丝应完好。

3. 电容器运行维护注意事项

（1）电容器的一切设备属市调管辖，电容器的投入和切除应按调度下达的电压曲线，按逆调压原则由监控值班员自行掌握操作。

（2）新投入的电容器应在额定电压下充击合闸3次。

（3）正常情况下全站停电操作时，应先断开电容器断路器，后断开各路出线断路器。恢复送电时，应先合各路出线断路器，后合电容器组的断路器。这是因为变电站母线无负荷时，母线电压可能较高，有可能超过电容器的允许电压，对电容器的绝缘不利。另外，电容器组可能与空载变压器产生铁磁谐振而使过流保护动作。因此，应尽量避免无负荷空投电容器这一情况。

（4）电容器断路器跳闸后不应抢送，保护熔丝熔断后，在未查明原因之前也不准更换熔丝送电。这是因为电容器断路器跳闸或熔丝熔断都可能是电容器故障引起的。只有经过检查确系外部原因造成的跳闸或熔丝熔断后，才能再次合闸试送。

（5）电容器禁止带电荷合闸。电容器切除3min后才能进行再次合闸。在交流电路中，如果电容器带有电荷时合闸，可能使电容器承受两倍左右的额定电压的峰值，甚至更高。这对电容器是有害的，同时也会造成很大的冲击电流，使断路器跳闸或熔丝熔断。因此，电容器组每次切除后必须随即进行放电，待电荷消失后方可再次合闸。一般来说，只要电容器组的放电电阻选得合适，那么，1min左右即可达到再次合闸的要求。所以，电容器组每次重新合闸，必须于电容器组断开3min后进行。

（6）电容器长期运行电压不应大于其额定电压的5％，最高运行电压不得超过其额定电压的10％。

（7）电容器在运行中三相电流基本平衡，各相电流差不应超过±5％，超过时应查明原因。

（8）电容器运行的环境温度不应超过40℃。

（9）电容器组的投入和切除应做好记录，并做好相应断路器的切、合操作次数的统计。

（10）电容器组进行检修时，在断电后，应经放电电压互感器10min。为了防止电容器组带电荷使检修人员触电而发生危险，在开始工作前还应将电容器三相每段接地放电，对熔丝熔断的电容器应进行单独放电。

二、电容器异常故障处理

1. 电容器异常故障处理的原则

(1) 电容器在运行中一旦出现报警、跳闸等情况，应查明原因，在未查明原因前，不得重新合上断路器。电容器组拉开后重新投入，时间间隔不得小于5min。

(2) 电容器遇有下列情况，应立即拉开电容器组的断路器，然后汇报调度及工区处理：

1) 电容器及放电电压互感器有严重的异声。

2) 电容器外壳变形。

3) 电容器套管或外壳破裂，引起严重漏油，并有闪络放电。

4) 电容器上示温蜡片溶化。

5) 各连接桩头发热。

6) 三相差压不平衡超过规定值（±5%）。

7) 电容器外壳温度超过55℃，或室温超过40℃。

8) 电容器严重喷油或起火。

9) 10kV、35kV系统发生单相接地时，应立即拉开该母线上的电容器断路器，待系统接地消失，母线电压恢复正常后，再决定电容器投入与否。

2. 电容器异常故障处理的方法

(1) 电容器渗漏油。

1) 电容器渗漏油的原因：电容器是全密封装置，密封不严、安装或检修时造成法兰或焊接处损伤、运行中外壳锈蚀等都可能引起渗漏油。渗漏油会使浸渍剂减少，空气、水分和杂质都可能侵入油箱内部，电容器元件易受潮，从而导致局部击穿。因此，电容器是不允许渗漏油的。

2) 电容器渗漏油的处理：应减轻负荷或降低周围环境温度，但不宜长期的运行。若运行时间过长，如外界空气和潮气渗入电容器内部使绝缘降低，将使电容器绝缘击穿。值班人员发现电容器严重漏油时，应汇报工段（区），停用、检查处理。

(2) 电容器外壳膨胀。

1) 电容器外壳膨胀的原因：电容器运行电压过高；断路器重燃引起操作过电压；电容器本身质量低；周围环境温度超过40℃时长期运行。造成电容器局部放电，使电容器绝缘油产生大量气体，造成电容器外壳膨胀。

2) 电容器外壳膨胀的处理：

a. 更换故障电容器，应选用质量合格的产品。

b. 运行电压过高时，可适当调节主变压器分接开关位置。

c. 防止操作过电压。

d. 在夏季周围环境温度超过40℃，或重负荷运行时，应采用强力通风，以降低电容器温度。

e. 电容器发生群体变形时，应立即停用检查。

(3) 电容器温度升高。

1) 电容器温度升高的原因：电容器长期过电压、过负荷运行；电容器内部元件故障，介质老化介质损耗增大；电容器室设计、安装不合理，造成通风冷却条件差。

2）电容器温度升高的处理：运行中应严格监视和控制电容器室的环境温度，如果采用措施后，电容器室仍超过允许温度，应立即将电容器停止运行。

（4）电容器绝缘表面闪络放电。

1）电容器绝缘表面闪络放电的原因：

电容器绝缘有缺损；电容器绝缘表面脏污；环境污染；雨、雪、潮湿等恶劣天气；过电压运行。

上述原因都将产生电容器表面闪络放电，引起损坏电容器，或使断路器跳闸。

2）电容器绝缘子表面闪络放电的处理：

a. 运行中应定期清扫。

b. 对污秽地区应采取环境防护措施。

（5）电容器声音异响。

电容器在正常运行情况下应无任何声响，因为电容器是一种静止电器又无励磁，不应该有声音。运行中的电容器，如其内部放电故障，便会发出“嗞嗞”声或“咕咕”声。

电容器声音异响的处理：应立即将电容器停止运行，并查找故障电容器。

（6）电容器爆破。

1）电容器爆破的原因：在没有装设内部元件保护的高压电容器组中，当电容器发生极间或极对外壳击穿时，与之并联的电容器组将对之放电，当放电能量散不出去时，电容器可能爆破，爆炸后可能会引起其他设备故障甚至发生火灾。

2）电容器爆破的处理：

a. 安装电容器内部元件保护装置，防止电容器发生爆破事故。

b. 电容器正常运行中，应加强对其的巡视检查，一旦发现有异常故障，应立即停电处理，防止发生电容器爆破事故。

c. 电容器发生爆炸着火时，应立即拉开电容器断路器，用沙或3211等灭火器材进行灭火，同时立即汇报调度和工区。

（7）电容器着火。

1）电容器着火原因：运行中的电容器，一旦发生严重放电、短路、爆破等事故时，往往会引起电容器着火。

2）电容器着火处理：

a. 电容器着火，应断开电容器电源，并在离着火电容器较远的一端（如电力电缆配电装置端）放电，经接地后用四氯化碳、3211、干粉灭火剂等灭火。

b. 运行中的电容器引线如果发热至烧红，则必须立即退出运行，以免事故扩大。

3. 电容器异常故障处理时的注意事项

（1）停电。必须先拉开电容器断路器及隔离开关或取下熔断器。

（2）放电。尽管电容器组已内部自行放电，但仍有残余电荷存在，必须人工放电，放电时一定要先将地线接地端接好，而后多次放电，直至无火花和声音为止。

（3）操作时必须带防护器具（如绝缘手套），应用短路线将两极间连接放电（因为仍可能有极间残余电荷存在）。

第十节　电抗器运行维护及异常故障处理

一、电抗器的巡视检查

1. 电抗器的正常巡视检查

(1) 检查电抗器周围是否清洁无杂物，有无磁性物体。

(2) 在正常运行中，检查电抗器的工作电流是否超过其额定电流。

(3) 检查电抗器室内空气是否流通，通风设备是否完好。电抗器运行中环境温度不应超过35℃，检查温度计指示是否正常。

(4) 检查电抗器外壳绝缘是否良好，有无裂纹、放电、冒烟等现象。

(5) 检查电抗器声音是否正常，有无异常的振动及放电声，必要时测量其噪声不应大于80dB。

(6) 检查电抗器各接头是否接触良好，有无过热现象，夜间检查接头是否发红。

2. 电抗器的特殊巡视检查

(1) 电容器组断路器每次操作或跳闸后应检查电抗器。

(2) 发生短路故障后要进行特殊巡视检查：检查电抗器是否有位移，支持绝缘子是否松动扭伤，引线有无弯曲，水泥支柱有无破碎，有无放电声及焦臭味等。

(3) 电容器组保护信号动作后，应检查电抗器是否有异常现象。

(4) 过电压运行时，要特别注意电流的变化情况、温度和接头的过热情况以及异常声音等。

(5) 电抗器有缺陷时，应加强巡视检查，并及时处理。

(6) 天气异常时和雷雨后，应对电抗器进行巡视检查。

二、电抗器安装大修后的验收项目

(1) 阀门的检查。除排放油、进油、取样、采气等阀门应关闭外，其他阀门均应在打开状态。

(2) 各部位无漏油现象。

(3) 本体及套管油位均在正常位置，油位计指示正确，高压套管油位视察孔的下部孔中红色浮球应处于上面，上孔中的红色浮球应处于下面。

(4) 气体继电器触点动作正常，试验旋阀应打开。

(5) 保护、发信回路动作正常，测量回路正确。

(6) 温度计的毛细管部应弯曲或变形，温度指示正确，触点动作正常，远方测量装置良好。

(7) 上层油温计微动开关动作油温整定、绕组温度整定应符合现场规程整定值要求。

(8) 呼吸器内的硅胶未受潮，油封杯应注有适量的变压器油。

(9) 端子箱密封良好。

(10) 套管的试验端子已接地。

(11) 铁芯、夹件、油箱以外引线已接地。

(12) 电抗器中性点已接地。

(13) 不用的套管电流互感器应短路接地。

（14）引线接头连接良好。

（15）一次接地已拆除。

（16）新装或经大修、事故检修、过滤油和换油后，所有上部阀头均应放气。

（17）修、试、校项目齐全、合格，记录完整，记录清楚。

（18）顶盖及其他部件上无遗留杂物。

（19）缺陷处理后，应根据缺陷管理规定进行验收和消除缺陷。

三、电抗器异常故障处理

（1）发现电抗器有局部过热现象，则应减少电抗器的负荷，并加强通风，必要时可采取临时措施，如加装风扇吹风冷却。若无法消除严重过热，应立即报调度及有关领导，在调度未发令将电抗器停电前，应加强对高压电抗器的巡视。

（2）电抗器发生异常故障时，值班人员应立即到现场对设备进行检查，详细记录当时电抗器的温度、电抗器内部异常声音、爆裂声或严重放电声等，综合分析判断故障性质，将检查结果汇报调度及有关领导，要求将高压电抗器退出运行。

（3）详细记录异常发生时间、光字牌信号位置、继电器掉牌情况以及电流、电压、远方绕组温度计显示值等，初步判断故障性质，在未做好记录和未得到值班长许可前，不得复归各种信号。

（4）如电抗器保护动作，应查明保护装置是否正常，检查电抗器绕组是否烧坏等现象，电抗器断路器跳闸后若未查明原因，禁止送电，应报告工段（区）由检修人员处理合格后，才可投入运行。

（5）电抗器故障后，运行人员应立即隔离故障点，使母线恢复正常运行，并加强监视，注意安全。由于接在母线上的各断路器额定切断容量不够，在短路故障时，可能使断路器爆炸，造成母线停电事故。

第十一节　消弧线圈运行维护及异常故障处理

一、消弧线圈接线原理技术参数及外形结构

1. 电气主接线

电力系统一旦发生单相接地故障，消弧线圈可以减少接地残流、限止弧光接地过电压，提高电网供电可靠性。

变电站主变压器，10kV 侧线圈为△形接线时，消弧线圈经接地变压器中性点接地，电气主接线如图 3-5（a）所示。主变压器 35kV 侧绕组为 Y 形接线时，消弧线圈由主变压器绕组中性点接入后接地，电气主接线如图 3-5（b）所示。

2. 外形结构

消弧线圈电气设备外形结构及安装尺寸如图 3-6 所示。

二、消弧线圈的运行维护

1. 消弧线圈运行维护的原则

（1）消弧线圈装置的运行应由专人负责，其他人员请勿进行设定参数、按动开关的操作。操作人员应熟知控制器操作方法，每次操作应有记录。

（2）各参数经研究设定后应作记录，记录设定时间、设定值等，以便将来检查。设定了

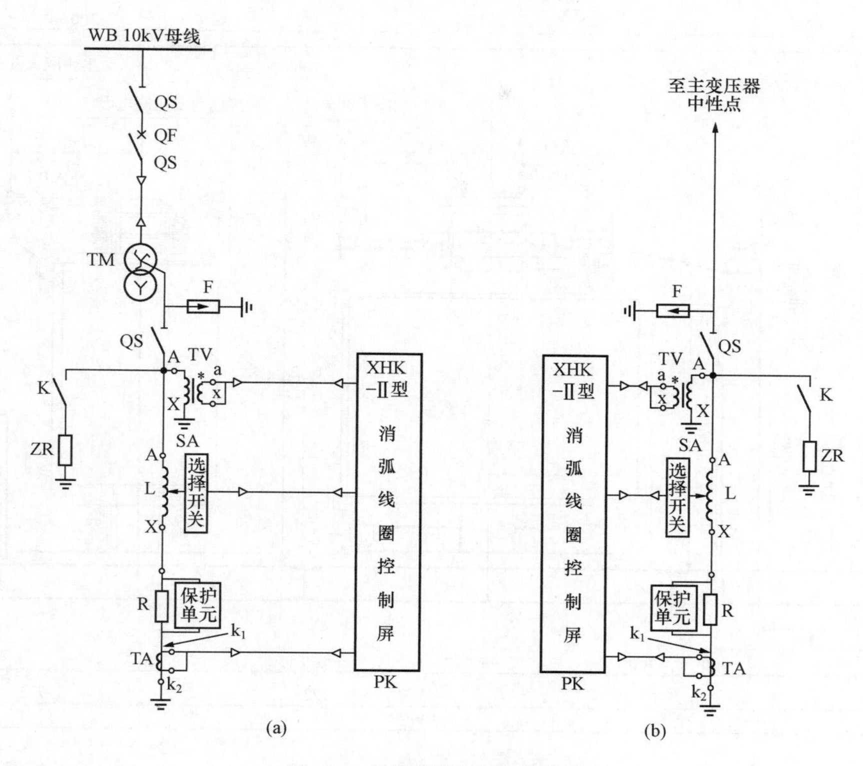

图 3-5 消弧线圈电气主接线

(a) 经接地变压器中性点接地；(b) 经主变压器中性点接地

WB—母线；QS—隔离开关；QF—断路器；TM—接地变压器；TV—电压互感器；L—消弧线圈；SA—选择开关；ZR—并联电阻；R—阻尼电阻；TA—零序电流互感器；PK—消弧线圈控制屏

的参数若非需要，请勿频繁变动。

（3）消弧线圈装置计算好系统电容电流后，调节消弧线圈到合适的挡位，接地发生后立刻进行补偿，并且在接地消失前闭锁当前位置。

（4）当发生单相接地时，显示屏显示接地信息，同时阻尼电阻被退出，直至故障解除。当本站发生单相接地时，控制器自动闭锁消弧线圈调节。

（5）对整套装置应定期进行检查。

（6）消弧线圈、接地变压器等一次设备应按有关规程进行定期设备检修。

（7）在正常情况下，消弧线圈自动调谐装置必须投入运行。

（8）正常情况下消弧线圈自动调谐装置应投入自动运行状态。

（9）消弧线圈和其他电气设备一样，由调度实行统一管理，操作前必须有当值调度员的命令才能进行操作。

2. 消弧线圈装置的定期检查

（1）检查显示参数，对比设定参数记录，看是否有变化。

（2）若消弧线圈在最大补偿电流挡位运行仍不能满足补偿要求，说明消弧线圈容量不足。

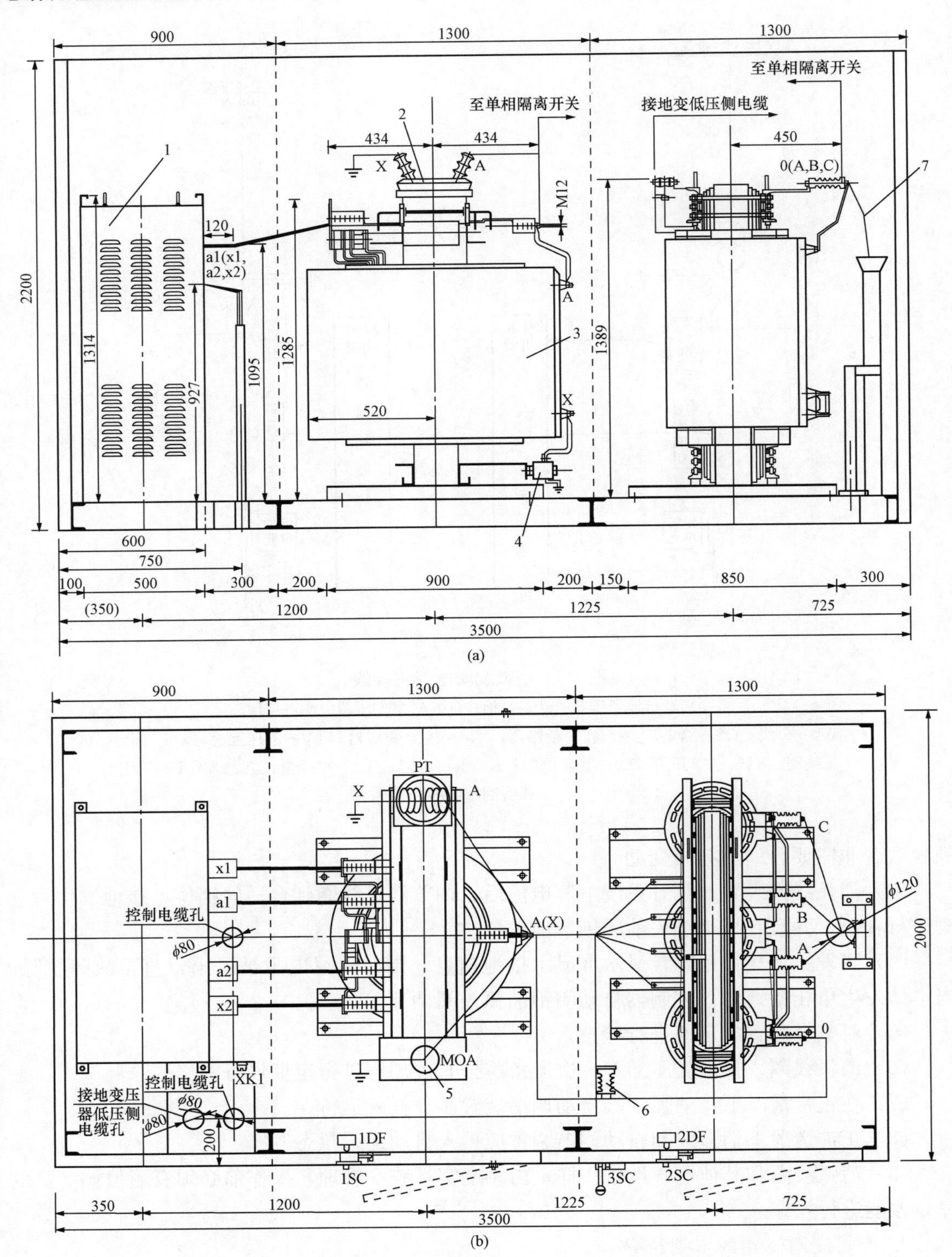

图 3-6　消弧系统电气设备外形结构及安装尺寸（单位：mm）

(a) 正视图；(b) 俯视图

1—控制箱；2—电压互感器；3—消弧线圈；4—电流互感器；5—单极隔离开关；6—消弧线圈；7—接地变压器 10kV 进线电缆

（3）检查中性点位移电压是否超过15%相电压，挡位输入是否正常。

（4）检查阻尼电阻、消弧线圈、接地变压器有无异常情况。

（5）动作检查，人为调节一挡分接头，检验有载开关动作是否正常，自动调节是否正常。

3. 控制器在运行中的监视与记录

控制器在运行中应监视并记录下列内容：

（1）脱谐度：显示值应在脱谐度设定范围之内。

（2）电容电流：能够准确显示。

（3）残流：等于消弧线圈当前挡位下补偿电流与电容电流之差。

（4）中性点电流：通常小于5A。

（5）中性点电压：小于15%相电压。

（6）有载开关挡位：能够正确显示。

（7）有载开关动作次数：显示有载开关动作累加值。

（8）控制器电源指示灯：正常时红色指示灯亮。

（9）打印机在线指示灯：正常时打印机上一个绿色指示灯亮。

（10）PK屏电源指示灯：正常时“电源Ⅰ”或“电源Ⅱ”指示灯亮。

4. 接地变压器和消弧线圈在运行中的监视与记录

干式接地变压器在运行中应监视并记录下列内容：

（1）温升。

（2）绕组表面污染情况。

（3）有无放电、发黑痕迹。

（4）运行时有无异常噪声。

（5）产品结构件有无位移。

（6）产品安装环境是否符合一定的通风条件。

（7）产品运行时是否超出铭牌规定的运行情况。

油浸式接地变压器在运行中应监视并记录下列内容：

（1）运行有无杂音。

（2）油位是否正常，油色是否透明不发黑。

（3）有无渗油和漏油现象。

（4）套管是否清洁，有无破损和裂纹。

（5）引线接触是否牢固，接地装置是否完好。

（6）吸湿剂是否受潮。

（7）上层油温是否正常。

（8）表计指示是否准确。

运行人员应每半年进行一次消弧线圈运行工况分析，分析内容包括：系统接地的次数、起止的时间、故障的原因、控制器各参数的记录、成套装置运行是否正常等。分析报告向主管部门和生技处各抄送一份。

三、消弧线圈异常故障处理

（1）运行中的消弧线圈及接地变压器，温度达到极限值、有强烈而不均匀的噪声及放电声时，值班人员应立即汇报调度，申请停用消弧线圈。

（2）消弧线圈自动调谐装置自动失灵，应汇报调度，改手动调节，挡位操作按调度命令执行，并汇报工区，安排处理。

（3）发生单相接地时，值班员应立即对设备进行现场检查，同时检查消弧线圈自动调谐装置所显示信息及动作情况，并加以分析、判断，汇报调度。按调度命令试拉接地线路，并检查自动调谐装置的信息变化，及时汇报调度。

系统单相接地时有如下注意事项：

（1）系统发生单相接地时，禁止操作或手动调节该段母线上的消弧线圈。

（2）拉合消弧线圈与中性点之间单相隔离开关时，如有下列情况之一时禁止操作：

1）系统有单相接地现象，已听到消弧线圈的嗡嗡声。

2）中性点位移电压大于15%相电压。

（3）发生单相接地必须及时排除，接地时限一般不超过2h。

（4）发生单相接地时，应监视并记录下列数据：

1）接地变压器和消弧线圈运行情况。

2）阻尼电阻箱运行情况。

3）控制器显示参数：电容电流、残流、脱谐度、中性点电压和电流、有载开关挡位和有载开关动作次数等。

4）单相接地开始和结束时间。

5）单相接地线路及单相接地原因。

6）天气状况。

在电网中有操作或接地故障时，不应停用消弧线圈，消弧线圈允许带负荷运行时间应根据消弧线圈档位（见表3-10），否则须切除故障线路。

表3-10　　消弧线圈各分接档位的电流

开关位	电流（A）	运行间时（h）	开关位	电流（A）	运行间时（h）
1	15	长期	8	38.4	7
2	17.2	长期	9	43.9	5
3	19.6	8	10	50.2	3
4	22.4	8	11	57.4	2
5	25.7	8	12	65.6	2
6	29.3	8	13	75	2
7	33.5	8			

第十二节　站用电设备运行维护及异常故障处理

一、站用电设备的巡视检查及注意事项

1. 巡视检查

（1）站用变压器的运行巡视检查与主变压器相同，在正常巡视时应同时检查站用变压器。

（2）交流屏正常巡视应检查空气断路器储能指示红灯亮，合位红灯亮，分位绿灯亮。

2. 站用电运行中注意事项

(1) 变电站的站用电源禁止外接到与变电站无关的用电设备。

(2) 交流低压站用电采用单母线分段方式。正常情况下，两段母线分列运行。

(3) 正常运行时，1、2 号站用变压器严禁并联运行。

(4) 两台站用变压器倒换时，应先拉开运行站用变压器的空气断路器和隔离开关，而后先合上分段隔离开关后，再合上分段切换空气断路器。

(5) 交流屏上有一个试验按钮，其作用是进行交流、直流（事故照明）切换。

(6) 分段切换开关有“就地”“遥控”两个位置，切在“就地”位置可在就地操作，切在遥控位置可在后台机操作。

(7) 站用变压器检修时，为可靠地断开所有电源，除应拉开站用变压器一次侧隔离开关、二次侧交流接触器外，还需拉开站用电屏相应低压侧进线空气断路器，形成一个明显断开点，防止倒供电。

(8) 站用电源是变电站电气设备安全运行的重要电源。在停用站用变压器时，应考虑到继电保护、主变压器冷却器、操作、动力和合闸电源。站用变压器的停起用必须得到调度员的同意才能进行操作，检修人员在站用盘上的一切操作都必须得到变电站当值值班员的同意才能进行。

二、站用电设备的异常故障处理

1. 站用电设备异常故障处理的一般原则

(1) 站用变压器过负荷运行时应查找原因，设法转移负荷，必要时汇报工区及调度。

(2) 站用变压器发生喷油、冒烟、着火或内部有炸裂声等故障时，应立即转移负荷，隔离故障站用变压器，然后进行检查并汇报调度和工区。对严重故障的站用变压器，严禁用隔离开关进行隔离。

(3) 低压回路空气开关断开时，应查明原因。如为热脱扣动作跳闸，可待稍冷却后合上；如为过电流保护动作跳闸，应判明故障原因并设法消除后再进行试送，如不成功则改冷备用后汇报工区安排检修。

(4) 低压回路熔丝熔断后应检查原因，待消除故障后试送一次，如不成功则将相应设备改冷备用后汇报运行工区。

(5) 各支路空气开关跳开或熔丝熔断，允许强送一次，如不成功，则检查原因并设法消除故障后再送。更换熔丝不允许增大熔丝规格，更不允许用铜丝代替。对由两路供电的负荷在强送不成功时，可倒向另一段母线供电，但应先拉后合。

2. 站用变压器低压侧熔断器熔丝熔断的处理

(1) 先将重要负荷转移，倒至备用站用变压器供电。

(2) 拉开失压母线上全部其他部分分路，检查该段母线上有无异常。

(3) 若发现母线上有故障现象，应立即排除或隔离，更换熔丝后，恢复原运行方式。

(4) 若发现母线上无故障现象，更换熔丝，试送母线成功后，逐个分路检查无异常则试送（先送主干线，后送分支线）一次，以检查出故障点。对于经检查有异常现象的分路，不能再投入运行。

(5) 恢复原正常运行方式。

(6) 对于有故障的分路，应查明其熔丝未熔断的原因，更换容量合适的熔丝，使各级熔丝之间的配合关系正确。

3. 站用变压器高压侧熔断器熔丝熔断的处理

站用变压器低压侧母线上短路，低压熔丝未熔断，也会越级使高压熔丝熔断，此时处理方法如下：

(1) 拉开低压侧隔离开关（或断开低压侧断路器），检查低压侧母线无问题，再把负荷倒备用站用变压器带。

(2) 明确了高压熔丝熔断情况之后，应当对站用变压器做外部检查。检查高压熔丝、防雷间隙、电缆头、支柱瓷瓶、套管等处应无接地短路现象。

(3) 外部检查未发现异常时，可能是变压器内部故障，应仔细检查变压器有无冒烟或油外溢现象，检查温度是否正常等。

(4) 上述检查未发现明显异常，应在站用变压器上从套管处拆下高、低压电缆（包括低压侧中性点），分别测量高、低压侧电缆的对地和相间绝缘是否正常，测量站用变压器一、二次侧之间和一、二次侧对绕组间的绝缘情况。

(5) 若测量站用变绝缘有问题，不经内部检查处理并试验合格，不得投入运行，若测量电缆有问题，应查出故障点并排除或更换后投入运行。

(6) 测量站用变压器和高、低压电缆的绝缘均未发现问题，若无备用站用变压器时，更换高压熔丝后试送一次。若再次熔断，不经内部检查并试验合格后，不得投入运行。因为用绝缘电阻表并不能有效地查出变压器内部的某些故障，而内部绕组的匝间、层间短路都会使高压熔丝熔断。

4. 站用交流系统失电处理

交流系统失电的主要现象有：

(1) 正常照明全部或部分失却。

(2) 站用负荷，如变压器控制箱、冷却器电源、断路器液压油泵电源、隔离开关操作交流电源、加热器回路等分支电源跳闸。

(3) 直流硅整流装置跳闸，事故照明切换。

(4) 变电站电源进线跳闸造成全站失电，照明消失。

(5) 变压器冷却电源失去，风扇停转。

站用部分或全部失电的可能原因一般有：

(1) 变电站电源进线线路故障，或因系统故障电源线路对侧跳闸造成电源中断或本站设备故障，失去电源。

(2) 系统故障造成全站失电。

(3) 站用电回路故障导致站用电失电。

站用部分或全部失电时，应按如下处理：

(1) 站用交流部分失电，运行人员应先做好人身绝缘措施，用万用表、绝缘电阻表对失电设备进行检查，查找故障点。若是环路供电，应先检查工作电源跳闸后备用电源是否已正常切换，若未自动切换应手动切换，保证站用负荷正常供电。

(2) 进一步检查失电分支交流熔断器是否熔断，或自动空气开关是否跳开，可试送电一次，若送电正常，则可判断该分支无明显故障点；若送电不成功，则拉开分支两侧隔离开关，用绝缘电阻表测量分支绝缘，查明故障点，报上级部门检修、处理。

(3) 站用交流全部失去时，事故照明应自动切换，主控盘显示站用负荷失电信号，如"主变风冷全停""交流电源故障"等光字牌。运行人员应首先分清失压是由于本站电源进线失电导致的全站停电，还是因为站内站用交流故障引起的全站停电。若是本站电源进线失电导致的全站停电，应投入备用变压器，或通过联络线接入站内；若是因为站内站用交流故障引起的全站停电，应迅速查找故障点。

(4) 查找站内故障点应采用分段查找方式，根据各种现象判断故障点可能的范围，在分段隔离后，用绝缘电阻表测量绝缘电阻，逐步缩小范围，直至找到故障点。摇测绝缘时，可先将绕组接地端拆开，测量后再恢复。若测量绝缘不合格，则通知检修。运行人员短时无法查找事故原因的，应尽快通知有关专业人员进一步查找。

第十三节 直流系统运行维护及异常故障处理

一、蓄电池组的运行维护及异常故障处理

1. 蓄电池组的巡视检查

值班人员每班应进行下列检查：

(1) 检查直流母线电压及直流系统的绝缘电阻是否正常。

(2) 检查充电电流和蓄电池电流、电压是否符合要求。

(3) 检查每只蓄电池浮充时电压是否正常。

以上检查均可在高频开关电源模块监视器的液晶显示屏上进行。

2. 蓄电池使用时注意事项

(1) 进行电池使用和维护时，请用绝缘工具，电池上面不可放置金属工具。

(2) 禁止将蓄电池正负极短接。

(3) 请勿使用任何有机溶剂清洗电池。

(4) 切不可拆卸密封电池的安全阀或在电池中加入任何物质。

(5) 请勿在电池组附近吸烟或使用明火。

(6) 请勿使用异样电池。

(7) 所有的维护工作必须由专业人员进行。

3. 蓄电池组安装检修后验收项目

(1) 蓄电池室及其通风、采暖、照明等装置应符合实际的要求。

(2) 导线应排列整齐，极性标志清晰、正确。

(3) 电池编号应正确，外壳清洁，液面正常。

(4) 极板应无严重弯曲、弯形及活性物质剥落。

(5) 初充电、放电容量及倍率校验的结果应符合要求。

(6) 蓄电池组的绝缘应良好，绝缘电阻不应小于 0.5MΩ。

(7) 处理缺陷应根据缺陷内容进行验收。

(8) 在交接验收时，应提交下列资料和文件：①制造厂提供的产品使用维护说明书及有关技术资料；②设计变更的证明文件；③安装技术记录，充、放电记录及曲线等；④材质化验报告；⑤备件、备品清单。

4. 蓄电池组异常故障处理

值班人员在检查中，发现下列故障时，应及时汇报工段（区），由专业检修人员进行处理：

（1）测得个别电池电压很低，或为零，或反极性。电池电压为零或很低，可能是电池内部发生短路。反极性故障主要原因是电池极板硫化，使其容量降低，电压下降，其他正常电池对它充电而发生反极性的，会影响相邻电池的电压下降。

（2）正极呈褐色并带有白点。这是由于经常过充电或使用的蒸馏水水质不纯等引起极板上活性物质过量脱落的缘故。

（3）极板严重弯曲变形，容器下有大量沉淀物。这是由于电解液不纯、比重过大或温度过高等原因造成的。

（4）容器损坏、电解液渗漏、绝缘电阻降低等。

二、直流系统异常故障处理

1. 直流电压消失

变电站直流电压消失将直接导致控制回路、保护及自动装置等设备不能正常工作，在操作或系统发生故障、设备异常时，控制回路不能正常动作，引起事故无法有效切除，事故范围会扩大并使一次设备受到损害。

直流电压消失的现象有：

（1）直流电压消失伴随有电源指示灯灭，发出"直流电源消失""控制回路断线""保护直流电源消失"或"保护装置异常"等光字信号及熔丝熔断等现象。

（2）控制盘上指示灯、信号、音响等全部或部分失去功能。

直流电压消失的可能原因有：

（1）熔断器容量小或不匹配，在大负荷冲击下造成熔丝熔断，导致部分回路直流电压消失。

（2）熔断器质量不合格，接触不良导致直流电压消失。

（3）由直流两点接地或断路造成熔丝熔断导致直流电压消失。

（4）由于酸腐蚀、脱焊或烧熔使得直流蓄电池之间接条断路，使后备电源失去，导致在充电机（或称硅整流）故障或站用交流失去时引起全站直流电压消失。

直流电压消失应按如下进行检查及处理：

（1）检查熔丝是否熔断，更换容量满足要求的合格熔断器。

（2）对蓄电池接线断路，应到蓄电池室内对蓄电池逐个进行检查，发现接线断开时，可临时采用容量满足要求的跨线将断路的蓄电池跨接，即将断路电池相邻两个电池正、负极相连，并立即通知专业人员检查处理。

（3）当直流电压消失后，应汇报调度，停用相关保护，防止查找处理过程中保护误动。

2. 直流系统接地

直流系统接地的现象有：

（1）"直流接地"光字牌亮。

（2）直流绝缘装置测得接地极对地电压降低，另外一极电压升高。

（3）发出其他异常信号，如直流熔断器熔断、误信号、断路器误动、拒动等。

直流系统接地可能的原因有：

（1）人为原因，如接线有误、工具使用不当等。

（2）设备回路绝缘材料不合格、老化，或绝缘受损引起直流接地。

（3）设备回路严重污秽、受潮，接线盒、端子箱、机构箱进水造成直流绝缘下降或接地。

（4）小动物爬入或异物跌落造成直流接地。

（5）直流系统运行方式不当，如两套绝缘监测装置同时投入造成直流假接地现象。

直流系统接地的危害：直流系统中发生一点接地后，若在同一极的另一点再发生接地时，即构成两点接地短路，此时，虽然一次系统并没有故障，但由于直流系统某两点接地短接了有关元件，可能会造成信号装置误动或继电保护和断路器的“误动作”或“拒动”。直流系统接地故障如图 3-7 所示。

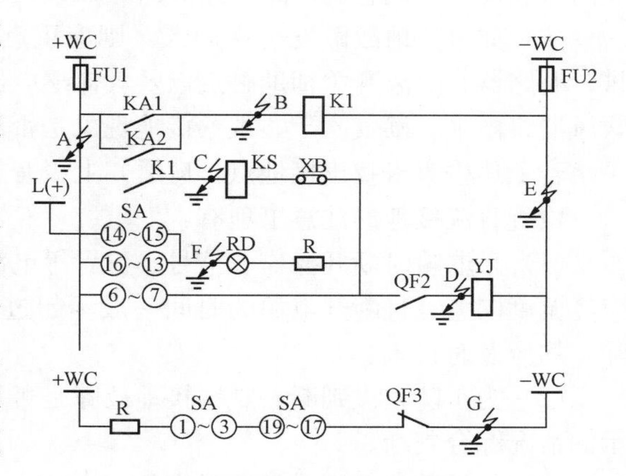

图 3-7　直流系统接地故障

FU1、FU2—熔断路；KA1、KA2—电流继电器动合触点；K1—中间继电器；KS—信号继电器；XB—连接片；RD—红灯；SA—控制开关；R—电阻；QF2、QF3—断路器辅助触点；YJ—跳闸线圈；＋WC、－WC—直流控制母线

（1）两点接地可造成断路器“误动作”。当直流接地发生在 A、B 两点时，将电流继电器动合触点 KA1、KA2 接点短接，中间继电器起动，中间继电器 K1 闭合，由于断路器在合闸位置，所以直流正电源＋CW→K1→KS→XB→QF2→YJ→－WC，回路接通，使断路器跳闸，此时，一次系统未发生故障，故称“误动作”。当在 A、D 两点及 D、F 两点接地时，同时都能使断路器跳闸，形成“误动作”。

（2）两点接地可能造成断路器“拒动”。如接地点发生在 B、E 两点，或 D、E 两点和 C、E 两点，跳闸绕组回路短路，此时，若一次系统发生故障，保护动作，但由于跳闸绕组未励磁、铁芯未动作，造成断路器“拒动”，而越级跳闸，以致扩大事故。

（3）当接地点发生在 A、E 两点时，会引起熔断器熔断，当接地点发生在 B、E 和 C、E 两点，保护动作时，不但断路器拒跳，而且熔断器熔断，同时有烧坏继电器的可能。

（4）两点接地可造成“误发信号”，断路器正常运行中，控制开关接点 SA①～③，SA⑲～⑰是接通的，而断路器的辅助接点 QF3 是断开的，中央事故信号回路不通，不发信号。但当发生 A、G 两点接地时，QF3 被短接，事故信号小母线至信号小母线接通，起动中央事故信号回路“误发信号”。

直流接地应按如下进行检查及处理：

（1）直流系统接地后，直流屏母线绝缘不良指示灯亮，GZDW-5A 微机智能监控装置显示接地回路及数据。值班人员应记录时间、接地极、支路号、绝缘电阻，并及时汇报调度。

（2）在调度的同意下，用试拉的方法寻找接地回路，先拉监控装置提示的支路，如果接地现象不能消失，再拉其他支路，并按照先次要后重要的顺序逐路进行试拉检查。

（3）试拉的同时检查接地现象是否消失，当拉开某一直流回路时，接地现象消失，说明故障点在该回路。将检查结果立即回报调度及工区，安排停电及故障处理。

（4）每一回路的检查，均应与调度联系一次，防止在检查过程中造成保护或控制回路的误动作。

（5）发生直流系统接地后，值班人员应迅速通知二次回路上工作人员停止工作，防止出现两点接地，造成直流回路短路和断路器误跳。

（6）如果接地故障发生在雨天，则应重点检查回路端子箱、就地操作箱、机构箱端子排、断路器、隔离开关辅助触点以及气体继电器触点等是否进水、潮湿等。若有雨水，可用吹风器将雨水、潮气吹干，观察接地现象是否消失。

若上述检查未找出接地点，应通知上级有关部门，联系专业人员进行检查处理。

检查直流接地的注意事项有：

（1）采取瞬时断开操作、信号、位置等电源熔断器（或瞬时断开直流电源小开关）时，应经调度同意，且断开电源的时间一般不超过 3s。无论回路中有无故障、接地信号是否消除，均应及时投入。

（2）为了防止误判断，观察接地故障是否消失时，应从信号、光字牌和绝缘监察表计指示的情况综合判断。

（3）尽量避免在高峰负荷时进行。

（4）防止人为造成短路或另一点接地，导致误跳闸。

（5）按符合实际的图纸进行，防止拆错端子线头，防止恢复接线时遗漏或接错，所拆线头应做好记录和标记。

（6）禁止使用灯泡查找直流接地故障。

（7）使用仪表检查时，表计内阻应不低于 2000Ω/V。

（8）查找故障必须由二人及以上进行，防止人身触电，做好安全监护。

（9）防止保护误动作，在瞬时断开操作（保护）电源前，解除可能误动的保护，操作（保护）电源恢复后再加用保护。

（10）运行人员不得打开继电器和保护机箱。

（11）利用直流绝缘检测装置检测正、负对地电压，判断接地状况。

（12）当发生直流接地时，应暂停正在二次回路上的工作，检查接地是否由工作引起，待查明原因后，再恢复工作。

（13）检查有关二次设备状况，特别注意户外端子箱（盒）、操作机构箱、端子箱等关闭是否完好，有无漏水现象，各种防雨板等是否完整盖好，端子排有无受潮、短路、接地、烧坏现象。

（14）检查蓄电池室、直流配电室等设备状况，检查蓄电池有无受潮和溶液溢出等现象。

（15）在运行班长及技术人员监护下，查找接地回路及故障，但在查找前必须向调度汇报。

（16）对于没有安装直流绝缘检测装置的回路或无法使用专用测试仪器的直流回路，可采用常规的暂断电源法或暂代电源法对部分回路进行故障查找。

3. 直流母线电压过低、电压过高的处理

直流母线电压过高会使长期带电的电气设备过热损坏，或继电保护、自动装置可能误动，若电压过低又会造成断路器保护动作及自动装置动作不可靠等现象。

（1）直流系统运行中，若出现母线电压过低的信号时，值班人员应检查并消除。检查浮充电流是否正常、直流负荷是否突然增大、蓄电池运行是否正常等。若属直流负荷突然增大时，需及时查明原因，并迅速调整放电调压器或分压开关，使母线电压保持在正常规定值。

（2）当出现母线电压过高的信号时，应降低浮充电流，使母线电压恢复正常。

第十四节　二次回路运行维护及异常故障处理

一、二次回路的一般规定

1. 对继电保护、自动装置投、切操作的有关规定

（1）一般情况下，电气设备不允许无保护运行。

（2）投入或停用运行设备的继电保护及自动装置必须按照有关调度员的命令执行。

（3）运行中发现保护及二次回路发生不正常现象，值班人员应立即汇报调度及工段（区）听候处理，当判明继电器确有误动危险时，值班人员可先行将该保护停用，事后立即汇报。

（4）在运行中的保护屏或相邻保护屏上进行打洞等工作前，为防止震动误跳断路器，应申请调度停用有关保护。

（5）继电保护及自动装置经检修或校验后，应结合终结工作票，由继保人员向值班人员详细交代，并经值班员验收合格，才可投入运行。

（6）对于非事故处理，值班人员不准拆动二次回路小线。

（7）在二次回路上进行工作前，应取得调度的许可，若保护定值或二次接线更改，需凭有关专职人发出的整定通知单（或调度口头通知）进行，否则值班人员应阻止其工作。

（8）运行中调整继保二次回路时应采取以下措施。

1）做好调整过程中不致引起电流互感器二次侧开路或电压互感器二次侧短路的可靠措施；如主变压器断路器用旁路断路器代替操作时，应先投入主变压器独立电流互感器端子的短路片，后停用其连接片，再投入套管电流互感器端子的连接片，后停用其短路片等。

2）调整作用于跳闸的继电器时，应做到：

① 停用有关分闸连接片，包括可能互碰相邻继电器的分闸连接片。

② 调整完毕后，应以高内阻电压表测量压板两端对地无异极性电压后才准投入。

③ 调整时，应小心谨慎，动作要轻，使用合适的工具，避免碰动相邻的原件。

④ 投、停分闸连接片或电流端子的连接片时，应防止接地，避免连接片接地引起误分断路器。

（9）投入运行中设备的保护分闸连接片之前，必须以高内阻电压表测量压板端对地无异极性电压后，才准投入其分闸连接片，不得用表计直接测量压板两端之间的电压，防止造成保护误动分闸。

（10）电能表电压切换开关（指10kV或35kV线路）。主变压器电压切换开关的运行位置应与一次设备所在母线同名，主变压器或线路改冷备用或检修时，电压切换开关可不予操作。

（11）运行设备的二次回路更改或操作后，在交接班时应到现场交代并查看，以达到各班都能清楚掌握二次方式运行状态。

（12）梅雨季节，值班员应定期熄灯检查控制盘，保护盘前后应无放电现象，防止绝缘

击穿造成保护误动事故。

2. 对主变压器保护二次的规定

(1) 主变压器非全相保护在运行中应经常投入，但其仅反映主变压器 220kV 本身断路器，因此 220kV 旁路代主变压器断路器运行时该保护应停用，另外主变压器以本身断路器充电或停用前，该保护应投入。

(2) 运行中主变压器 220kV 断路器，“三相位置不一致”光字牌示警，值班员可先检查表计和指示灯，如未发现问题，则应到现场检查断路器三相位置：

1) 断路器三相均在合闸时位置时，应立即停用该主变压器的非全相保护，以防误动跳闸，然后向调度及工段（区）汇报。

2) 断路器确实非全相运行时，应立即手动合闸一次，使其恢复全相运行，若无效，则迅速汇报调度，按其命令处理。

(3) 主变压器合闸充电前，应将其差动、重瓦斯投入跳闸，待充电结束后根据要求确定是否要停用，但不准同时将差动及重瓦斯保护退出运行。

(4) 在正常运行方式下（主变压器分列运行），若电压回路断线，复合电压闭锁及复合电压过流连接片可不予退出。

(5) 在运行中的主变压器差动回路上进行工作，调整差动电流互感器端子连接片（如旁路操作中）或一、二次方式不对应前，应事前先停用差动保护，待工作结束或操作结束后着重检查：

1) 差动继电器触点正常，无不正常响声。

2) 相应的电流互感器端子接妥。

3) 差动连接片两端对地无异极性电压。

(6) 主变压器差动电流回路（包括主变压器套管电流互感器）接线变更、拆动（继保定期校验）或电流互感器更换工作等，应在主变压器充电结束后，将差动保护出口连接片停用，在主变压器额定容量 1/3 负荷情况下（且主变压器各侧都带负荷）由继电保护人员进行“六角相位”及“差压”测试，经分析确认差动回路接线正确，整定无误后，才可重新将差动保护出口连接片投跳。

(7) 继电保护人员应定期测量瓦斯保护二次回路绝缘及差动继电器的差电压，事先征得调度同意后，由值班员将保护暂时停用，但该两项工作应逐项进行，不准同时退出差动及瓦斯这两个主保护。

(8) 瓦斯投入分闸前，在工作结束，变压器各部位空气已放净后，应先完成如下工作：

1) 气体继电器内应无气体。

2) 气体继电器的蝴蝶阀应开启（若工作时关闭过）。

3) 测量瓦斯分闸连接片两端对地无异极性电压（根据调度命令才可投入）。

3. 对距离保护及另序保护的规定

距离及零序保护为 110kV、220kV 线路主保护和后备保护，具有阶段动作特性，其中 220kV 线路的距离保护包括相间及接地距离保护（以下统称为“距离保护”）。

(1) 运行中不允许使距离保护的交流电压中断。

(2) 应按定值单要求投入 220kV 线路运行（及旁路距离代出线距离时）距离及零序保护出口连接片。

(3) 220kV 线路运行中需调整与高频闭锁配合使用的距离及零序的时限定值时，除应该线路所调整保护的出口连接片外，还必须同时停用时该线路的高频闭锁出口连接片。

(4) 220kV 环网线路旁路操作过程中，为防止本身距离与旁路距离并解列时分相操作断路器的非全相合闸，引起零序保护误动跳闸，应按现场规定操作。

(5) PLH-11 整流型距离保护，运行中除对继电器进行一般检查外，尚应做特殊检查：

1) 直流励磁电流表应指示在 (10±0.5)mA，大于或小于此值均应汇报工段（区）及调度。

2) 充电的继电器应在励磁状态。

3) 装置内无异常动作信号，保护出口连接片应符合运行定值单投入要求。

二、继电保护及二次回路的验收项目

继电保护及二次回路检验、测试及缺陷处理后的验收项目有：

(1) 工作符合要求，接线完整，端子连接可靠，元件安装牢固。继电器的外罩已装好，所有接线端子应恢复到工作开始前的完好状态，标志清晰。有关二次回路工作记录应完整详细，并有明确可否运行的结论。

(2) 检验、测试结果合格，记录完整，结论清楚。

(3) 整组试验合格，信号正确，端子和连接片投退正确（调度命令除外），各小开关位置符合要求，所有保护装置应恢复到开工前调度规定的加用或停用的状态，保持定值正确，保护和通道测试正常。

(4) 装置外观检查完整、无异物，各部件无异常，触点无明显振动，装置无异常声响等现象。

(5) 保护装置应无中央告警信号，直流屏内相应的保护装置无掉牌。

(6) 装置有关的计数器与专用记录簿中的记载一致。

(7) 装置的运行监视灯、电源指示灯应点亮，装置无告警信号。

(8) 装置的连接片或插件位置以及屏内的跨线连接与运行要求相符。

(9) 装置的整定通知单齐全，整定值与调度部门下达的通知单或调度命令相符。

(10) 装置的检验项目齐全。新投入的装置或装置的交流回路有异动时，需在带负荷检验极性正确后，才能验收合格。

(11) 缺陷处理工作应根据缺陷内容进行验收。

(12) 继电器、端子牌清洁完好，接线牢固，屏柜密封，电缆进出洞堵好，屏柜、端子箱的门关好。

(13) 新加和变动的电缆、接线必须有号牌，标明电缆号、电缆芯号、端子号，并核对正确。电缆标牌应标明走向，端子号和连接片标签清晰。

(14) 现场清扫整洁，借用的图纸、资料等如数归还。

(15) 对于更改了的或新投入的保护及二次回路，在投运前须移交运行规程和竣工红线图，运行后一个月内移交正式的竣工图。

(16) 对于已投运的微机保护装置应检查：①继电保护校验人员对于更改整定通知书和软件版本的微机保护装置，在移交前要打印出各 CPU 中所有定值区的定值，并签字；②继电保护校验人员必须将各 CPU 中的定值区均可靠设置于停电校验前的状态；③由运行人员打印出该微机保护装置在移交前最终状态下的各 CPU 中的当前运行区定值，并负责核对，保证这些定值区均设置可靠；继电保护与运行方人员在打印报告上签字。

（17）由于运行方式需要而改变定值区后，运行人员必须将定值打印出并与整定通知书核对。

三、二次回路运行维护注意事项

1. 继电保护和自动装置投停操作的注意事项

正常情况下，继电保护和自动装置投入运行、退出运行的操作应按照有关调度员的命令执行。在继电保护和自动装置检修或校验后，值班人员应对其回路进行周密检查，方可投入运行。检查的内容为：

（1）该回路无人工作，工作已结束，工作票已终结。

（2）继电器外壳盖好，全部铅封。

（3）保护定值符合定值单要求，连接片恢复原状。

（4）二次回路拆开的线头已恢复等。

值班人员若需要投入继电保护和自动装置时，应先投入交流电源（如电压或电流回路等），后送上直流电源。此后应检查继电器触点位置正常，信号灯及表计指示正确，然后投入信号连接片，若需将保护投入跳闸位置或将自动装置投入运行位置时，须用高内阻直流电压表或万能表测定跳闸连接片两端对地无异性电压后，方能投入连接片。继电保护和自动装置退出时的操作顺序与此相反。

2. 带电清扫二次线时的注意事项

（1）禁止用水和湿布擦洗二次线，清扫工具应干燥，金属部分应包好绝缘，防止触电或短路。

（2）清扫标有明显标志的出口继电器时，应小心谨慎，不许振动或误碰继电器外壳，不许打开保护装置外罩。

（3）清扫人员应摘下手表（特别是金属表带的手表），应穿长袖工作服，戴线手套。

（4）不许用压缩空气吹尘的方法，以免灰尘吹进仪器仪表或其他设备内部。

（5）清扫高于人头的设备时，必须站在坚固的凳子上，防止跌倒触动保护装置。

四、二次回路异常故障处理

1. 交流电流回路异常故障处理

电流回路断线的危害不容忽视。电流互感器是将大电流变换为一定量标准电流（1A或5A）的设备，正常运行时是接近于短路的变压器，其二次电流的大小取决于一次电流，若二次回路开路，阻抗无限大，二次电流等于零，一次回路所产生的磁势将全部作用于励磁，二次绕组上将感应很高的电压，峰值可达几千甚至上万伏，严重威胁人身和二次设备的安全。同时，由于磁饱和，铁损增大，发热严重，易烧损设备，也易导致保护的误动和拒动。因此，电流回路断线开路是非常危险的。

电流回路断线的现象一般有：

（1）回路仪表无指示或表计指示降低。

（2）回路有放电、冒火现象，严重时击穿绝缘。

（3）电流互感器本体严重发热、冒烟、变色、有异味，严重时烧损设备。

（4）电流互感器运行声音异常，振动大。

（5）保护发生误动或拒动。

（6）二次设备出现冒烟、烧坏、放电等现象。

（7）保护装置发出“电流回路断线”“装置异常”等光字信号。

电流回路断线的原因一般有：

（1）电流回路端子松脱，造成开路。

（2）二次设备内部损坏造成开路。

（3）电流互感器内部绕组开路。

（4）电流连接片不紧，导致开路。

（5）接线盒、端子箱受潮进水锈蚀或接触不良、发热烧断造成开路。

电流回路断线应按如下进行处理：

（1）查找或发现电流回路断线情况，应按要求穿好绝缘鞋、戴好绝缘手套，并配好绝缘封线。

（2）分清故障回路，汇报调度，停用可能受影响的保护，防止保护误动。

（3）查找电流回路断线可以从电流互感器本体开始，按回路逐个环节进行检查，若是本体有明显异常，应汇报调度，申请转移负荷，停电进行检修。

（4）若本体无明显异常，应对端子、元件逐个检查，发现有松动可用螺丝刀紧固。若出现火花或发现开路点，应用绝缘封线将电流端子的电源端封死，封的顺序按 N、A、B、C 进行，封好后再对开路点进行处理。

（5）若封线时出现火花，说明短接有效，开路点在电源到封点以下回路中；若封线时没有火花，则可能短接无效，开路点在封点与电源之间的回路中。

（6）若开路点在保护屏内，应对保护屏上的电流端子进行查找并紧固；若在保护屏内部，应汇报上级有关部门，由继电保护人员处理。

（7）若为运行人员能自行处理的开路故障，如端子松脱、接触不良等，回路断线现象消失，可将封线拆掉，投入退出的保护，恢复正常运行；不能自行处理的，应汇报调度及上级派专业人员处理。

2. 交流电压回路异常故障处理

电压回路断线的现象一般有：

（1）警铃响，发出“电压回路断线”“装置闭锁”等光字，保护屏有“微机保护呼唤值班员”等信号发出，保护指示 PTDX（电压互感器断线）等。

（2）母线电压表无指示或指示降低，有功功率、无功功率表转慢。

电压回路短路的现象一般有：

（1）二次熔断器熔断或二次快分小开关跳开，并造成电压回路断线。

（2）短路造成的电压回路断线现象如上所述。

电压回路断线和短路的可能原因有：

（1）短路造成熔丝熔断，二次快分小开关跳开。

（2）电压回路端子排松动，功率表绕组断线，重动继电器卡涩或断线，回路隔离开关转换触点接触不良。

（3）电压回路短路的主要原因为：人为误碰、异物、污秽、潮湿、小动物等。

电压回路断线和短路应按如下进行处理：

（1）应首先检查回路中是否出现熔断器熔断、二次快分小开关跳开情况，若有此情况，应汇报调度，停用受到影响的保护，并迅速查找短路点，予以排除。

(2) 如经检查未发现明显的故障点，在有关受影响的保护停用情况下，可将熔断器或二次快分小开关试合一次。如试合成功，且断线信号消失，则可恢复运行；若试合不成功，说明短路点仍存在，应进一步查找。

(3) 若短路点可能在保护装置内部，在汇报调度停用受影响的保护后，通知继电保护人员查找。

(4) 若短路点可能在测量回路中，并发现电压表无指示、功率表转慢，应记录起止时间，同时可用万用表测量，检查表计内部绕组是否熔断或有其他异常，若有，更换或排除。

(5) 若检查电压回路二次无熔丝熔断或二次快分小开关跳开现象，应进一步检查相应回路端子排是否松动、脱落，隔离开关转换触点是否可靠接触，重动继电器是否励磁等，若发现异常，可用工具调整处理，然后恢复正常。

小接地电流系统电压互感器高压保险一相熔断、低压保险一相熔断和单相接地故障的区别有：

(1) 小接地电流系统是指中性点不接地（如常见的10kV、6kV）系统或经消弧线圈接地（如35kV）系统。

(2) 当小接地电流系统中发生单相接地故障时，主控盘发出接地信号，线电压值不变，故障相相电压（绝缘电压）降低，非故障相电压升高；若为金属性接地，故障相相电压降为0，而非故障相电压升高至线电压。

(3) 电压互感器高压侧熔断器一相熔断时，主控盘发出接地信号，同时发出电压回路断线信号，与熔断相有关的线电压降低，无关的线电压不变。对三相五柱式电压互感器，熔断相绝缘电压降低但不为0，非熔断相绝缘电压正常。

(4) 电压互感器低压侧熔断器一相熔断时，主控盘发出电压回路断线信号，熔断相绝缘电压为0，非熔断相绝缘电压正常。

(5) 电压互感器高压侧熔断器一相熔断时，发出接地信号，这是因为一相熔断时，低压侧通过铁芯作磁路，感应另两相电压，相量差120°，会出现三倍零序电压$3U_0$，起动接地检测回路报警。

3. 继电保护二次回路异常故障处理

继电保护二次回路异常故障的现象一般有：

(1) 继电保护装置拒动。

(2) 继电保护装误动。

继电保护二次回路异常故障一般有：继电保护装置拒动、自动重合闸装置拒动、继电保护装置误动。

(1) 继电保护装置拒动的原因一般有：

1) 电流或电压继电器机械卡死，触点接触不良，引线及焊接线脱开等。

2) 保护回路不通，如电流互感器二次侧开路、保护连接片、断路器辅助触点、出口中间继电器触点等接触不良或回路断线。

3) 保护电源消失（指控制与保护均独立供电的保护）。

4) 电流互感器变比选择不当，故障时电流互感器严重饱和，不能正确反应故障电流的变化。

5）保护整定值计算及调试中发生差错，造成故障时保护不能起动。

6）直流系统多点接地，将出口中间继电器或跳闸线圈短接。

7）保护连接片未投、误投、误切。

（2）自动重合闸装置拒动的原因一般有：

1）重合闸失掉电源。

2）断路器合闸回路接触不良。

3）位置继电器线圈或触点接触不良。

4）重合闸装置内部时间继电器或中间继电器线圈断线，或接触不良。

5）重合闸装置内部电容器或充电回路故障。

6）重合闸连接片接触不良。

7）防跳跃中间继电器的动断触点接触不良。

8）合闸熔丝熔断或合闸接触器损坏。

（3）继电保护装置误动的原因一般有：

1）直流系统两点接地，使出口中间继电器或跳闸线圈带电。

2）延时保护时间元件的整定值变化，使保护动作时间不准，即“越级动作”。

3）整定值计算或调试不正确，或电流互感器、电压互感器回路故障。

4）保护接线错误，或电流互感器二次极性接反。

5）人员误碰，或外力造成短路。

6）保护连接片未投、误投、误切。

继电保护异常故障可按如下处理：

（1）继电保护装置一旦出现异常故障时，应立即停用有关保护及自动装置，并及时报告调度及保护专职人员，以便进行处理。

（2）在正常运行中，当发现母差保护有任何异常情况时，应立即检查，并报告当值调度。当发生“交流电流回路断线”信号时，应停用母差保护。

（3）距离保护在运行中，当发出“交流电压消失”信号时，应立即检查，若不能复归，则停用距离保护。

（4）低周减载装置动作跳闸后，应做好记录，报告调度，值班人员不得试送，当系统频率下降至规定值，低周减载装置尚未动作时，应报告调度，然后拉开有关的断路器。

（5）故障录波器动作，电压二次回路失压，灯丝回路断线，直流电源消失时，进行检查处理。

（6）当继电保护、自动装置在运行中发生装置（元件）故障，触点振动较大，有潜动误动危险时，值班人员应及时将异状报告调度，确定是否停用，待检修处理。

（7）110kV 距离保护的异常故障原因及处理见表 3-11。220kV 整流型距离保护异常故障原因及处理见表 3-12。

表 3-11　110kV 距离保护的异常故障原因及处理

光字牌	原因及处理
交流电压断线	1. 隔离开关辅助触点接触不良或电压回路断线，应停用距离保护 后，设法消除。 2. 直流控制电源中断，应设法恢复

续表

光字牌	原因及处理
距离保护内部电压回路断线	起动元件误动，停用距离保护后，汇报调度及工区派员处理
直流消失	1. 系统故障，有负序电流产生，能自行恢复。 2. 电压互感器二次侧断路器脱扣，应停用距离保护后试合一次。 3. 盘后 110kV 直流熔丝熔断，应停用距离保护后予以更换。 4. 隔离开关辅助触点接触不良，应停用距离保护后，设法消除。 5. 直流控制电源中断，应设法恢复
振荡闭锁动作隔离开关辅助触点接触不良	1. 同直流消失时。 2. 隔离开关辅助触点接触不良，应停用距离保护后设法消除

表 3-12　　220kV 整流型距离保护异常故障原因及处理

光字牌	原因及处理
直流电压消失	1. 系统故障，有负序电流产生，能自行恢复。 2. 母线电压互感器二次侧断路器本线的电压断路器脱扣，应停用相间接地距离保护（及高频闭锁）后，试合一次。 3. 盘后 220kV 直流熔丝熔断，应停用距离保护后，予以更换。 4. 隔离开关辅助触点接触不良，应停用距离保护后，设法消除。 5. 直流控制电源中断，应设法恢复
振荡闭锁动作	1. 直流控制电源中断，应设法恢复。 2. 液压机构的断路器压力降低，分闸闭锁时，应按断路器故障处理
控制回路断线	1. 直流控制电源中断，应高潮设法恢复。 2. 液压机构的断路器压力降低，分闸闭锁时，应按断路器故障处理
总闭锁动作	原因： 1. 电压回路断线。 2. 相间距离测量无件，或起动无件误动。 处理： 1. 汇报调度。 2. 停用相间接地距离保护（及高频闭锁）保护。 3. 查明原因或汇报工段（区），由继保人员检查处理。 4. 恢复正常后，才可用按钮复归

4. 控制信号回路异常故障处理

（1）熔断器熔丝熔断。有预告信号光字牌亮，出现“控制回路断线熔断器熔断”信号现象，警铃响（当有音响监视时）。此时，值班员应尽快更换同样电流的（备用件）熔断器熔丝。

（2）端子排连接松动。无论二次回路中任何端子排都应安装牢固，挡触良好。若发现二次回路端子排连接松动，甚至有发热现象，应立即紧固。注意紧固时，不要误碰其他端子排，更不要造成端子间的短路。

(3) 小母线引线松脱。这是在巡视检查中不易发现的缺隐。变电站内中小母线很多，因此，对小母线引线接触不良应根据仪表、信号灯、光字牌等出现的现象来分析、判断，及时报告工段（区）安排检修。

(4) 指示仪表卡涩、失灵，指示仪表产生指示错误或无指示，将会造成值班人员的错误判断，出现现象应尽快处理。仪表无指示的可能原因有：

1) 回路断线，接头松动。

2) 熔断器熔断。

3) 指针卡死。

4) 表针损坏。

5. 中央信号装置异常故障处理

中央信号装置是监视变电站电气设备运行中是否发生了事故和异常的自动报警装置。当电气设备或系统发生事故或异常时，相应的信号装置将会有区别地发出有关的灯光及音响信号，以使运行值班人员迅速、准确地判断事故的性质、范围和设备异常的性质与地点，以便正确处理。

中央信号装置按用途可分为事故信号、预告信号和位置信号三类。事故信号包括音响信号和发光信号，例如当断路器跳闸后，蜂鸣器响，通知值班人员有事故发生，同时跳闸的断路器位置指示灯闪光，光字牌亮，显示出故障的范围和性质。预告信号包括警铃和光字牌，例如当电气设备发生危及安全运行的情况时，警铃动作，同时光字牌显示电气设备异常的内容。位置信号是监视断路器的分、合闸状态及操作把手的位置是否对应。

中央信号运行中的异常主要有以下两种：

(1) 事故喇叭不响。断路器自动跳闸后，蜂鸣器不能发出音响，其原因有：

1) 事故喇叭损坏。检查时，可接一下事故信号试验按钮，若喇叭不响则说明事故喇叭已损坏。

2) 冲击继电器发生故障。

3) 跳闸断路器的事故音响回路发生故障，如信号电源的负极保险丝熔断，断路器辅助接点、控制断路器及跳闸位置继电器触点接触不良。

4) 直流母线电压太低。

(2) 预告信号不动作。电气设备发生异常时，相应的预告信号不动作，其原因有：

1) 警铃故障。检查时按试验按钮，若警铃不响说明其损坏。

2) 冲击继电器故障。

3) 预告信号回路不通等。

6. 二次回路不通检查

(1) 导通法。

使用万用表的欧姆挡测量电阻的方法进行检查二次回路是否有断线现象。检查时须断开回路电源，回路接触良好时，电阻为零，接触不良时有一定的电阻值，未接通时电阻非常大。

(2) 测电压降法。

用万用表的直流电压挡，测回路中各元件上的电压降，检查回路不通故障无须断开电

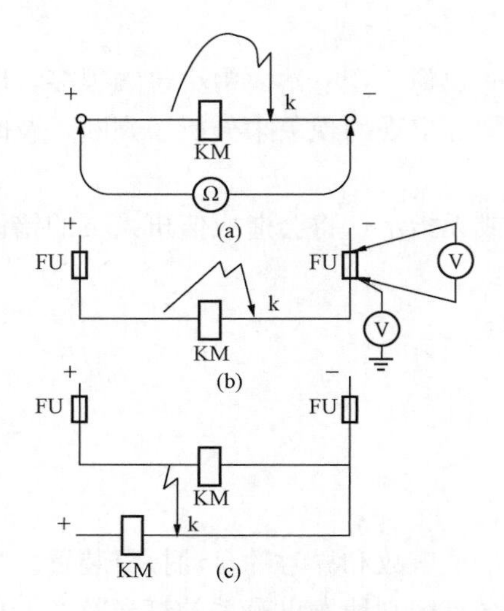

图 3-8　检查支路短路故障示意图
（a）测量电阻法；（b）测量电压法；
（c）两条路短路检查

源。接触良好的触点两端电压应等于零，若不等于零，说明触点接触不良或未接触。

7. 二次回路短路的检查

二次回路出现短路故障时，可拆开每一支路，依次进行测量检查。

（1）用万用表测量某支路电阻是否正常，如果电阻为零，说明该支路存在短路现象，如图 3-8（a）所示。

（2）当某一分支回路正极接入，测量负熔断器两端有电压或负熔断器下面对地带正电，说明故障点即在该回路内，应进一步查明故障元件，如图 3-8(b) 所示。

（3）装上一只熔断器（不使再形成短路）。如：装上正极熔断器，若熔断器投入即熔断，说明是和另一路电源负极形成短路的可能性很大（若第一次亦是只有正极熔断的话）。若装上正极熔断器正常，可将其拔下，换装上负极熔断器试一下，如图 3-8(c) 所示。

8. 二次回路接地

二次回路接地时，可用万用表测量对地电阻，如图 3-9所示，如测得电阻为无穷大，说明回路正常，如测得电阻为零，说明存在接地故障。

9. 二次回路异常故障处理注意事项

对二次回路查找故障时，应注意设备状态，信号、光字牌异常特征和接线情况，采取“缩小范围”，分网分段的寻找（类似查找直流系统一点接地的方法）；在处理时应注意做好安全措施，例如防止交流失压引起有关保护误动，和防止电流互感器二次侧开路，或电压互感器二次侧短路以及防止人身误碰设备和触电等。

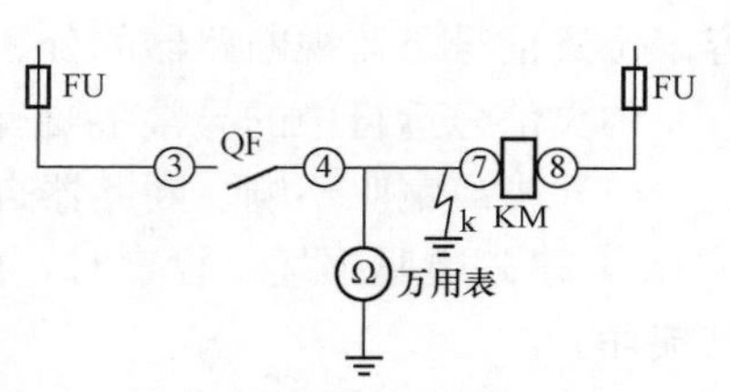

图 3-9　二次回路接地检查示意

第十五节　防雷接地装置运行维护及异常故障处理

一、过电压保护装置的运行及其规定

（1）雷季中 35～220kV 线路若无避雷器者不宜开路运行（若必须开路运行，应选择无雷电活动时，且拉开线路侧隔离开关）。母线不应无避雷器运行（并且现场应规定进、出线的最少运行回路数）。

（2）雷季中 220kV 母线电压互感器避雷器停用时，应将所有设备倒向另一母线运行（带有电压互感器避雷器）。

（3）雷季中线路重合闸不应退出运行，并且蓄电池直流操作电源正常、可靠，确保重合闸动作。

（4）主变压器投运后向 35kV 母线充电时，为防止产生铁磁谐振过电压，因此充电前应做到：母线上先投入一条线路或将充电主变压器的中性点经消弧线圈接地。

(5) 主变压器在 220kV 侧或 110kV 侧避雷器退出运行期间不宜切除空载主变压器。为防止内过电压损坏变压器，非雷季运行中，110kV 及以上的变压器装设的阀型或磁吹避雷器不得退出运行。

(6) 为了防止两台及以上 220kV 断路器断口电容与母线电压互感器产生铁磁振过电压，220kV 母线停电时，应将线路及母联断路器改为冷备用，操作中不宜先将所有断路器改热备用，然后再全部由热备用改为冷备用，母线送电操作亦应逐一由冷备用改为运行。

(7) 110kV、220kV 断路器断口电容与母线电压互感器发生谐振过电压，此时，110kV、220kV 母线电压表指示将异常升高，值班员不得拉开母线电压互感器隔离开关，或重新合上所拉开的带电断路器，而应立即拉开所有热备用中带断口电容断路器的电源侧隔离开关（母线侧隔离开关不得操作)。

二、避雷器的验收项目

(1) 现场各部件应符合设计要求。

(2) 避雷器外部应完整无缺损，封口处密封良好。

(3) 避雷器应安装牢固，其垂直度应符合要求，均压环应水平。

(4) 阀式避雷器拉紧绝缘子应紧固可靠，受力均匀。

(5) 放电计数器密封应良好，绝缘垫及接地应良好、牢靠。

(6) 排气式避雷器的倾斜角和隔离间隔应符合要求。

(7) 油漆应完整、相色正确。

(8) 引线、接头、接点端子应牢固完整。

(9) 绝缘子无破损，金具完整。

(10) 缺陷处理工作应按缺陷内容的要求进行验收。

(11) 交接资料和文件应当齐全：①变更设计的证明文件；②制造厂提供的产品说明书、试验记录、合格证件及安装图纸等技术文件；③安装或检修技术记录；④调试试验记录；⑤备品、配件及专用工具清单。

三、避雷器的运行维护

变电站的避雷器用于防止沿输电线路侵入的雷电行波过电压危害电气设备，必须加强对变电站避雷器的运行管理。

(1) 避雷器上下部引线接头应牢固，无松动、断线现象，金属部分应无锈蚀、变形。

(2) 避雷器瓷套应清洁，无破损、裂纹和放电痕迹，法兰应无裂纹。如果瓷套管发生破裂放电，将成为变电站的事故隐患，避雷器套管放电，应及时停用更换。

(3) 避雷器计数器应密封良好，动作应正确。雷击放电动作后应检查动作指示并做记录。对其他设备应无闪络痕迹。雷电放电后，连接引下线、接地线严重烧伤，或断裂，或放电动作计数器损坏时，应予以停用检修或更换处理。

(4) 接地线应牢固可靠，无腐蚀。一旦发现接地不良，阻值过大，应停用并尽快处理。

(5) 运行中的避雷器内有异常声音，则认为避雷器已损坏，失去了防雷的作用，而且可能会引发单相接地故障。一旦发现此种避雷器，应立即将其退运更换。

(6) 雷电时禁止进行倒闸操作，在系统上应停止检修工作。若在雷雨天因特殊需要巡视高压设备或操作时，应穿绝缘靴，并不得靠近避雷器的设备。

(7) 雷雨季节中，35～220kV 线路若无避雷器，不宜开路运行。母线不应无避雷器运行。

(8) 雷雨季节中，220kV 母线电压互感器避雷器停运时，应将所有设备倒向另一带有电压互感器避雷器的母线运行。

(9) 主变压器在 220kV 侧或 110kV 侧避雷器退出运行期间，不宜切除空载主变压器。

(10) 运行中的氧化锌避雷器应加强测试。一般为 220kV 及以上避雷器每半年测试一次；110kV 避雷器每年测试一次。当发现避雷器漏电流指示异常时应进行测试。新投入运行的避雷器在运行一个月内，应进行一次带电测试，作为今后分析的原始数据。测试仪器要相对固定。测量数据与初始值或上一次测量值比较，有明显变化时应加强监测，并及时进行分析，必要时进行停电试验。

带电测试数据与停电试验数据进行比较时，应注意选择峰值与峰值、有效值与有效值比较。

当带电测试数据重复性较好，并与停电试验数据一致时，可适当延长停电试验周期。认真做好无间隙金属氧化物避雷器带电测试工作，必要时可以通过红外检测、停电测试等方法核查带电测试的结果。

四、避雷器的异常故障处理

(1) 运行中避雷器瓷套有裂纹：

1) 若天气正常，可停电将避雷器退出运行，更换合格的避雷器，无备件更换而又不至于威胁安全运行时，为了防止受潮，可临时采取在裂纹处涂漆或黏接剂的方法，随后再安排更换。

2) 在雷雨中，避雷器尽可能先不退出运行，待雷雨过后再处理；若造成闪络，但未引起系统永久性接地时，在可能条件下，应将故障相的避雷器停用。

(2) 运行中避雷器突然爆炸，若尚未造成系统接地和系统安全运行时，可拉开隔离开关，使避雷器停电；若爆炸后引起系统接地时，不准拉隔离开关，只准断开断路器。

(3) 运行中避雷器接地引下线连接处有烧熔痕迹时，可能是内部阀片电阻损坏而引起工频续流增大，应停电使避雷器退出运行，并进行电气试验。

(4) 避雷器接地不良、阻值过大，应停用尽快处理。

(5) 避雷器内部有放电声。在工频电压下，避雷器内部是没有电流通过的。因此，不应有任何声音。若运行中避雷器内有异常声音，则认为避雷器、阀片间隙损坏失去了防雷的作用，而且可能会引发单相接地故障，一旦发现此种避雷器，应立即将其退出运行，予以更换。

(6) 运行中避雷器有异常响声，并引起系统接地时，值班人员应避免靠近，并断开断路器，使故障避雷器退出运行。

(7) 运行中避雷器有下列故障之一时，应设法停用检修：

1) 发现严重烧伤的电极。

2) 发现严重受潮、膨胀分层的云母垫片。

3) 发现击穿、局部击穿或闪络的阀片。

4) 发现严重受潮的阀片。

5) 非线性并联电阻严重老化，泄漏电流超过运行规程规定的范围。

6) 严重老化龟裂或严重变形，失去弹性的橡胶密封件。

7) 瓷套裂碎。

8）雷电放电后，连接引线严重烧伤或断裂，或放电动作记录器损坏。

9）避雷器的上、下引线接头松脱或折断应尽快处理。

五、接地装置的运行维护

（1）凡是埋于地下的接地体、接地线以及利用自然接地体等的隐蔽工程，应按《电气装置安装工程　接地装置施工及验收规范》（GB 50169）进行隐蔽工程验收，并做好中间检查及填写验收记录，其中选材、安装工艺过程、焊接、接地电阻测试及防腐处理等应符合标准的要求。

（2）对于明设的接地装置，包括与电气设备外壳的接线点、焊接点、补偿装置、跨接线等易松动的部位应定期检查并紧固一次，发现问题要及时解决；应检查设置的防止机械损伤的装置有否损坏或残缺，防腐是否完好。发现明显的电流烧灼现象，如镀锌变色、绝缘损坏要及时更换，并有验收合格签证。对于锌皮脱落、油漆爆皮以及接地线跌落、碰弯等有碍运行的地方要及时补救。

（3）对于暗设及埋入地下的接地装置，应定期检查零相回路的阻抗、接地电阻及通断情况，发现不妥要找出原因，对于难以修复的要重新敷设并验收合格。

一般情况下，应挖开接地引线的土层，检查地面以下 500mm 以上部分接地线的腐蚀程度；对于酸、盐、碱等严重腐蚀的区域，每 5 年左右应挖开局部地面进行检查，观察接地体的腐蚀情况。

接地装置接地电阻的测试周期为：变电站每年 1 次；架空线路每 2 年 1 次；10kV 及以下线路上变压器或开关设备每 2 年 1 次，10kV 以上每年 1 次；避雷针每 5 年 1 次，车间每年 1 次，住宅每年 1 次。测试一般为每年 3～4 月或土壤最干燥时进行。

（4）接地装置的检修周期一般为：一个月一小修，半年一中修，一年一大修，并做好检修记录及签证。特别是雷雨季节和大电流短路后应加强监视和检查，以免发生意外。每年春季和秋季宜作为检修阶段，并配合系统的检修和测试做好接地装置的运行和检修工作。

第十六节　防误操作装置运行维护及异常故障处理

一、微机防误操作装置运行管理规定

（1）微机防误装置在验收合格投入运行后，无特殊情况不得退出运行，确因某种原因需要退出运行时，应经本单位总工程师批准同意后方可退出运行。

（2）防误装置计算机应由专人负责维护，任何人员不得在计算机上做无关的操作，不得私自在计算机上使用 U 盘、光盘，防止病毒侵入，不得擅自删去计算机的有关文件。

（3）防误装置的解锁钥匙应由专人妥善保管，不得借给他人使用。解锁钥匙应加封管理，履行许可手续。解锁按钮正常操作时严禁使用，因防误系统失灵等原因必须解锁时，必须按解锁规定进行。

（4）任何操作均应按工作流程严格执行，操作中如发现电脑钥匙打不开锁或电脑钥匙无法操作下去时，应再次核对设备名称编号、设备分（合）位置，确定没有走错间隔，经工区负责人同意后方可用解锁钥匙进行逐项解锁操作，由值班负责人逐项核对后执行。

（5）每次巡视设备时应一并检查该系统的有关设备（如户外的锁）有无进水、锁是否安装牢靠、防雨盖是否盖好，以防雨水侵入。

(6) 经常保持防误主机及电脑钥匙放置环境的清洁，室内相对干燥。值班员应对机械编码锁定期往孔里注机油，以保持其转动灵活，解锁顺利。对于户内机械锁，应半年一次；对于户外机械锁，应3个月一次。

(7) 每季度应对室外隔离开关锁和临时接地锁加油一次，加油地方为锁销和变位采集等活动部位。

(8) 操作人员应熟悉防误系统的原理，通晓其使用方法，并严格按照规程规定和厂家使用手册进行。

二、防误装置的解锁操作管理

1. 总的原则

(1) 操作解锁钥匙由各变电站集中管理，不得私藏使用。

(2) 检修设备修试、调试需解锁时，应由检修工作负责人向值班负责人（或正值）申请，其解锁钥匙必须始终由值班员掌握，并履行解锁监护制，不得把钥匙交给检修人员自行解锁，解锁结束后，钥匙立即收藏封存。

(3) 运行设备需解锁，必须填写操作解锁申请记录，并履行必要的申请手续。否则，一经发现严肃考核，如造成误操作等后果应负全责。

2. 使用紧急解锁钥匙规定

(1) 紧急解锁钥匙箱应定点放置，解锁钥匙不允许私藏使用，箱内紧急解锁钥匙类型、数量应与紧急解锁钥匙清单记录相符（需作为紧急解锁操作的隔离开关机构箱钥匙，也应放入箱内）。

(2) 在严重威胁人身安全、危及设备安全的情况下，需进行紧急解锁操作时，应严格执行“四核对”，可先操作，再向领导汇报解锁情况。

(3) 紧急解锁应填写倒闸操作解锁记录，一式二份，一份留班组，一份一周内交工区安全员，在工区月度安全运行会议进行分析、讲评，提出整改建议。

3. 使用借用钥匙规定

(1) 严禁检修人员使用解锁钥匙进行分、合断路器、隔离开关的操作。

(2) 隔离开关检修时，检修人员借用检修隔离开关的操作机构箱钥匙，应由工作负责人提出，征得当班正值或值班长同意，由运行人员打开检修隔离开关的操作机构箱门，并收回钥匙。

(3) 检修人员按工作票内容进行“五箱”清扫时，借用隔离开关的操作机构箱钥匙，由工作负责人提出，征得当班正值或值班长同意，由运行人员将隔离开关操作电源断开，工作结束，运行人员必须检查操作机构箱门确已锁好，并合上隔离开关操作电源。

(4) 对检修人员进行“五箱”清扫借用钥匙，应记入借用钥匙使用记录。

三、防误装置的操作程序

连锁装置一般采用多功能微机防误操作闭锁系统。该防误装置一般由防误主机、打印机、通信充电装置、电脑钥匙、固定锁等设备组成。该系统可实现防带负荷拉、合隔离开关，防误拉、合断路器，防误入带电间隔，防带电挂接地线，防带地线合隔离开关等“五防”功能。

(1) 微机连锁工作基本程序：

1) 调度发布任务票后，值班员依据任务在五防机上填写操作票，该过程同时是一个在五防机上预演并检验操作票正确性的过程。

2）将电脑钥匙放在通信装置上，接受操作票内容。

3）携电脑钥匙按操作票顺序依次执行操作。

4）操作完毕，将电脑钥匙放入通信装置与主机进行通信。

（2）将电脑钥匙放在通信装置上，接受操作票内容：

1）当防误主机显示：请插上电脑钥匙要下送操作票，确定。

2）打开电脑钥匙电源和通信充电装置的电源，将电脑钥匙放回到通信充电装置上，确认防误主机的屏幕上提示，电脑钥匙将显示：接收操作票，请等待。

3）电脑钥匙处于同防误主机通信的状态，通信完毕，此提示自动消失。若长时间显示这种提示，应检查通信充电装置，显示灯提示正确后可关闭电脑钥匙电源，再打开，放回到通信充电装置上，重新来一次。

（3）携电脑钥匙按操作票顺序依次执行倒闸操作：

1）电脑钥匙接到操作票后，即可按其显示的内容到现场操作，在显示屏上将显示每一项操作内容。如果显示内容超过一屏，则第一屏显示完，等待几秒后显示第二屏。

2）断路器、电动隔离开关操作：

① 当电脑钥匙显示：第1，合上××线×××断路器。

将电脑钥匙插入该断路器的电气编码锁中，电脑钥匙发出长音，电脑钥匙显示：第1，继续，开锁，合上××线×××断路器。

此时操作断路器分合闸切换（KK）把手，当听到电脑钥匙发出一声鸣叫时，表示电脑钥匙已检测到操作回路有电流流过，操作结束，可取下电脑钥匙。

② 对电气编码锁，一旦操作结束，电脑钥匙再次插入该断路器或电动隔离开关的电气编码锁中，即使编码正确，电脑钥匙内闭锁机构也不会解开，不允许重复操作。当前操作结束，依次按电脑钥匙上的“继续”和“执行”键，进入操作票下一步操作。

3）手动隔离开关、临时接地线、网门的操作：

① 当电脑钥匙显示：第1，合上××线×××隔离开关，检查应合上。

将电脑钥匙插入该隔离开关的锁孔中读其编码，如正确，电脑钥匙发出长音，电脑钥匙显示：第1，继续、开锁，合上××线×××隔离开关，检查应合上。

此时按下开锁按钮，即可打开机械编码锁，进行倒闸操作。如果机械编码锁与电脑钥匙显示的设备不对应，电脑钥匙将发出连续的报警声，电脑钥匙中的闭锁机构锁死，不能进行开锁操作。

② 当隔离开关合上后，电脑钥匙将根据倒闸类型显示：检查，确在合闸位置。

要求将电脑钥匙插入机械编码锁的另一个锁孔中，读取编码，以确保当前的倒闸操作已完成，避免空走行程。如果读不到规定的锁编码，将发出连续的报警声，应先检查当前锁体是否已锁上，确保锁上后才能读到正确的编码，完成强制性检查，此时按“继续”“执行”键，电脑钥匙将显示操作票中下一步操作项。

③ 本站网门采用挂锁，打开或关闭网门作为倒闸操作中的一步，应开入操作票中，网门的打开还是关闭值班员应根据实际情况进行考虑。操作时不用检查锁的操作后状态，打开（锁上）锁后按“继续”“执行”键，电脑钥匙将显示操作票中下一步操作项。

4）提示性操作：

电脑将显示：放上××线××断路器保护跳闸××连接线。

提示性操作是提示性质的，但又不可缺少的，没有锁体闭锁的操作项，操作人员检查当前提示项确已完成，依次按“继续”“执行”键，进入下一步操作。

5）操作结束：

当一张操作票所有操作都完成，电脑钥匙显示：操作结束，将钥匙放回充电座。

（4）操作完毕，将电脑钥匙放入通信装置与主机进行通信，电脑钥匙自动将现场各操作设备的状态回给防误主机，防误主机将一次接线图上的设备状态同现场对位，保证状态一致，同时自动清除电脑钥匙内已执行的操作票。

（5）电脑钥匙的使用：

1）电脑钥匙应经常保持电力充足，电脑钥匙在通信充电装置上的充电时间不能超过12h，通常充满电只需3h，静态放电时间为8h，通常每星期充电一次。

2）每操作完一项应对操作设备进行确认后再按“继续”“执行”键，才能执行下一步操作。

3）当电脑钥匙中有一张操作票，关闭电脑钥匙电源，按住“浏览”键打开钥匙的电源，进入浏览操作票过程，按“继续”键逐项浏览，直到结束，自动返回到执行操作票状态。

（6）微机防误装置配有2把电脑钥匙，一主一备。当操作时电脑钥匙电池容量不足或故障不能继续进行操作，要换备用钥匙。电脑钥匙电池容量不足时会显示：电池容量不足，请充电。

换备用钥匙，关闭电脑钥匙电源，按住“执行”键打开电脑钥匙电源开关，钥匙显示：换备用钥匙，将钥匙放回充电座。

将电脑钥匙放到充电座上，钥匙将当前已操作过的信息传给防误主机，防误主机将一次接线图上的设备状态同现场对位，同时提示换上备用钥匙，将备用钥匙放到充电座上（备用钥匙中不能有操作票）。防误主机会把原先钥匙内的操作信息传到备用钥匙中，继续以后的操作。

（7）系统的核心部分为防误主机及钥匙，所内值班人员必须熟悉微机“五防”操作。

四、防误装置操作规则

（1）母线隔离开关拉、合操作应符合下列规则：

1）本单元断路器应在拉开位置。

2）对应的另一组母线隔离开关应在拉开位置。

3）断路器至母线隔离开关间的接地开关（临时接地线）应拉开（拆除）。

4）相对应母线上的接地开关（临时接地线）应拉开（拆除）。

（2）线路侧隔离开关拉、合操作应符合下列规则：

1）本单元断路器应在拉开位置。

2）断路器至线路侧隔离开关间的接地开关（临时接地线）应拉开（拆除）。

3）出线端的接地开关（临时接地线）应拉开（拆除）。

（3）出线回路旁路隔离开关拉、合操作应符合下列规则：

1）旁路断路器应在拉开位置。

2）旁路断路器的旁路侧隔离开关应在合上位置。

3）本出线回路的线路端接地隔离开关（临时接地线）应拉开（拆除）。

4）其他线路旁路隔离开关应在拉开位置。

（4）倒闸操作母线时应符合下列规则：

1）母联断路器处于母联运行状态。

2）对应的母线隔离开关应在合上位置。

（5）接地开关的操作规则：

1）断路器至母线隔离开关间的接地开关操作应符合：断路器应拉开，正、副母线隔离开关应拉开。

2）断路器至出线隔离开关间的接地开关操作应符合：断路器应拉开，出线隔离开关应拉开。

3）线路端接地开关的操作应符合：本回路的旁路隔离开关应拉开，线路端隔离开关TA、TV无电压，出线隔离开关应拉开。

4）母线接地开关操作应符合：对应母线上的所有隔离开关应在拉开位置。

5）正、副母线TV接地开关操作应符合：TV隔离开关应在拉开位置。

6）旁路母线接地开关操作应符合：旁路母线上所有隔离开关应在拉开位置（旁母无压）。

（6）35kV单元间隔门打开应符合下列规则：

1）断路器间隔门打开应符合：正、副母线隔离开关及出线隔离开关均拉开。

2）某一单元正母线隔离开关间隔门打开应符合：所有正母线隔离开关均拉开，本单元副母线隔离开关应拉开，对应单元出线隔离开关应拉开。

3）某一单元副母线隔离开关间隔门打开应符合：所有副母线隔离开关均拉开，本单元正线隔离开关应拉开，对应单元出线隔离开关应拉开，跨条隔离开关应拉开。

4）出线隔离开关间隔门打开应符合：本单元的正、副母隔离开关，出线隔离开关，旁路隔离开关及出线TV隔离开关均拉开。

5）出线TV间隔门打开应符合：TV一次隔离开关拉开。

（7）35kV正、副母线TV隔离开关间隔门及避雷器间隔门打开应符合：TV隔离开关拉开。

（8）站用变压器隔离开关及间隔门连锁规则：

1）正母线隔离开关的操作应符合：对应的副母线、旁路母线隔离开关应拉开，站用变压器至母线隔离开关间临时接地线已拆除。

2）副母线隔离开关的操作应符合：对应的正母线、旁路母线隔离开关应拉开，站用变压器至母线隔离开关间临时接地线已拆除。

3）旁路母线隔离开关的操作应符合：对应的正、副隔离开关应拉开。

4）站用变压器间隔门打开应符合：本单元正、副母线隔离开关，旁路隔离开关拉开。

5）站用变压器旁路隔离开关间隔门打开应符合：本单元正、副母线隔离开关，旁路隔离开关应拉开；站用盘进线断路器应拉开并摇出，所有旁路母线隔离开关及跨条隔离开关应拉开。

（9）电容器单元隔离开关及间隔门的连锁规则：

1）接地开关的操作应符合：断路器正、副母隔离开关拉开，断路器至电抗器间隔离开关应拉开。

2）电容器组间隔门打开的条件为：电容器正、副母线隔离开关应拉开。

(10)35kV 旁路母线避雷器间隔门打开的规则：所有旁路母线隔离开关及跨条隔离开关应拉开。

五、防误装置异常故障处理

(1) 防误装置一旦出现异常故障时，应立即汇报调度及有关上级。

(2) 防误控制器出现异常故障时不得私自拆除。

(3) 发现防误装置的主机、打印机、通信充电装置及电脑钥匙等故障时，应作为缺陷故障处理，及时汇报调整、工区，不得私自乱拆乱动。

(4) 发现机械锁损坏时，应及时更换。

第十七节　故障录波测距装置运行维护及异常故障处理

一、装置设备

YS-88A 型故障录波测距装置由工控主机板、模拟量采集卡、数字量采集卡、IO 接口卡等元件组成的多 CPU 采集系统。

(1) 远传 MODEM。为远传设备。

(2) 辅助变换器箱。由电流、电压变换器组成。

(3) 前置机。2 个 POWER（逆变电源）、4 块 CPU（中央处理器）、1 个 MONITOR（人机对话接口）、1 个 ALARM（告警）插件等组成。

(4) 后台机。由计算机主机、屏幕显示器、键盘、打印机组成。

二、故障录波分析打印

每次故障跳闸录波后装置自动打印录波报告。正常运行需显示或打印录波波形时，将光标移至要打印的录波文件，按“→”键（或回车键），将弹出一个菜单：波形显示、故障分析、报表打印和数据拷贝。

(1)“波形显示”，可以同时显示 4 个模拟量通道的波形和瞬时值、有效值，或同时显示 16 个开关量通道的变位情况。按回车键一次，在屏幕左下角显示光标所在通道名称。按回车键一次，将弹出一个菜单：压缩、拉伸、缩小、放大、打印选择、波形打印和返回。其中，压缩和拉伸指时间轴方向的缩小和放大，缩小和放大指沿幅值方向的缩小和放大。若需打印通道波形，将光标移至“打印选择”上按回车键，待该项变成“取消打印”，再选“波形打印”即可。

(2)“故障分析”，对选定录波文件进行自动分析，包括录波时间、故障线路、故障相别、故障距离、故障电压电流有效值、启动通道名称、跳闸相别、跳闸时间、重合闸时间等。打印该报告会包含故障线路各通道的波形。

(3)“报表打印”，只打印该次录波故障报告文字部分，不含波形。

(4)“数据拷贝”，即将录波文件拷贝至存储介质。运行中未经许可，不允许进行该项操作。

(5) 若要显示或打印 14 次以前的录波文件，在“开始”菜单中选择“分析拷贝”选项，选择起始时间、结束时间，再选择检索方式后，将光标移至“确定”位置按回车键，就会按时间顺序显示文件列表。若检索方式选择“跳闸”，则仅显示有跳闸的故障文件。

三、装置异常故障处理

(1) 装置发出“呼唤”信号，后台机启动，但中央信号控制屏无“微机故障录波呼唤”光字牌，应在录波任务完成后再检查信号回路予以消除。

(2) 装置发出“呼唤”信号，中央信号屏光字牌亮，但后台机或显示器未启动，应按以下步骤进行处理：

1) 首先检查打印机的电源开关，若电源未断，打印机已通电，则应断开打印机的电源开关，然后断开后台机的电源开关再合上，后台机即可起支接收前置机数据。

2) 检查后台要和显示器的电源回路。应注意不要切断前置机的电源，以免丢失数据。将手动上电 SQ 开关拨至 ON 位置，使后台机通电启动（录波完成后，应维持 OFF 位置，并通知专业人员查找原因，尽快消除缺陷）。

3) 若以上两种处理方法都不能使后台机启动，且一次系统有明显冲击，则应维持现状，尽快通知专业人员到现场处理，不能采取断前置机电源的方法来复归“呼唤”信号，不能按前置机的面板上的复归按钮，这样会丢失录波数据。

(3) 装置发出“呼唤”信号，后台机不启动，中内信号光字牌也不亮，处理方法同上。

(4) 前置机面板上的“告警”信号灯亮，中内信号“微机故录装置异常”光字牌亮，此时通过打印机住处进行判断。

(5) 中央信号“装置故障”光字牌亮，装置上“故障”灯亮，可同时按下两个“复位”键将装置主机复位。若不能恢复，汇报调度和工区，派员处理。

(6) 装置频繁启动（5min 内连续启动 15 次），装置上“录波”“故障”灯亮，可同时按下两个“复位”键将主机复位。若不能恢复，汇报调度和工区，派员处理。

(7) 中央信号“装置电源故障”光字牌亮，装置上“运行”灯熄灭，此为交流、直流空气断路器均跳开。若无法恢复，汇报调度和工区，派员处理。

第十八节　消防设施运行维护及异常处理

一、消防设施的配置及日常维护

(1) 变电站消防设施、消防器材应根据《电力设备典型消防规程》配置。

变电站消防设施指定专人负责定期检查和维护管理，非火警事故一律不得动用；消防器材每月检查一次，每季度登记一次；消防器材发生漏气，过期和损坏，应及时与保卫部门联系更换，确保消防器材完好可用。

(2) 消防设施的日常维护。值班人员应该对应电所常用消防器材原理、构造、性能有一定的了解，掌握其检查维护及使用方法，确保消防器材在灭火时的可用性和有效性。泡沫灭火机筒内液体一般一年更换一次；二氧化碳钢瓶应每隔 3 年进行一次耐压检验；“1211”灭火机、干粉灭火器的有效期一般为 4～5 年。

二、发生消防异常情况的处理

变电站发生火灾，当值值（班）长是临时灭火指挥人，必须立即将有关设备的电源切断，迅速组织灭火，同时根据火灾情况报告有关部门领导（火灾报警“119”、生产总值班、调度及工区），火灾报警应讲清火灾地点、火势情况、燃烧设备、报警人姓名及电话，公司领导、保卫、安监部门及工区负责人接到火灾报警后必须立即赶到火灾现场，组织灭火及落实有关急救抢修工作，电力生产设备火灾扑灭后必须保持火灾现场。

(1) 变压器着火时，装有水喷淋或充氮灭火装置的应开启该装置进行灭火，并立即将变压器隔离电源。在火灾报警的同时，采取一定的消防灭火措施，变压器着火时，应停用通风冷却装置。重点防止变压器着火时的事故扩大。

(2) 电力电容器在火灾时，虽然切断其电源，但由于电容器的特性，内部还储有电荷，因此救火时应使用二氧化碳或“1211”灭火机，并合上电容器组接地开关，在电荷对地放尽前应防止人员触电。

(3) 电缆发生火灾时，应防止火势蔓延，立即采取扑救措施。对于低压交直流电缆应尽量保障正常设备的运行，断开有关低压交流电源，可采用二氧化碳、干粉、“1211”等灭火机灭火；对于高压电缆应立即切断电源，采用二氧化碳、干粉、“1211”等灭火机灭火。电缆失火后燃烧会分解出氯化氢等有毒气体，所以在电缆室或其他通风不良的场所灭火时，应戴好呼吸器，以防中毒，高压电缆灭火还应穿绝缘靴。

(4) 蓄电池室发生火灾时，应立即对蓄电池组停止充电，使用二氧化碳、“1211”灭火机进行灭火。如蓄电池室的通风装置电机短路引起失火时，应切断该装置电源，采用灭火机灭火。

(5) 控制室、保护室发生火情，应立即查明起火原因，切断有关交流电源，尽量保证运行中设备的安全，采用“1211”灭火器灭火。

第四章

电气设备事故处理

第一节　事故处理的原则与规定

一、事故处理的原则

（1）在事故处理中，各级当值调度员是事故处理的指挥者，变电站站长、值班负责人是事故处理现场的领导者，所有当值运行人员是事故处理的执行者，他们均应对事故处理的正确性、迅速性负责。

（2）在事故处理中，调度员和运行人员应紧密配合，必须做到：

1）迅速限制事故的发展，消除事故的根源，解除对人身和设备安全的威胁。

2）限制停电范围的扩大，用一切可能的方法保持设备继续运行，以保证对用户的正常供电。

3）尽快对已停电的用户恢复供电，对重要用户应优先恢复供电。

4）调整系统的运行方式，使其恢复正常。

（3）在事故处理中，若故障设备为有调管辖的设备，值班人员应首先向省调汇报，并及时向县、市调汇报，以便及时处理。

（4）事故处理中，不得进行交接班，接班人员可在站长或当值值长的指挥下协助处理，待事故处理告一段落，征得有关调度同意才可交接班。

（5）变电值班人员必须认真严肃执行调度命令，在进行事故处理时不受其他任何人的干扰，并对运行操作负责。值班人员发现调度员命令和指挥有错误，有权向调度提出纠正意见，当值调度员坚持原命令时，值班人员应立即执行，但在事后应向上级行政领导报告。若调度命令有威胁人身或设备安全时，应拒绝执行，并报告上级领导。

二、事故处理的规定

（1）当发生下列情况之一，值班员可自行操作，处理完毕后及时汇报有关调度：

1）威胁人身和设备安全的紧急情况，变电值班人员可自行采取应急措施，以至断开有关电源，解除对人身和设备安全的威胁。

2）对将已损坏的设备隔离。

3）恢复站用电，及直流充电设备的操作。

4）确认母线电压消失，拉开故障母线上所有断路器（需保留的电源开关应由有关调度部门明确规定或现场规定）。

（2）发生事故时，值班人员应坚守岗位，正确执行当值调度命令，处理事故。此时，除有关领导和专业人员外，其他人员均不得进入控制室和事故地点。事前进入的人员均应迅速离开，便于处理事故。

（3）发生事故时，值班人员应迅速向有关当值调度准确、简要汇报事故发生的时间、现象、设备名称、编号、跳闸断路器、继电保护和自动装置重合闸动作情况以及周波、电压、潮流变化等，听候处理。

（4）变电值班人员在进行事故处理时，各装置的动作信号不要急于复归，以便核查以及做出正确分析处理。

（5）事故处理时，必须严格执行发令、复诵、监护、汇报、录音和记录制度，汇报内容应使用调度术语与操作术语。

（6）对于事故处理的倒闸操作不需要填写倒闸操作票。对于故障设备事故抢修的工作和处理停送电操作过程中的设备异常情况的工作可不填写工作票，但必须经调度许可，填写安全措施票做好安全措施后，方可允许开工。

三、事故处理的一般要求

1. 头脑冷静，沉着应对

处理事故时应头脑冷静，沉着果断，切忌惊慌失措，应在当值值班负责人的统一指挥下进行。必要时，可要求非当值值班人员协助进行。

2. 快速反应，熟练处理

事故情况下，应能迅速、正确地查明情况，判断事故的性质。快速、熟练的处理在很多情况下可以减少事故停电时间，降低事故损失程度。

3. 事故信息，准确全面

事故情况下，现场值班人员全面、详尽的事故信息，客观、准确的情况描述，对于电网调度和有关领导的事故处理决策与指挥是十分重要的。

4. 保障通信，密切联系

在事故处理过程中，变电站值班人员必须想尽一切办法保持与调度及上级有关部门的联系，迅速、正确地执行它们的指令和有关指示。

5. 严格执章，安全第一

无论事故多么严重，情况多么紧迫，在处理过程中都必须遵守《电力（业）安全工作规程》和其他保证安全的规章制度，保证人身安全。操作要有严格监护，抢修要有安全措施。

四、事故处理的一般程序

1. 事故汇报

变电站的电气设备一旦发生事故后，值班人员应立即向调度汇报。汇报内容应正确全面，简明扼要。然后对事故设备及其保护动作情况进行全面检查，再作必要的补充汇报。事故汇报主要有以下一些内容：

（1）事故发生的时间，保护动作情况，断路器跳闸情况，表计变化情况，信号异常现象，事故初步影响及异常情况。

（2）一、二次设备事故后的状态及健康状况。

（3）事故记录仪所测到的故障量，包括故障相、故障时的电流、电压情况、序分量情况、重合闸情况和故障测距所测到的故障点情况。

（4）将事故情况和处理结果向各级领导汇报，并通知检修人员前来抢修。

2. 事故检查

变电站电气设备发生事故后，值班人员应迅速对事故进行检查：

(1) 记录、收集、掌握与事故有关的尽可能齐全的各种信息，为电网调度员及有关领导进行事故处理决策以及为事后的事故分析提供准确、可靠的现场第一手资料。

(2) 检查、记录仪表指示情况。

(3) 检查、记录继电保护及自动装置动作情况、继电器掉牌情况。

(4) 检查、判读站内自动化、故障探测器的打印内容和故障录波器输出的波形。

(5) 记录重合闸计数器、断路器动作计数器数值。

(6) 组织对跳闸或故障设备进行巡视和外部检查。

(7) 组织对因事故而引起过负荷、超温等异常的其他设备进行检查和监视。

(8) 严密监视非事故设备的运行情况，确保它们正常运行，尽力限制、消除事故对它们的影响。

(9) 为检修部门进行抢修创造条件和提供必要的信息。

3. 事故处理措施

(1) 迅速、准确地执行电网调度员实施事故处理指挥的各项指令，在通信失灵的特殊情况下按现场规程规定独立地进行以限制事故范围、隔离故障设备为目的的事故处理操作。

(2) 如果对人身和设备有威胁时，应立即设法解除威胁，在必要时可停止设备运行，并努力保持无故障设备的正常工作。

(3) 按照调度命令和现场运行规程对故障线路或设备进行强送，试送或将故障设备，线路从系统中隔离。

(4) 根据表计、信号指示、保护掉牌及故障录波器的动作情况，正确判断事故的性质。如果事故对人身和设备安全有严重威胁时，应立即解除这种威胁，迅速切除故障点。

(5) 优先考虑恢复站用电和运行中的主变压器强油风冷电源、通信电源，力求保持和尽快恢复重要用户的正常供电。

(6) 检查故障设备，判明故障点及其严重程度后，将故障设备停电，进行详细检查并汇报有关部门。对无故障象征，属于保护装置误动作或限时后备保护越级动作而跳闸的设备，可进行试送电。

(7) 恢复停电设备和各用户的供电或启用备用设备，尽快将系统方式恢复到异常、事故前的稳定状态。

(8) 按当值有关调度命令，调整未直接受到损害的系统及设备的运行方式，保持其正常工作状况，尽力保证主网的安全。

(9) 调整系统运行方式，尽量缩小故障范围，必要时应设法在未受到事故损害的设备上增加重要负荷。

(10) 调整系统的运行方式，使其恢复正常。

(11) 对有关设备系统进行全面检查，详细记录事故的发生现象及处理过程，必要时召开运行分析会吸取教训。

4. 事故处理报告

事故处理完后，运行人员必须将事故处理的全过程进行汇总，编写出详细的现场事故报告，并快速传递上级调度或有关部门，以便专业人员对事故进行分析。

现场事故报告应包括以下内容：

(1) 事故现象，包括发生事故的时间、中央信号、当时的负荷情况等。

(2) 断路器跳闸情况。

(3) 保护及自动装置的动作情况。

(4) 事件打印情况。

(5) 现场检查情况。

(6) 事故的初步分析。

(7) 事故的处理过程，包括操作、安全措施等。

(8) 故障录波图、事件打印、微机保护报告等。

将上述汇总资料打印成书面资料，汇总资料要完整、准确、明了、整洁。

第二节 电力系统事故处理

一、电压过低或过高的处理

系统中枢点电压超过规定的电压曲线数值±5%时，且延续时间超过1h为构成障碍，超过2h算作事故；若超过电压曲线规定值的±10%，并且延续时间超过30min也为构成障碍，超过1h也算作事故。电压事故处理由省调负责。

1. 中枢点电压过低事故处理

(1) 令与低电压中枢点相邻的发电厂和装有调相机的变电站增加无功出力。

(2) 变电站投入电容器无功补偿。

(3) 调节变压器分接开关。

(4) 拉限电压低又超用电的地区负荷。

(5) 拉限设备过载的供电区的负荷。

(6) 按事故拉闸顺序拉闸限电。

2. 中枢点电压过高事故处理

(1) 令与高电压中枢点相邻近的发电厂和装有调相机的变电站降低发电机和调相机的励磁电流，即降低发电机和调相机的无功出力至最低，调相机可以改为进相运行（吸收感性无功功率）。

(2) 令与高电压中枢点相邻近的发电厂带轻负荷的部分机组停机。

(3) 调节变压器分接开关。

(4) 变电站退出电容器无功补偿装置。

二、系统振荡事故处理

系统振荡事故是指系统因某处或多处发生严重故障，造成系统失去稳定（振荡）甚至解列为几个独立电网而形成的事故，这是一种电力系统最为严重的事态。变电站值班人员必须竭尽全力协助电网调度人员进行处理，最大限度地限制其发展和影响。

1. 系统振荡事故现象

(1) 系统发生振荡时，变电站的各种电气量指示仪表的指示会出现不同程度的周期性摆动，变压器、线路以及母线的电压、电流、功率表有节拍地剧烈摆动。

(2) 系统振荡中心的电压摆动最大，并有周期地降至零。

（3）变压器内部发出周期性声响。

2. 系统振荡事故的原因

（1）电力系统静态稳定或动态稳定的破坏。

（2）两电源之间非同步合闸未能拖入同步，发电机失去励磁等。

（3）系统内部发生短路、大容量发电机跳闸，或切除大负荷线路等。

3. 系统振荡事故处理

系统发生振荡时，变电站值班人员应将有关情况与现象迅速向调度报告，同时密切监视各种电气量指示的变化，随时准备执行调度下达的各项指令。

（1）拉停某些线路甚至主变压器。

（2）投切无功补偿装置，调整或保持系统电压。

（3）通过同期装置进行系统并列操作。

（4）根据调度命令按事故拉闸顺序限负荷。

（5）执行调度命令进行系统并解列操作。

（6）在通信失灵的极端情况下，值班人员如发现线路有电，且符合并列条件时可不必等待调度命令，迅速利用同期装置进行并列操作。

（7）降低送端发电有功出力，提高受端系统发电有功出力，直到最大。必要时，应切除部分负荷并将电压提高，使送端、受端两部分的频率趋于一致。

（8）系统振荡时，不论是送端还是受端系统，各发电厂和装有调相机的变电站，应立即将无功出力调至最大。

（9）环状网络，由于设备跳闸开环引起振荡，可以迅速试送跳闸设备消除振荡。

（10）人工再同步。采取人工再同步措施后，经 3～4min 系统振荡仍未消失，不能拖入同步，应经调度部门同意将解列点断路器断开，系统解列。经过运行、负荷和发电出力的调整，系统各部分频率相等后，再恢复并列。注意解列后的各系统应尽量使电源出力与负荷保持平衡。

4. 系统振荡事故处理时的注意事项

当系统振荡时，变电站的值班人员应在自己所在的变电站范围内，执行自己的任务。

（1）执行调度命令，调整负荷。或根据调度命令，按事故拉闸顺序限负荷。

（2）不待调度命令，投入电容器组。调整调相机和静止补偿器的无功出力，直至最大。

（3）执行调度命令，进行系统同步的并、解列操作。

（4）事故时，监视设备的运行情况。

三、系统内部过电压的处理

1. 系统过电压运行的现象

电力系统内部过电压会导致系统三相电压不平衡。三相电压不平衡一般表现在母线或中央信号控制屏电压表某两相或三相电压升高。根据相电压不平衡的幅度可判断电网是否有单相接地或馈线部分单相断线以及测量监视点、电压互感器二次回路断线等故障。

2. 系统过电压的原因

（1）操作过电压。切除空载变压器或空载线路时，均会产生操作过电压。

（2）弧光接地过电压。在中性点不接地系统中，发生单相弧光接地时，会引起过电压。

（3）谐振过电压。在变电站中，如变压器、电磁式电压互感器、消弧线圈等电气设备，与系统的电容元件组成许多复杂的振荡回路，当满足一定条件时，就可激发铁磁谐振过电压。

3. 系统过电压事故的处理

（1）操作过电压。操作过电压可采取带有并联电阻的高压断路器或配备母线及变压器的低残压磁吹断路器、氧化锌避雷器加以限制，避免同时操作两台及以上处于同母线的馈线断路器。

（2）弧光接地过电压。消除弧光接地过电压的有效措施是将电网的中性点直接接地。此时，单相接地能产生大的短路电流，使断路器迅速动作跳闸，切除故障，并随时重合，恢复正常供电。目前110～220kV系统均采用了直接接地方式，而66kV及以下系统，应采取经消弧线圈接地方式。

4. 谐振过电压

（1）馈线断路器不对称断开时，当在高电压长线路末端接有中性点不接地的空载或轻载变压器时，会产生铁磁谐振过电压，如是基波振荡，则表现为幅值很高的电压不平衡。因此，对馈线高压断路器，应严格要求其动作的周期性能，把好检修质量关，并要求在热备用馈线电源侧高压断路器线路端加设阀型避雷器。

（2）110kV及220kV系统空母线充电，当断路器断口装有电容时，电磁式电压互感器各相电抗与网络的对地电容组成独立的振荡回路，可能产生两相电压升高，一相电压降低或相反的相电压的不平衡，因此应避免用带均压电容的断路器空充单一母线，且应带一条长线路一起充电，或采用电容式电压互感器。

（3）在66kV及以下中性点不接地系统中，由于电压互感器的励磁特性不好，铁芯过饱和以及母线上接有空载架空线路或电缆线路，断路器特性不好，出现合闸不同期等，均会激发铁磁谐振。轻则母线电压升高，重则发生母线电压互感器或避雷器绝缘击穿甚至爆炸，发展成母线接地故障等，针对上述情况可采取以下防止措施：

1）选用励磁特性较好的电磁式电压互感器，即降低电压互感器铁芯的设计磁通密度，改善其励磁特性。

2）通过调整运行方式，改变操作程序，避开谐振区域。

3）在电压互感器开口三角形绕组接入适当的阻尼电阻，如白炽灯、消谐器。

4）对于66kV及以下中性点不接地系统，如出现母线电压互感器的高低压熔断器熔丝熔断故障，会出现母线电压表指示为零，但健全相电压不会升高。运行人员应在当值调度指挥下，迅速处理。

四、系统低频运行及处理

电力系统的频率标准定为50Hz，其偏差不得超过±0.2Hz。

1. 低频运行的危害

系统低频运行严重影响对用户的供电质量，造成交流电动机的转速下降，使诸多工业部门产品质量降低等。低频运行对电力系统本身的危害更为严重，它会引起发电机内电势和端电压的下降，同时减少系统无功设备的出力。若频率不能迅速恢复，系统将失去稳定运行，甚至瓦解。

2. 低频运行的处理

(1) 当系统频率下降至49.8Hz时，值班人员应按调度命令，根据负荷种类按顺序切除部分负荷。应注意，系统频率偏差超出(50±0.2)Hz延续时间1h以上或系统频率偏差超出(50±1Hz)，延续时间15min以上，算作系统事故。

(2) 当系统频率低至规定值(按频率自动减负荷装置的整定轮次)时，值班人员应检查按频率自动减负荷装置的动作情况。当该装置在整定频率下没动作时，应立即手动切断送电线路。

(3) 按频率自动减负荷装置动作后，值班人员应及时记录切除馈线负荷的时间及频率变化数值，并复归断路器"KK"把手及信号等。

(4) 对于因按频率自动减负荷和事故切除的馈线断路器，不得自行恢复送电。

(5) 应确保按频率自动减负荷装置处于良好状态，未经调度许可，不得任意拆迁或停电。

五、系统不对称运行及处理

1. 220kV系统高压断路器非全相运行

当220kV系统出现单相永久性故障，断路器一相跳闸，单相重合闸动作不成功，且健全相未动作跳闸时，值班人员应立即手动分闸，并记录事故状态，汇报调度，做停电检查处理。

2. 110kV系统高压断路器非全相运行

当110kV系统出现单相永久性故障，断路器跳闸且重合闸动作不成功，若通过屏表看出断路器仍有电流，则可能断路器未三相跳开。其原因可能是断路器连杆或未跳相机械部分故障，此刻保护会越级跳主变压器侧断路器或母线保护动作跳闸切除故障。

第三节 单相接地事故处理

电力系统按中性点接地方式的不同，分为中性点直接接地系统、中性点不接地系统、中性点经消弧线圈接地系统三种。中性点直接接地系统称为大接地电流系统，中性点不接地和经消弧线圈接地的系统称为小接地电流系统。对小接地电流系统来说，单相接地运行时间不得超过2h，因此发生单相接地后，应加强监视，及时汇报和处理。

一、单相接地事故危害

(1) 由于非故障相对地电压升高(全接地时升至线电压值)，系统中的绝缘薄弱点可能击穿，造成短路故障。

(2) 故障点产生电弧，会烧坏设备，并可能发展成相间短路故障。

(3) 故障点产生间歇性电弧时，在一定条件下，产生串联谐振过电压，其值可达相电压的2.5～3倍，对系统绝缘危害很大。

二、单相接地事故现象

(1) 警铃响，"母线接地"光字牌亮。

(2) 接地相电压下降，其他二相电压升高，当为稳定性接地时，电压表指示无摆动；若指示不停地摆动，则为间歇性接地。

(3) 装有消弧线圈的变电站，消弧线圈的电压表(中性点位移电压表)将有指示，且

“消弧线圈动作”光字牌亮。

三、单相接地事故判断

1. 单相接地与电压互感器高压侧熔断器一相熔断的区别

在电力系统中，发生单相接地，或电压互感器高压侧熔断器一相熔断时，都可能发出“接地信号”，并且绝缘监测电压表的指示都有变化，往往容易造成值班人员的误判断，但只要切换各相，测量线电压，进行仔细对比分析，就能区别出来。如 W 相故障时，单相接地与一相熔断的现象特征比较见表 4-1。

表 4-1　　单相接地与一相熔断的现象特征比较

故障性质	相别					
	U（对地）	V（对地）	W（对地）	线电压		
				UV	VW	WU
W 相接地（一相接地时）	线电压 U_{UW}	线电压 U_{VW}	零	正常 U_{UV}	正常 U_{VW}	正常 U_{WU}
电压互感器 W 相高压熔丝熔断（一相断开时）	接近相电压	接近相电压	降低很多	正常 U_{UV}	降低 U_{VW}	降低 U_{WU}

2. 单相接地与铁磁谐振的区别

在电力系统中，当发生单相接地时，或一相断开，或产生铁磁谐振过电压时，均会发出“单相接地”信号。单相接地与铁磁谐振的现象特征比较见表 4-2。值班人员应根据其电压特征进行事故处理。

表 4-2　　单相接地与铁磁谐振的现象特征比较

故障性质	电压特征（现象特征的区别）
单相金属性接地	接地故障相电压为零；非故障相电压上升为线电压
单相非金属性（或经电弧）接地	接地一相电压低，但不为零；两正常相电压高，但低于线电压
基波谐振	一相电压低，但不为零，两相电压高，超过线电压，表针碰足（不超过 3 倍相电压）；或两相电压低，但不为零，一相电压高，表针碰足
分频谐振	三相电压依次轮流升高，并超过线电压（不超过二倍相电压）表针碰足；或三相电压表指针在同范围内低频摆动
高次谐振	三相电压同时升高，远超过线电压（可达 4 倍相电压），表计指针碰足（发生机会很少）

操作时若出现“接地信号”，同时有一相、两相或三相的相电压超过线电压，指针碰足，或三相电压轮流升高超过线电压，同时有摆动、均属谐振。这时，值班人员及调度员应及时查找原因，采取措施破坏激发谐振条件，加以消除。

3. 根据消弧线圈的仪表指示进行判断

如线路有接地，变压器中性点将出现位移电压，该电压加在所接消弧线圈上，它的电压表、电流表将有指示。通过检查这些表计，就可以确定系统的接地情况。

4. 根据系统运行方式有无变化进行判断

用变压器对空载母线充电时，断路器三相合闸不同期，三相对地电容不平衡，使中性点位移，三相电压不对称，故报出接地信号。这种情况是系统中有倒运行方式操作时发生的，且是暂时的，当投入一条线路时即可消失。

5. 用验电器进行判断

例如，对系统三相带电导体验电，发现一相不亮，其他两相亮，同时在设备的中性点上验电，验电器也亮（说明有位移电压），则证明系统有单相接地，接地故障发生在验电器验电不亮的那一相上。

四、单相接地事故的处理原则

（1）35kV 系统发生单相接地时，可继续运行 2h。

（2）电力系统发生单相接地时，值班员应记录接地时间、接地相别、零序电压及消弧线圈电压和电流值，应根据监控信号、监测指示、消弧线圈接地选线报告、判断故障相别、接地性质，做好记录向调度部门汇报。

（3）经调度许可进行分割电网及接合线路试验，查找单相接地故障。

1）分割电网，即把电网分成电气上不相连接的几部分。分割电网时要考虑到消弧线圈的补偿范围和分割后电压的大小、功率平衡、电能质量和保护配合等情况。

2）电网分开后，可利用试探接地探索按钮方法进行，当按下探索按钮断开断路器，此时绝缘监察、仪表及信号恢复正常时，即证明断开的这条线路存在接地故障。

3）拉合试验的顺序：

a. 双回路或有其他电源的线路。

b. 分支最多、最长、负荷轻或不重要的线路。

c. 分支较少、较短、负荷较重要的线路。

d. 双母线时，可用倒换备用母线的方法，检查母线系统、双台变压器及其配电装置。

e. 如故障点在断路器与母线倒隔离开关之间，可用备用断路器人工转移故障的方法消除。

4）如接地现象消失，应汇报调度，立即停用故障线路。

（4）如经检查未查明接地线路，则可能是母线接地。应汇报调度，按其命令转移有关负荷后，停用 35kV 故障母线。

（5）若接地发生在主变压器三侧断路器与主变压器之间时，应汇报调度，按其命令转移有关负荷后，停用主变压器。

（6）如有需要，运行人员应检查站内 35kV 系统中的设备有无异常现象，检查时应自身做好安全措施，穿绝缘靴，必要时应戴绝缘手套。进行现场巡视时，如发现明显接地点时，室内不得接近故障点 4m，室外不得接近故障点 8m，并设置安全遮栏。

五、处理单相接地事故时的注意事项

（1）发生接地时，应严密监视电压互感器，尤其是 10kV 三相五柱式电压互感器，以防其发热严重。消弧线圈的顶层油温不得超过 85℃。如发现电压互感器、消弧线圈故障或严重异常，应断开故障线路。

（2）不得用隔离开关断开接地点，如必须用隔离开关断开接地点（如接地点发生在母线隔离开关与断路器之间）时，可给故障相经断路器作一辅助接地，然后再用隔离开关断开接地点。

（3）值班员在选切联络线时，两侧断路器均应切除。在切除之前，应考虑负荷分配。

(4) 利用重合闸试拉线路的，如重合闸未动作，应立即手动合闸送电。

第四节 越级跳闸事故处理

一、越级跳闸的后果及形式

1. 越级跳闸的后果

一次设备发生短路或其他各种故障时，由于断路器拒动、保护拒动或保护整定值不匹配，造成上级断路器跳闸，本级断路器不动作，从而使停电范围扩大，故障的影响扩大，造成更大的经济损失。

2. 越级跳闸的形式

越级跳闸的形式有：线路故障越级、母线故障越级、主变压器故障越级和特殊情况下出现二级越级。

二、越级跳闸主要现象

1. 线路故障越级跳闸的现象

(1) 警铃、喇叭响，中央信号盘发出“掉牌未复归”信号，有断路器跳闸。

(2) 未装设失灵保护或装有失灵保护而保护拒动，由主变压器一侧断路器跳闸（若为双绕组变压器，两侧均跳开）；若为双母线接线形式，母联断路器和变压器断路器跳闸（即主变压器后备保护工段时限跳母联断路器，Ⅱ段时限跳本侧断路器）；通过母线所接电源对侧保护动作跳闸。

(3) 跳闸母线失压，母线上所接回路负荷为0，录波器启动。

2. 母线故障越级跳闸的现象

(1) 警铃、喇叭响，有断路器动作跳闸，中央信号盘发出“掉牌未复归”信号。

(2) 母线未动作或未装设母线保护（如10kV母线），接于故障母线的主变压器后备启动跳本侧断路器；若为双母线接线方式，主变压器后备保护先跳母联断路器，再跳主变压器一侧断路器，故障母线上所接电源线由电源对侧保护动作切除。

3. 主变压器越级跳闸的现象

变电站全站停电，各母线、各馈线负荷为零，故障录波器动作，变电站电源对侧断路器跳闸。

三、越级跳闸的可能原因

(1) 保护出口断路器拒跳。如断路器电气回路故障、机械故障、分闸线圈烧损、直流两点接地、断路器辅助触点不通、液压机构压力闭锁等原因引起断路器拒跳。

(2) 保护拒动。如有交流电压回路故障、直流回路故障及保护装置内部故障等原因引起保护拒动。

(3) 保护定值不匹配。如上级保护整定值小或整定时小于本保护等引起保护动作不正常。

(4) 断路器控制熔断器熔断，保护电源熔断器熔断。

四、越级跳闸的处理

1. 线路故障越级跳闸的处理

(1) 复归音响，查看并记录光字信号、表计、断路器指示灯、保护动作信号。

（2）查找断路器拒动的原因，重点检查拒跳断路器油色、油位是否正常，有无喷油现象，拒跳断路器至线路出口设备有无故障。经站领导批准后，拉开拒动断路器两侧隔离开关。

（3）将事故现象和检查结果汇报调度，根据调度令送出跳闸母线和其他非故障线路。若调度许可，可用旁路代拒动断路器给线路试送电一次。

（4）可依次对故障线路的控制回路，如直流熔断器、端子、直流母线电压、断路器辅助触点、跳闸线圈、断路器机构及外观等进行外部检查，查找越级跳闸原因，若能查出故障，迅速排除，恢复送电；若不能排除，将事故汇报上级及有关部门，组织专业人员对断路器越级故障进行检查处理。

2. 主变压器或母线故障越级跳闸的处理

（1）复归音响，查看并记录光字信号、表计、断路器指示灯、保护动作信号。

（2）查找断路器拒动的原因，重点检查拒跳断路器油色、油位是否正常，有无喷油现象，拒跳断路器至线路出口设备有无故障。经站领导批准后，拉开拒动断路器两侧隔离开关。

（3）若有保护动作，根据保护动作情况判断哪条母线哪台变压器故障造成越级，并对相应母线或主变压器一次设备进行仔细检查；若无保护动作信号，则应对所有母线和主变压器进行全面检查，判明故障的可能范围和原因。将失压母线上断路器全部断开，将故障母线或主变压器三侧断路器和隔离开关拉开，并将上述情况汇报调度。

（4）根据调度命令逐步恢复无故障设备的运行，并将故障母线或主变压器所带负荷转移至正常设备供电，联系有关部门对故障设备检修处理。

第五节 线路事故处理

一、线路事故处理的一般原则

（1）当高压断路器事故跳闸后，运行人员应检查断路器保护的动作情况，判断事故性质，做好记录并向调度汇报。

（2）复归跳闸断路器的信号，对跳闸断路器进行全面外观检查，包括瓷件完整情况、SF_6 气体压力、液压机构油压是否正常、断路器接线有无短路、传动机构是否正常以及相邻设备是否正常等。

（3）对 110kV 及以下馈线断路器，在外观检查无异常且未发现明显故障点及重合闸已投入而未动作时，不待调度命令，可手动试送电一次（不含联络线）。如重合闸装置因按频率自动减负荷装置、母线保护动作而没动作或重合闸装置动作不成功者，不允许试送电。

（4）凡经调度命令退出重合闸的馈线，不得试送电。

（5）馈电线路跳闸后，不论其重合闸或强送电是否成功，运行人员均应对断路器及其相关设备进行详细检查，并将断路器跳闸和检查情况及时汇报当值调度，听候处理。断路器遮断容量不足时，应向当值调度申请，退出重合闸连接线。

（6）对于永久性故障线路，应进行停电检查，对馈线的有关塔杆及线路绝缘检测合格，消除故障后方可送电。

二、线路事故处理的规定

（1）线路事故跳闸后，是否允许强送或强送成功后是否需要停用重合闸，变电站值班人员根据现场规定，向有关调度提出要求。

（2）线路事故跳闸后（包括故障跳闸，重合不成功），一般允许强送电一次。在强送电之前应注意：

1）强送端的正确选择，使系统稳定不致遭到破坏。在强送前，要检查有关主干线路的输送功率在规定的限额之内。必要时应降低有关主干线路的输送功率或采取提高系统稳定度的措施，有关省（市）调应积极配合。

2）现场值班人员必须对故障跳闸线路的有关回路（包括断路器、隔离开关、电流互感器、电压互感器、耦合电容器、阻波器、高压电抗器、继电保护等设备）进行外部检查，并将检查情况汇报调度。

3）强送端变压器中性点必须接地，强送电的断路器必须完好，且具有完备的继电保护。

4）强送前强送端电压控制和强送后首端、末端及沿线电压应做好估算，避免引起过电压。

（3）断路器允许切除故障的次数应在现场规程中规定。断路器实际切除故障的次数，现场应做好记录。

（4）线路一侧断路器跳闸后，有同期装置且符合合环条件，则现场值班人员可不必等待调度命令，迅速用同期并列方式进行合环。如无法迅速合环时，值班调度员可命令拉开另一侧线路断路器。

（5）联络线跳闸后，在强送时应确保不会造成非同期合闸。

三、线路事故处理注意事项

1．判明故障的类型与性质

线路故障的类型与性质是电网值班调度员进行事故处理决策的重要依据，变电站值班人员应在故障发生后的最短时间内从大量的事故信息中过滤、筛选出能为故障判断提供支持的关键信息，这些关键信息主要有故障线路主保护的动作信号、启动信号、出口信号及屏幕显示、录波图等。后备保护信号及相邻线路，元件的信号仅能提供旁证和佐证，在故障发生后的第一时间内甚至可以不予理会。向调度报告时，应清楚地提出对故障的判断和相关的关键证据。

2．掌握故障测距信息

准确的故障测距信息能帮助巡线人员在最短的时间内查到故障点加以排除，使故障线路迅速恢复供电，是事故处理中最重要的信息之一。值班人员应力争在线路跳闸后的第一时间内获得这一信息，迅速提供给值班调度员。

3．查明站内线路设备有无损坏

由于电网的不断扩大，线路故障时的短路容量增大，强大的短路电流有可能使线路设备损坏或引发异常，甚至有可能故障就在变电站内。因此，线路跳闸后，值班人员应对故障线路有关回路及设备（包括断路器、隔离开关、电流互感器、电压互感器、耦合电容器、阻波器、避雷器等）进行详尽而细致的外部检查，并将检查结果迅速报告有关调度。

4．确认强送条件是否具备

强送是基于故障点或故障原因有可能在故障存续期间的热效应或机械效应作用下自行消

除的考虑而采取的试探性送电，它常常是以线路设备再承受一次冲击为代价的，特别要求承担强送的断路器具备良好的技术状态，能在强送于故障时可靠跳闸，以免扩大事故，因此要求变电站值班人员必须确认用以强送线路的断路器符合以下条件：

（1）断路器本身回路完好，操作机构工作正常，气压或液压在额定值。

（2）断路器故障跳闸次数在允许范围内。

（3）继电保护完好。

另外，为提高强送的成功率，故障与强送之间应有一定的时间间隔，以利于故障点的绝缘恢复。

5. 重视故障录波图的判读

故障录波图能完整、准确地记录和显示故障形成、发展和切除的波形与过程，是事故处理与分析的重要信息资源。但由于故障录波器一般都比较灵敏，其记录的大量一般的系统波动信息往往把事故的重要信息淹没其中，查找、调阅与事故有关的报告，对于一般的值班人员来说并非易事，有的故障录波器其信息靠打印输出，与事故有关的报告夹杂在大量一般的报告中按时间排序慢慢地打印出来往往需要很长时间，因此，许多变电站值班人员还是习惯于通过中央信号和保护信号进行事故判断和处理，故障录波图这一宝贵的信息资源在事故处理中还未得到普遍和充分地利用。

四、110kV 及以下线路断路器跳闸处理

（1）线路断路器跳闸后，不论重合闸动作与否，值班员不得对故障线路进行试送或强送。必须立即汇报有关当值调度，由有关调度员决定是否强送或试送。

（2）线路事故跳闸，重合成功后，值班员仍应对出线站内设备进行巡视，将保护动作情况、巡查结果等汇报有关当值调度员。

（3）因断路器故障跳闸次数达到规定者而停用重合闸的断路器，因线路故障跳闸不得试送，如紧急需要，须经供电公司主工程师同意后才能试送；当线路断路器跳闸重合闸失灵，断路器未重合，可停用重合闸，征得调度同意后可强送一次。

（4）出线故障，对有源线路原则上由对侧送电查找故障线路，馈线由本侧送电查找故障线路。

（5）出线故障，用旁路断路器代出线断路器送电查找故障线路。

五、220kV 线路断路器跳闸处理

（1）对于具有重合闸装置的单侧电源线路断路器跳闸后，因自动重合闸失灵或重合闸未投入，可以不经检查断路器外部，在 3min 内值班人员可自行立即强送一次。然后汇报调度，根据现场规定处理。但下列情况不得自行强送电：

1）装有自发电或有并网的企业（厂、站），因线路断路器跳闸后，仍可能带有电压时，为防止非同期合闸使事故扩大，未经调度许可不得强送。

2）220kV 线路相间故障（此时重合闸不会起动）未经调度同意不得强送。

3）220kV 线路环网运行，重合闸未动作造成两相或三相跳闸，未经网调（或省调）同意不得强送，以防止系统发生非同期并列事故，扩大为系统性的振荡或电网瓦解事故。

4）因带电作业或其他原因，调度事前申明该断路器跳闸后不得强送。

5）具有重合闸装置的线路重合不成功跳闸时，如调度要求强送，应将重合闸停用，并查断路器外部是否正常，于 3min 后才允许再次合闸。

6）低频减载装置动作致使断路器跳闸，不得强送，应得到调度同意后才能送电。

以上情况若强送不成功，或自动重合闸重合后断路器复跳，则应检查继电保护动作情况及一次设备有无问题，并汇报调度员，根据命令进一步处理。

（2）220kV 线路若发生一相断路器误跳闸，造成两相运行时的处理事故现象为：断路器发生单相误跳，继电保护回路基本不动作，但可能继电保护有异常信号产生；控制屏电流表、有功表、无功表等有摆动，事故喇叭响；误跳闸（相）绿灯闪光，“三相位置不一致”光字牌亮。

对于属于下列情况的处理，值班人员可自行强送一次，然后汇报调度：

1）如直流接地或工作人员误碰等原因造成，值班人员立即用 SA 转换开关合上误跳断路器。

2）如果线路作终端方式运行时，确定非故障跳闸，可立即用 SA 转换开关合上该线路断路器。

（3）若馈电线路发生事故跳闸，当通信中断时，值班人员检查重合闸未动作或重合不成功，可自行立即强送一次，如强送不成将断路器转冷备用，事后应详细报告调度，听候处理。

（4）220kV 环网线路若发生两相断路器跳闸，按以下情况分别处理：

1）线路环网运行时，应立即拉开另一相的运行断路器，然后汇报调度，并确定是否恢复送电。

2）220kV 母联断路器运行中，若发生两相或三相断路器跳闸时，应首先拉开母联断路器然后经网调同意，确知不会发生非同期并列，才准重新合上母联断路器（指双母线并列方式运行时）。

（5）220kV 馈电线路跳闸事故现象及处理。

1）事故现象。220kV 线路发生故障，一般是单相短路较为普遍，若切除较慢也可能发展为相间短路，此时变电站内的反映为事故喇叭响、预告信号动作、线路控制屏电流为零、绿灯闪光、掉闸未复归、光字牌亮、继电保护盘上零序、接地距离、相间距离保护及重合闸起动动作，以及有光字显示等。

2）事故处理方法如下：

a. 事故发生后，值班人员首先要查清哪一级保护动作，致使断路器跳闸。同时，重合闸动作情况（如只有起动信号，没有合闸信号）也应准确地区别开来。

b. 复归有关信号，并检查断路器是否已在断开位置且无其他不正常情况。

c. 馈线故障跳闸时，如重合闸未投，应向调度汇报听候处理；如重合闸未动作，应立即强送一次；若合闸后重复跳闸，或重合闸已重合而重复跳闸的，不再强送。以上均应立即向调度准确报告。

（6）220kV 联络线、环网线（包括双回路）事故跳闸的处理方法如下：

1）投单相重合闸的断路器单跳、单重成功，值班人员应立即报告省调当值调度。

2）投单相重合闸的断路器，当单重未动作或单重不成功而三相跳闸时，值班人员应立即将事故情况报告省调当值调度，待令处理。由省调选择某一电源端强送成功，让线路对侧并列或合环。

（7）线路断路器跳闸后不要急于复归断路器手柄，其中装有无电压鉴定的线路的控制开关复归应经调度许可，以免重合动作过程中被手动解除，造成线路失电事故。

(8) 线路断路器跳闸后，应注意跳闸次数，如已达停用重合闸次数时，应要求调度停用。

第六节 全站失电事故处理

一、全站失电的主要原因

(1) 单电源进线的变电站，电源进线故障，线路对侧跳闸。本站设备故障，电源进线对侧跳闸。

(2) 本站系统高压侧母线及其分路故障，越级跳闸。

(3) 系统发生事故，造成全站失电。

二、单电源变电站全站失电事故处理

(1) 全面检查保护动作情况、所报信号、仪表指示、断路器跳闸情况。

(2) 断开电容器组断路器，断开所有保护动作信号掉的分路断路器。

(3) 检查各母线及连接设备和主变压器有无故障，检查电源进线和备用设备。

(4) 检查站内设备，未发现任何异常，无保护动作信号。属于电源进线对侧断路器，因线路发生事故跳闸，电源中断，应断开失压的电源进线断路器，迅速投入备用电源，若其负荷能力具备条件，可以带全部负荷。否则只能带部分重要的负荷和站用电，原电源进线来电后，恢复正常运行方式。

(5) 如果检查站内高压侧母线有故障，且故障无法隔离或消除，分路中无保护动作信号，中低压侧有备用电源，对变电站全部或部分电气设备供电。

(6) 如果检查站内设备有故障，故障点可隔离或排除，各分路中无分路保护无动作信号，应迅速隔离或排除故障。

(7) 如果检查所内设备无异常，但分路中（高压侧）有保护掉牌，属分路故障，越级使电源进线对侧（电源侧）跳闸。应断开有保护信号掉牌的分路断路器。

三、两个及以上电源变电站全站失电事故处理

(1) 全面检查站内所有设备。

(2) 断开电容器组断路器、有保护动作信号的断路器、联络线断路器。各段母线上，只保留一个电源进线，其余电源均断开。调整直流母线电压正常。

(3) 检查站内设备上有无电压。

(4) 如果检查站内设备，未发现故障现象，可能是系统发生事故。断开所有保护动作信号的断路器。断开各侧母线分段（母联）断路器，使主变压器分别连接于不同的母线上，互不并列，分网成几个互不联系的部分。各部分保留一台站用变压器或电压互感器，监视来电。

1) 某一电源先来电，先恢复该部分的供电及站用电。根据负荷能力，尽可能恢复其他部分供电。为防止其他电源来电时造成非同期并列，应先断开可恢复供电部分中没有来电的电源进线断路器。

2) 其他电源来电，及时恢复并列。全部电源来电，恢复运行方式，恢复对全部用户的供电。

3) 汇报上级，分析事故原因。

(5) 检查站内设备，发现故障，故障点可以隔离或在允许时间内排除。应立即隔离或排

除故障。使电压互感器停电，应注意在恢复送电时，防止保护失去交流电压。然后断开各侧母线分段断路器，使主变压器各连接于不同的母线上，互不并列，分网成几个互不相联系的部分，在每一部分保留一台所用变或电压互感器，监视来电与否。

（6）检查站内设备，发现故障，故障点不能与母线隔离，也无法排除。应断开故障母线上所有断路器，无故障各侧母线分段断路器，分网成几个不相联系的部分。

四、全站失电后的处理要求

（1）当系统故障造成全所失电时，运行人员应将仪表指示、信号、掉牌、继电保护、自动装置的动作情况向调度及有关部门汇报，并根据调度令进行如下操作：

1）拉开各条母线上所有断路器，电压互感器可保持运行状态。

2）将主变压器及消弧线圈转为冷备用。

3）根据调度令投入一条电源线路。

4）等电源侧线路充电成功后，逐级恢复正常运行方式。

（2）发生全所失电时除按照上述方法处理外，尚应注意以下几点：

1）监视蓄电池及直流母线电压正常运行，停用不必要的直流负荷，确保蓄电池可靠运行。待交流恢复后，应对蓄电池进行均充电。

2）尽快恢复站用电的供电。

3）力求保证通信电源正常。当通信中断时，运行人员应自行合上一路电源侧断路器等待受电。

第七节　变电站事故处理预案

一、概述

由于输变电事故发生的突然性、成因的复杂性、后果的严重性和处理的紧迫性，往往使变电站值班人员难以真正做到冷静判断、沉着应对和始终采取正确有效的处理步骤和措施，稍有不慎还有可能造成新的问题。因此，深入研究、预想各种事故时可能发生的各种情况及其原因，制订相应的防范措施及处理预案并进行必要的演练，对于提高运行人员应对复杂情况的能力，确保处理的步骤、方法、措施正确、高效，从而保证电网安全，具有重要意义。

事故处理预案一般应包含以下内容：

（1）事故可能的成因和危险因素。

（2）事故的预防措施。

（3）事故的一般现象和主要判据。

（4）事故处理的步骤与方法。

造成事故的许多危险因素是可以预见的，因此，我们可以针对这些危险因素采取必要的反事故措施，遏制或消除这些危险因素，从而避免事故的发生或有效降低其发生概率，即使发生了，我们也可以按照预先编制的预案有条不紊地加以处理。但对于由一些不可预见因素造成的事故，则因无法预先采取有效对应措施，而具有更高的相对概率，一旦发生还会因为无预案可循而大大增加难度。因此，根据事故处理的一般原则和某类事故的共性现象，按事故类型与性质制订几个在大多情况下普遍适用的一般步骤，也是十分必要的。

二、变电站正常运行方式

220kV 正母线：1 号主变压器 2501 断路器、××2K93 电源进线断路器、××2Y39 联络线断路器。

220kV 副母线：××2K94 电源进线断路器、××2Y30 联络线断路器、××4576 联络线断路器。

220kV 母联 2510 断路器运行。

110kV 正母线：1 号主变压器 701 断路器，出线有××线 713、××线 714、××线 715、××线 718 断路器。

110kV 母联 710 断路器运行。

35kV Ⅰ段母线：1 号主变压器 301 断路器，出线有××线 313、××线 312、××线 314 热备用、1 号电容器 319、2 号电容器 329 断路器。

35kV Ⅱ段母线：××线 316、××315 断路器热备用。

35kV 母联断路器运行。

某市 220kV 变电站正常运行方式时，部分电气主接线如图 4-1 所示。

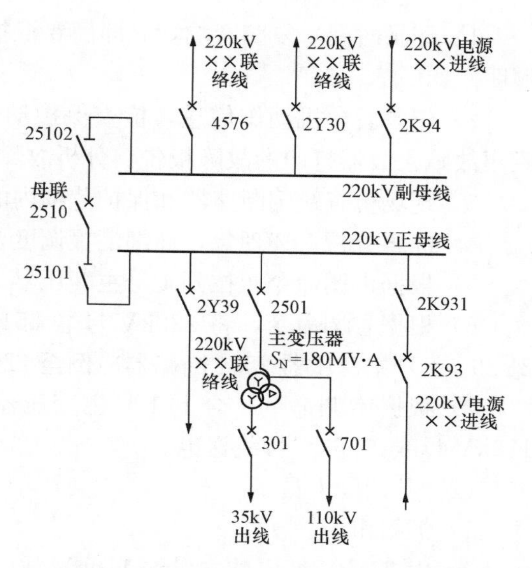

图 4-1 220kV 变电站部分电气主接线

三、220kV 正母线失电预案

1. 事故预想

当 220kV××2K93 断路器与××2K931 隔离开关间发生永久性故障，母差保护动作跳开 2510、2501、2K93、2Y39 断路器，引起 220kV 正母线、1 号主变压器失电及 110kV、35kV 系统全部失电。

2. 防范措施

（1）在日常运行中，值班员要加强对 220kV 保护的巡视，每月对保护进行一次特巡，确证保护装置运行在正常状况。交接班时，对操作过的保护装置要进行认真检查、仔细核对。

（2）值班员要及时发现保护装置的异常和缺陷情况，汇报调度和工区，查明原因，尽快使保护装置恢复正常运行。

（3）值班员要加深对 220kV 保护的熟悉和理解，熟悉 220kV 线路保护动作原理、动作特性和动作结果，一旦发生事故能迅速、准确、全面地分析和处理。

（4）加强对继电保护工作人员的技能培训，杜绝因人员责任发生保护误动、拒动事故。

（5）加强对保护装置的定期校验工作，值班员要严把验收关，对保护装置的压板（插把）、电流端子、盘面信号、继保整定进行认真检查、核对，防止漏停、漏用压板（插把）、误整定等威胁安全的情况发生。每次进行保护定值调整后，要与整定书及调度核对无误后方能投入保护。

3. 事故象征

（1）220kV 正母线电压，110kV、35kV 母线电压，220kV 正母线、1 号主变压器三侧及 110kV、35kV 线路测控装置及后台电流、有功、无功全部无指示。

（2）220kV Ⅰ段母线母差保护动作、220kV 正母线保护和计量电压消失、110kV 保护和计量电压消失、35kV 保护和计量电压消失、故障录波器动作、微机保护呼唤光字牌亮。

（3）喇叭及警铃响，后台机上 2501、2510、2K93、2Y39 断路器跳闸闪光，全站失电。

4. 处理方法

（1）变电站值班人员：

1）记录时间，复归音响，立即简要汇报省调、市调、县调及工区（夜间应先启用事故照明）。

2）记录后台机动作信息，检查保护动作情况，记录信号，有关领导到场核对后复归，收集故障录波器打印的故障报告，分析故障跳闸情况。

3）现场检查跳闸断路器和保护范围内的设备情况，确认故障点。

4）综合分析上述现象，详细汇报调度及工区。

5）根据市调命令，拉开 1 号主变压器 301 及 1 号主变压器 701 断路器。

6）根据省调命令，将 220kV 母联 2510 断路器、××2K93 断路器转冷备用；将××2Y39、1 号主变压器 2501 断路器冷倒至 220kV 副母线运行，使 1 号主变压器受电。

7）根据市调命令，合上 1 号主变压器 701 及 1 号主变压器 301 断路器，分别对本站 110kV 母线、35kV 母线送电。

（2）县调度人员：

1）汇报市调。

2）由 220kV 变电站主供的 110kV 或 35kV 变电站，根据自投装置动作情况，由调度恢复正常运行方式。

四、1 号主变压器跳闸预案

1. 事故预案

1 号主变压器 110kV 侧避雷器爆炸，1 号主变压器差动保护动作，跳 2501、701、301 断路器，引起 110kV、35kV 系统全部失电。

2. 防范措施

（1）所有主设备检修前，值班员要根据检修工作任务和检修时的接线薄弱情况做好事故预想，站内要合理安排好操作、许可、验收人员。

（2）母线及主设备检修时，停止该区域的非检修性质的工作。

（3）值班员在工作进行中应时刻关心工作的进度和安全，不定时地到工作现场检查安全措施和人员执行安措的情况。

（4）保护装置有校验工作，值班员应在保护屏上分别做好安措，将运行设备与检修设备以明显标志隔开，并在许可工作时向工作人员交代清楚。

3. 事故象征

（1）110kV、35kV 母线电压，1 号主变压器三侧及 110kV、35kV 线路电流、有功、无功全部无指示。

（2）后台机上 1 号主变压器差动保护动作、110kV 保护及计量电压消失、35kV 保护及计量电压消失、故障录波器动作、微机保护呼唤光字牌亮。

（3）喇叭及警铃响，后台机上 2501、701、301 断路器跳闸闪光，1 号站用电失电。

4. 处理方法

(1) 变电站值班人员:

1) 记录时间，复归音响，立即简要汇报市调、调度及工区（夜间应先启用事故照明）。

2) 记录后台机动作信息，检查保护动作情况，记录信号，核对后复归，收集故障录波器打印的故障报告，分析故障跳闸情况。

3) 现场检查跳闸断路器和保护范围内的设备情况，确认故障点。

4) 综合分析上述现象，详细汇报调度及工区。

5) 根据市调命令，立即将1号主变压器转为冷备用。

(2) 县调度人员：汇报市调后，进行事故处理，将负荷逐步转移到2号主变压器供电。

五、全站站用电失去预案

1. 事故预案

某变电站站用电交流电源共有两路，1号站用变压器为站内35kV Ⅰ段母线电源，2号站用变压器为35kV××线外接电源，正常运行时由1号站用变压器供380V Ⅰ段母线，2号站用变压器供380V Ⅱ段母线，母联断路器热备用。若35kV Ⅰ段母线、××线同时失电时，就将造成全站站用电失去电源。

2. 防范措施

(1) 尽量不要安排2台站用变压器同时停电，必须同时停电时值班员做好准备。

(2) 站用电电源停电检修时间必须尽量缩短。

(3) 在站用电系统较为薄弱的时候，值班员应做好站用电全失的事故预想。

(4) 站内专职对站用交流系统的各级熔丝、小开关的配置进行检查，避免发生因为熔丝及小开关配置不当而引起的越级熔断或越级跳闸，造成站用电大面积失电。

(5) 一台站用变压器停役时，值班员要加强对另一台站用变压器及其回路的巡视检查，停役站用变压器的来电侧隔离开关操作把手上悬挂“禁止合闸，有人工作”标示牌。

3. 事故象征

(1) 照明电源全部失去。

(2) 主变压器风冷系统交流电源失去、报警。

(3) 所用电失电报警。

4. 处理方法

主变压器是风冷却变压器，必须严格按照现场规程有关冷却器全停的规定执行，严密监视变压器的油温及负荷情况，迅速汇报及时处理。

(1) 立即汇报各级调度及工区。

(2) 迅速到现场检查失电原因，及时将检查情况向调度及工区汇报。

(3) 全站站用电失电，如因××变电站220kV系统失电引起的，则县调应迅速恢复110kV××变电站的供电，将由110kV××线供电改变由110kV××线供电，110kV××线受电后，220kV××变电站2号站用变压器恢复运行，即可恢复站用电。

六、直流电源失去预案

1. 事故预想

(1) 保护或控制分回路故障引起直流断路器跳闸或熔丝熔断，致使保护或控制电源失去。

（2）SR-3双路交流进线切换装置故障，致使所有高频模块停止工作，蓄电池放电。

2. 防范措施

（1）值班员应加强对直流系统、蓄电池组的维护，认真巡视检查。每天抽测蓄电池的电解液比重和电压，每月全测蓄电池的电解液比重和电压。值班员每季对蓄电池组进行一次充电维护，检修人员每年对蓄电池组进行一次充放电维护。

（2）随着改扩建工程的不断进行，站内要及时完善直流系统接线图，并对值班员进行面对面的交底。

（3）值班员要熟悉直流系统接线，及时发现和处理异常情况，保证直流系统的安全运行。

（4）检修人员对绝缘老化的直流回路要及时进行更新，清查并消除系统中存在的寄生回路。

（5）直流系统各级的熔丝、断路器应逐级配置，不发生因熔丝越级熔断而中断操作、保护电源的情况。

（6）加强对直流熔丝的管理，对新领备品熔丝要检测直流电阻合格，不使用不合格的熔丝。考虑到熔丝的使用寿命，要充分利用停电机会及时更换使用年限长的保护和控制回路熔丝。

3. 事故预案

1号主变压器控制电源（直流Ⅰ段母线）断路器的某个分回路故障，跳开1号主变压器控制电源空气断路器。

（1）事故象征：

1）1号主变压器三侧断路器红灯熄灭，断路器第一组控制回路断线及直流消失报警。

2）1号主变压器保护装置故障告警。

（2）处理方法：

1）立即到直流输出屏检查1号主变压器控制电源（直流Ⅰ段母线）空气断路器，发现空气断路器已跳开。

2）立即试合1号主变压器控制电源（直流Ⅰ段母线）空气断路器，合上后又跳开。

3）汇报市调、县调及工区，迅速派员处理。

4）若故障回路是保护，可根据调度命令改变运行方式后处理。

SR-3双路交流进线切换装置故障，无交流输出，所有高频模块停止工作，蓄电池放电。

（1）事故象征：

1）交流电源异常、模块故障告警灯亮。

2）后台发蓄电池放电、交流电源异常、模块故障等相应的告警。

3）若蓄电池放电使电压低于正常范围，直流母线电压异常告警。

（2）处理方法：

1）立即到1号直流充电柜检查交流进线切换装置，发现无交流输出。

2）若是无交流输入电源，即切换至另一路电源。若是由于切换装置本身故障，应立即切断输入的两路电源。加强直流系统的监视。

3）汇报县调及工区，通知有关部门立即处理。

七、1号主变压器着火预案

1. 事故预想

主变压器内部发生严重故障将可能引起主变压器着火。现场进行动火工作时，不慎将火星溅入电缆沟或溅至运行主变压器，也会引起主变压器着火。

2. 防范措施

（1）值班员日常要加强对主变的巡视，检查主变压器油位、油温正常，无异声。发现异常情况要及时汇报调度、工区，采取相应措施。

（2）在站内进行动火工作应严格执行有关规定，使用动火工作票。

（3）做好防范措施，现场可燃物必须清除，并配置灭火器材。

（4）动火现场周围有草坪的，火星可能溅入的区域要用水浇湿，以防引燃草坪，泱及运行设备或电缆沟的安全。

（5）加强电缆防火工作，做好电缆孔洞的封堵。做好火灾自动报警装置和其他消防灭火器材的维护和管理，确保能发挥作用。

3. 事故预案

1 号主变压器内部发生严重故障，引起主变压器着火。

（1）事故象征：

1）1 号主变压器三侧断路器跳闸，1 号主变压器有功、无功、电流指示为零。

2）1 号主变压器差动保护、后备保护动作、重瓦斯动作。

（2）处理方法：

在事故处理过程中，以迅速处理、防人身伤害作为基本原则，其他如保护动作信号的抄录及汇报，相关交直流的停用都可以在不影响救火的情况下进行。1 号主变压器着火事故处理流程如图 4-2 所示。

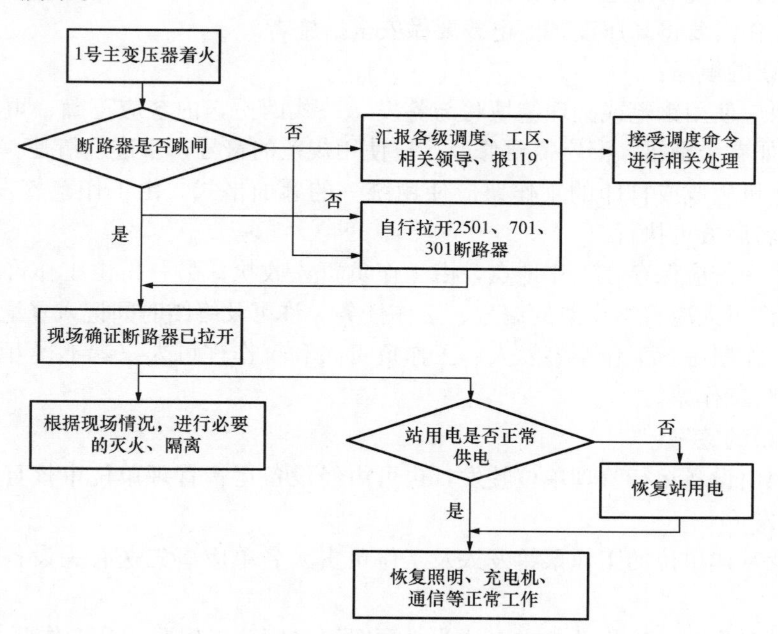

图 4-2　1 号主变压器着火事故处理流程

第五章

变电站电气设备的倒闸操作

第一节 变电站工作票和操作票

一、工作票

1. 第一种工作票

(1) 填用第一种工作票的工作范围：

1) 高压设备上工作需要全部停电或部分停电者。

2) 二次系统和照明等回路上的工作，需要将高压设备停电者或做安全措施者。

3) 高压电力电缆需停电的工作。

4) 其他工作需要将高压设备停电或要做安全措施者。

(2) 工作票的填写：

1) 工作票应使用钢笔或圆珠笔填写与签发，一式两份，内容应正确、填写应清楚，不得任意涂改。如有个别错、漏字需要修改，应使用规范的符号，字迹应清楚。

2) 用计算机生成或打印的工作票应使用统一的票面格式，由工作票签发人审核无误，手工或电子签名后方可执行。

3) 工作票一份应保存在工作地点，由工作负责人收执；另一份由工作许可人收执，按值移交。工作许可人应将工作票的编号、工作任务、许可及终结时间记入登记簿。

4) 一张工作票中，工作票签发人、工作负责人和工作许可人三者不得互相兼任，工作负责人可以填写工作票。

(3) 工作票的签发：

1) 工作票由设备运行管理单位签发，也可由经设备运行管理单位审核且经批准的修试及基建单位签发。

2) 修试及基建单位的工作票签发人及工作负责人名单应事先送有关设备运行管理单位备案。

3) 第一种工作票在工作票签发人认为必要时可采用总工作票、分工作票，并同时签发。

4) 总工作票、分工作票的填用、许可等有关规定由单位主管生产的领导（总工程师）批准后执行。

(4) 工作票的使用：

1) 一个工作负责人只能发给一张工作票，工作票上所列的工作地点，以一个电气连接部分为限。如施工设备属于同一电压、位于同一楼层，同时停、送电，且不会触及带电导体时，则允许在几个电气连接部分使用一张工作票。开工前，工作票内的全部安全措施应一次完成。

2）若一个电气连接部分或一个配电装置全部停电，则所有不同地点的工作可以发给一张工作票，但要详细填明主要工作内容。几个班同时进行工作时，工作票可发给一个总的负责人，在工作班成员栏内，只填明各班的负责人，不必填写全部工作人员名单。

若至预定时间，一部分工作尚未完成，需继续工作而不妨碍送电者，在送电前，应按照送电后现场设备带电情况办理新的工作票，布置好安全措施后，方可继续工作。

3）在几个电气连接部分上依次进行不停电的同一类型的工作，可以使用一张第二种工作票。

4）在同一变电站内依次进行的同一类型的带电作业，可以使用一张带电作业工作票。

5）持线路或电缆工作票进入变电站进行架空线路、电缆等工作，应增填工作票份数，工作负责人，应将其中一份工作票交变电站或发电厂工作许可人许可工作。

上述单位的工作票签发人和工作负责人名单应事先送有关运行单位备案。

6）需要变更工作班成员时，须经工作负责人同意，在对新工作人员进行安全交底手续后，方可进行工作。非特殊情况不得变更工作负责人，如确需变更工作负责人，应由工作票签发人同意并通知工作许可人，工作许可人将变动情况记录在工作票上。工作负责人允许变更一次，原、现工作负责人应对工作任务和安全措施进行交接。

7）在原工作票的停电范围内增加工作任务时，应由工作负责人征得工作票签发人和工作许可人同意，并在工作票上增填工作项目。若需变更或增设安全措施者，应填用新的工作票，并重新履行工作许可手续。

8）变更工作负责人或增加工作任务，如工作票签发人无法当面办理，应通过电话联系，并在工作票登记簿和工作票上注明。

9）第一种工作票应在工作前一日预先送达运行人员，可直接送达或通过传真、局域网传送，但传真的工作票许可应待正式工作票到达后履行。临时工作可在工作开始前直接交给工作许可人。

10）工作票有破损不能继续使用时，应补填新的工作票。

（5）第一种工作票的格式：

变电站第一种工作票的格式，应按电力安全工作规程的相关规范内容填写。

2. 第二种工作票

（1）填写第二种工作票的工作范围：

1）控制盘和低压配电盘、配电箱、电源干线上的工作。

2）二次系统和照明等回路上的工作，无需将高压设备停电者或做安全措施者。

3）非运行人员用绝缘棒和电压互感器定相或用钳型电流表测量高压回路电流的工作。

4）在设备不停电时的安全距离，10kV及以下大于0.7m、35kV大于1.00m、110kV大于1.50m、220kV大于3.00m距离的相关场所和带电设备外壳上的工作，及无可能触及带电设备导电部分的工作。

5）高压电力电缆不需停电的工作。

（2）第二种工作票的格式：

变电站第二种工作票的格式，应按电力安全工作规程的相关规范内容填写。

二、倒闸操作票

1. 操作票的格式

变电站倒闸操作票的格式如表 5-1 所示。

表 5-1　　变电站倒闸操作票的格式

单位＿＿＿＿＿＿＿＿　　　　　　编号

发令人：		接令人：		发令时间：	年　月　日　时　分
操作开始时间： 年　月　日　时　分				操作结束时间： 年　月　日　时　分	
（　）监护下操作		（　）单人操作		（　）检修人员操作	
操作任务：					

顺序	操　作　项　目	✓

备注：		
操作人：	监护人：	值班负责人（值长）：

2. 操作票的填写要求

（1）操作票应用钢笔或圆珠笔逐项填写。用计算机开出的操作票应与手写格式一致；操作票票面应清楚整洁，不得任意涂改。操作人和监护人应根据模拟图或接线图核对所填写的操作项目，并分别签名，然后经运行值班负责人（检修人员操作时由工作负责人）审核签名。每张操作票只能填写一个操作任务。

（2）下列项目应填入操作票内：

1）应拉合的设备（断路器、隔离开关、接地隔离开关等），验电，装拆接地线，安装或拆除控制回路或电压互感器回路的熔断器，切换保护回路和自动化装置及检验是否确无电压等。

2）拉合设备（断路器、隔离开关、接地隔离开关等）后检查设备的位置。

3）进行停、送电操作时，在拉、合隔离开关，手车式断路器拉出、推入前，检查断路器确在分闸位置。

4）在进行倒负荷或解、并列操作前后，检查相关电源运行及负荷分配情况。

5）设备检修后合闸送电前，检查送电范围内接地隔离开关已拉开，接地线已拆除。

（3）操作票应填写设备的双重名称。

3. 可不用操作票的工作

（1）事故应急处理。

（2）拉合断路器的单一操作。

（3）拉开或拆除全站唯一的一组接地隔离开关或接地线。

上述操作在完成后应做好记录，事故应急处理应保存原始记录。

4. 操作票编号及保存

同一变电站的操作票应事先连续编号，计算机生成的操作票应在正式出票前连续编号，操作票按编号顺序使用。作废的操作票，应注明“作废”字样，未执行的应注明“来执行”字样，已操作的应注明“已执行”字样。操作票应保存一年。

第二节　线路停送电倒闸操作

一、线路停送电倒闸操作的一般原则

（1）线路送电前，应检查全体工作人员撤离工作现场，办理工作票终结有关事项。检查送电范围内接地线已全部拆除，接地隔离开关确已拉开。

（2）线路送电前应检查线路保护按定值单和调度要求全部投入运行，防止线路无保护运行。

（3）当线路故障跳闸后试送电时，应确保断路器良好，保护及自动装置应作相应配合。

（4）线路停电操作时必须按“先拉开断路器，后拉开线路侧隔离开关，再拉开母线侧隔离开关”的顺序进行。送电操作时，顺序与之相反。

（5）双母线接线的线路操作后，如涉及二次系统配合问题，则二次系统应作相应调整。

二、线路停送电操作的要求

（1）线路断路器送电前，应检查继电保护已按规定投入。断路器合闸送电后，应检查断路器三相确已合上。

（2）两条并列运行的线路要停用其中一条线路时，要防止造成另一条线路过负荷运行。

（3）当线路故障跳闸后要求试送电时，运行人员应检查该间隔无异常，检查断路器跳闸次数符合规定，并将线路保护的重合闸停用。

（4）110kV母线负载在倒排操作或某间隔由冷备用转热备用后，应检查母差保护中相对应断路器位置指示与实际运行方式相一致。

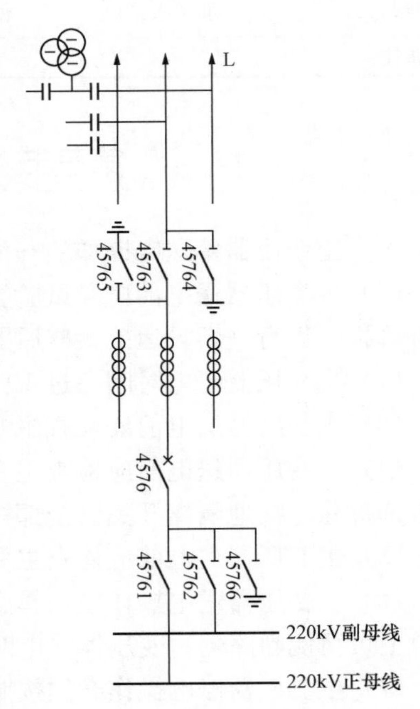

图 5-1　220kV××线 4576 线路电气主接线

三、线路断路器倒闸操作举例

例如，将××线路4576断路器由运行改为冷备用。某市220kV变电站220kV出线，××线4576线路电气主接线如图5-1所示。将××线

4576断路器由运行改冷备用倒闸操作票如表5-2所示。

表5-2　将××线4576断路器由运行改为冷备用倒闸操作票

预发时间：	年　月　日　时　分		调字×号
预令调度员：		接受人：	
发令调度员：		接受人：	
操作任务：将××4576断路器由运行改为冷备用			
正令时间：	日　时　分	操作开始时间：	日　时　分
		操作结束时间：	日　时　分

✓	顺序	操作项目
	1	拉开××4576断路器
	2	将××4576断路器远近控切换开关从“远控”位置切至“近控”位置
	3	检查××4576断路器应拉开
	4	拉开××45763隔离开关
	5	检查××45763隔离开关应拉开
	6	拉开××45762隔离开关
	7	检查××45762隔离开关应拉开

填票人：______　审核人：______

操作人：______　监护人：______　值班负责人：______

备注：

第三节　主变压器停送电的倒闸操作

一、主变压器停送电操作的一般原则

（1）主变压器送电前应经试验合格，由检修部门出具可投运结论并经运行人员验收合格后方可投入运行（新投运或大修后的主变压器应经三级验收）。

（2）主变压器停电时间超过10天，必须经电试合格后方可恢复送电。

（3）主变压器送电前要检查主变压器调压抽头符合运行要求。

（4）主变压器送电前应检查主变压器送电范围内主变压器三侧断路器送电范围内接地线已全部拆除，接地隔离开关已全部拉开。

（5）主变压器送电前应检查主变压器保护按定值单和调度要求投入运行。

（6）主变压器送电操作应选择励磁电流影响较小的一侧送电，一般应先从电源侧充电，后合上负荷侧断路器，变压器停电时，操作顺序相反。

（7）主变压器停电操作必须按照由低压侧—中压侧—高压侧的顺序依次操作，送电操作应按上述相反的顺序进行。

二、变压器操作的规定

（1）变压器并列运行的条件是：结线组别相同、变比相同、短路电压相等。在任何一台变压器不会过负荷的条件下，允许将短路电压不等的变压器并列运行，必要时应先进行计算。

（2）变压器投入运行时，应选择励磁涌流影响较小的一侧送电。一般先从电源侧充电，后合上负荷侧断路器。停电时，应先拉开负荷侧断路器，后拉开电源侧断路器。

（3）变压器充电时，应注意：

1）充电断路器应有完备的继电保护，并保证有足够的灵敏度。同时，应考虑励磁涌流对系统继电保护的影响。

2）为防止充电变压器故障跳闸后系统失稳，必要时先降低有关线路的潮流。

3）大电流接地系统的变压器各侧中性点接地隔离开关应合上。

4）检查电源电压，使充电后变压器各侧电压不超过其相应分接头电压的5%。

（4）在运行中的变压器，其中性点接地的数目和地点应按继电保护的要求设置，但应考虑到：

1）变压器本身的绝缘要求。

2）在大电流接地系统中，电源侧（大型调相机以电源考虑）至少应有一台变压器中性点接地。

（5）运行中的双绕组或三绕组变压器，若大电流接地系统侧断路器断开，则该侧中性点接地隔离开关应合上。

（6）运行中的变压器中性点接地隔离开关如需倒换，则应先合上另一台变压器的中性点接地隔离开关，再拉开原来一台变压器的中性点接地隔离开关。

（7）110kV及以上的变压器处于热备用状态时（断路器一经合上，变压器即可带电），其中性点接地隔离开关应合上。

（8）对于两线一变的联络变电站：

1）当变压器停役时，两线可视为一线，两端对侧保护一般情况下不需改动。其零序保护伸进相邻线路，在相邻线路故障时将引起越级跳闸，但无后果。此时，应要求两线高频保护投入。

2）当一线断开，另一线馈供变压器时，馈供线两侧保护按馈线原则处理。即：其受电侧断路器线路保护停用，线路两侧重合闸、高频保护停用；送电侧距离、方向零序保护直跳三相。

（9）若变压器保护起动断路器失灵保护，则需注意因变压器保护出口回路延时复归可能引起的误动作，变压器瓦斯等本体保护的出口不宜起动断路器失灵保护，断路器失灵保护应经相电流元件控制和电压元件闭锁。一般情况下，220kV变压器保护起动断路器失灵保护的条件是：变压器保护配置双重化的微机保护；母线保护为微机型母差保护且具备当变压器220kV侧断路器失灵保护动作时，解除失灵复合电压闭锁的回路。其接线应符合反措要求，即：以“相电流、零序电流或负序电流动作”“变压器电气量保护动作”“断路器三相不一致保护动作”（对具备三相联动功能的断路器不使用该判据）3个条件构成的“与逻辑”，经变压器保护的时间元件T1（整定0.5s），解除主变压器220kV侧断路器失灵复合电压闭锁；经变压器保护的时间元件T2（整定0.8s），启动主变压器220kV侧断路器失灵保护出口启动回路，再经母差跳母联断路器失灵出口延时，跳开母联断路器；经母差跳失灵断路器所在母线其他断路器出口延时，跳开其他出线断路器。只有在保护装置及回路符合以上条件，且经现场试验确认失灵保护回路正确后，方可将220kV变压器高压侧断路器失灵保护投入运行。

（10）对变电站正常运行方式的规定：在正常情况下，不允许110kV（或者35kV）与220kV主系统构成电磁环网运行。为满足系统稳定和继电保护的要求，有两台主变压器同时运行的 220kV 变电站其 110kV 侧的运行方式宜采用分排运行，即 110kV 母联断路器打开。

三、变压器操作注意事项

变压器是电力系统变电站中的重要电气设备，投入或退出运行，对系统影响较大。

变压器并列运行条件为：

(1) 接线组别必须完全相同；变比相等，容许相差 5%；短路电压相等，容许相差 10%。

(2) 在变比和短路电压相差超过允许值时，如经过计算在任何一台变压器不会过负荷的情况下，允许并列运行。

变压器在充电状态下及停、送电操作时，必须将其中性点接地隔离开关合上。

变压器送电时，先合电源侧断路器，停电时先断开负荷侧断路器。对于联络变压器，一般在低压侧停（送）电，在高压侧解（合）环。在多电源情况下，按上述顺序停送电，可以防止变压器反充电。

在变压器操作时应注意以下一些事项：

(1) 变压器充电方式：

1) 从高压侧充电时，低压侧开路，对地电容电流很小，由于高压侧线路电容电流的关系，使低压侧因静电感应而产生过电压，易击穿低压绕组，但因激磁涌流所产生的电动力小，所以对系统的冲击也小（因系统容量大）。如果变压器绝缘水平较高，则可从高压侧充电。

2) 从低压侧充电时，高压侧开路，不会产生过电压，但激磁涌流较大，可以达到额定电流的 6～8 倍。励磁涌流开始衰减较快，一般经 0.5～1s 后即减到额定电流的 0.25～0.5 倍，但全部衰减时间较长，大容量的变压器可达几十秒。由于励磁涌流产生很大的电动力，易使变压器的机械强度降低及对系统产生很大冲击，以及继电保护可能躲不过励磁涌流而误动作。若变压器绝缘水平较低，则可从低压侧充电。

(2) 变压器新投入或大修后投入，操作送电前除了应遵守倒闸操作的基本要求外，还应注意以下几个问题：

1) 摇测绝缘电阻。

2) 对变压器进行外部检查。安装应符合规定，附件、油位、分接开关位置及外壳接地等连接应正常。

3) 对冷却系统进行检查及试验。主要包括：两路通风冷却电源定相是否正确，联动试验要正常；油系统运行方式符合要求，阀门在正确位置；维持一定数量的潜油泵运行，使油路循环从而检查排放在气体继电器、套管、升高座等处的气体；模拟工作冷却电源跳闸，备用电源投入时，潜油泵自启动，油流发生冲击，重瓦斯保护是否会误动作；变压器冷却系统断电、断油后，继电保护动作是否正确等。

4) 对有载调压装置进行传动。增减分接头动作应灵活；切换可靠，无连续调档现象。调压装置的重瓦斯保护压板应接在跳闸位置。

5) 仪表应齐全。继电保护接线应正确，定值无误，压板在规定位置。

6) 必须在额定电压下做冲击合闸试验，新装投运的变压器冲击 5 次，大修更换、改造部分绕组大修的变压器投运则应冲击 3 次。如有条件，要先做从零起升压，后进行正式冲击试验。

主变压器在正常合闸、分闸操作中的注意事项为：

(1) 变压器在空载合闸时的励磁涌流问题。对大型变压器来说，励磁电流中的直流分量衰减得比较慢，有时长达 20s，尽管此涌流对变压器本身不会造成危害，但在某些情况下能造成电压波动，如不采取措施，可能使过流、差动保护误动作。

为避免空载变压器合闸时由于励磁涌流产生较大的电压波动，在其两端都有电压的情况下，一般采用离负载较远的高压侧充电，然后在低压侧并列的操作方法。

(2) 操作过电压——切除空载变压器引起的过电压。空载变压器在运行时，表现为一励磁电感，切除电感负载，会引起操作过电压。装设避雷器以及装设有并联电阻的断路器，可限制操作过电压。

(3) 中性点接地系统内变压器的操作。在中性点直接接地的系统内，中性点不接地的变压器在停电或充电操作前，都必须将该变压器的中性点临时接地，以防止在变压器操作时，由于非全相合闸或非全相分闸等产生过电压而威胁变压器绝缘。

变压器调压操作注意事项为：

(1) 无载调压的操作，必须在变压器停电状态下进行，调整分接头方法应严格按照制造厂规定的调整方法进行，防止将分接头调乱。为消除触头上的氧化膜及油污，调压操作时必须在使用档的前后挡切换二次，以保证接触良好。分接头调整好后，检查和核对三相分接头位置应一致，并应测量绕组的直流电阻。各相绕组直流电阻的相间差别不应大于三相平均值的 2%，并与历史数据比较，相对变比也不应大于 2%，测得的数值应记入现场试验记录簿和变压器专档内。

(2) 有载调压变压器的调压操作可以在变压器运行状态下进行。调整分接头后不必测量直流电阻，但调整分接头时应无异声，每调整一档运行人员，应检查相应三相电压表指示情况，电流和电压应平衡。在分接头切换过程中有载调压的气体继电器有规律地发出信号是正常的，可将继电器中聚积的气体放掉。如分接头切换次数很少即发出信号，应查明原因。调压装置操作 5000 次后，应进行检修。

(3) 无载调压变压器调整分接头，应根据调度命令进行。有载调压变压器，运行人员可根据调度颁发的电压曲线自行调整电压。分接头的位置应有专门记录，在模拟图上应有标志，并在分接头调整后及时更正。无载调压变压器分接头的变动，应记入变压器专档内及值班操作记录簿。

中性点运行方式变换的操作为：

(1) 在 110kV 及以上的大电流接地系统中变压器投运和停运前，应将其相应各侧中性点接地刀闸合上，并投入零序保护装置，防止变压器在断路器分合闸时，三相不同期，造成变压器中性点出现过电压，损坏其绝缘。有两台变压器的变电站，待变压器投运正常后，根据调度的要求应断开其中一台变压器的中性点接地隔离开关，并将其零序保护改为间隙保护，使中性点在系统中的接地数，按调度预定的安排。

(2) 并列运行的两台变压器，其中性点接地隔离开关须由一台倒换至另一台时，应先合上另一台中性点接地隔离开关，然后再拉开原来的中性点接地隔离开关，并将零序保护、间隙保护作相应的切换。

以旁路断路器代主变压器断路器时，则在旁路断路器与主变压器断路器并列前，投入旁路纵差保护用电流互感器二次连接片，并取下电流互感器侧二次短路片，然后投入所停用主变压器断路器回路的纵差保护用电流互感器二次侧短路片，并取下连接片，切换前应停用纵差保护，操作至一、二次平衡后投入。复役时，应在旁路断路器和主变压器断路器解列后，将其切至原来方式，保护投跳前及操作过程中应考虑纵差保护交流电流回路的平衡问题，切换时严禁将电流互感器二次开路。

主变压器差动电流回路（包括主变压器套管电流互感器）接线变更、拆动（继保定期校验）或电流互感器更换工作等，应在主变压器充电结束后，将差动保护出口连接片停用，在主变压器 1/3 额定容量负载情况下（且主变压器各侧都带负载）由继电保护人员进行“六角相位”及“差压”测试经分析确认差动回路接线正确，整定无误后，才可重新将差动保护出口连接片投跳。

继电保护人员定期测量瓦斯保护二次回路绝缘及差动继电器的差电压，事先应征得调度同意后，由值班员将保护暂时停用，但该两项工作应逐项进行，不准同时退出差动及瓦斯这两个主保护。

在运行中的主变压器差动回路上进行工作，调整差动电流互感器端子连接片（如旁路操作中）或一、二次方式不对应前，应事前先停用差动保护，待工作结束或操作结束后检查差动连接片两端对地无异极性电压后投入差动保护连接片。

四、220kV 主变压器停役复役倒闸操作举例

1. 220kV××变电站 1 号主变压器停役倒闸操作

220kV××变电站一次部分电气主接线如图 5-2 所示。

220kV××变电站 1 号主变压器停役倒闸操作票如表 5-3、表 5-4 所示。

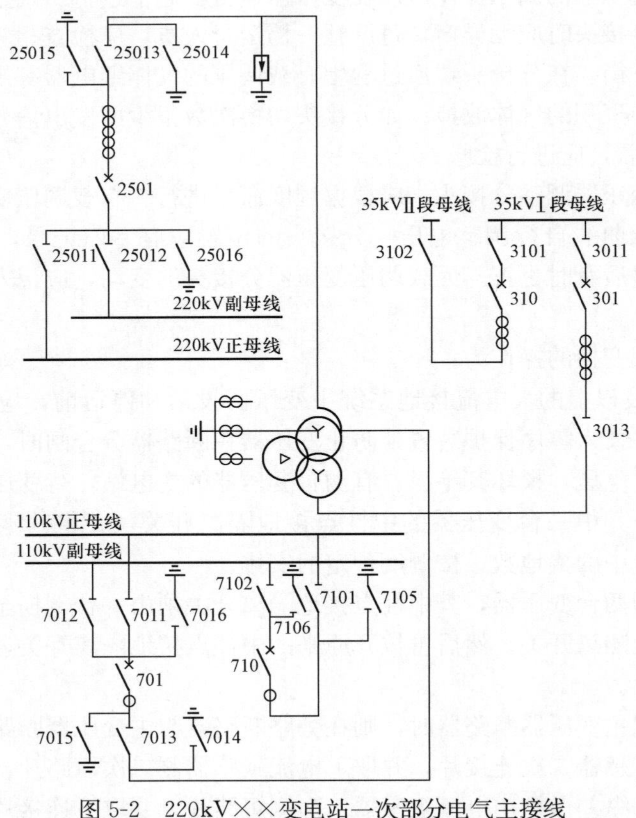

图 5-2　220kV××变电站一次部分电气主接线

表 5-3 **1 号主变压器停役倒闸操作票**

预发时间： 年 月 日 时 分	调字×号
预令调度员：	接受人：
发令调度员：	接受人：
发 令：1. 合上 35kV 母联 310 断路器（合环）	
2. 将 1 号主变压器 301 断路器由运行改为冷备用（解环）	
3. 合上 110kV 母联 710 断路器（合环）	
4. 将 1 号主变压器 701 断路器由正母线运行改为冷备用（解环）	
操作任务：1. 35kV 母联 310 断路器由热备用转为运行（合环）	
2. 1 号主变压器 310 断路器由运行转为冷备用（解环）	
3. 110kV 母联 710 断路器由热备用转为运行（合环）	
4. 1 号主变压器 701 断路器由正母线运行转为冷备用（解环）	
5. 停用 1 号主变压器 110kV 侧第一套、第二套后备保护跳 110kV 母联 710 断路器	
6. 停用 1 号主变压器 35kV 侧第一套、第二套后备保护跳 35kV 母联 310 断路器	
正令时间： 日 时 分	操作开始时间： 日 时 分
	操作结束时间： 日 时 分

✓	顺序	操 作 项 目
	1	合上 35kV 母联 310 断路器
	2	检查 35kV 母联 310 断路器三相应有负荷指示
	3	检查 35kV 母联 310 断路器应合上
	4	拉开 1 号主变压器 301 断路器
	5	将 1 号主变压器 301 断路器远近控切换开关从“远控”位置切至“近控”位置
	6	检查 1 号主变压器 301 断路器应拉开
	7	拉开 1 号主变压器 3013 隔离开关
	8	检查 1 号主变压器 3013 隔离开关应拉开
	9	拉开 1 号主变压器 3011 隔离开关
	10	检查 1 号主变压器 3011 隔离开关应拉开
	11	合上 110kV 母联 710 断路器
	12	检查 110kV 母联 710 断路器三相应有负荷指示
	13	检查 110kV 母联 710kV 断路器应合上
	14	拉开 1 号主变压器 701 断路器
	15	将 1 号主变压器 701 断路器远近控切换开关从“远控”位置切至“近控”位置
	16	检查 1 号主变压器 701 断路器应拉开
	17	拉开 1 号主变压器 7013 隔离开关
	18	检查 1 号主变压器 7013 隔离开关应拉开
	19	拉开 1 号主变压器 7011 隔离开关
	20	检查 1 号主变压器 7011 隔离开关应拉开

续表

✓	顺序	操作项目
	21	取下1号主变压器110kV侧第一套电量保护跳710断路器跳闸出口31LP压板
	22	取下1号主变压器110kV侧第二套电量保护跳710断路器跳闸出口31LP压板
	23	取下1号主变压器35kV侧第一套电量保护跳310断路器跳闸出口32LP压板
	24	取下1号主变压器35kV侧第二套电量保护跳310断路器跳闸出口32LP压板

填票人：________ 审核人：________
操作人：________ 监护人：________ 值班负责人：________

备注：

表5-4　　1号主变压器停役倒闸操作票

预发时间：　　年　月　日　时　分		调字×号
预令调度员：		接受人：
发令调度员：		接受人：
操作任务：将1号主变压器2501断路器由运行改为冷备用		
正令时间：　　日　时　分		操作开始时间：　日　时　分 操作结束时间：　日　时　分

✓	顺序	操作项目
	1	拉开1号变压器2501断路器
	2	将1号主变压器2501断路器远近控切换开关从“远控”位置切至“近控”位置
	3	检查1号主变压器2501断路器应拉开
	4	拉开1号主变压器25013隔离开关
	5	检查1号主变压器25013隔离开关应拉开
	6	拉开1号主变压器25011隔离开关
	7	检查1号主变压器25011隔离开关应拉开

填票人：________ 审核人：________
操作人：________ 监护人：________ 值班负责人：________

备注：

2.220kV××变电站1号主变压器复役倒闸操作

220kV××变电站1号主变压器复役倒闸操作如表5-5、表5-6所示。

表 5-5　　1 号主变压器复役倒闸操作票

<table>
<tr><td colspan="3">预发时间：　　年　月　日　时　分</td><td>调字×号</td></tr>
<tr><td colspan="3">预令调度员：</td><td>接受人：</td></tr>
<tr><td colspan="3">发令调度员：</td><td>接受人：</td></tr>
<tr><td colspan="4">操作任务：
将 1 号主变压器 2501 断路器由冷备用改为运行</td></tr>
<tr><td colspan="3" rowspan="2">正令时间：　　日　时　分</td><td>操作开始时间：　日　时　分</td></tr>
<tr><td>操作结束时间：　日　时　分</td></tr>
<tr><td>✓</td><td>顺序</td><td colspan="2">操 作 项 目</td></tr>
<tr><td></td><td>1</td><td colspan="2">检查送电范围内应确无遗留接地</td></tr>
<tr><td></td><td>2</td><td colspan="2">检查 1 号主变压器 2501 断路器应拉开</td></tr>
<tr><td></td><td>3</td><td colspan="2">合上 1 号主变压器 25011 隔离开关</td></tr>
<tr><td></td><td>4</td><td colspan="2">检查 1 号主变压器 25011 隔离开关应合上</td></tr>
<tr><td></td><td>5</td><td colspan="2">合上 1 号主变压器 25013 隔离开关</td></tr>
<tr><td></td><td>6</td><td colspan="2">检查 1 号主变压器 25013 隔离开关应合上</td></tr>
<tr><td></td><td>7</td><td colspan="2">将 1 号主变压器 2501 断路器远近控切换开关从“近控”位置切至“远控”位置</td></tr>
<tr><td></td><td>8</td><td colspan="2">合上 1 号主变压器 2501 断路器</td></tr>
<tr><td></td><td>9</td><td colspan="2">检查 1 号主变压器 2501 断路器应合上</td></tr>
<tr><td colspan="4">填票人：________　审核人：________
操作人：________　监护人：________　值班负责人：________</td></tr>
<tr><td colspan="4">备注：</td></tr>
</table>

表 5-6　　1 号主变压器复役倒闸操作票

<table>
<tr><td>预发时间：　　年　月　日　时　分</td><td>调字　　号</td></tr>
<tr><td>预令调度员：</td><td>接受人：</td></tr>
<tr><td>发令调度员：</td><td>接受人：</td></tr>
<tr><td colspan="2">发　令：1. 将 1 号主变压器 701 断路器由冷备用改为运行于 110kV 正母线（合环）
2. 拉开 110kV 母联 710 断路器（解环）
3. 将 1 号主变压器 301 断路器由冷备用改为运行（合环）
4. 拉开 35kV 母联 310 断路器（解环）</td></tr>
<tr><td colspan="2">操作任务：1. 启用 1 号主变压器 35kV 侧第一套、第二套后备保护跳 35kV 母联 310 断路器
2. 启用 1 号主变压器 110kV 侧第一套、第二套后备保护跳 110kV 母联 710 断路器
3. 1 号主变压器 701 断路器由冷备用转为正母线运行（合环）
4. 110kV 母联 710 断路器由运行转为热备用（解环）
5. 1 号主变压器 301 断路器由冷备用转为运行（合环）
6. 35kV 母联 310 断路器由运行转为热备用（解环）</td></tr>
</table>

续表

正令时间：	日　时　分	操作开始时间：　日　时　分 操作结束时间：　日　时　分

✓	顺序	操作项目
	1	检查送电范围内应确无遗留接地
	2	检查1号主变压器第一套保护无动作及异常信号并进行复归
	3	放上1号主变压器35kV侧第一套电量保护跳310断路器跳闸出口32LP压板
	4	放上1号主变压器110kV侧第一套电量保护跳710断路器跳闸出口31LP压板
	5	检查1号主变压器第二套保护无动作及异常信号并进行复归
	6	放上1号主变压器35kV侧第二套电量保护跳310断路器跳闸出口32LP压板
	7	放上1号主变压器110kV侧第二套电量保护跳710断路器跳闸出口31LP压板
	8	检查1号主变压器701断路器应拉开
	9	合上1号主变压器7011隔离开关
	10	检查1号主变压器7011隔离开关应合上
	11	合上1号主变压器7013隔离开关
	12	检查1号主变压器7013隔离开关应合上
	13	将1号主变压器701断路器远近控切换开关从“近控”位置切至“远控”位置
	14	合上1号主变压器701断路器
	15	检查1号主变压器701断路器三相应有负荷指示
	16	检查1号主变压器701断路器应合上
	17	检查2号主变压器702断路器三相应有负荷指示
	18	拉开110kV母联710断路器
	19	检查110kV母联710断路器应拉开
	20	检查1号主变压器301断路器应拉开
	21	全上1号主变压器3011隔离开关
	22	检查1号主变压器3011隔离开关应合上
	23	合上1号主变压器3013隔离开关
	24	检查1号主变压器3013隔离开关应合上
	25	将1号主变压器301断路器远近控切换开关从“近控”位置切至“远控”位置
	26	合上1号主变压器301断路器
	27	检查1号主变压器301断路器三相应有负荷指示
	28	检查1号主变压器301断路器应合上
	29	检查2号主变压器302断路器三相应有负荷指示
	30	拉开110kV母联310断路器
	31	检查110kV母联310断路器应拉开

填票人：＿＿＿＿　审核人：＿＿＿＿

操作人：＿＿＿＿　监护人：＿＿＿＿　值班负责人：＿＿＿＿

备注：

第四节 母线的倒闸操作

一、母线停送电操作的原则

（1）母线及母线电压互感器送电前应检查母线及母线电压互感器送电范围内接地线确已全部拆除，接地隔离开关已全部拉开。

（2）在母线停送电操作过程中要防止发生铁磁谐振现象，造成谐振过电压，损坏电气设备。

（3）母线停电前应将该母线上的负载移出，母线停电前应考虑将母线所用变压器所带低压侧负载进行调整。

（4）双母线运行，需将一组母线上的所有设备调至另一组母线运行的倒母线操作，在热倒时，母联断路器必须合上，并将其改为非自动，同时应将电压互感器二次回路并列后，方可进行倒排。倒排时先合上正母线（或副母线）隔离开关，再拉开副母线（或正母线）隔离开关。在冷倒时，需倒排操作间隔的断路器必须分开，然后先拉后合母线隔离开关，采用微机防误的隔离开关，冷倒时应将该断路器转冷备用后再转运行于另一条母线。

（5）倒排操作时，应将二次回路的电流、电压等进行相应的调整。

（6）当母线检修后需投入运行，应启用母线充电保护，用母联断路器向空母线充电。

（7）双母线并列运行时，应考虑安装于母线上的断路器遮断容量满足最大运行方式下母线短路电流的要求。

（8）装有母差保护的在母线停送电操作后，母差保护运行方式应做相应调整。

（9）母线正常运行时，母线电压互感器停电前，电压互感器二次负载要作相应调整。

（10）停用母线电压互感器应先断开电压互感器低压负载，再断开电压互感器高压侧电源。

二、母线停送电操作的要求

（1）母线停电，应将该母线上的所有负载调至另一组母线运行后，将母线电压互感器由运行转冷备用，再将母联断路器由运行转冷备用。

（2）停用母线或母线电压互感器时，应将电压互感器二次电压进行相应的调整，避免因停用母线或母线电压互感器造成二次失压。

（3）停用母线电压互感器时，应按“先停二次低压部分再停一次高压部分”的原则进行，即将母线电压互感器二次负载全部停用，再拉开母线电压互感器高压侧隔离开关。

（4）110kV母线倒排操作前（热倒），应合上110kV母联断路器，将110kV母差保护“投单母方式”，再拉开母联断路器的控制电源。合上110kV母线电压互感器二次侧并列断路器，倒排时先合上正母线（或副母线）隔离开关，再拉开副母线（或正母线）隔离开关。母联运行后退出110kV母差保护“分列运行连接片”。

（5）母线倒排操作，在冷倒时，应将需倒排操作间隔的断路器拉开，然后先拉后合母线隔离开关。

（6）110kV母线送电时，根据调度要求启用充电保护（短充），即在充电前将110kV母差保护充电保护连接片投入，遥控合上710断路器，充电成功后根据调令停用充电保护连接片。当用110kV母线对线路充电时，根据调度要求启用充电保护（长充），即在充电前将110kV母差保护过流保护连接片投入，遥控合上710断路器，充电正常后根据调令退出过流保护连接片。

（7）停用母线电压互感器或断开低压侧断路器时应考虑距离、电压方向、母差、低周等保护和自动装置相应的配合，防止保护由于失去交流电压引起保护误动作。

三、母线操作的规定

（1）向母线充电时，应使用具有反映各种故障类型的速动保护的断路器进行。在母线充电前，为防止充电至故障母线可能造成系统失稳，必要时先降低有关线路的潮流。用变压器向220kV、110kV母线充电时，变压器中性点必须接地。

（2）向母线充电时，应注意防止出现铁磁谐振或因母线三相对地电容不平衡而产生的过电压。进行倒母线操作时，应注意：

1）母联断路器应改非自动。

2）母差保护不得停用，并应做好相应调整。

3）各组母线上电源与负荷分布的合理性。

4）一次接线与电压互感器二次负载是否对应。

5）一次接线与保护二次交直流回路是否对应。

（3）双母线中停用一组母线，在倒母线操作后，应先拉开空出母线上电压互感器次级断路器，后拉开母联断路器，再拉开空出母线上电压互感器一次隔离开关。

（4）对于配置双套母差保护的变电站，正常时一套母差（第一套母差）投跳闸，另一套母差（第二套母差）投信号。为简化现场回路设计，提高可靠性，只考虑正常时投跳闸的母差保护具备断路器失灵出口跳闸功能。正常时投信号的母差保护不具备断路器失灵出口跳闸功能，当正常时投信号的母差保护因系统需要临时改投跳闸时，也不具备断路器失灵出口跳闸功能。当值调度员应做好事故预想。

（5）为进一步规范220kV母联（分段）断路器充电保护的调度运行管理，保证电网安全运行、系统倒闸操作的安全，应遵守以下有关规定：

1）微机型母线差动保护装置包含母联（或旁路母联）断路器“充电保护”和“过流保护”，分别对应电磁型母线差动保护装置的“短充电保护”“长充电保护”。

2）为解决在微机母线差动保护装置停用时，母线一次设备因故检修结束后，用母联断路器对空母线充电没有保护的问题，因充电保护、过流保护与母线差动保护共用一组电源，母线差动保护停用时充电保护、过流保护也同时停。变电站应安装独立的母联（分段）电流保护。

3）母线倒排操作时，应将母线差动保护对应的“互联连接片”合上，倒排操作结束后断开“互联连接片”。

四、母线操作注意事项

（1）双母线接线中当停用一组母线时，要防止另一组运行母线电压互感器二次倒充停用母线而引起次级熔丝熔断或自动开关断开，使继电保护失压引起误动作。

（2）母线复役充电时，用断路器的速断保护必须能反映各种故障，如用母联断路器对母线充电，则应启用充电保护，并用充电按钮合闸，使母差保护短时闭锁防止误动。若用控制开关合闸，充电保护将失去作用。

（3）双母线并列运行时，当一组电压互感器需单独停用时，如该母线上仍有断路器运行，则在另一组电压互感器容量足够的前提下，可将两组电压互感器二次并列。但停用电压互感器的二次自动开关必须停用。

（4）拉母联断路器（母线失电）前，必须做到以下几点：

1）对停电的母线再检查一次，检查母联电流表指示为零，确保停用母线上隔离开关已全部断开，防止因漏倒而引起停电事故。

2）如母联断路器设有断口均压电容的，为了避免拉开母联断路器后，可能与该母线电压互感器的电感产生串联谐振而引起过电压，宜先停用电压互感器（破坏构成谐振的条件），再拉开母联断路器；复役时相反。

3）母线电压互感器检修后或新投前，必须先“核相”，以免由于相位错误，而使两母线电压互感器二次并列时引起短路。

（5）倒排操作同时涉及二次侧电流和电压回路的切换，均由变电站值班人员按有关规定自行操作，调度均不发令，调整的一般原则如下：

1）冷倒向母线时，母差保护用电流互感器二次应切换至对应母线，切换时，应先停电流互感器二次不对应母线的连接片，使其与母差保护交流电流回路脱离，然后投入电流互感器二次对应母线连接片。由于断路器在断开位置时，电流互感器二次的切换对母差保护影响不大，所以在切换时原则上不停用母差保护。同时，所用电压互感器二次电压也应切至对应母线。

2）热倒向母线时，母差保护用电流互感器二次应切换至对应母线。切换前，应先将母差保护改为“破坏固定连接”；切换时，应先投电流互感器二次对应母线连接片，然后停用电流互感器二次不对应母线连接片，待测量母差差流正常后，将母差保护投入并改为“固定连接”，操作中严禁将电流互感器二次开路。同时，所用电压互感器二次电压也应切至对应母线。

五、220kV 副母线停役、复役倒闸操作举例

1. 220kV 副母线停役倒闸操作

220kV 母线部分电气一次主接线如图 5-3 所示，220kV 副母线由运行改为冷备用倒闸操作票见表 5-7。

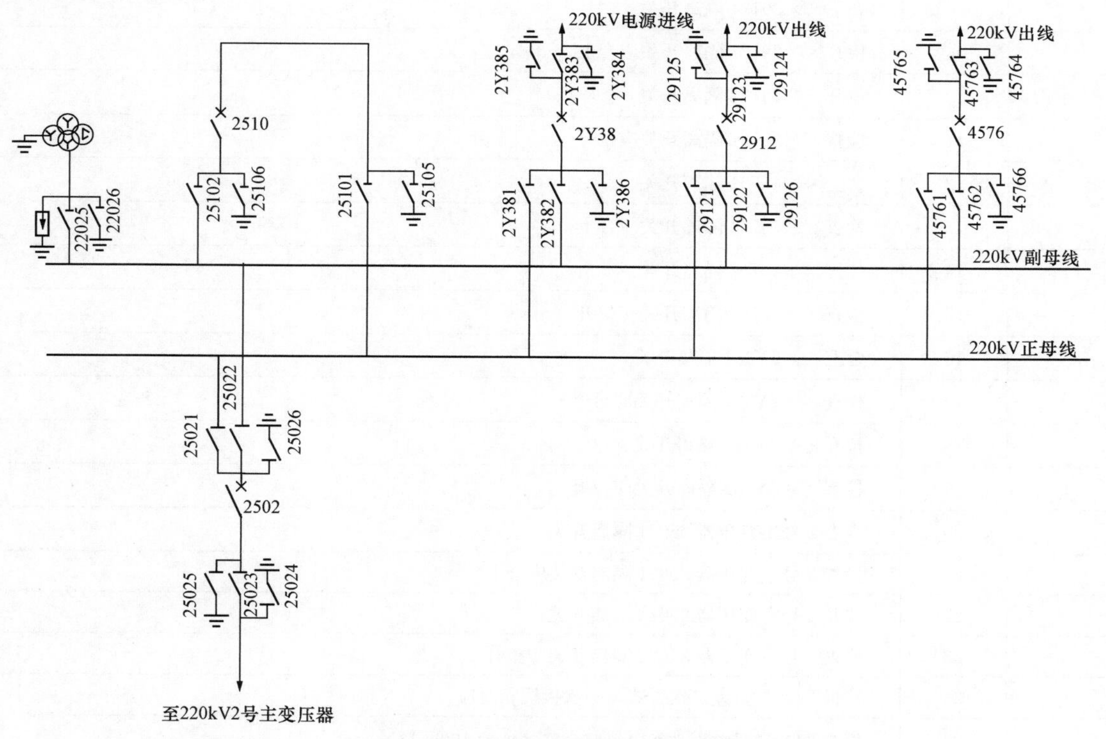

图 5-3　220kV 母线部分电气一次主接线

表 5-7　　220kV 副母线由运行改为冷备用倒闸操作票

预发时间：　　年　月　日　时　分		调字　　号
预令调度员：		接受人：
发令调度员：		接受人：
操作任务：许可：220kV 副母线改为冷备用		
调度任务票		
1. 将 220kV 副母线所有设备调至正母线运行		
2. 将 220kV 母联 2510 断路器由运行改为冷备用		
3. 将 220kV 副母线电压互感器由运行改为冷备用		
正令时间：　　日　时　分		操作开始时间：　日　时　分
		操作结束时间：　日　时　分

✓	顺序	操　作　项　目
	1	向省调申请 220kV 副母线改为冷备用
	2	检查 220kV 母联 2510 断路器应合上
	3	检查 220kV 母联 2510 断路器三相应有负荷指示
	4	放上 220kV 母差双母互联运行 LP77 连接片
	5	分开 220kV 母联 2510 断路器第一组控制电源空气开关
	6	分开 220kV 母联 2510 断路器第二组控制电源空气开关
	7	将 220kV 母线电压互感器并列切换开关从“解列”位置切至“并列”位置
	8	合上××29121 隔离开关
	9	检查××29121 隔离开关应合上
	10	拉开××29122 隔离开关
	11	检查××29122 隔离开关应拉开
	12	合上××45761 隔离开关
	13	检查××45761 隔离开关应合上
	14	拉开××45762 隔离开关
	15	检查××45762 隔离开关应拉开
	16	合上××2Y381 隔离开关
	17	检查××2Y381 隔离开关应合上
	18	拉开××2Y382 隔离开关
	19	检查××2Y382 隔离开关应拉开
	20	合上 2 号主变压器 25021 隔离开关
	21	检查 2 号主变压器 25021 隔离开关应合上
	22	拉开 2 号主变压器 25022 隔离开关
	23	检查 2 号主变压器 25022 隔离开关应拉开
	24	检查 220kV 母差二次方式与一次接线相对应
	25	检查 220kV 母差不平衡电流应合格（小于 100mA）

续表

✓	顺序	操 作 项 目
	26	将××2912 断路器电度表电压切换开关从“副母”位置切至“正母”位置
	27	将××4576 断路器电度表电压切换开关从“副母”位置切至“正母”位置
	28	将××2Y38 断路器电度表电压切换开关从“副母”位置切至“正母”位置
	29	将 220kV 母线电压互感器并列切换开关从“并列”位置切至“解列”位置
	30	合上 220kV 母联 2510 断路器第一组控制电源空气开关
	31	合上 220kV 母联 2510 断路器第二组控制电源空气开关
	32	取下 220kV 母差双母互联运行 LP77 连接片
	33	分开 220kV 副母线电压互感器次级空气断路器
	34	取下 220kV 副母线电压互感器次级计量熔丝
	35	检查 220kV 副母线三相应无电压
	36	检查 220kV 母联 2510 断路器三相应无负荷指示
	37	拉开 220kV 母联 2510 断路器
	38	将 220kV 母联 2510 断路器远近控切换开关从“远控”位置切至“近控”位置
	39	检查 220kV 母联 2510 断路器应拉开
	40	拉开 220kV 母联 25102 隔离开关
	41	检查 220kV 母联 25102 隔离开关应拉开
	42	拉开 220kV 母联 25101 隔离开关
	43	检查 220kV 母联 25101 隔离开关应拉开
	44	拉开 220kV 副母线电压互感器 22025 隔离开关
	45	检查 220kV 副母线电压互感器 22025 隔离开关应拉开
	46	220kV 副母线改为冷备用正常汇报省调

填票人：______ 审核人：______
操作人：______ 监护人：______ 值班负责人：______

备注：

2. 220kV 副母线复役倒闸操作

220kV 母线部分电气一次主接线如图 5-3 所示，220kV 副母线由冷备用改为运行倒闸操作票见表 5-8。

表 5-8　　220kV 副母线由冷备用改为运行倒闸操作票

预发时间： 年 月 日 时 分	调字 号
预令调度员：	接受人：
发令调度员：	接受人：
操作任务：许可：220kV 副母线改为运行	
调度任务票	
1. 将 220kV 副母线电压互感器由冷备用改为运行	
2. 将 220kV 母联 2510 断路器由冷备用改为运行（充电）	
3. 将××4576、××2912、××2Y38、2 号主变压器 2502 断路器由 220kV 正母线调至副母线运行	
注：充电保护自行考虑	

续表

正令时间：		日　时　分	操作开始时间：　日　时　分 操作结束时间：　日　时　分
✓	顺序	操　作　项　目	
	1	向省调申请220kV副母线改为运行	
	2	检查送电范围内应确无遗留接地	
	3	合上220kV副母线电压互感器22025隔离开关	
	4	检查220kV副母线电压互感器22025隔离开关应合上	
	5	检查220kV母联2510断路器应拉开	
	6	合上220kV母联25101隔离开关	
	7	检查220kV母联25101隔离开关应合上	
	8	合上220kV母联25102隔离开关	
	9	检查220kV母联25102隔离开关应合上	
	10	放上220kV母差充电保护投LP78连接片	
	11	将220kV母联2510断路器远近控切换开关从“近控”位置切至“远控”位置	
	12	合上220kV母联2510断路器	
	13	检查220kV母联2510断路器应合上	
	14	合上220kV副母线电压互感器次级空气开关	
	15	放上220kV副母线电压互感器次级计量熔丝	
	16	检查220kV副母线三相电压应正常	
	17	取下220kV母差充电保护投入LP78连接片	
	18	放上220kV母差双母互联运行LP77连接片	
	19	分开220kV母联2510断路器第一组控制电源空气开关	
	20	分开220kV母联2510断路器第二组控制电源空气开关	
	21	将220kV母线电压互感器并列切换开关从“解列”位置切至“并列”位置	
	22	合上2号主变压器25022隔离开关	
	23	检查2号主变压器25022隔离开关应合上	
	24	拉开2号主变压器25021隔离开关	
	25	检查2号主变压器25021隔离开关应拉开	
	26	合上××29122隔离开关	
	27	检查××29122隔离开关应合上	
	28	拉开××29121隔离开关	
	29	检查××29121隔离开关应拉开	
	30	合上××45762隔离开关	
	31	检查××45762隔离开关应合上	
	32	拉开××45761隔离开关	
	33	检查××45761隔离开关应拉开	
	34	合上××2Y382隔离开关	

续表

✓	顺序	操作项目
	35	检查××2Y382隔离开关应合上
	36	拉开××2Y381隔离开关
	37	检查××2Y381隔离开关应拉开
	38	检查220kV二次方式与一次接线相对应
	39	检查220kV母差不平衡电流应合格（小于100mA）
	40	将××2912断路器电度表电压切换开关从“正母”位置切至“副母”位置
	41	将××4576断路器电度表电压切换开关从“正母”位置切至“副母”位置
	42	将××2Y38断路器电度表电压切换开关从“正母”位置切至“副母”位置
	43	将220kV母线电压互感器并列切换开关从“并列”位置切至“解列”位置
	44	合上220kV母联2510断路器第一组控制电源空气开关
	45	合上220kV母联2510断路器第二组控制电源空气开关
	46	取下220kV母差双母互联运行LP77连接片
	47	220kV副母线改为运行正常，汇报省调

填票人：________ 审核人：

操作人：________ 监护人：________ 值班负责人：________

备注：

第五节 断路器的倒闸操作

一、断路器倒闸操作的原则

（1）断路器可以分、合负荷电流和各种设备的充电电流以及额定遮断容量以内的故障电流。为了防止误操作事故，停电拉闸操作时，必须按照断路器、负荷侧隔离开关、母线侧隔离开关顺序依次操作，送电合闸顺序与此相反。严防带负荷拉隔离开关，这是倒闸操作最重要的基本原则。

（2）双卷主变压器停役时，应选拉开负荷侧断路器，后拉开电源侧断路器，复役时操作顺序与之相反。

三卷变压器：送电时先送高压侧，次送中压侧，后送低压侧，停电操作顺序相反。

（3）设备停役时应先拉断路器，再拉隔离开关；设备复役时，应先合隔离开关，再合断路器。

二、断路器倒闸操作的一般规定

（1）当断路器切断故障电流次数达到现场规程规定时，应停用其重合闸；断路器因有缺陷而不能跳闸时，应改为非自动；若断路器有明显故障，应尽快停用。

（2）一般情况下，凡电动合闸的断路器，不应手动合闸。

（3）操作前应按照现场规程对断路器进行检查，确认断路器性能良好。

（4）断路器合闸前，应检查继电保护已按规定投入。断路器合闸后，应确认三相均应接通，自动装置已按规定放置。

（5）拉、合断路器前，应考虑因断路器机构失灵可能引起非全相运行造成系统中零序保护动作的可能性。正常操作必须采用三相联动操作。

（6）断路器使用自动重合闸装置时，应按现场规程规定考虑其遮断容量下降的因素。当断路器允许切断故障电流的次数，按现场规程规定仅有一次时，若需继续运行，应停用该断路器的自动重合闸装置。

（7）遥控操作断路器时，扳动控制开关不要用力过猛，以防损坏控制开关，也不要返回太快，以防时间短断路器来不及合闸。

（8）如设有母差保护时，母差应改为非固定连接方式，或单母线方式。

三、断路器倒闸操作的要求

1. 断路器合闸操作

（1）操作人员核对断路器的编号及名称应无误。

（2）断路器合闸前，应确认继电保护已按规定投入。有重合闸的线路，应检查重合闸装置是否良好。

（3）根据断路器分、合闸机械位置指示器的指示，确认断路器在断开分闸位置。

（4）操作人员将操作把手向顺时针方向扭转90°至“预合闸”位置。

（5）待绿色指示灯闪光后，再将操作把手向顺时针方向扭转45°至合闸位置。此时，绿灯熄灭，红灯亮，说明断路器已合上。当手脱离操作把手后，它将自动向反时针方向返回45°。

（6）断路器合闸后应检查：

1）红灯亮，机械指示应在合闸位置；

2）此回路的电流表、功率表及计量表是否启动，如不启动应查明原因；

3）电动合闸后，立即检查直流盘或硅整流合闸电流表指示是否回到零位，若电流表有指示，说明合闸线卷有电，应立即拉开直流盘上合闸电源隔离开关（有环路的应拉开两把隔离开关）然后检查开关操作箱的合闸接触器是否卡塞，并迅速恢复合闸电源；

4）弹簧操作机构，在合闸后应检查弹簧是否压紧；

5）断路器进行并网操作中，若因机构造成一相断路器合上（其他两相断路器仍断开），应立即拉开合上的一相断路器，而不准合上未合上的其他两相断路器。

2. 断路器分闸操作

（1）核对断路器之编号及名称无误后，操作人员将操作把手向逆时针方向扭转90°至“预分闸”位置。

（2）待红灯闪光后，再将操作把手向逆时针方向扭转45°至“分闸”位置。此时，红灯熄灭，绿灯亮，说明断路器断开。当手脱离操作把手后，它将自动向顺时针方向返回45°。

（3）根据分、合闸机械位置指示器的指示，确认断路器在断开位置。

（4）断路器分闸后的检查：

1）绿灯亮，机构指示应在分闸位置；

2）计量表应停走，电流表、功率表指针回到零位。

四、断路器倒闸操作注意事项

（1）操作前应检查控制回路、辅助回路控制电源、液压回路是否正常，储能机构应已储能，即具备运行操作条件。

(2) SF_6 断路器气体压力应在规定范围之内。

(3) 长期停运的断路器在正式执行操作前，应通过远方控制方式进行试操作 2～3 次，无异常后，方能按操作票拟定方式操作。

(4) 断路器分闸前，应考虑所带的负荷安排。

(5) 操作前，投入断路器有关保护和自动装置。

(6) 操作前后断路器分、合闸位置指示应正确三相一致。

(7) 操作过程中，应同时监视有关电压、电流、功率等指示，以及断路器控制开关指示灯的变化。

(8) 操作控制开关时，用力不能过猛，防止损坏控制开关。

(9) 断路器合闸后，应检查与其相关的信号，到现场检查其内部有无异常和气味，并检查断路器的机械位置，以判断断路器分合的正确性，避免由于断路器假分假合造成误操作事故。

(10) 断路器操作时，当遥控失灵，现场规定允许进行近控操作时，必须三相同时操作，不得进行分相操作，严禁直接击打分、合闸阀或电磁阀。

(11) 设备停役操作前，对终端线路应先检查负荷是否为零。对并列运行的线路，在一条线路停役前应考虑有关整定值的调整，并注意在该线路拉开后另一线路是否过负荷。

(12) 断路器检修前必须拉开操作熔丝和合闸熔丝，并拉开弹簧储能电源隔离开关或熔丝。

(13) 断路器出现非全相合闸时，首先要恢复其全相运行（一般两相合上一相合不上，应再合一次，如仍合不上则将合上的两相拉开；如一相合上两相合不上，则将合上的一相拉开)，然后再作其他处理；断路器出现非全相分闸时，应立即设法将未分闸相拉开，如仍拉不开应利用母联或旁路进行倒换操作，之后通过隔离开关将故障断路器隔离。

(14) 对于储能机构的断路器，检修前必须将能量释放，以免检修时引起人员伤亡。检修后的断路器必须放在分开位置上，以免送电时造成带负荷合隔离开关的误操作事故。

(15) 断路器累计分闸或切断故障电流次数（或规定切断故障电流累计值）达到规定时，应停役检修。还要特别注意，当断路器跳闸次数只剩有一次时，应停用重合闸，以免故障重合时造成跳闸引起断路器损坏。

(16) 断路器的实际短路开断容量低于或接近运行地点的短路容量时，短路故障后禁止强送电，并应停用自动重合闸。

(17) 运行中的断路器由于某种原因造成 SF_6 断路器气体压力异常并低于规定值时，严禁对断路器进行停、送电操作。应立即断开故障断路器控制电源，及时采取措施，将故障断路器退出运行。

(18) 液压机构及采用差动原理的气动机构，由于某种原因压力降到零时，严禁操作断路器。这时要采取措施，防止“慢分闸”。所谓“慢分闸”是指液压机构由于某种原因压力降为零，然后重新启动油泵时，会造成断路器缓慢分闸。缓慢分闸时，断路器灭弧能力很低，有发生爆炸的危险。

(19) 断路器操动机构因储能不足而发生分、合闸闭锁时，不准对其解除闭锁，进行操作。储能不足时，同样影响断路器分、合闸速度，导致灭弧困难。

(20) 对于 SF_6 断路器，因 SF_6 在电弧作用下将生成有毒的分解物，且比空气重，所以

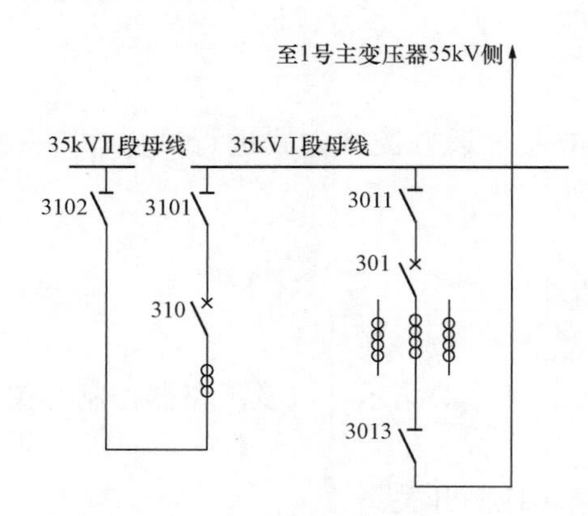

图 5-4　某变电站 35kV 部分电气一次主接线

在巡视及操作检查时不得蹲下。当断路器漏气时，不得接近断路器，如有必要接近，则应戴防毒面具、穿防护服等，室内的应打开通风设备且人员撤离。

（21）对于弹簧储能机构的断路器，在合闸后应检查弹簧已压紧储能。

五、断路器倒闸操作举例

1. 1 号主变压器 301 断路器停役

某市 220kV 变电站主变压器 35kV 侧部分电气一次主接线如图 5-4 所示，1 号主变压器 301 断路器停役倒闸操作票见表 5-9。

表 5-9　1 号主变压器 301 断路器停役倒闸操作票

<table>
<tr><td colspan="3">预发时间：　　　年　　月　　日　　时　　分</td><td>调字　　号</td></tr>
<tr><td colspan="3">预令调度员：</td><td>接受人：</td></tr>
<tr><td colspan="3">发令调度员：</td><td>接受人：</td></tr>
<tr><td colspan="4">发　　令：1. 合上 35kV 母联 310 断路器（合环）</td></tr>
<tr><td colspan="4">2. 将 1 号主变压器 301 断路器由运行改为冷备用（解环）</td></tr>
<tr><td colspan="4">操作任务：1. 35kV 母联 310 断路器由热备用转为运行（合环）</td></tr>
<tr><td colspan="4">2. 1 号主变压器 301 断路器由运行转为冷备用（解环）</td></tr>
<tr><td colspan="4">3. 停用 1 号主变压器第一套、第二套后备保护 35kV 侧电压元件</td></tr>
<tr><td colspan="3" rowspan="2">正令时间：　　　日　　时　　分</td><td>操作开始时间：　　日　　时　　分</td></tr>
<tr><td>操作结束时间：　　日　　时　　分</td></tr>
<tr><td>✓</td><td>顺序</td><td colspan="2">操　作　项　目</td></tr>
<tr><td></td><td>1</td><td colspan="2">合上 35kV 母联 310 断路器</td></tr>
<tr><td></td><td>2</td><td colspan="2">检查 35kV 母联 310 断路器三相应有负荷指示</td></tr>
<tr><td></td><td>3</td><td colspan="2">检查 35kV 母联 310 断路器应合上</td></tr>
<tr><td></td><td>4</td><td colspan="2">拉开 1 号主变压器 301 断路器</td></tr>
<tr><td></td><td>5</td><td colspan="2">将 1 号主变压器 301 断路器远近控切换开关从“远控”位置切至“近控”位置</td></tr>
<tr><td></td><td>6</td><td colspan="2">检查 1 号主变压器 301 断路器应拉开</td></tr>
<tr><td></td><td>7</td><td colspan="2">拉开 1 号主变压器 3013 隔离开关</td></tr>
<tr><td></td><td>8</td><td colspan="2">检查 1 号主变压器 3013 隔离开关应拉开</td></tr>
<tr><td></td><td>9</td><td colspan="2">拉开 1 号主变压器 3011 隔离开关</td></tr>
<tr><td></td><td>10</td><td colspan="2">检查 1 号主变压器 3011 隔离开关应拉开</td></tr>
<tr><td></td><td>11</td><td colspan="2">取下 1 号主变压器第一套后备保护投 35kV 侧复压输出 40LP 连接片；</td></tr>
<tr><td></td><td>12</td><td colspan="2">取下 1 号主变压器第二套后备保护投 35kV 侧复压输出 40LP 连接片</td></tr>
<tr><td colspan="4">填票人：________　审核人：</td></tr>
<tr><td colspan="4">操作人：________　监护人：________　值班负责人：________</td></tr>
<tr><td colspan="4">备注：</td></tr>
</table>

2.1 号主变压器 301 断路器复役

1 号主变压器 301 断路器复役倒闸操作票见表 5-10。

表 5-10　　1 号主变压器 301 断路器复役倒闸操作票

预发时间：　　年　月　日　时　分	调字　　号
预令调度员：	接受人：
发令调度员：	接受人：
发　　令：1. 将 1 号主变压器 301 断路器由冷备用改为运行（合环）	
2. 拉开 35kV 母联 310 断路器（解环）	
操作任务：1. 启用 1 号主变压器第一套、第二套后备保护 35kV 侧电压元件	
2. 1 号主变压器 301 断路器由冷备用转为运行（合环）	
3. 35kV 母联 310 断路器由运行转为热备用（解环）	
正令时间：　　日　时　分	操作开始时间：　　日　时　分
	操作结束时间：　　日　时　分

✓	顺序	操 作 项 目
	1	检查送电范围内应确无遗留接地
	2	检查 1 号主变压器第一套保护无动作及异常信号并进行复归
	3	放上 1 号主变压器第一套后备保护投 35kV 侧复压输出 40LP 连接片
	4	检查 1 号主变压器第二套保护无动作及异常信号并进行复归
	5	放上 1 号主变压器第二套后备保护投 35kV 侧复压输出 40LP 连接片
	6	检查 1 号主变压器 301 断路器应拉开
	7	合上 1 号主变压器 3011 隔离开关
	8	检查 1 号主变压器 3011 隔离开关应合上
	9	合上 1 号主变压器 3013 隔离开关
	10	检查 1 号主变压器 3013 隔离开关应合上
	11	将 1 号主变压器 301 断路器远近控切换开关从“近控”位置切至“远控”位置
	12	合上 1 号主变压器 301 断路器
	13	检查 1 号主变压器 301 断路器三相应有负荷指示
	14	检查 1 号主变压器 301 断路器应合上
	15	检查 l 号主变压器 302 断路器三相应有负荷指示
	16	拉开 35kV 母联 310 断路器
	17	检查 35kV 母联 310 断路器应拉开

填票人：________　审核人：________

操作人：________　监护人：________　值班负责人：________

备注：

第六节 隔离开关的倒闸操作

一、隔离开关倒闸操作原则

（1）停电操作次序：必须按照先拉断路器，后拉非母线侧隔离开关，再拉母线侧隔离开关的顺序依次操作。

（2）送电操作次序：必须按照先合母线侧隔离开关，后合非母线侧隔离开关，再合断路器的顺序依次操作。

（3）变压器停、送电操作次序：应先停变压器的低压绕组一侧，再停变压器的中压绕组一侧，后停变压器高压绕组一侧；送电时的操作顺序与停电时相反。

（4）双母线接线热倒方式，必须先合母联断路器并改为非自动后，采取先合后拉隔离开关的方式进行，然后恢复母联断路器自动的操作方式进行。

（5）双母线接线冷倒方式，必须先拉本身断路器，后采取先拉后合母线隔离开关，再合本身断路器的操作顺序。

（6）在几台断路器同时停、送电操作时，根据上述原则，可按调度命令的顺序同时依次拉开断路器，再依次拉开隔离开关，但拉隔离开关或合上隔离开关前必须先检查断路器在断开位置。送电时的操作顺序则相反。

二、隔离开关倒闸操作的规定

1. 允许用隔离开关操作的设备

（1）在无接地告警指示时，拉开或合上电压互感器。

（2）无雷电时，拉开或合上避雷器。

（3）在没有接地故障时，拉开或合上变压器中性点接地隔离开关。

（4）与断路器并联的旁路隔离开关，当断路合闸后，可以拉合断路器的旁路电流。

（5）拉合励磁电流不超过2A的空载变压器、电抗器和电容电流不超过5A的空载线路。

2. 不允许用隔离开关的操作

（1）不准用隔离开关向220kV母线充电。

（2）操作中，如果发现隔离开关的支持绝缘子严重破损、隔离开关的传动杆严重损坏等严重缺陷时，不准对其进行操作。

（3）操作中，如隔离开关被闭锁不能操作时，应查明原因，不得随意解除闭锁。

（4）操作中，如果隔离开关有振动现象，应查明原因，不要硬合、硬拉。

（5）严禁用隔离开关拉、合运行中的电抗器、消弧线圈、空载变压器、空载线路。

三、隔离开关倒闸操作的注意事项

（1）禁止带负荷操作隔离开关。操作隔离开关前，应检查相应断路器分、合闸位置是分正确，以防止带负荷拉合隔离开关。当发生带负荷拉开隔离开关时，应迅速拉开，不许中途再合上；当发生带负荷合上隔离开关时，应迅速合上，不许中途再拉开。

（2）拉、合隔离开关后，应到现场检查其实际位置，以免因控制回路或传动机构故障，出现拒分、拒合现象；同时，应检查隔离开关触头位置是否符合规定要求，以防止出现不到位现象。

（3）隔离开关操作机构的定位销操作后一定要销牢，以免滑脱发生事故。

（4）操作中，如果隔离开关有振动现象，应查明原因，不要硬合、硬拉。

（5）隔离开关操作后，检查操作应良好，合闸时三相同期且接触良好；分闸时判断断口张开角度或闸刀拉开距离应符合要求。

（6）电动操作的隔离开关如遇电动失灵，应查明原因和与该隔离开关有闭锁关系的所有断路器、隔离开关、接地隔离开关的实际位置，正确无误才可拉开隔离开关操作电源而进行手动操作，不得随意解除闭锁。

（7）在手动操作闸刀分、合闸时，闸刀端子箱内的切换开关切至手动位置。

（8）手动合上隔离开关时，必须迅速果断。在隔离开关快合到底时，不能用力过猛，以免损坏支持绝缘子。当合到底时发现有弧光或为误合时，不准再将隔离开关拉开，以免由于误操作而发生带负荷拉隔离开关，扩大事故。

（9）手动拉开隔离开关时，应慢而谨慎。如触头刚分离时发生弧光，应迅速合上并停止操作，立即检查是否为误操作而引起电弧。值班人员在操作隔离开关前，应先判断拉开该隔离开关是否会产生弧光（切断环流、充电电流时也会产生弧光），在确保不发生差错的前提下，对于会产生的弧光的操作则应快而果断，尽快使电弧熄灭，以免烧坏触头。

（10）隔离开关操作（拉、合）所发出的声音，可用来判断是否误操作及可能发生的问题。操作发出的声响有轻有响，但如何来判断音响是否正常，这需要每一个值班员在实际操作中注意观察，一般是电压等级越高、切断的电流越大，则声音越响；反之，则越轻。

（11）变电站220kV、110kV母线侧隔离开关为剪刀式时，合闸时隔离开关应垂直，触头要夹紧。

（12）操作隔离开关后，要将防误闭锁装置锁好，以防止下次发生误操作。

（13）操作接地隔离开关时，应满足操作条件。用手动拉开电磁锁，放上挡板，然后操作接地隔离开关。

第七节 电容器的倒闸操作

一、电容器停送电操作的一般原则

（1）电容器送电前应经试验合格，由检修部门出具可投运结论并经运行人员验收合格后方可投入运行。

（2）电容器送电前应检查电容器断路器及电容器组送电范围内接地线已全部拆除。

（3）正常运行时，电容器投退应按调度部门下达的电压和无功曲线进行操作。

（4）电容器送电前，电容器的保护必须投入运行。

（5）当变电站连接于电容器的母线停电时，应先拉开电容器组的断路器，后拉开该母线上各出线断路器。

（6）空母线恢复送电时应先合上各线路断路器，再根据母线电压及系统力率情况，决定是否投入电容器。

（7）电容器断路器分闸后，一般应间隔5min才能再次进行合闸操作，防止合闸瞬间电源电压极性正好和电容器上残留电荷的极性相反，损坏电容器。

（8）电容器断路器合闸操作时，若由于断路器机构问题，断路器未合上，不可连续进行合闸操作。

二、电容器倒闸操作注意事项

（1）正常运行情况下电容器的投切，由运行人员根据系统电压高低及力率情况，按调度部门确定的电压曲线范围自行投切。

（2）当变电站电容器组的母线全停电时，应先拉开电容器组分断路器，后拉开该母线上各出线断路器：当该母线送电时，则应先合上各出线断路器，后合上电容器组断路器，且值班员可按电压曲线及异常情况（如超限运行时）拉、合电容器分路断路器，并及时汇报调度。

（3）电容器总断路器若带电容器组拉开后，一般应间隔15min后才允许再次合闸，分断路器拉开后则应间隔5min后才能再次合闸操作。

（4）电容器断路器合闸操作时，若由于断路器机构问题，断路器未合上，不可连续进行合闸操作。

（5）电容器停用后，应经充分放电后才能验电、装设接地线。其放电时间不得少于15min，若有单台熔丝熔断的电容器，应进行个别放电。

（6）电容器停用检修时，应经充分放电后才能验电、合接地闸刀，其放电时间不得少于15min。

（7）接有电容器的母线突然失电，同时电容器失压保护未动作或电容器断路器未跳开时，运行人员应立即拉开电容器断路器。

（8）母线恢复送电时应先合上各线路断路器，再根据母线电压及系统力率情况，决定是否投入电容器。

（9）为防止过电压和当空载变压器投入时，可能与电容器发生铁磁谐振产生的过电压，在主变压器投入运行后，再投入电容器，在主变压器停止运行前，先停用电容器。

（10）运行中的电容器如发现熔丝熔断，应查明原因，经鉴定试验合格（比如介质损、测绝缘电阻、测电容量或者热稳定试验），并更换熔丝后，才能继续送电。

（11）当系统发生单相接地时，应立即拉开电容器断路器。不准带电检查该系统上的电容器组。

（12）电容器组在操作中将产生操作过电压和合闸涌流，该涌流可高达电容器组额定电流的几倍、甚至几十倍，以致引起断路器、避雷器、绝缘子对地闪络，电容器击穿等故障。一旦发生故障，应立即汇报主管部门进行处理。

第八节　站用变压器倒闸操作

一、站用变压器停送电操作的一般原则

（1）站用变压器是变电站电气设备安全运行的重要电源，在停站用变压器时，应考虑到继电保护、主变压器冷却器、电气设备倒闸操作、动力及合闸电源。

（2）变电站的站用电源禁止外接到与变电站无关的工作中去使用，站用变压器的停送电操作应由调度员发令进行操作。

（3）站用变压器送电前应经试验合格，由检修部门出具可投运结论，并经运行人员验收合格后方可投入运行。

（4）站用变压器停电时间超过10天，必须经电试合格后方可恢复送电。

（5）站用变压器送电前，应检查站用变压器送电范围内接地线已全部拆除。

（6）站用变压器停电时，应先停用站用变压器低压侧，再停用站用变压器高压侧。送电时顺序与此相反。禁止用隔离开关拉开带有负载站用变压器。

（7）禁止将接在不同系统的两台站用变压器低压侧并列运行，防止产生环流，损坏站用变压器。

二、站用变压器停送电的操作要求

（1）站用变压器高压侧未装断路器，在站用变压器停电时应先拉开站用变压器低压侧断路器，再拉开站用变压器低压侧隔离开关，最后再拉开站用变压器高压侧隔离开关。站用变压器送电时，应检查站用变压器低压侧隔离开关、隔离开关在分闸位置后，再合上站用变压器高压侧隔离开关。

（2）当停用一台站用变压器时，应将需停用站用变压器所供的低压侧负载停用后，再切换至另一台站用变压器供电。站用变压器和接地变压器切换屏上的公用负载也应作相应切换。

（3）站用变压器送电后，应检查站用变压器屏上母线电压指示正常，且三相电压平衡，其低压侧负载也应作相应调整，并检查所供负载供电正常。

三、站用变压器的操作

（1）站用交流电源切换应先停后送，允许短时失电，严禁 1、2 号站用变压器与备用站用变压器次级并列运行。

（2）站用变压器停、启用按当班调度员的命令执行。站用盘上的设备由当值值班员根据需要自行操作。

（3）站用变压器停电应先停低压再拉高压隔离开关，低压侧停电应按接触器—断路器顺序进行，送电时相反。

（4）站用交流电源切换应操作交流接触器，不得使用次级断路器。

（5）站用盘上站用变压器次级接触器及分段接触器具有就地盘上按钮分合闸和遥控分合闸两种操作方式，正常采用就地操作方式。各接触器之间相互连锁，不满足连锁条件不能进行接触器合闸操作。

第九节　电压互感器的运行操作

一、电压互感器投切操作要求

1. 电压互感器的二次并列、解列操作要求

（1）母线电压互感器二次回路需并列时，必须在母联断路器运行状态下方可操作。操作后，应检查电压二次回路并列情况良好。

（2）当一组母线电压互感器二次回路发生故障时，在故障未消除前不得将电压互感器二次并列。

（3）倒排操作前应先将母联断路器合上并转非自动，再将电压互感器二次并列，倒排结束后恢复。

（4）母线电压互感器二次回路解列后，应立即检查恢复送电的电压互感器所供的二次电

压正常。

2. 正常及特殊运行方式对电压互感器回路的投切操作要求

(1) 正常运行时，母线电压互感器二次回路应保持解列运行，当某一条母线或某一台电压互感器停电或检修时，除应将电压互感器一次隔离开关或熔丝断开，还应将电压互感器二次小开关或熔丝均断开，防止电压互感器二次向一次倒送电。

(2) 对电磁式电压互感器在停送电操作过程中，应避免母线电容与电压互感器电感产生谐振，防止谐振过电压。

(3) 对电磁式母线电压互感器停电操作时，应在该段母线失电前将母线电压互感器停用。母线电压互感器送电操作的顺序与停电相反。

(4) 电容式电压互感器停送电操作顺序如调度发令操作顺序不符合上述规定时，按调度任务执行。

(5) 线路停电时，应将线路电压互感器二次小开关或熔丝断开。

(6) 新更换电压互感器在充电前应将二次回路退出母差，待充电正常后再接入母差回路。

3. 母线运行中停用电压互感器对有关保护的调整要求

(1) 母线运行中停用一组电压互感器时，应先将电压互感器二次并列。

1) 母线电压互感器二次并列操作，必须确保母联断路器在运行状态下方可进行。

2) 母线电压互感器二次并列后，对于继电保护、自动装置及表计的电压回路仍按两组电压互感器运行时的方式，不需要进行其他操作。

(2) 母线运行中停用电压互感器时，电压互感器二次回路故障不能并列，对有关保护应做如下调整：

1) 将 110kV 母差改为单母方式。

2) 应考虑运行在该母线上线路的距离、电压、方向保护以及低周保护、故障录波器等装置误动。

二、电压互感器的停用注意事项

在双母线接中（在其他接线方式中，电压互感器随同母线一起停用），如一台电压互感器出口隔离开关、电压互感器本体或电压互感器低压侧电路需要检修时，则须停用电压互感器。

(1) 电压互感器停用操作程序：

1) 先停用电压互感器所带的保护及自动装置。如装有自动切换装置或手动切换装置时，其所带的保护及自动装置可不停用。

2) 取下低压熔断器，以防止反充电，使高压侧带电。

3) 拉开电压互感器出口隔离开关，取下高压侧熔断器。

4) 进行验电，用电压等级合适而且合格的验电器，在电压互感器进线各相分别验电。验明无电后，装设好接地线，悬挂标示牌，经过工作许可手续，便可进行检修工作。

(2) 停用 35kV 电压互感器或断电压二次熔丝时应考虑电压、方向保护误动和低周保护。

(3) 停用 110kV 和 220kV 电压互感器或断开电压二次开关时应考虑距离、电压、方向、母差保护、故障录波器等装置误动。

（4）线路电压互感器停用应考虑同期无压鉴定重合闸、综合重合闸装置。

（5）停用电压互感器须考虑电能表的计量问题。

第十节　消弧线圈停送电的操作

一、消弧线圈停送电的操作的一般原则

（1）消弧线圈送电前应经试验合格，由检修部门出具可投运结论并经运行人员验收合格后，方可投入运行。

（2）消弧线圈送电前应检查消弧线圈送电范围内接地线已全部拆除，且35kV系统无接地现象。

（3）消弧线圈的停启用应由调度发令操作，35kV系统接地电容电流≥10A时，应启用消弧线圈。

（4）为避免系统中线路自行跳闸后产生谐振，或在断线时产生过电压，消弧线圈的抽头调整应采用过补偿运行方式。

（5）经消弧线圈接地的系统，在线路跳闸后送电时，不得将消弧线圈停用。

二、消弧线圈停送电的操作的要求

（1）操作消弧线圈隔离开关时，必须确认该系统无接地故障情况下进行，禁止用隔离开关操作有接地故障时的消弧线圈。

（2）当中性点位移电压大于15%相电压时，禁止操作消弧线圈隔离开关。

（3）系统单相接地时，禁止调节该段母线上的消弧线圈档位。

（4）若消弧线圈在最低档位运行时，残流大于10A应向调度汇报申请停用消弧线圈。

三、消弧线圈的操作

1. 消弧线圈自动调谐装置投入运行操作步骤

（1）合上PK屏内部的交、直流电源开关。

（2）合上消弧线圈与中性点之间单相隔离开关。

（3）合上控制器电源开关。

2. 消弧线圈自动调谐装置退出运行操作步骤

1）断开控制器电源开关。

2）拉开消弧线圈与中性点之间单相隔离开关。

3）断开PK屏后交、直流电源开关。

3. 两台变压器中性点共用一台消弧线圈时的切换操作

如果在补偿网络内，某变电站的两台分开运行的变压器中性点共用一台消弧线圈时，禁止将两台变压器中性点同时并于一台消弧线圈上运行。消弧线圈在运行中或分接头调整好后，若需要将它切换到另一台变压器中性点上，应先断开连接消弧线圈变压器中性点的隔离开关，然后再合上被投入的另一台变压器中性点的隔离开关。

如图5-5所示，主变压器T1的中性点隔离开关为QS1，主变压器T2的中性点隔离开关为QS2，此时，隔离开关QS1合上，QS2断开。但由于线路的投入及断开，或电网分成几个部分运行，或发生事故，需调整对地电容电流的分布情况，因而须将消弧线圈由变压器T1的中性点上切换到变压器T2的中性点上运行。

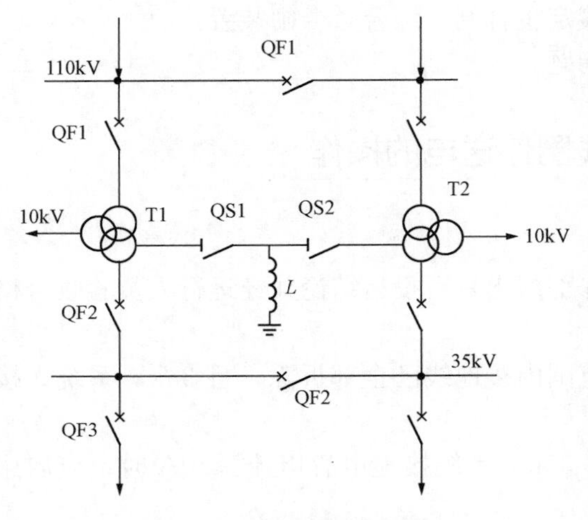

图 5-5 两台变压器中性点共用一台消弧线圈的接线

在进行切换操作时，应先断开消弧线圈隔离开关 QS1，然后再合上隔离开关 QS2。在操作过程中，应避免使消弧线圈同时接在两台变压器的中性点上。

四、消弧线圈操作注意事项

（1）倒换分接头前，必须拉开消弧线圈的隔离开关，将消弧线圈停电，以保证人身安全，并做好安全措施后，进行分接头调整。

（2）倒换分接头完毕，应测量消弧线圈的导通良好。拆除安全措施后，经检查无接地，合上消弧线圈的隔离开关（即投入消弧线圈）。

（3）在送电线路投入前，应先倒换分接头位置以增加电感电流，使其适合线路增加后的过补偿度，然后送电。线路停电时，则相反。

（4）当采用欠补偿方式运行时，应先将线路送电，以提高消弧线圈分接头的位置（即减小电感电流）。线路停电时，则相反。

（5）当系统发生单相接地或中性点偏移电压较大，不平衡电压超过 30%，致使接地报警时，禁止投切消弧线圈，禁止更改消弧设备的调谐值。

（6）若运行中的变压器与所带的消弧线圈一起停电时，应先停消弧线圈，即拉开消弧线圈的隔离开关，再停主变压器。

（7）当消弧线圈残流表有读数，但又不是单相接地故障时，值班人员应报告调度，了解调谐是否恰当，并检查三相电压是否平衡。

（8）经消弧线圈接地的系统，在线路跳闸强送时，严禁将消弧线圈停用。

第十一节 直流系统操作

一、直流系统接线原理

直流系统采用双环换接器正常运行时，整流装置将基本电池和端电池全部接入，处于“大充电”状态。运行电压从端电池中抽取，如 220V 直流系统的基本电池为 88 只，端电流为 30 只，共 118 只。直流系统接线原理如图 5-6 所示。

运行方式从“大充电”改“小充电”时，运行电池处于浮充电状态（共 104 只），部分端电池（105～118 只）处于自放电状态，当外界直流负荷变化时，整流装置能及时调整输出量，所以蓄电池不会过充或欠充，从而达到保护蓄电池的目的。

二、蓄电池组的操作

某 220kV 变电站，蓄电池组全部为基本电池，用一台硅整流装置供给直流负载和直流系统，由 1 号充电屏、直流馈线屏、2 号充电屏、1 号直流分配屏、2 号直流分配屏及 8 面蓄电池组屏组成。

1. 直流 1 号充电屏的操作

直流 1 号充电屏主要由双路交流电源切换装置、测量表计、信号灯、降压硅链、充电模块、48V 通信电源模块、MC6000 智能监控装置、48V 通信电源馈线开关等构成。

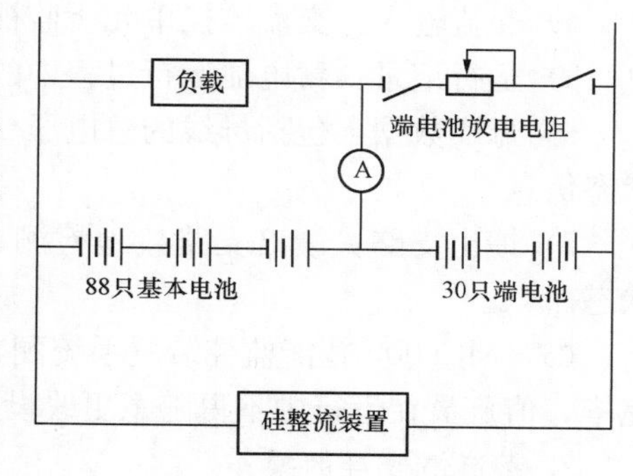

图 5-6 直流系统接线原理

（1）双路交流电源切换装置 SR-3 的操作：双路三相交流电源输入，并能自动切换。交流配电单元上设有转换开关：

1）“退出”位置：两个交流接触器均断开，关断两路交流输入。

2）“工作”位置：交流主给蓄电池补充自放电电流。电源投入，当交流主电源故障时，可自动将另一路交流备用电源投入，以保证充电机交流电源的可靠性。

3）“备用”位置：交流备用电源投入，作为充电机的输入电源，交流故障后不会自投。

（2）降压硅链的操作：位于该柜上方，转换开关 SA1 用来手动调节硅链电压，正常运行时将 SA1 置于“自动”档位，当Ⅰ段斩波电源故障之后它将自动投入。

（3）充电模块的操作：采用 7 只 RSD-10/220 高频开关电源模块并联构成一组充电电源，1～6 号高频开关电源模块与第一组蓄电池组并接于Ⅰ段直流合闸母线，7 号高频开关电源模块接于Ⅰ段直流控制母线。高频开关电源模块的投运：

1）合上所用交流盘整流器交流电源开关。

2）合上直流盘内交流工作电源开关。

3）合上高频开关电源模块交流电源开关。

4）合上智能监控装置交流电源。

（4）MC6000 智能监控装置的操作：

1）按住“↑”“↓”“←”“→”键，将光标移到欲进入的菜单条上（未出现光标时，先按“SET”键）；

2）按“SET”键确认进入。

3）如需再进入下一级菜单，重复以上操作。

4）如需更改定值或状态值，将光标移到欲改位置，按下“SET”键，使光标所在位置闪烁，按“↑”“↓”键修改，按“SET”键确认。

5）按“返回”或“退出”键退出。

（5）装置开机或连续按“退出”“返回”键到“主菜单”屏，主菜单下各级菜单下的内容分别为本装置监视的各种重要数据，值班员可进入以下菜单进行查看：

1）事件信息：本装置监视到的所有异常及开关量动作信息，可打印，共能保存 255 条事件记录。

2）电池数据：可查看电池组/电池单体电压、电流、内阻、温度等参数及与其相关的充电机的电压、电流以及电池组的均/浮充、放电等运行状态和充入/放出的安时（Ah）数。只有进行过内阻测定，单电池内阻值才有显示。

3）高频电源：与高频开关电源模块相关的数据，如交流输入电压、模块直流输出电压/电流、内部散热器温度等。

4）交流输入：交流监控单元所监视的交流输入电源的相关数据及状态。

5）运行记录：蓄电池运行过程中的充电、放电的数据记录及充放电曲线。

6）母线数据：包括母线的总电压、正负对地电压和正负对地电阻等数据及主断路器的状态信息。

7）馈出支路：馈出支路接地检测单元检测的馈出支路接地电流及馈出断路器的工作状态。

（6）MC6000智能监控装置系统配置、参数的设置、充电机控制由直流专职工一次设置完毕，值班员在运行中不得随意更改设置。

2. 直流馈线屏的操作

直流馈线屏主要由测量表计、绝缘装置选择开关、直流母线分段断路器、控制母线馈线断路器、斩波电源模块等构成。

（1）绝缘装置选择开关的操作：

1）Ⅰ段绝缘装置选择开关（SA3）、Ⅱ段绝缘装置选择开关（SA4）通过旋转手柄至不同位置来选择直流系统绝缘在线监测装置。

2）“退出”位置：停用直流系统绝缘在线监测装置。

3）“MC6000”位置：启用MC6000智能监控装置自带的直流系统绝缘监测装置。

4）“BWDJ”位置：启用BWDJ-8直流系统绝缘监测装置。

（2）直流母线分段断路器的操作：正常时分段断路器QK拉开，两段母线分列运行。控制母线馈线断路器1QF1-9、2QF1-9提供18路控制母线输出，供直流分配屏总电源、逆变装置电源、事故照明电源、试验电源等。

（3）斩波电源模块的操作：2组斩波电源模块，接在Ⅰ（Ⅱ）段合闸母线与Ⅰ（Ⅱ）段控制母线之间，使输出电压满足Ⅰ（Ⅱ）段控制母线允许的波动范围。

3. 试验断路器的操作

继电保护进行80%试验时，应由继电保护人员向值班员提出，由值班员进行操作，即合上直流馈线屏上80%输出小开关1QF10或2QF10。

4. 绝缘监察装置的操作

装置正常时，可在主菜单下进行事故追忆操作：按下放弃键或确认键均可进入到主菜单，利用“↑”“↓”键选择追忆选项，则当前选项低亮显示，按下确认键或“→”键，即进入到下级菜单显示出相应追忆信息。

5. 蓄电池的操作

蓄电池以TCJ-300F阀控式密封铅酸电池为例，配置两组，每组104只，放置于8面蓄电池屏。

蓄电池正常采用浮充运行方式，浮充电压应设定在244V左右。浮充状态下的单个电池电压应保持在2.23～2.27V之间。

6. 蓄电池的维护操作

（1）值班员每星期对全部蓄电池电压进行抄录，并做好记录。

（2）值班员应每月对蓄电池进行清洁工作。

（3）一组蓄电池故障时，在无接地或短路故障时，可以拉开1DK或2DK，合上直流母线分段断路器QK，由另一组蓄电池供全部，退出故障蓄电池。

(4) 蓄电池正常运行在浮充电状态，浮充电流由智能监控装置自动控制。浮充、均充自动转换，均充在每月的15日8时自动进行，完成后进入浮充电状态。

第十二节　微机防误装置的操作

一、微机防误解锁操作的原则和规定

1. 解锁操作的原则

(1) 操作解锁钥匙由各变电站集中管理，不得私藏使用。

(2) 检修设备修试、调试需解锁时，由检修工作负责人向值班负责人（或正值）申请，其解锁钥匙必须始终由值班员掌握，并履行解锁监护制，不得把钥匙交给检修人员自行解锁，解锁结束后，钥匙立即收藏封存。

(3) 运行设备需解锁，必须填写操作解锁申请记录，并履行必要的申请手续。否则一经发现严肃考核，如造成误操作等后果，应负全责。

2. 使用紧急解锁钥匙规定

(1) 紧急解锁钥匙箱应定点放置，解锁钥匙不允许私藏使用，箱内紧急解锁钥匙类型、数量应与紧急解锁钥匙清单记录相符。需作为紧急解锁操作的隔离开关机构箱钥匙，也应放入箱内。

(2) 在发生严重威胁人身安全、危及设备安全的情况下，需进行紧急解锁操作时，应严格执行“四核对”，可先操作，再向领导汇报解锁情况。

(3) 紧急解锁应填写倒闸操作解锁记录，一式二份，一份留班组，一份一周内交工区安全员，在工区月度安全运行会议进行分析、讲评，提出整改建议。

3. 使用、借用钥匙的规定

(1) 严禁检修人员使用解锁钥匙进行分、合断路器、隔离开关的操作。

(2) 隔离开关检修时，检修人员借用检修隔离开关的操作机构箱钥匙，应由工作负责人提出，征得当班正值或值班长同意，由运行人员打开检修隔离开关的操作机构箱门，并收回钥匙。

(3) 检修人员按工作票内容进行清扫时，借用隔离开关的操作机构箱钥匙，由工作负责人提出，征得当班正值或值班长同意，由运行人员将隔离开关操作电源断开，工作结束，运行人员必须检查操作机构箱门确已锁好，并合上隔离开关操作电源。

(4) 对检修人员进行清扫时，借用钥匙应记入借用钥匙使用记录。

二、WFBX型微机联锁操作程序

1. 概述

WFBX型微机五防连锁装置由五防的主机、微机钥匙、编码锁等设备组成，从软、硬件两个方面对操作进行闭锁。该系统可实现防带负荷拉、合隔离开关，防误拉、合断路器，防误入带电间隔，防带电挂接地线，防带接地线合闸的五防功能。

2. 操作票内容

调度发布任务票后，值班员依据任务在五防机上填写操作票，该过程同时是一个在五防机上预演并检验操作票正确性的过程。

将电脑钥匙放在通信装置上，接受操作票内容：

（1）当五防主机显示：请插上电脑钥匙、传送操作票、确定。

（2）打开电脑钥匙电源和通信充电装置的电源，将电脑钥匙放回到通信充电装置上，确认五防主机的屏幕上提示，电脑钥匙将显示“接收操作票，请等待”。

（3）此时电脑钥匙处于同五防主机通信的状态，通信完毕，此提示自动消失。若长时间显示这种提示，应检查通信充电装置显示灯提示是否正确，可关闭电脑钥匙电源，再打开，放回到通信充电装置上，重新来一次。

3. 倒闸操作

携电脑钥匙按操作票顺序依次执行倒闸操作：

（1）电脑钥匙接到操作票后，即可按其显示的内容到现场操作，在显示屏上将显示每一项操作内容。如果显示内容超过一屏，则第一屏显示完，等待几秒后显示第二屏。

（2）断路器、电动隔离开关的操作：

1）当电脑钥匙显示：第1、合上××线711断路器。将电脑钥匙插入该断路器的电气编码锁中，微机钥匙发出长音，电脑钥匙显示：第1、继续、开锁，合上××线711断路器。此时操作断路器KK把手，当听到电脑钥匙发出一声鸣叫时，表示微机钥匙已检测到操作回路有电流流过，操作结束，可取下电脑钥匙。

2）对电气编码锁，一旦操作结束，电脑钥匙再次插入该断路器或电动隔离开关的电气编码锁中，即使编码正确，电脑钥匙内闭锁机构也不会解开，不允许重复操作。当前操作结束，依次按电脑钥匙上的“继续”和“执行”键，进入操作票下一步操作。

（3）手动隔离开关、临时接地线、网门的操作：

1）当微机钥匙显示：第1、合上××线1131隔离开关，检查应合上。将微机钥匙插入该隔离开关的锁孔中读其编码，如正确，微机钥匙发出长音，微机钥匙显示：第1、继续、开锁、合上××线1131隔离开关，检查应合上。此时按下开锁按钮，即可打开机械编码锁，进行倒闸操作。如果机械编码锁与微机钥匙显示的设备不对应，微机钥匙将发出连续的报警声，微机钥匙中的闭锁机构锁死，不能进行开锁操作。

2）当隔离开关合上后，微机钥匙将根据倒闸类型显示：检查、确在合闸位置。要求将微机钥匙插入机械编码锁的另一个锁孔中，读取编码，以确保当前的倒闸操作已完成，避免空走行程。如果读不到规定的锁编码，将发出连续的报警声，应先检查当前锁体是否已锁上，确保锁上后才能读到正确的编码，完成强制性检查，此时按“继续”和“执行”键，微机钥匙将显示操作票中下一步操作项。

3）变电站网门采用挂锁，打开或关闭网门作为倒闸操作中的一步，应开入操作票中，网门的打开还是关闭值班员应根据实际情况进行考虑。操作时不用检查锁的操作后状态，打开或锁上锁后按“继续”和“执行”键，电脑钥匙将显示操作票中下一步操作项。

（4）提示性操作：

微机将显示：第1、放上××线113断路器保护跳闸LP1连接片。提示性操作即提示性质的、但又不可缺少的、没有锁体闭锁的操作项，操作人员检查当前提示项确已完成，依次按“继续”和“执行”键，进入下一步操作。

（5）操作结束：

当一张操作票所有操作都完成，微机钥匙显示：操作结束、将钥匙放回充电座。

操作完毕将微机钥匙放入通信装置与主机进行通信，微机钥匙自动将现场各操作设备的状态回给防误主机，防误主机将一次接线图上的设备状态同现场对位，保证状态一致，同时自动清除微机钥匙内已执行的操作票。

4. 连锁操作注意事项

(1) 微机钥匙的使用：

1) 电脑钥匙应经常保持电力充足，微机钥匙在通信充电装置上的充电时间不能超过12h，通常充满电只需3h，静态放电时间为8h，通常每星期充电一次。

2) 每操作完一项应对操作设备进行确认后再按“继续”和“执行”键，才能执行下一步操作。

3) 当微机钥匙中有一张操作票，关闭微机钥匙电源，按住“浏览”键打开钥匙的电源，进入浏览操作票过程，按“继续”键逐项浏览，直到结束，自动返回到执行操作票状态。

(2) 微机防误装置配有2把微机钥匙，一主一备。当操作时微机钥匙电池容量不足或故障不能继续进行操作，要换备用钥匙。微机钥匙电池容量不足时会显示：电池容量不够、请充电。

(3) 换备用钥匙，关闭微机钥匙电源，按住“执行”键打开微机钥匙电源开关，钥匙显示“换备用钥匙，将钥匙放回充电座”。

(4) 将微机钥匙放到充电座上，钥匙将当前已操作过的信息传给防误主机，防误主机将一次接线图上的设备状态同现场对位，同时提示换上备用钥匙，将备用钥匙放到充电座上(备用钥匙中不能有操作票)。防误主机会把原先钥匙内的操作信息传到备用钥匙中，继续以后的操作。

(5) 系统的核心部分为防误主机及钥匙，站内值班人员必须熟悉微机五防操作。

三、误拉合各类断路器或隔离开关后的处理

(1) 误拉断路器时，对馈电线路应立即合上误拉的断路器，恢复送电；对联络线应在汇报调度并经同意后，方可合上误拉的断路器，防止造成非同期合闸。

(2) 误合断路器时，应立即拉开误合的断路器。

(3) 发生带负荷误拉隔离开关时，如刀闸触头刚分离，应立即将隔离开关反方向操作合上；但如已误拉开，且已切断电弧时，则不许再合隔离开关。

(4) 误合隔离开关时，不论任何情况，都不准再拉开。如确需拉开，则应拉开该回路隔离开关后，再拉开误合的隔离开关。

第六章

变压器及电气设备微机保护装置

第一节　变压器保护类型及配置

一、变压器保护类型

1. 气体保护

变压器气体保护可防止变压器油箱内部各件短路故障和油面降低。0.8MV·A 及以上油浸式变压器和 0.4MV·A 及以上车间内油浸式变压器，均应装设气体保护。带负荷调压的油浸式变压器的调压装置，亦应装设气体保护。

气体保护能反映以下各类故障：

(1) 变压器内部多相短路。

(2) 变压器内部匝间短路，匝间与铁芯或外壳短路。

(3) 铁芯发热烧损故障。

(4) 油面下降。

(5) 有载调压开关接触不良。

2. 差动保护

防止变压器绕组和引出线多相短路、大接地电流系统侧绕组和引出线的单相接地短路及绕组匝间短路的（纵联）差动保护或电流速断保护。

(1) 差动保护的基本原理。

变压器的差动保护是利用比较变压器各侧电流的差值构成的一种保护，其原理如图 6-1 所示。

变压器装设有电流互感器 TA1 和 TA2，其二次绕组按环流原则串联，差动继电器 KD 并接在差回路中。

变压器在正常运行或外部故障时，电流由电源侧Ⅰ流向负荷侧Ⅱ，在图 6-1 (a) 所示的接线中，TA1、TA2 的二次电流 $\dot{I}'_1$、$\dot{I}'_2$ 会以反方向流过继电器 KD 的线圈，KD 中的电流等于二次电流 $\dot{I}'_1$ 和 $\dot{I}'_2$ 之差，故该回路称为差回路，整个保护装置称为差动保护。若电流互感器 TA1 和 TA2 变比选得理想且在忽略励磁电流的情况下，则 $\dot{I}'_1 = \dot{I}'_2$，继电器 DK 中电流 $\dot{I} = 0$，亦即在正常运行或外部短路时，两侧的二次电流大小相等、方向相反，在继电器中电流等于零，因此差动保护不动作。

如果故障发生在 TA1 和 TA2 之间的任一部分（如 k1 点），且母线Ⅰ和Ⅱ均接有电源，则

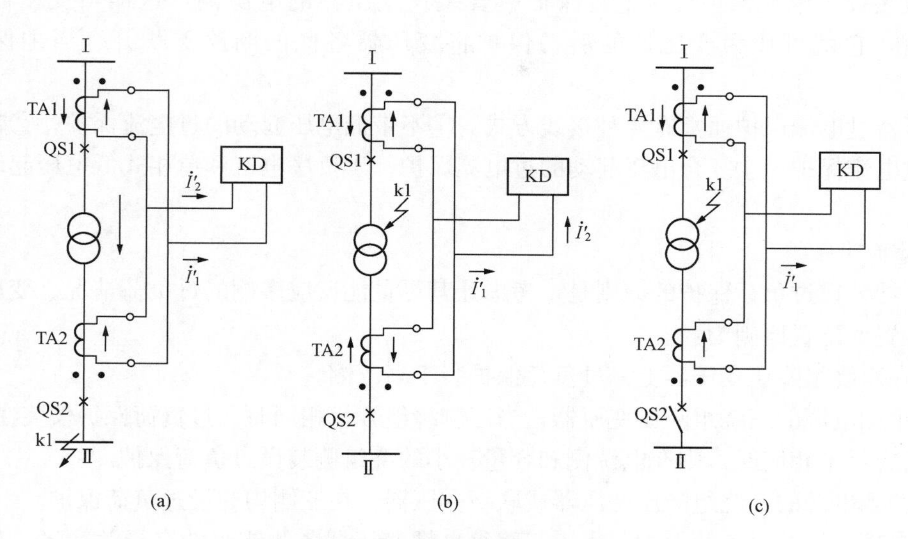

图 6-1　变压器差动保护原理图

(a) 正常运行及外部故障；(b) 内部故障（双侧电源）；(c) 内部故障（单侧电源）

流过 TA1 和 TA2 一、二次侧电流方向如图 6-1（b）所示，于是 $\dot{I}'_1$ 和 $\dot{I}'_2$ 按同一方向流过继电器 KD 线圈，即 $\dot{I}=\dot{I}'_1+\dot{I}'_2$ 使 KD 动作，瞬时跳开 QS1 和 QS2。如果只有母线Ⅰ有电源，当保护范围内部有故障（如 k1 点）时，$\dot{I}'_2=0$，故 $\dot{I}'=\dot{I}'_1$ 如图 6-1（c）所示，此时继电器 KD 仍能可靠动作。

（2）变压器差动保护装设的一般原则：

1）并列运行的容量为 6300kV·A 及以上的变压器，需装设变压器差动保护。

2）单独运行的容量为 7500kV·A 及以上的变压器，需装设变压器差动保护。

3）并列运行的容量为 1000kV·A 及以上、5600kV·A 以下的降压变压器，如果电流速断保护的灵敏度不够（小于 2），且过电流保护的时限在 0.5s 以上时，也需装设变压器差动保护。

（3）差动保护的保护范围为主变压器各侧差动电流互感器之间的一次电气部分：

1）变压器引出线及变压器绕组发生多相短路。

2）单相严重的匝间短路。

3）在大电流接地系统中保护线圈及引出线上的接地故障。

3. 电流速断保护

差动速断保护实际上是纵差保护的高定值差动保护。因此，差动速断保护反映的也是差流。与差动保护不同的是，它反映差流的有效值。不管差流的波形如何，以及含有谐波分量的大小，只要差流的有效值超过了整定值，它将迅速动作而切除变压器。

差动速断保护装设在变压器的电源侧，由瞬动的电流继电器构成。当电源侧为中性点不直接接地系统时，电流速断保护为两相式，在中性点直接接地系统中为三相式。为了提高保护对变压器高压侧引出线接地故障的灵敏系数，可采用两相三继电器式接线。

4. 过电流保护

为防止变压器纵差保护区的外部故障引起的过电流和作为变压器主保护的后备保护，

变压器应装设过电流保护。过电流保护应安装在变压器的电源侧，这样当变压器发生内部故障时，它就可作为变压器的后备保护将变压器各侧的断路器跳开（当主保护拒动时）。

变压器过电流保护通常有4种接线方式：①不带低电压起动的过电流保护；②带低电压起动的过电流保护；③复合电压起动的过电流保护；④负序电流和单相式低电压起动的过电流保护。

5. 过负荷保护

变压器装设过负荷保护的原则是，考虑让其尽量能反应多侧的过负荷情况。变压器过负荷保护装置的配置原则为：

1）在双绕组降压变压器上，过负荷保护装于高压侧。

2）单侧电源的三绕组降压变压器，当三侧绕组容量相同时，过负荷保护仅装在电源侧；当三绕组容量不相同时，则在电源侧和容量较小的绕组侧装设过负荷保护。

3）两侧电源的三绕组降压变压器或联络变压器，在三侧均装设过负荷保护。

4）自耦变压器过负荷保护，由于三绕组自耦变压器各侧绕组的容量关系不一样，可能出现一侧、两侧不过负荷，而另一侧就过负荷了。因此，不能以一侧不过负荷来决定其他侧也不过负荷，一般各侧都应设过负荷保护。

二、变压器保护的配置

1. 110kV三绕组变压器保护配置

在110kV电网系统中，主变压器为三绕组变压器，高压侧为双母线或桥形接线，中压侧为双母线接线，低压侧为双分支接线。RCS-978EA微机变压器保护为例，其典型应用配置如图6-2所示，保护在一台装置中实现，所有量只接入装置一次。利用第二组TA和第二台装置完成第二套保护功能（与第一套完全相同），构成双主、双后备保护。[ ] 内选项可投退。复合电压可选各侧复合电压，或各侧复合电压的“或”门。

RCS-978EA微机保护装置，变压器主保护有比率差动、工频变化量比率差动、差动速断保护。变压器后备保护有高压侧过流、零序过流、间隙零序速流、零序过压等保护及过负荷、启动冷却器、闭锁有载调压报警等功能；中压侧和低压侧过流、母线充电等保护及过负荷、零序过压报警等功能。

2. 220kV三绕组变压器保护配置

在220kV电网系统中，主变压器为三绕组变压器，高压侧双母线、带旁母接线，中压侧双母线带旁母接线，低压侧为双分支接线。RCS-978E型微机变压器保护典型应用配置如图6-3所示，保护在一台装置中实现，所有量只接入装置一次。利用第二组TA和第二台装置完成第二套保护功能（与第一套完全相同），构成双主、双后备保护。[ ]内选项可投退。复合电压可选各侧复合电压，或各侧复合电压的“或”门。

RCS-978E型微机三绕组变压器保护装置，变压器主保护有比率差动、工频变化量比率差动、零序差动、分侧差动、差动速断等保护。变压器后备保护有高压侧过流、零序过流、间隙零序过流、零序电压等保护及过负荷、启动冷却器、闭锁有载调压异常报警；中压侧过流、零序过流、间隙零序过流、零序过压保护及过负荷、启动冷却器、闭锁有载调压异常报警；低压侧过流、零序过压保护及过负荷、零序过电压报警。

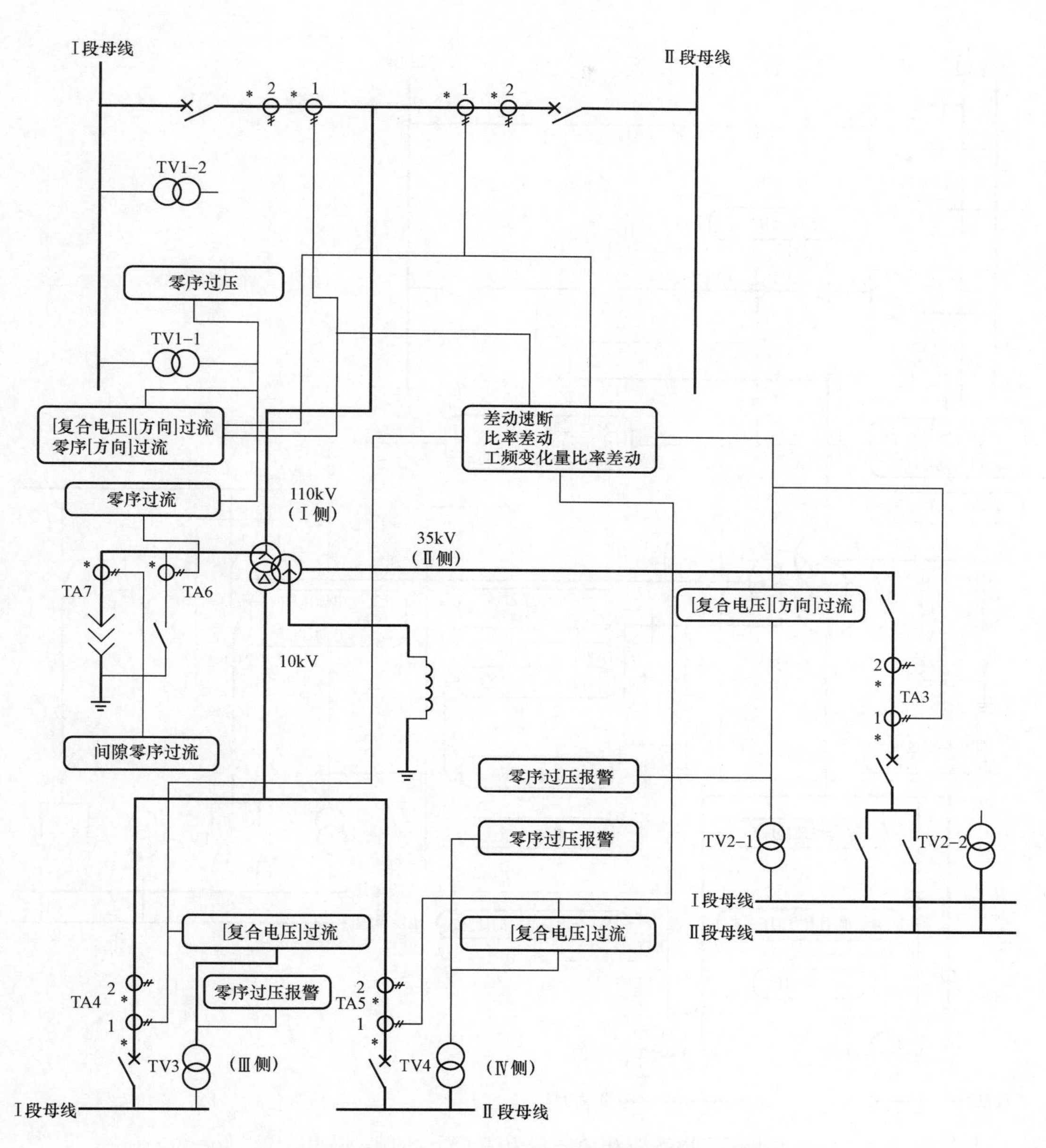

图 6-2　RCS-978EA 在 110kV 三绕组变压器中的典型应用配置

3. 220kV 自耦变压器保护配置

在 220kV 电网系统中，主变压器为自耦变压器，高压侧为双母线带旁母接线，中压侧为双母线带方母接线，低压侧为双分支接线。RCS-978E 微机变压器保护典型应用配置如图 6-4 所示，保护在一台装置中实现，所有量只接入装置一次。利用第二组 TA 和第二台装置完成第二套保护功能（与第一套完全相同），构成双主、双后备保护。[　]内选项可投退。复合电压可选各侧复合电压，或各侧复合电压的“或”门。

RCS-978E 型微机自耦变压器保护装置，变压器主保护有比率差动、工频变化量比率

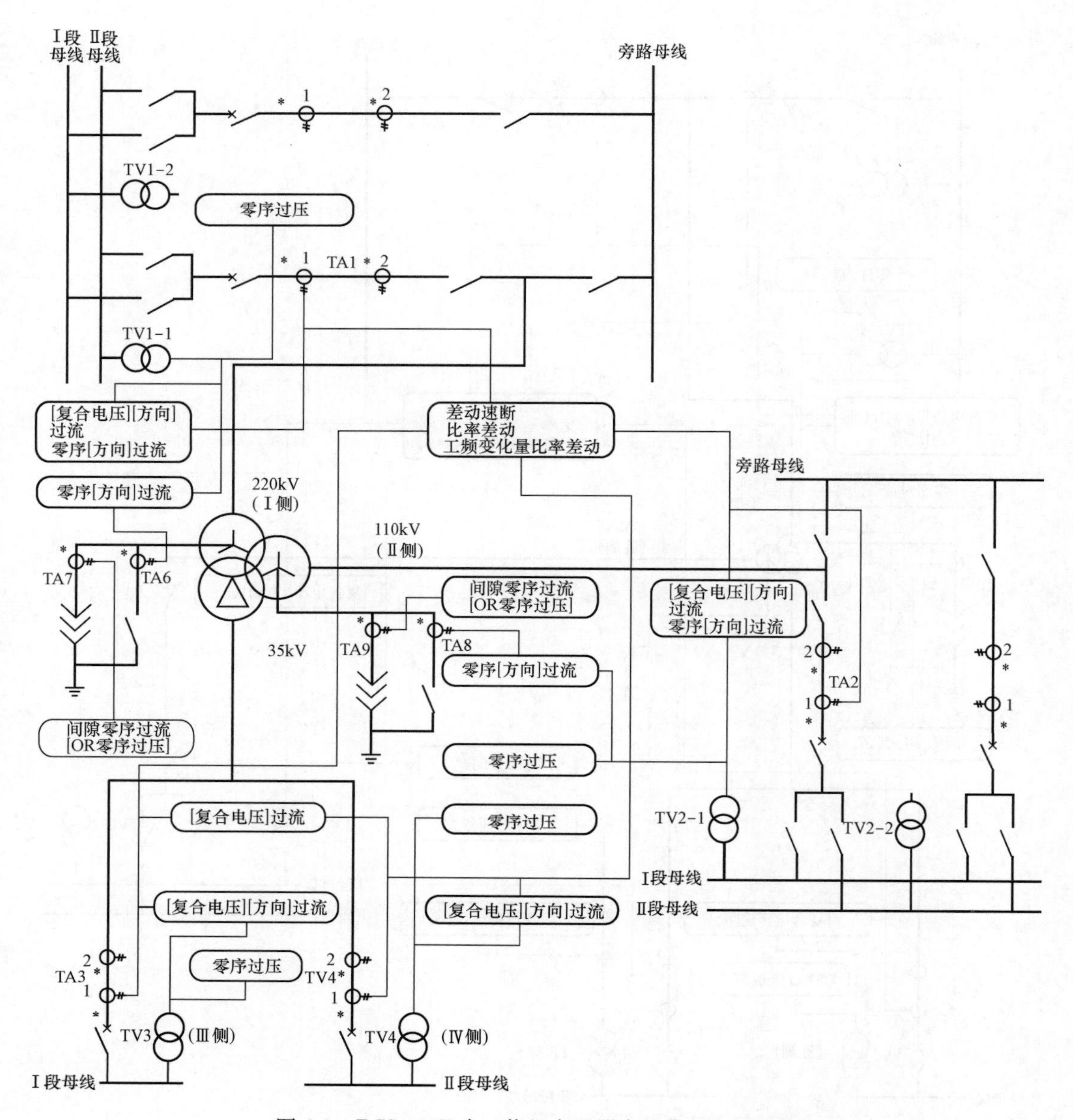

图 6-3　RCS-978E 在三绕组变压器中的典型应用配置

差动、零序差动、分侧差动保护。变压器后备保护有高压侧过流、零序过流、间隙零序过流、零序过压保护及过负荷、启动冷却器、闭锁有载调压异常报警；中压侧过流、零序过流、间隙零序过流、零序过压保护及过负荷、启动冷却器、闭锁有载调压异常报警；低压侧过流保护及过负荷报警；公共绕组过流、零序过流保护及过负荷、启动冷却器、零序电流报警。

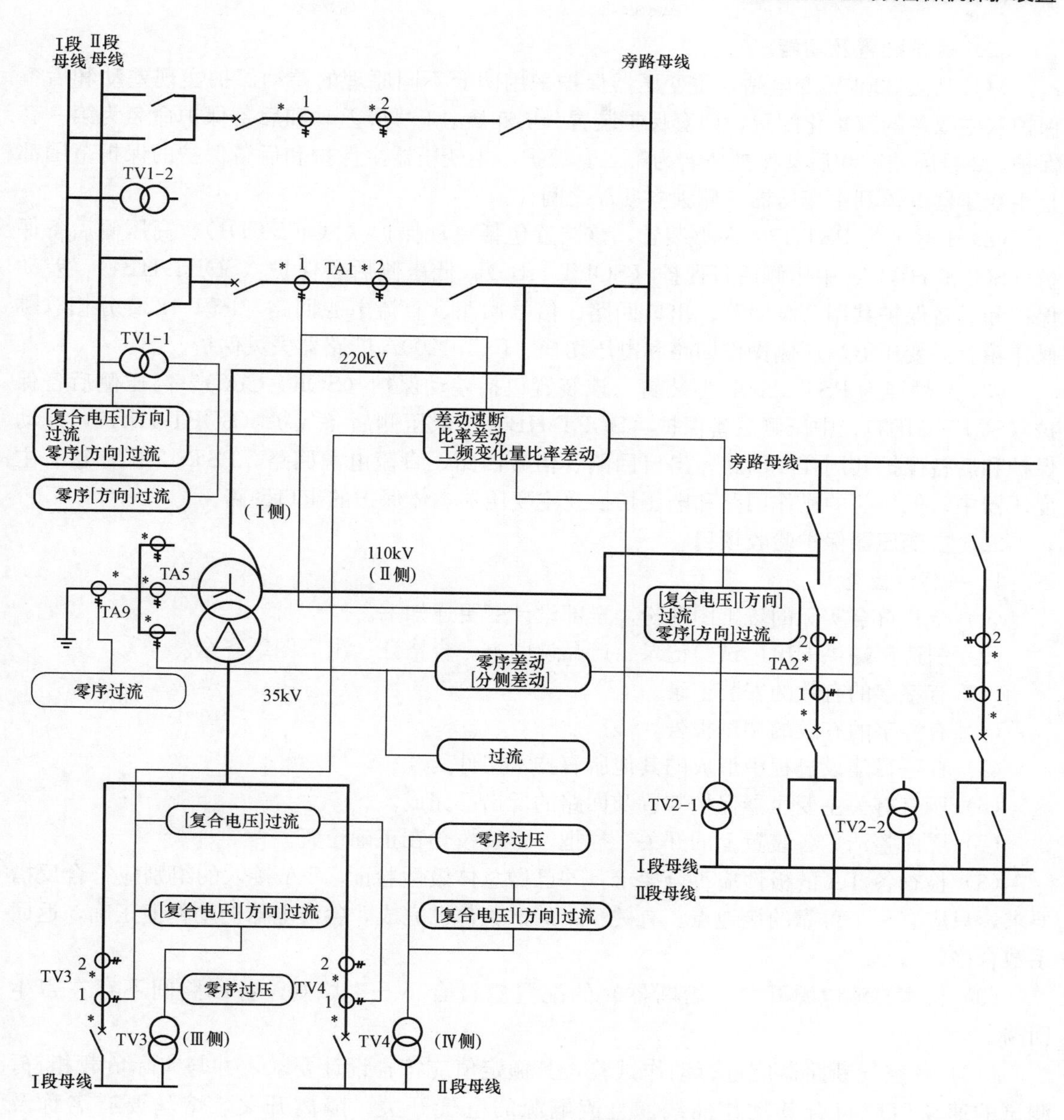

图 6-4 RCS-978E 在自耦变压器中的典型应用配置

第二节 PST-1200 系列数字式变压器保护装置

一、概述

PST-1200 系列数字式变压器保护装置是以差动保护、后备保护和气体保护为基本配置的成套变压器保护装置，适用于 220kV、110kV 及以上大型电力变压器。本系列数字式变压器保护装置有两种不同原理的差动保护，基本配置设有完全相同的 CPU 插件，分别完成差动保护功能、高压侧后备保护功能、中压侧后备保护功能、低压侧后备保护功能，各种保护功能均由软件实现，气体保护配置和各保护时限的跳闸逻辑可在线编程。

二、保护配置及功能

(1) 某县 220kV 变电站，主变压器保护采用两套不同原理的差动保护实现差动和后备保护双主双备的双重化配置，两套保护装置分屏布置。1 号屏差动和后备保护命名为第一套保护，2 号屏差动和后备保护命名为第二套保护，主变压器主保护和后备保护的保护范围都是主变压器本体到主变压器三侧独立 TA 之间。

(2) 1 号屏为 PST-1200A 型装置，该装置包括差动保护（SOFT-CD1）、高压侧后备保护（SOFT-HB3）、中压侧后备保护（SOFT-HB6）、低压侧后备保护（SOFT-HB4），差动保护和后备保护共用 TA 回路、出口回路、信号回路、直流电源回路。PST-1222 分相双跳操作箱有主变压器高压侧操作回路和电压切换。PST-1200A 断路器失灵保护。

(3) 2 号屏为 PST-1200B 型装置，该装置包括差动保护（SOFT-CD2）、高压侧后备保护（SOFT-HB3）、中压侧后备保护（SOFT-HB6）、低压侧后备保护（SOFT-HB4），差动保护和后备保护共用 TA 回路、出口回路、信号回路、直流电源回路。PST-12 操作箱有主变压器中、低压侧的操作回路和电压切换及主变压器本体保护的出口回路。

三、主变压器保护验收项目

1. 一般性检查

(1) 全套符合实际的竣工图两份，全部设计变更通知书。

(2) 制造厂提供的出厂试验记录、产品说明书、合格证、出厂图纸齐全。

(3) 有签字的有效的安装记录。

(4) 有签字的有效的调试报告。

(5) 在项目建设过程中形成的其他所有技术文件。

(6) 所有有关主变压器保护装置及回路的反措已完成。

(7) 屏面整洁，各装置上的开关、插把、定值拨轮在正确位置。

(8) 检查各 TA 的极性应符合要求，并已做总体极性验证。TA 接入的组别应符合反措要求，只应有一个可靠的接地点。有关 TA 的试验都已完成。各继电器的动作值正确，返回系数合格。

(9) 检查直流电源开关（熔断器）的配置应符合 $N+1$ 原则，各回路间不存在寄生回路。

(10) 各空气断路器应进行动作试验，其额定值应符合设计要求，并与实际负载相符，测试的速动值应符合其动作曲线。直流电源的空气开关、隔离开关、熔丝要有名称及规范。

(11) 检查各跳闸回路的端子与带正电源的端子间至少间隔一个端子。

(12) 检查非电量保护有独立的投退连接片，可以单独停起用。

(13) 二次回路绝缘良好，单回路新建时不小于 10MΩ，定校时不小于 1MΩ；检查重瓦斯跳闸回路的绝缘良好。

(14) 用于主变压器差动保护旁路断路器切换的 TA，其变比及二次回路的接线形式应一致，各侧的接线组别应满足主变压器接线组别要求。

(15) 电压回路切旁路断路器正常。

(16) 各侧断路器（各跳圈）的最低分合闸电压应在 30%～65%U_e 间，分闸回路电流应大于防跳继电器额定动作电流的两倍。

（17）各直接接于变电站直流系统的动作后能跳闸的继电器，其最小动作电压应在50%～65%U_e间。

（18）该单元的直流回路已接入直流电源的绝缘监测系统，并能正确监测直流接地。

（19）屏面上所有的操作连接片、切换断路器、按钮要有确切的名称标注。

2. 装置整定置（含控制字）与软件版本检查

（1）检查各电流电压继电器的串并联回路正确。

（2）检查各保护装置整定值与定值单应一致，并有色点标记。

（3）检查差动继电器的插孔符合整定要求。

3. 保护功能及整组试验

各保护动作后，检查动作定值、出口时间应正确，线路保护、开关保护故障报告内容应正确，中央信号光字牌亮出应正确。

（1）按重瓦斯跳闸试验按钮跳各侧断路器正确，并验证连接片投跳闸及信号位置的正确性。

（2）用加入气体的方法检查轻瓦斯动作发信的正确性。

（3）用扳动触点的方法检查压力释放动作信号的正确性。

（4）按图纸在当地监控系统及集控中心检查各断路器/隔离开关位置信号、开关监视信号、主变压器本体监视信号、冷却系统信号、开关控制回路监视信号及保护装置信号正确。

（5）检查正副母线隔离开关切换电压回路正确。

（6）80%直流电源电压时操作各断路器及断路器防跳试验正常。当断路器中有防跳回路时，应拆除。

（7）通入电流检查差动保护各侧平衡系数的设置符合各侧TA的实际变比，差动继电器的其他特性符合规程要求。

（8）按整定要求做主保护跳各侧断路器正常，并验证整定值及连接片的正确性。

（9）按整定要求做各侧后备保护跳相应断路器正常，并验证整定值、跳闸时间、动作方向及连接片的正确性，在连接片处测量的时间应与整定时间相符。

（10）检查各侧复压闭锁投退的功能正确。

（11）检查主变压器保护跳旁路、母联断路器回路正确，并验证连接片的正确性。当主变压器保护动作不要求跳母联断路器时，该回路应可靠拆除。

（12）检查过负荷告警动作正常。

（13）检查过负荷起动冷却系统正常。

（14）检查220kV侧三相不一致保护动作正确，并验证其连接片的正确性。当断路器就地有三相不一致保护时，其动作时间应实测为0.6s，其整定电位器应蜡封。

（15）母差保护跳主变压器断路器正确，并验证连接片的正确性。

（16）检查220kV侧断路器失灵起动母差回路正确，并验证连接片的正确性。

（17）检查远近控开关位置正确，切之远控位置时，遥控功能正常。

（18）检查该设备单元的有关交流量及开关量已按设计接入故障录波器。

（19）各直流电源消失、各TV电源消失或缺相应有信号指示。

四、变压器保护在运行中的注意事项

（1）按照有关规程的要求，对变压器的220kV侧的断路器和220kV母联断路器均应装设非全相保护，对220kV旁路断路器没有此项要求。但也有的工程设计对220kV旁路断路器有非全相保护的设计，此时220kV旁路断路器代主变压器220kV断路器运行时，该保护就有投切的操作（这在现场规程中要有明确规定）。

（2）变压器的重瓦斯保护和纵差保护都是变压器的主保护，但其保护范围不一样。瓦斯保护仅保护变压器本体和套管以下油箱内的各种类型故障，而差动保护还保护变压器油箱外的套管及引线。所以变压器运行时重瓦斯保护和差动保护必须同时投入运行。其中，重瓦斯应在投跳位置。即使是工作需要，有关工作也只能逐项进行，不能两套保护同时停用。总之，变压器不能无主保护运行。

（3）重瓦斯（包括本体重瓦斯和有载调压重瓦斯）保护连接片应该是可以切换的，切换连接片有两个位置：一个是信号位置，一个是跳闸位置。一般规定切换连接片的下端是信号，上端是跳闸。变压器起动冲击时，瓦斯保护必须投入跳闸。变压器遇有下列工作，如带电滤油或加油；瓦斯继电器或其回路进行检查或试验；瓦斯回路有直流接地；经有循环的油回路系统处理缺陷，或更换潜油泵；为查找油面异常升高原因，而打开有关放气塞、放油阀等，可将重瓦斯连接片由跳闸切换为信号，工作完毕后或变压器放尽空气后，再将重瓦斯连接片由信号切换为跳闸。这两项切换操作一定要由值班员向调度申请和汇报，并得到同意后，根据调度命令执行。

（4）差动保护工作回路变动或差动用变流器更换后，应在一次设备充电结束后，对差动保护进行带负荷测试❶。此项工作虽然是继电保护人员做的，但运行值班人员也要掌握，对测试结果的分析能力，不能单凭继电保护人员的结论汇报，要经过自己的分析，确认正确后才向调度汇报，将差动保护投跳。

五、保护动作及装置异常故障时的处理

（1）无论是主保护或后备保护动作，值班员均应及时记录下发生异常故障的时间、光字牌信号、保护信号以及断路器的位置信号，根据规程对一次设备的要求进行巡查，在调度的指挥下进行事故处理。保护信号必须经两人核对并复归后，方可将一次设备送电。值班员在保护动作后，应对保护动作的正确与否做出判断，动作不正确或动作原因不明不得将保护投入运行。

（2）两套主变压器保护装置中任一套发生装置故障，可以将该装置退出运行而不必停用主变压器。但屏上公用的操作箱和瓦斯保护等仍必须继续运行。两套主变压器保护装置同时发生故障不能复归时，应汇报调度及工区，建议停用主变压器。

（3）装置发出“呼唤”信号后，值班员应及时检查画面显示信息是否正确，并及时复归信号。

（4）“过负荷”信号动作后，应检查主变压器电流，汇报调度，加强对主变压器的监视。

（5）当差动不平衡电流达整定值时，装置延时发“TA回路断线”信号，并闭锁差动保护，值班员应通过液晶显示的电流值来判别断线的TA回路或断线相，然后检查断线的TA回路是否有接触不良或开路现象，TA回路是否有异声并立即汇报调度，停用相应的差动保

---

❶ 差动保护带负荷测试的内容一般有两项：一是差动回路“六角相位”（俗称“六角图”），以判别差动回路接线的正确性。如电流互感器极性接错与否，连接组别或相位正确与否。二是差动继电器执行元件线圈两端电压（简称“差压”），用来检验是否误整定，包括整定计算正确与否、整定插销放置是否正确、螺钉接触可靠与否、均可经综合判断得出结论。有关规程规定：各种差动继电器的“差压”在带1/3额定负荷时，差压不大于执行元件动作值（1.5V）的10%（即0.15V）且应三相基本平衡，现场一般要求值均小于0.1V（绝大多数小于0.05V）。

护及零序保护，及时报告工区，派员处理。

(6)“TV 回路断线”信号动作后，值班员应检查 TV 回路小开关是否跳开，电压切换开关及信号是否正确，找出原因，及时恢复，不能恢复立即汇报调度并报告工区派员处理。

第三节　微机保护逻辑原理

一、逻辑变量

逻辑代数中的变量称为逻辑变量，可用字母表示。逻辑变量的取值只有两种，即逻辑 0 和逻辑 1，0 和 1 称为逻辑常量。

逻辑代数与普通代数都由字母来代替变量，但是逻辑代数与普通代数的概念不同，它不表示数量之间的大小关系，而是表示两种对立的逻辑状态，如开关的通与断、电位的高与代、灯的亮与灭等。

二、基本逻辑运算

逻辑代数中只有与、或、非 3 种基本逻辑运算。

1. 与逻辑

只有当决定某一事件的条件全部具备时，结果才会发生，否则不会发生，这种因果关系称为与逻辑关系，其运算符号是“·”，也可以省略，与逻辑也称乘逻辑。

在图 6-5 所示的电路中，开关 S_1、S_2 与灯串联，只有当开关 S_1、S_2 都闭合时，灯才亮。则开关 S_1、S_2 与灯之间是与逻辑的关系，其逻辑状态见表 6-1。若开关的闭合状态用 1 表示，断开状态用 0 表示，灯亮的状态用 1 表示，灯灭的状态用 0 表示，则开关（逻辑变量 A、B）与灯（逻辑变量 Y）之间的逻辑关系见表 6-2，这种把所有可能的条件组合及其对应结果一一列出来的表格叫作真值表。与逻辑符号如图 6-6 所示。

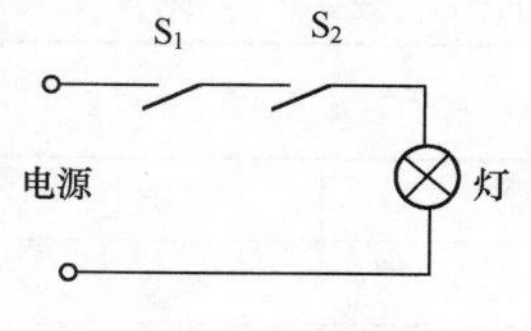

图 6-5　与逻辑关系

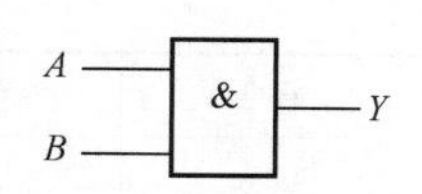

图 6-6　与逻辑符号

表 6-1　逻辑状态表

开关 S_1	开关 S_2	灯
断开	断开	灭
断开	闭合	灭
闭合	断开	灭
闭合	闭合	亮

表 6-2　逻辑真值表

A	B	Y
0	0	0
0	1	0
1	0	0
1	1	1

与逻辑的关系是：有 0 出 0，全 1 出 1。

与逻辑运算规则：$0 \cdot 0 = 0$　　$0 \cdot 1 = 0$

$1 \cdot 0 = 0$　　$1 \cdot 1 = 1$

在微机保护逻辑与运算原理中，为允许信号。顾名思义，它是允许保护动作于跳闸的信

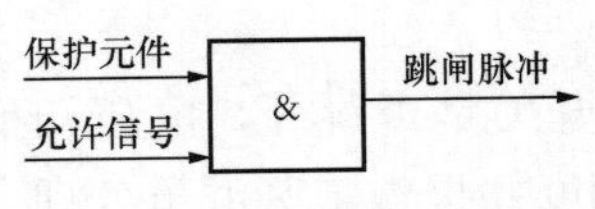

图 6-7　与逻辑允许信号

号。换言之，有允许信号是保护动作于跳闸的必要条件。只有同时满足本端保护元件动作和有允许信号两个条件时，保护才动作于跳闸，其逻辑框图如图 6-7 所示。

2. 或逻辑

当决定某一事件发生的条件中有一个或几个条件具备时，结果就会发当所有条件都不具备时，结果才不会发生，这种因果关系称为或逻辑关系，其运算符号是“＋”，或逻辑也称加逻辑。

在图 6-8 所示的电路中，开关 S_1、S_2 与灯并联，只要开关 S_1、S_2 有一闭合时，灯就亮，只有当开关 S_1、S_2 都断开时，灯才灭。则开关 S_1、S_2 与灯之间是或逻辑的关系，其逻辑状态见表 6-3。若开关的闭合状态用 1 表示，断开状态用 0 表示，灯亮的状态用 1 表示，灯灭的状态用 0 表示，则开关（逻辑变量 A）、（逻辑变量 Y）之间的逻辑真值见表 6-4。或逻辑符号如图 6-9 所示。

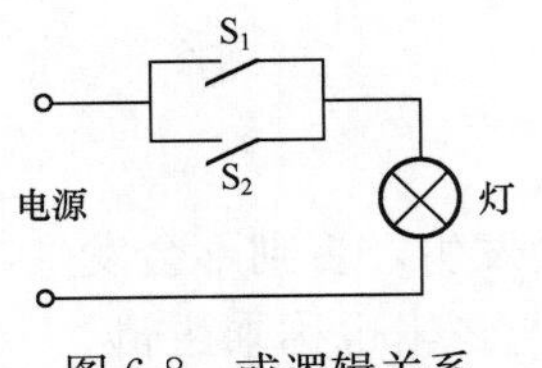

图 6-8　或逻辑关系

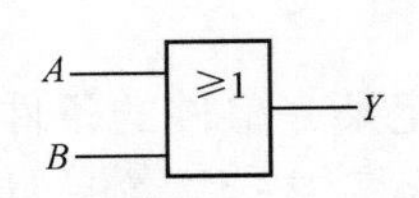

图 6-9　或逻辑符号

表 6-3　**逻辑状态表**

开关 S_1	开关 S_2	灯	开关 S_1	开关 S_2	灯
断开	断开	灭	闭合	断开	亮
断开	闭合	亮	闭合	闭合	亮

表 6-4　**逻辑真值表**

A	B	Y	A	B	Y
0	0	0	1	0	1
0	1	1	1	1	1

或逻辑的关系是：有 1 出 1，全 0 出 0。

或逻辑运算规则：$0+0=0$　　$0+1=1$

$1+0=1$　　$1+1=1$

在微机保护或逻辑运算原理中，为跳闸信号。它是直接引起跳闸的信号。此时与保护元件是否动作无关，只要收到跳闸信号，保护就作用于跳闸，如图 6-10 所示。

3. 非逻辑

当事件的条件具备时，结果不发生；当条件不具备时，结果发生，这种因果关系称为非逻辑关系。在逻辑代数中，非逻辑称为非运算，也称为求反运算，通常在变量上方加一短横线表示非运算。

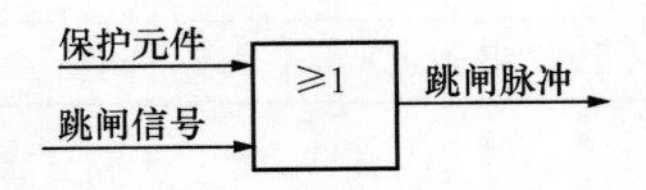

图 6-10　或逻辑跳闸信号

在图 6-11 所示的电路中，开关与灯并联，开关闭合时，灯灭；开关断开时，灯才亮。

开关与灯之间即是非逻辑的关系，其逻辑状态见表 6-5。若开关的闭合状态用 1 表示，断开状态用 0 表示，灯亮的状态用 1 表示，灯灭的状态用 0 表示，开关（逻辑变量 A）与灯（逻辑变量 Y）之间的真值见表 6-6。

表 6-5　　逻辑状态表

开关 S	灯
断开	亮
闭合	灭

表 6-6　　逻辑真值表

A	Y
0	1
1	0

非逻辑的关系是：有 0 出 1，有 1 出 0。

在数字电路中能实现非运算的电路成为非门电路，也称反相器，其逻辑符号如图 6-12 所示。

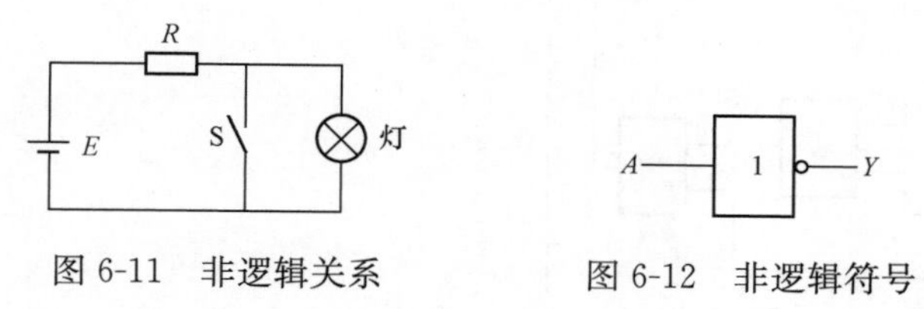

图 6-11　非逻辑关系　　图 6-12　非逻辑符号

非逻辑运算规则：$\overline{0}=1$　$\overline{1}=0$

在微机保护非逻辑运算原理中，为闭锁信号。顾名思义，它是阻止保护动作于跳闸的信号。换言之，无闭锁信号是保护作用于跳闸的必要条件。只有同时满足本端保护元件动作和无闭锁信号两个条件时，保护才作用于跳闸，其逻辑框图如图 6-13 所示。

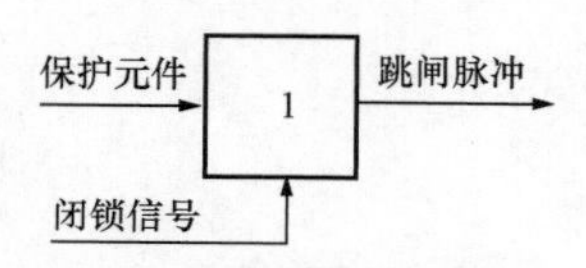

图 6-13　非逻辑闭锁信号

三、主变压器主保护逻辑原理

1. PST-1200 变压器差动保护（SOFT-CD1）

差动保护起动元件用于开放保护跳闸出口继电器电源及启动该保护故障处理程序。各保护 CPU 的起动元件相互独立，且基本相同。起动元件包括差流突变量起动元件、差流越限起动元件。任一起动元件动作则保护起动。

差动电流速断保护元件是为了在变压器区内严重性故障时，快速跳开变压器各侧断路器。

二次谐波制动元件是为了在变压器空投时，防止励磁涌流引起差动保护误动。

五次谐波制动元件是为了在变压器过励磁时，防止差动保护误动。

比率制动元件是为了在变压器区外故障时，差动保护有可靠的制动作用，同时在变压器内部故障时有较高的灵敏度。

TA 回路异常判别元件是为了变压器在正常运行时，判别 TA 回路状况，发现异常情况时，发告警信号，并可由控制字投退决定是否闭锁差动保护。

过负荷监测元件反应变压器的负荷情况，仅监测变压器各侧的三相电流。过负荷时，启动变压器冷却器，闭锁有载调压。

PST-1200 变压器差动保护（SOFT-CD1）逻辑原理如图 6-14 所示，变压器过负荷保护逻辑原理如图 6-15 所示。

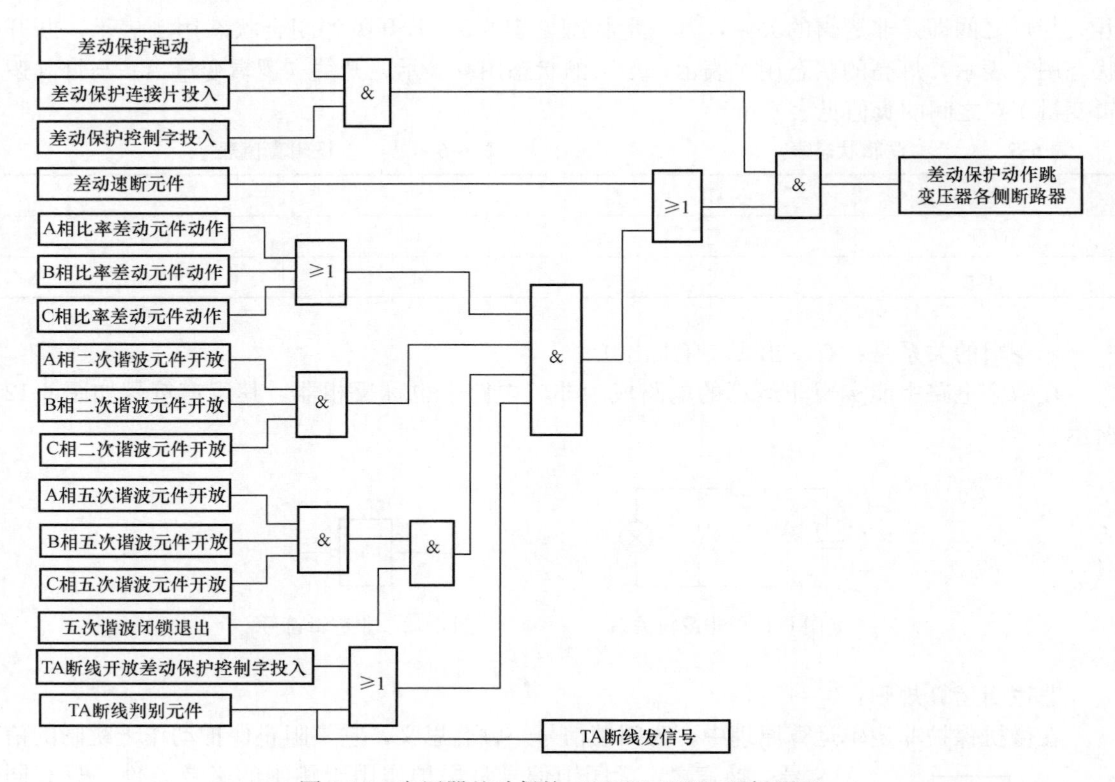

图 6-14　变压器差动保护（SOFT-CD1）逻辑原理

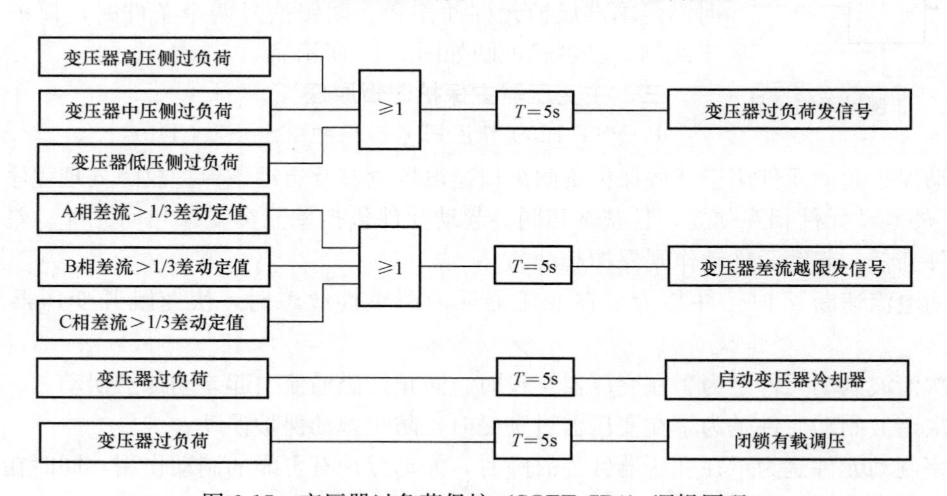

图 6-15　变压器过负荷保护（SOFT-CD1）逻辑原理

2．PST-1200 型变压器差动保护（SOFT-CD2）

SOFT-CD2 变压器差动保护逻辑原理如图 6-16 所示。

3．PST-1200 主变压器分相差动保护和零序差动保护（SOFT-CD3）

SOFT-CD3 装置适用于自耦变压器的分相差动保护和零序差动保护。分相差动保护逻辑原理如图 6-17 所示，零序差动保护逻辑原理如图 6-18 所示。

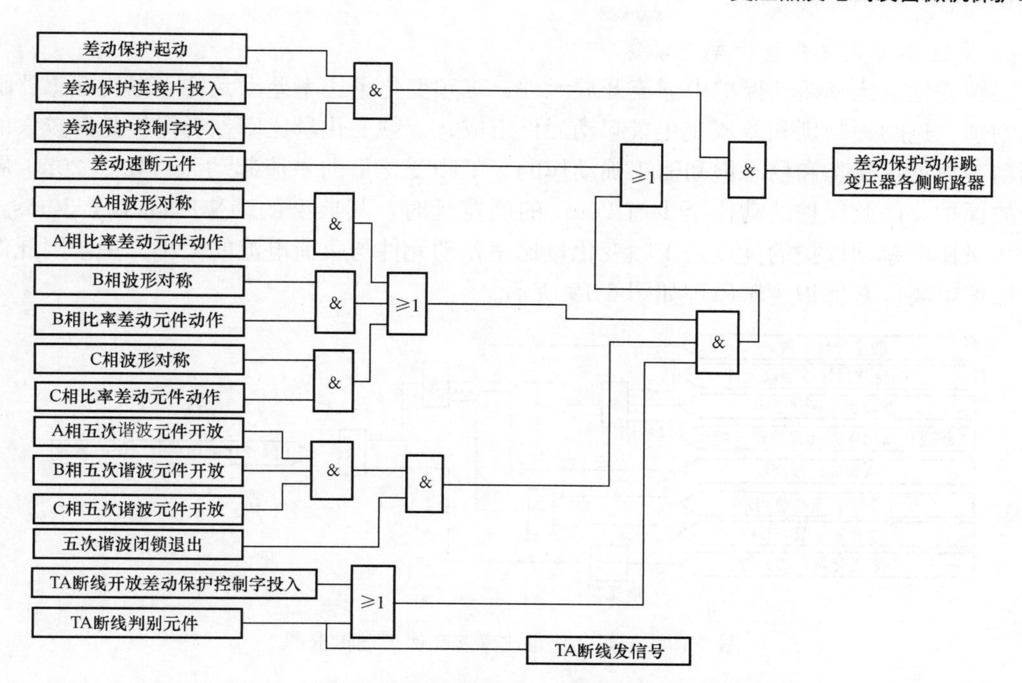

图 6-16　变压器差动保护（SOFT-CD2）逻辑原理

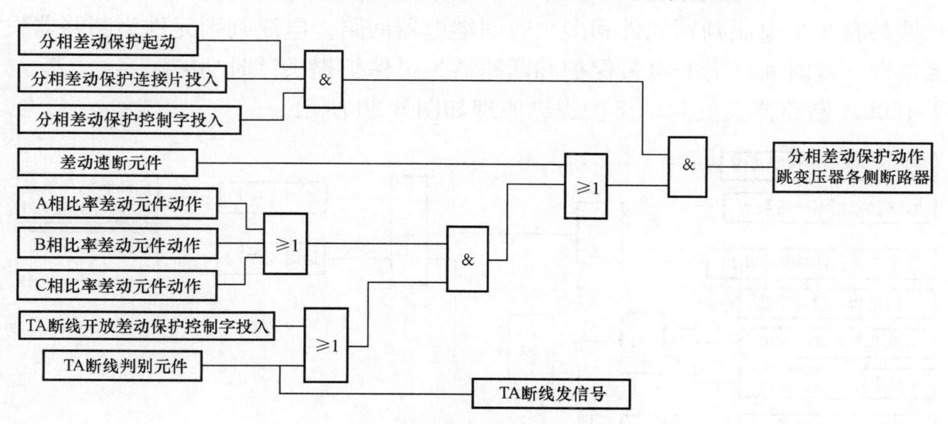

图 6-17　SOFT-CD3 分相差动保护逻辑原理

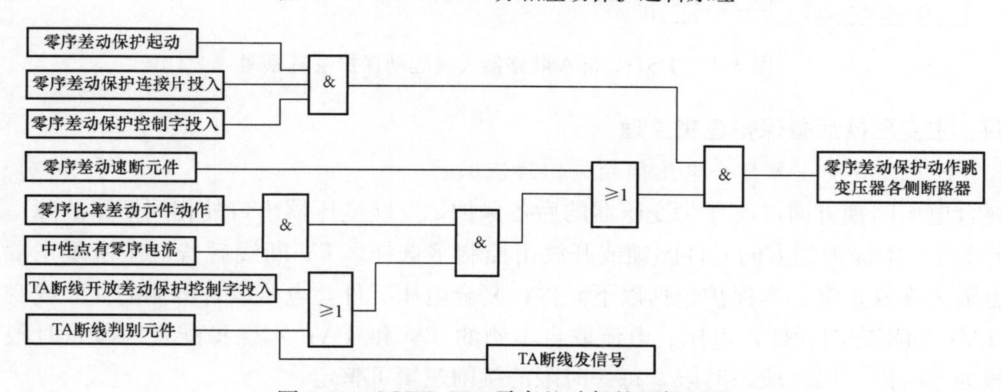

图 6-18　SOFT-CD3 零序差动保护逻辑原理

4. 变压器工频变化量比率差动保护

工频变化量比率差动保护由涌流开放元件、工频变化量比率差动元件、电流互感器瞬时断线判别、过励磁判别和差流变化量起动元件组成。工频变化量比率差动保护是靠较大的比率制动系数抵抗暂态和稳态饱和而正确动作的。工频变化量的差流起动元件要经 20ms 展宽后开放保护，因此保护的动作至少有 20ms 的展宽延时，其典型的动作时间小于 30ms。工频变化量比率差动保护的优点是工频变化量比率差动元件与负荷电流的大小无关，因此保护的灵敏度很高，其保护逻辑原理如图 6-19 所示。

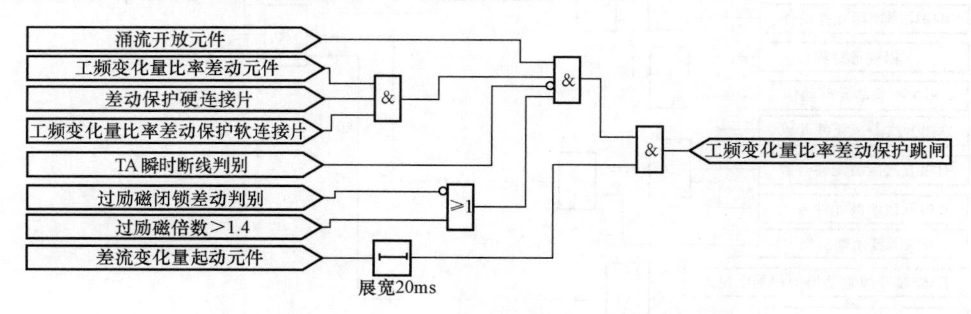

图 6-19　工频变化量比率差动保护逻辑框图

5. PST-1206A 断路器失灵起动保护

本元件共有 3 个电流判别元件和多个时间继电器回路。电流判别元件为断路器失灵保护提供电流判别，延时元件为非电量保护和断路器失灵保护提供计时功能。

PST-1206A 断路器失灵起动保护逻辑原理如图 6-20 所示。

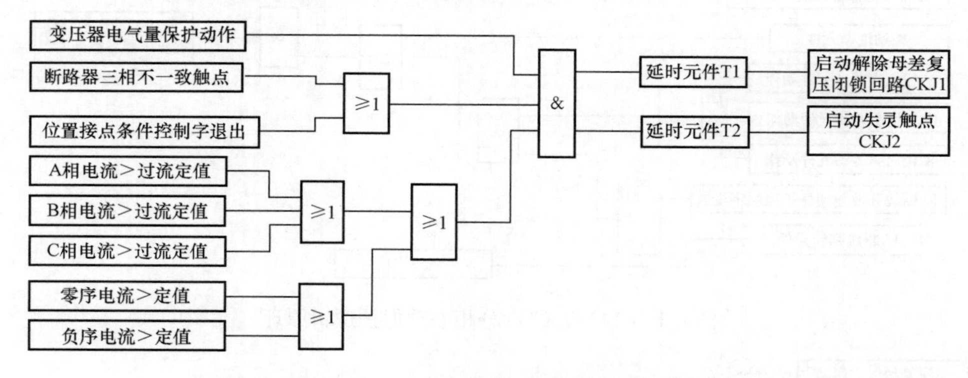

图 6-20　PST-1206A 断路器失灵起动保护逻辑原理

四、主变压器后备保护逻辑原理

1. PST-1200 变压器复合电压闭锁方向过流保护

复合电压闭锁方向过流作为变压器的后备保护，反映变压器出口外相间短路故障。本侧 TV 断线时，本保护的方向元件闭锁或开放由控制字选择。TV 断线后若电压恢复正常，本保护也随之恢复正常。本保护包括以下元件：复合电压元件，电压取自本侧的 TV 或变压器各侧 TV；功率方向元件，电压、电流取自本侧的 TV 和 TA；本保护配置两段六时限，其中一段为三时限，第二段三时限，每一时限的跳闸逻辑可整定。

其中，电量保护动作跳高压侧开关，需输出两副触点，一副用于“变压器电量保护动作”起动电流判别装置，另一副触点用于“起动失灵触点”串联去起动母差的失灵保护。当断路器为三相联动机构时，“断路器三相不一致触点”短接；当断路器为分相跳闸机构时，“断路器三相不一致触点”必须用断路器本体的位置辅助触点，不能用重动触点：若无触点可用，短接。

PST-1200 变压器高压侧复合电压闭锁方向过流保护逻辑原理如图 6-21 所示。

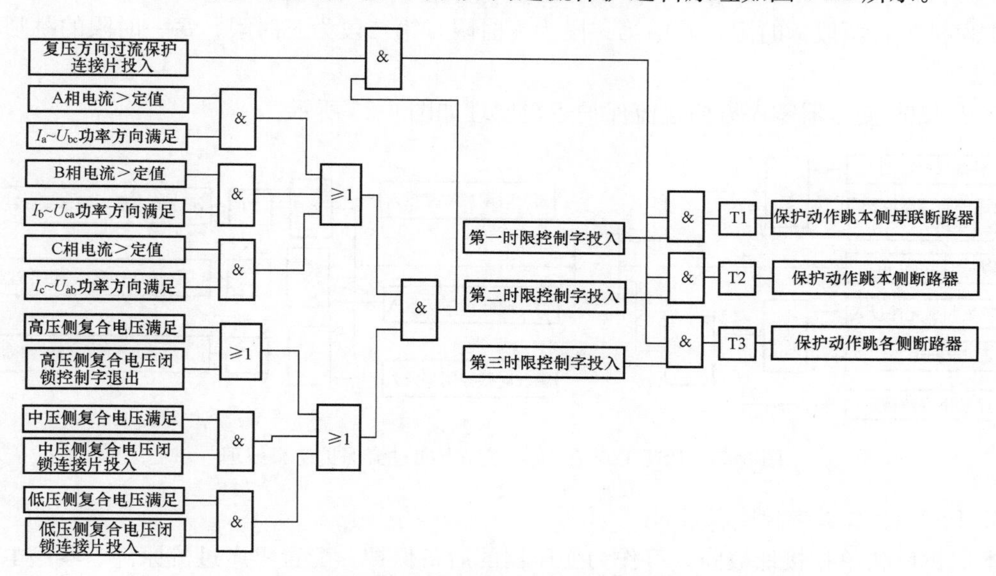

图 6-21　PST-1200 变压器高压侧复合电压闭锁方向过流保护逻辑原理

2. PST-1200 复合电压闭锁过流保护

本保护可作为变压器出口外相间短路时的后备保护。复合电压元件，电压取自本侧的 TV 或变压器各侧 TV。过流元件，电流取自本侧的 TA，动作判据为“或”关系。

本保护的低电压元件和负序电压元件可通过控制字投退，若两元件退出，则本保护变为速断过流保护。

PST-1200 变压器高压侧复合电压闭锁过流保护逻辑原理如图 6-22 所示。

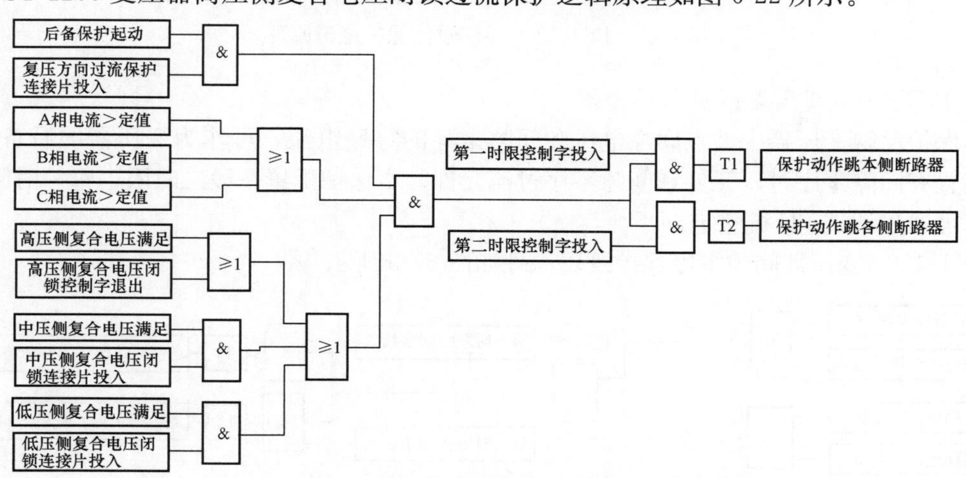

图 6-22　PST-1200 变压器高压侧复合电压闭锁过流保护逻辑原理

3. PST-1200 零序方向过流保护

本保护反映单相接地故障，可作为变压器的后备保护。电压、电流取自本侧的 TV 和 TA。TV 断线时，本保护的方向元件退出。TV 断线后若电压恢复正常，本保护也随之恢复正常。

本保护零序过流元件，动作判断为 3 倍零序电流大于零序过流的电流定值。配置零序功率方向元件。

本保护配置两段六时限，其中第一段为三时限，第二段为三时限，每一时限的跳闸逻辑可整定。

PST-1200 变压器零序方向过流保护逻辑原理如图 6-23 所示。

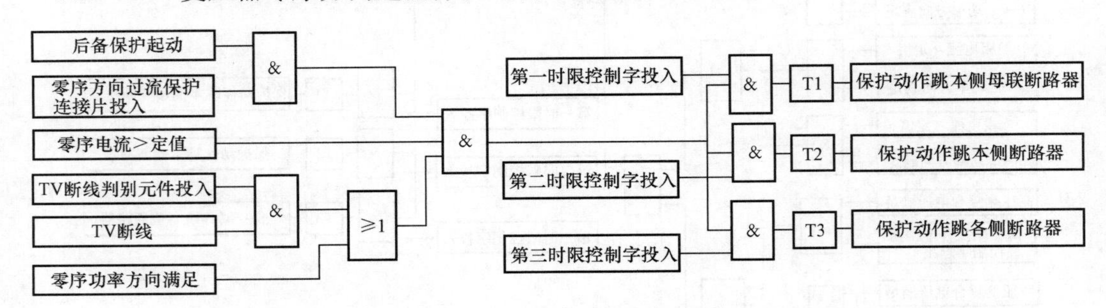

图 6-23　PST-1200 变压器零序方向过流保护逻辑原理

4. PST-1200 零序过流保护

本保护反映单相接地故障，可作为变压器的后备保护。配置零序过流原件，零序电流取自本侧零序 TA 或由保护通过三相电流在电流回路自产。本保护配置一段二时限，每一时限的跳闸逻辑可整定。

PST-1200 零序过流保护逻辑原理如图 6-24 所示。

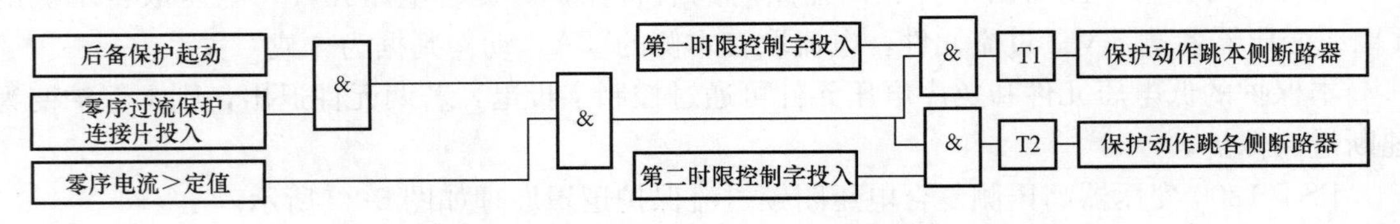

图 6-24　PST-1200 零序过流保护逻辑原理

5. PST-1200 变压器间隙零序保护

本保护反映变压器中性点间隙电压和间隙击穿的零序电流，可作为变压器的后备保护。保护装置有间隙零序过压元件和间隙零序过流元件。本保护配置一段二时限，每一时限的跳闸逻辑可通过调试 PC 机整定。

PST-1200 变压器间隙零序保护逻辑原理如图 6-25 所示。

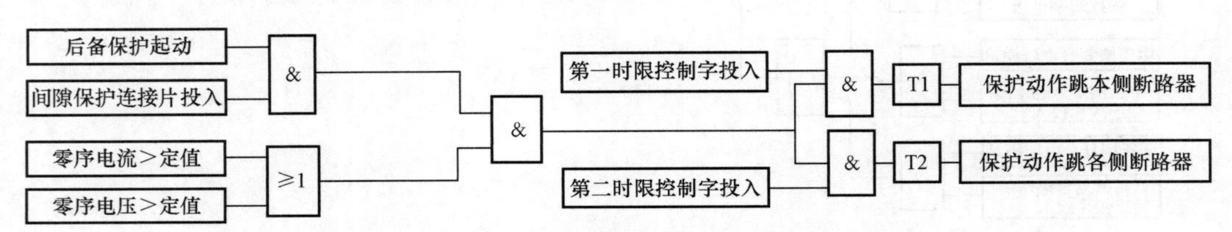

图 6-25　PST-1200 变压器间隙零序保护逻辑原理

6. PST-1200 非全相保护

本保护检测断路器位置节点，同时判断零序电流，保护动作出口仅跳本侧断路器或变压器各侧断路器。本保护仅适用于分相跳闸的断路器。配置过流元件、断路器位置节点检测元件。

PST-1200 非全相保护逻辑原理如图 6-26 所示。

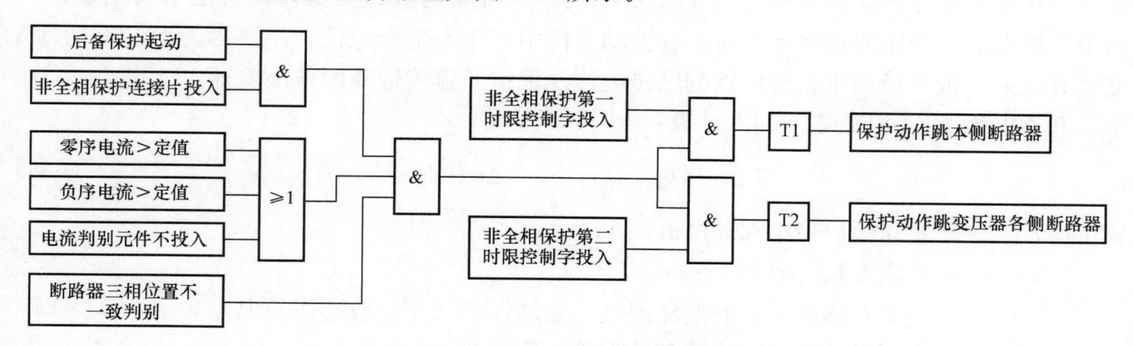

图 6-26 PST-1200 非全相保护逻辑原理

第四节 变压器保护整定计算原则

一、变压器差动保护整定计算原则

1. 变压器各侧一次额定电流

变压器各侧一次额定电流按式（6-1）计算，即：

$$I_N = \frac{S_N}{\sqrt{3}U_N} \tag{6-1}$$

式中 I_N——变压器各侧一次额定电流，A；

S_N——变压器额定容量，kV·A；

U_N——变压器各侧额定电压，kV。

2. 变压器各侧电流互感器二次额定电流

变压器各侧电流互感器二次额定电流按式（6-2）计算：

$$I_n = \frac{I_N}{K_{TA}} \tag{6-2}$$

式中 I_n——变压器各侧电流互感器二次额定电流，A；

I_N——变压器各侧一次额定电流，A；

K_{TA}——电流互感器变比。

3. 电流互感器接线方式

变压器差动保护电流互感器，一般均为 Y 形接线方式。

4. 电流互感器二次额定计算电流

电流互感器二次额定电流按式（6-3）计算：

$$I_e = K_{jx} I_n \tag{6-3}$$

式中 I_e——电流互感器二次额定计算电流，A；

K_{jx}——变压器接线系数，变压器绕组Y形侧取$\sqrt{3}$，变压器绕组△形侧取1；

I_n——电流互感器二次额定电流，A。

5. 起动电流

变压器差动保护起动电流$I_{op\cdot o}$的整定原则，应可靠地躲过变压器正常运行时出现最大的不平衡电流。变压器正常运行时，在差动元件中产生不平衡电流，主要因为两侧差动TA变比有误差、带负荷调压、变压器的励磁电流及保护通道传输和调整误差等。

起动电流$I_{op\cdot o}$可按式（6-4）计算：

$$I_{op\cdot o}=k_{rel}(k_{er}+k_3+\Delta u+k_4)I_e \quad (6\text{-}4)$$

式中 $I_{op\cdot o}$——差动保护最小起动电流，A；

k_{rel}——可靠系数，取1.3～2；

k_{er}——电流互感器TA的变比误差，差动保护TA一般选用10P型，取0.03×2；

k_3——变压器的励磁电流等其他误差，取0.05；

Δu——变压器改变分接头或带负荷调压造成的误差，取0.05；

k_4——通道变换及调试误差，取0.05×2=0.1；

I_e——电流互感器二次额定计算电流，A。

将以上各值代入式（6-4）可得$I_{op\cdot o}$=（0.34～0.52）I_e，通常取$I_{op\cdot o}$=（0.4～0.5）I_e。

运行实践证明：当变压器两侧流入差动保护装置的电流值相差不大（即为同一个数量级）时，$I_{op\cdot o}$可取$0.4I_e$；而当差动两侧电流值相差很大（相差10倍以上）时，$I_{op\cdot o}$取$0.5I_e$比较合理。

变压器差动保护，一般按高压侧为基本整定侧。

6. 拐点电流

运行实践表明，在系统故障被切除后的暂态过程中，虽然变压器的负荷电流不超过期额定电流，但是由于差动元件两侧TA的暂态特性不一致，使其二次电流之间相位发生偏移，可能在差动回路中产生较大的差流，致使差动保护误动作。

为躲过区外故障被切除后的暂态过程对变压器差动保护的影响，应使保护的制动作用提早产生。因此，$I_{res\cdot o}$取（0.8～1.0）I_e比较合理，$I_{res\cdot 2}$取$3I_e$。

7. 比率制动系数

比率制动系数S按躲过变压器出口三相短路时产生的最大不平衡差流来整定。变压器出口区外故障时的最大不平衡电流为：

$$I_{unb\cdot max}=(k_{er}+\Delta u+k_3+k_4+k_5)I_{k\cdot max} \quad (6\text{-}5)$$

式中 $I_{unb\cdot max}$——变压器出口区外故障时的最大不平衡电流，A；

k_{er}——电流互感器的变比误差，差动保护TA一般选用10P型，取0.03×2；

Δu——变压器改变分接头或带负荷调压造成的误差，取0.05；

k_3——其他误差，取0.05；

k_4——通道变换及调试误差，取0.05×2=0.1；

k_5——两侧TA暂态特性不一致造成不平衡电流的系数，取0.1；

$I_{k\cdot max}$——变压器出口三相短路时最大短路电流（TA 二次值）。

忽略拐点电流不计，计算得特性曲线的斜率 $S\approx0.4$。

长期运行实践表明，比率制动系数取 $S=0.4\sim0.5$ 比较合理。

8. 二次谐波制动比的整定

具有二次谐波制动的差动保护的二次谐波制动比，是表征单位二次谐波电流制动作用大小的一个物理量，通常整定为 15%～20%。对于容量较大的变压器，取 16%～18%，对于容量较小且空载投入次数可能较多的变压器，取15%～16%。二次谐波制动比越大，保护的谐波制动作用越弱，反之亦反。

9. 差动速断的整定

变压器差动速断保护，是纵差保护的辅助保护。当变压器内部故障电流很大时，防止由于电流互感器饱和引起差动保护振动或延缓动作。差动速断元件只反映差流的有效值，不受差流中的谐波及波形畸变的影响。

差动速断保护的整定值应按躲过变压器励磁涌流来确定，即：

$$I_{op}=kI_N \tag{6-6}$$

式中 I_{op}——差动速断保护的动作电流，A；

k——整定倍数，一般取 4～8 倍。k 值视变压器容量和系统电抗的大小，变压器容量 40～120MV·A 可取 3.0～8.0，120MV·A 及以上变压器可取 2.0～6.0；

I_N——变压器一次额定电流，A。

10. 校验灵敏度

差动保护的灵敏度应按最小运行方式下，差动保护区内变压器引出线上两相金属性短路计算。根据计算最小短路电流 $I_{k\cdot min}$ 和相应的制动电流 I_{res}，在动作特性曲线上查得或计算的动作电流值 I_{op}，则灵敏度 k_{sen} 为：

$$k_{sen}=\frac{I_{k\cdot min}^{(2)}}{I_{op}K} \tag{6-7}$$

式中 k_{sen}——灵敏度，差动保护要求≥2.0，差动速断要求≥1.2；

$I_{k\cdot min}^{(2)}$——两相短路电流，单位为 A；

I_{op}——差动保护或差动速断保护整定电流，单位为 A；

K——变压器变比，$k_1=220/121=1.82$，$k_2=220/38.5=5.7$。

二、变压器过负荷整定计算

变压器的过负荷保护，主要是为了防止变压器异常运行时，由于过负荷而引起过电流。在经常有人值班的情况下，保护装置作用于信号。对双绕组降压变压器，保护装在高压侧；对单侧电源的三绕组降压变压器，当三侧绕组容量相同时，保护只装在电源侧，对两侧电源的三绕组降压变压器或联络变压器，保护装在变压器三侧。

保护装置的动作电流，按躲过变压器的额定电流来整定，即：

$$I_{op}=\frac{k_{rel}I_N}{k_r k_{TA}} \tag{6-8}$$

式中 I_{op}——变压器过负荷保护整定值，单位为 A；

k_{rel}——可靠系数，取 1.15～1.2；

k_r——返回系数，取 0.95～0.98；

I_N——变压器一次侧额定电流，A；

k_{TA}——电流互感器变比。

把上述数值代入式（6-9），可得：

$$I_{op} = (1.17 \sim 1.2) I_N \tag{6-9}$$

在工程实际应用中，往往按主变压器10.5%过负荷整定，即：

$$I_{op} = 1.1 I_N \tag{6-10}$$

式中 I_{op}——动作整定电流，A；

I_N——变压器各侧额定电流，A。

三、110kV侧复合电压闭锁方向过流保护

1. 复合电压过电流保护的含义

复合电压过电流保护是由一个负序电压继电器和一个接在相间电压上的低电压继电器共同组成的电压复合合元件，两个继电器只要有一个动作，同时过电流继电器也动作，整套装置即能起动，经过一定时限后，将断路器跳闸。

2. 方向过电流保护的含义

一般定时限过电流保护和电流速断保护只能用在单电源供电的线路上，如果出现双侧电源供电或环网供电时，为了使过电流保护能获得正确的选择性，必须采用方向保护。双侧电源供电的网络如图6-27所示。

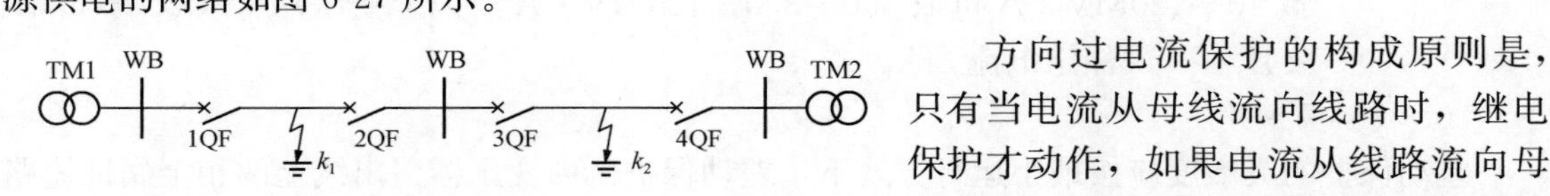

图6-27 双侧电源供电的网络

方向过电流保护的构成原则是，只有当电流从母线流向线路时，继电保护才动作，如果电流从线路流向母线，则保护不动作。在图6-27供电网络中，当k_1点故障时，电源TM2一侧只有2QF和4QF动作，因此，只要求4QF的动作时间大于2QF就可以了。当k_2点短路时，电源TM1一侧只有1QF和3QF动作，只要求1QF的动作时间大于3QF就可以了。

3. 复合电压闭锁方向过流Ⅰ段保护

（1）动作电流整定计算。

110kV侧复合电压闭锁方向过流Ⅰ段保护，作为110kV母线故障的近后备保护，与110kV馈供线路距离保护Ⅰ段、Ⅱ段相配合，一般能作为110kV母线及110kV出线的全线后备保护。动作电流整定值按式（6-11）计算：

$$I_{op} = k_{rel} I_k^{(3)} \tag{6-11}$$

式中 k_{rel}——可靠系数，取1.2；

$I_k^{(3)}$——110kV出线末端三相短路电流，A。

（2）校验灵敏度。

检验灵敏度按式（6-12）计算：

$$k_{sen} = \frac{I_{k \cdot min}^{(2)}}{I_{op}} \tag{6-12}$$

式中 k_{sen}——灵敏度，应≥1.5；

$I_{k \cdot min}^{(2)}$——110kV线路两相短路电流，A；

I_{op}——保护动作整定电流，A。

（3）复合电压低电压定值整定。

低电压动作电压按躲过无故障运行时保护安装处或 TV 安装处出现的最低电压来整定，即：

$$U_{op}=\frac{U_{min}}{k_{rel}k_{r}} \tag{6-13}$$

式中 U_{op}——动作电压整定值；

U_{min}——正常运行时出现的最低电压值；

k_{rel}——可靠系数，取 1.2；

k_{r}——返回系数，取 1.05。

当低电压继电器由变压器高压侧电压互感器供电时，其整定值按式（6-14）计算：

$$U_{op}=(0.6\sim0.7)U_{n} \tag{6-14}$$

式中 U_{op}——复合电压低电压定值，V；

U_{n}——电压互感器二次额定电压，一般为 100V。

复合电压低电压定值整定一般取 $U_{op}=70V$。

（4）复合电压负序电压的整定。

负序电压继电器应按躲过正常运行时出现的不平衡电压整定，不平衡电压通过实测确定，当无实测时，根据现行规程的规定取值：

$$U_{op\cdot2}=(0.06\sim0.08)U_{ph} \tag{6-15}$$

式中 $U_{op\cdot2}$——复合电压负序电压的整定值，V；

U_{ph}——电压互感器额定相间电压，$100/\sqrt{3}=57.74V$。

则：

$$\begin{aligned}U_{op\cdot2}&=(0.06\sim0.08)U_{ph}\\&=(0.06\sim0.08)\times57.4\\&=3.46\sim4.62V\end{aligned}$$

故复合电压负序电压一般整定为 $U_{op\cdot2}=4V$。

4.复合电压闭锁过流保护

（1）动作电流整定计算。

复合电压闭锁过流保护的动作电流按躲过变压器运行时的最大负荷电流来整定，即：

$$I_{op}=\frac{k_{rel}}{k_{r}}I_{N} \tag{6-16}$$

式中 I_{op}——动作电流整定值，A；

k_{rel}——可靠系数，取 1.2～1.4；

k_{r}——返回系数，取 0.95～0.98；

I_{N}——变压器额定电流，A。

把取值代入式（6-17），可得：

$$I_{op}=(1.3\sim1.5)I_{N} \tag{6-17}$$

（2）校验灵敏度。

校验灵敏度按式（6-18）计算：

$$k_{sen}=\frac{I_{k\cdot min}^{(2)}}{I_{op}} \tag{6-18}$$

式中　k_{sen}——灵敏度，要求≥1.5；

$I_{k \cdot min}^{(2)}$——110kV侧两相短路电流，A；

I_{op}——动作电流整定值，A。

四、220kV侧复合电压闭锁方向过流保护

1. 复合电压方向过流Ⅰ段保护

（1）动作电流整定计算。

复合电压方向过流Ⅰ段保护，应与主变压器110kV侧复合电压方向过流Ⅰ段保护相配合，动作电流整定按式（6-19）计算：

$$I_{op} = k_{rel} \frac{I_{op \cdot 110 \cdot \mathrm{I}}}{k_1 k_{TA}} \tag{6-19}$$

式中　I_{op}——动作整定电流，A；

k_{rel}——可靠系数，取1.1；

$I_{op \cdot 110 \cdot \mathrm{I}}$——110kV侧复合电压方向过流Ⅰ段保护整定值，A；

k_1——变压器变比，$k_1 = \frac{220}{121} = 1.82$；

k_{TA}——电流互感器变比，$n_a = I_N / I_n = 1200/5 = 240$。

（2）校验灵敏度。

灵敏度按式（6-20）校验，即：

$$k_{sen} = \frac{I_{k \cdot min}^{(2)}}{I_{op} K} \geqslant 1.5 \tag{6-20}$$

式中　k_{sen}——灵敏度；

$I_{k \cdot min}^{(2)}$——110kV、35kV侧两相短路电流，A；

I_{op}——动作电流整定值，A；

K——变压器电流比，$k_1 = 1.82$，$k_2 = 5.7$。

2. 复合电压闭锁过流保护

（1）动作电流整定计算。

复合电压闭锁过流应按躲过最大负荷电流，并与主变压器110kV侧复压过流保护相配合，动作电流整定值按式（6-21）计算：

$$I_{op} = k_{rel} \frac{I_{op \cdot 110}}{k_1 k_{TA}} \tag{6-21}$$

式中　I_{op}——动作电流整定值，A；

k_{rel}——可靠系数，取1.1；

$I_{op \cdot 110}$——110kV侧复压过电流整定值，A；

k_1——变压器电流变比，取1.82；

k_{TA}——220kV侧电流互感器变比，取240。

（2）校验灵敏度。

灵敏度按式（6-22）校验

$$k_{sen} = \frac{I_{k \cdot min}^{(2)}}{I_{op} k_2} \geqslant 1.5 \tag{6-22}$$

式中　k_{sen}——灵敏度；

$I_{k\cdot min}^{(2)}$——35kV 母线侧两相短路电流，A；

I_{op}——动作电流整定值，A；

k_2——变压器电流变比，取 5.7。

五、35kV 侧复合电压闭锁过流保护

1. 复合电压过流Ⅰ段保护

（1）动作电流整定计算。

复合电压过流Ⅰ段保护与 35kV 出线Ⅱ段（限时速断）保护相配合，动作时间与主变压器 220kV 复合电压过流Ⅰ段保护相配合，动作电流整定值按式（6-23）计算：

$$I_{op} = k_{rel} I_k^{(3)} \tag{6-23}$$

式中 I_{op}——动作电流整定值，A；

k_{rel}——可靠系数，取 1.2；

$I_k^{(3)}$——35kV 线路三相短路电流。

（2）检验灵敏度。

灵敏度按式（6-24）校验，即：

$$k_{sen} = \frac{I_{k\cdot min}^{(2)}}{I_{op}} \geqslant 1.5 \tag{6-24}$$

式中 k_{sen}——灵敏度；

$I_{k\cdot min}^{(2)}$——35kV 母线侧两相短路电流，A；

I_{op}——动作电流整定值，A。

（3）复合电压低电压定值。

复合电压低电压定值取 U_L=70V。

（4）复合电压负序电压定值。

复合电压负序电压定值取 U_E=4V。

2. 复合电压过流Ⅱ段保护

复合电压过流Ⅱ段保护按躲过最大负荷电流，并与 35kV 出线过流保护相配合，动作电流整定值按式（6-25）计算：

$$I_{op} = \frac{k_{rel} I_{N3}}{k_r k_{TA}} \tag{6-25}$$

式中 I_{op}——动作电流整定值，A；

k_{rel}——可靠系数，取 1.3；

k_r——返回系数，取 0.95；

k_{TA}——电流互感器变比；

I_{N3}——变压器低压侧额定电流，A。

按 35kV 母线侧两相短路电流校验灵敏度，要求 $k_{sen} \geqslant 1.5$。

六、110kV 侧零序方向过电流保护

1. 零序方向过流Ⅰ段保护

（1）动作电流整定计算。

110kV 中压侧零序方向过电流Ⅰ段保护的动作电流，应与主变压器 220kV 侧方向零序

Ⅰ段保护相配合，即：

$$I_{op\cdot1}=\frac{I_{op\cdot Th\cdot Ⅰ}}{k_{rel}k_{TA}} \tag{6-26}$$

式中 $I_{op\cdot1}$——动作电流整定值，单位为A；

$I_{op\cdot Th\cdot Ⅰ}$——主变压器220kV高压侧零序电流Ⅰ段保护动作电流，归算到110kV侧的零序电流，A；

k_{rel}——可靠系数，取1.1；

k_{TA}——电流互感器变比。

110kV中压侧零序过电流Ⅰ段保护的动作电流，应与相邻线路零序电流保护的Ⅰ段动作电流相配合，即：

$$I_{op\cdot2}=\frac{k_{rel}I_{op\cdot1\cdot Ⅰ}}{k_{TA}} \tag{6-27}$$

式中 $I_{op\cdot2}$——动作电流整定值，A；

k_{rel}——可靠系数，取1.1；

$I_{op\cdot1\cdot Ⅰ}$——相邻线路零序过电流Ⅰ段保护的动作电流整定值，A；

k_{TA}——电流互感器变比。

110kV中压侧零序过电流Ⅰ段保护的动作电流取上述计算整定值的平均值，即：

$$I_{op}=\frac{1}{2}(I_{op\cdot1}+I_{op\cdot2}) \tag{6-28}$$

式中 I_{op}——动作电流整定值，A；

$I_{op\cdot1}$——与220kV侧零序过电流Ⅰ段保护相配合的动作电流，A；

$I_{op\cdot2}$——与相邻线路零序电流Ⅰ段保相配合的动作电流，A。

(2) 校验灵敏度。

灵敏度按式(6-29)校验，即：

$$k_{sen}=\frac{3I_0}{I_{op}}\geqslant1.5 \tag{6-29}$$

式中 k_{sen}——灵敏度；

$3I_0$——110kV线路单相接地短路电流，A；

I_{op}——动作电流整定值，A。

2. 零序方向过电流Ⅱ段保护

(1) 动作电流整定计算。

110kV中压侧零序方向过电流Ⅱ段保护的动作电流，应与主变压器220kV高压侧零序过电流Ⅱ段保护相配合的动作电流，即：

$$I_{op\cdot1}=\frac{I_{op\cdot Th\cdot Ⅱ}}{k_{rel}k_{TA}} \tag{6-30}$$

式中 $I_{op\cdot1}$——动作电流整定值，A；

$I_{op\cdot Th\cdot Ⅱ}$——220kV高压侧，零序Ⅱ段保护动作电流，归算到110kV侧的零序电流，A；

k_{rel}——可靠系数，取1.1；

k_{TA}——电流互感器变比。

110kV中压侧零序方向过电流Ⅱ段保护的动作电流，应与相邻线路零序电流Ⅱ段保护相配合，即：

$$I_{op\cdot2}=\frac{k_{rel}I_{op\cdot1\cdot\mathrm{II}}}{k_{TA}} \tag{6-31}$$

式中 $I_{op\cdot2}$——动作电流整定值，A；

k_{rel}——可靠系数，取1.1；

$I_{op\cdot1\cdot\mathrm{II}}$——相邻线路零序电流Ⅱ段的动作电流，A；

k_{TA}——电流互感器变比。

110kV中压侧零序过电流Ⅱ段保护的动作电流取上述计算整定值的平均值，即：

$$I_{op}=\frac{1}{2}(I_{op\cdot1}+I_{op\cdot2}) \tag{6-32}$$

式中 I_{op}——动作电流整定值，A；

$I_{op\cdot1}$——与220kV侧零序过电流Ⅱ段保护相配合的动作电流，A；

$I_{op\cdot2}$——与相邻线路零序电流Ⅱ段保护相配合的动作电流，A。

(2) 校验灵敏度。

灵敏度按式（6-33）校验，即：

$$k_{sen}=\frac{3I_0}{I_{op}}\geqslant1.5 \tag{6-33}$$

式中 k_{sen}——灵敏度；

$3I_0$——110kV线路单相接地短路电流，A；

I_{op}——动作电流整定值，A。

七、220kV侧零序方向过电流保护

1. 零序电流Ⅰ段保护

(1) 保护方向设置。

220kV变电站，一般都安装自耦变压器，其高压侧和中压侧均为大电流接地系统，中压侧与高压侧之间有电的联系，其运行时，共同的中性点必须接地，当高压侧或中压侧发生接地故障时，零序电流将由一个系统流向另一个系统。为确保零序电流保护的选择性，应设置方向指向主变压器的零序电流过流保护。

(2) 动作电流的整定计算。

零序电流Ⅰ段保护的动作电流，应保证在变压器中压侧母线上发生接地故障时有灵敏度，动作电流整定值按式（6-34）计算，即：

$$I_{op\cdot Th\cdot\mathrm{I}}=\frac{k_{rel}I_{op\cdot Tm\cdot\mathrm{I}}}{k_1} \tag{6-34}$$

式中 $I_{op\cdot Th\cdot\mathrm{I}}$——变压器高压侧零序电流Ⅰ段保护的动作电流整定值，单位为A，某省电力调度对该220kV变电站整定值限额应小于或等于360A；

k_{rel}——可靠系数，取1.15；

$I_{op\cdot Tm\cdot\mathrm{I}}$——变压器中压侧零序电流Ⅰ段保护的动作电流整定值，A；

k_1——变压器变比，取1.82。

(3) 校验灵敏度。

灵敏度按式（6-35）校验，即：

$$k_{sen}=\frac{3I_0}{I_{op}}\geqslant 1.5 \tag{6-35}$$

式中　k_{sen}——灵敏度；

$3I_0$——110kV母线发生单相接地短路电流，A；

I_{op}——动作电流整定值，A。

2. 零序电流Ⅱ段保护

（1）动作电流的整定计算。

零序电流Ⅱ段保护的动作电流，应与变压器中压侧零序电流Ⅱ段保护的动作电流相配合，即：

$$I_{op\cdot Th\cdot Ⅱ}=\frac{k_{rel}I_{op\cdot Tm\cdot Ⅱ}}{k_1} \tag{6-36}$$

式中　$I_{op\cdot Th\cdot Ⅱ}$——变压器高压侧零序电流Ⅱ段保护的动作电流，单位为A，某省电力调度对该220kV变电站整定限额应大于或等于240A；

k_{rel}——可靠系数，取1.15；

$I_{op\cdot Tm\cdot Ⅱ}$——变压器中压侧零序电流Ⅱ段保护的动作电流，A；

k_1——变压器变比，$k_1=220/121=1.82$。

（2）校验灵敏度。

灵敏度按式（6-37）校验，即：

$$k_{sen}=\frac{3I_0}{I_{op}}\geqslant 1.5 \tag{6-37}$$

式中　k_{sen}——灵敏度；

$3I_0$——主变压器110kV侧单相接地短路电流，A；

I_{op}——整定值为240A时，110kV侧短路电流，A。

第五节　变压器参数及短路电流计算实例

某市220kV变电站安装OSFS10-180MVA/220型主变压器1台，额定容量为180000/180000/90000kVA，电压等级为$220^{+3}_{-1}\times 2.5\%/121/38.5$kV，阻抗电压$u_{k1\text{-}2}=8.95\%$，$u_{k1\text{-}3}\%=33.47\%$，$u_{k2\text{-}3}\%=22.28\%$。选用PST-1200型数字式变压器保护装置，对变压器相关参数及短路电流进行计算。

一、主变压器各侧参数计算

（1）主变压器高压侧额定电压为：$U_{N\cdot 1}=220$kV。

（2）主变压器高压220kV侧额定电流按式（6-1）计算：

$$I_{N\cdot 1}=\frac{S_N}{\sqrt{3}U_{N1}}=\frac{180000}{\sqrt{3}\times 220}=472.4\text{A}$$

（3）选择的电流互感器额定电流应大于主变压器各侧的额定电流，二次侧额定电流为5A，则220kV侧电流互感器变比按式（6-2）计算：

$$k_{TA}=\frac{I_N}{I_n}=\frac{1200}{5}=240$$

（4）电流互感器 TA 二次接线方式，一般选用 Y 形接线。

（5）电流互感器二次额定电流按式（6-2）计算，即：

$$I_{n}=\frac{I_{N1}}{k_{TA}}=\frac{472.4}{240}=1.97A$$

（6）电流互感器二次额定计算电流按式（6-3）计算：

$$I_{e}=k_{jx}I_{n}=\sqrt{3}\times 1.97=3.4A$$

按上述方法计算，主变压器各侧参数见表 6-7。

表 6-7　　主变压器各侧参数

名　称	各侧参数		
额定电压 U_N（kV）	220	121	38.5
额定容量 S_N（kV·A）	180000	180000	90000
一次额定电流 I_N（A）	472.4	858.9	1350
选用电流互感器变比 k_{TA}	240	240	400
电流互感器二次接线方式	Y	Y	Y
电流互感器二次额定电流 I_n（A）	1.97	3.58	3.38
电流互感器二次计算额定电流 I_e（A）	3.4	5.2	3.38

变压器变比：

$$k_{1}=\frac{U_{N1}}{U_{N2}}=\frac{I_{N2}}{I_{N1}}=\frac{220}{121}=\frac{858.9}{472.4}=1.82$$

$$k_{2}=\frac{U_{N1}}{U_{N3}}=\frac{I_{N3}}{I_{N1}}=\frac{220}{38.5}=\frac{2700}{472.4}=5.7$$

二、基准值的计算

（1）基准容量 S_b=100MV·A。

（2）基准电压通常选各级的平均值，即：

$$U_{b}=U_{av}=1.05U_{N}$$

式中　U_b——基准电压，kV；

U_{av}——平均电压，kV；

U_N——额定电压，kV。

（3）基准电流按式（6-38）计算：

$$I_{b}=\frac{S_{b}}{\sqrt{3}U_{b}}\times 10^{3} \tag{6-38}$$

式中　I_b——基准电流，A；

S_b——基准容量，MV·A；

U_b——基准电压，kV。

电压、电流基准值见表 6-8。

表 6-8　　　　电压、电流基准值

额定电压 U_N (kV)	基准电压 U_b (kV)	基准电流 I_b (A)
220	230	251
110	115	502
35	37	1560

三、主变压器及线路电抗标幺值计算

1. 主变压器三侧电抗及标幺计算

主变压器三侧电抗值按式（6-39）计算

$$\left.\begin{aligned} X_{Th} &= \frac{1}{2}(U_{K1\text{-}2}\% + U_{K1\text{-}3}\% - U_{K2\text{-}3}\%) \\ X_{Tm} &= \frac{1}{2}(U_{K1\text{-}2}\% + U_{K2\text{-}3}\% - U_{K1\text{-}3}\%) \\ X_{TL} &= \frac{1}{2}(U_{K1\text{-}3}\% + U_{K2\text{-}3}\% - U_{K1\text{-}2}\%) \end{aligned}\right\} \tag{6-39}$$

主变压器阻抗电压 $U_{K1\text{-}2}\%=8.95\%$、$U_{K1\text{-}3}\%=33.47\%$、$U_{K2\text{-}3}\%=22.28\%$，分别代入式（6-39），得：

$$\begin{aligned} X_{Th} &= \frac{1}{2}(U_{K1\text{-}2}\% + U_{K1\text{-}3}\% - U_{K2\text{-}3}\%) \\ &= \frac{1}{2}\times(8.95\% + 33.47\% - 22.28\%) = 10.07\% \\ X_{Tm} &= \frac{1}{2}(U_{K1\text{-}2}\% + U_{K2\text{-}3}\% - U_{K1\text{-}3}\%) \\ &= \frac{1}{2}\times(8.95\% + 22.28\% - 33.47\%) = -1.12\% \\ X_{TL} &= \frac{1}{2}\times(U_{K1\text{-}3}\% + U_{K2\text{-}3}\% - U_{K1\text{-}2}\%) \\ &= \frac{1}{2}\times(33.47\% + 22.28\% - 8.95\%) = 23.4\% \end{aligned}$$

主变压器三侧电抗标幺值按式（6-40）计算：

$$\left.\begin{aligned} X_{Th\cdot pu} &= \frac{X_{Th}\%}{100}\times\frac{S_b}{S_N} \\ X_{Tm\cdot pu} &= \frac{X_{Tm}\%}{100}\times\frac{S_b}{S_N} \\ X_{TL\cdot pu} &= \frac{X_{Tl}\%}{100}\times\frac{S_b}{S_N} \end{aligned}\right\} \tag{6-40}$$

将 $X_{Th}=10.07\%$、$X_{Tm}=-1.12\%$、$X_{TL}=23.4\%$、基准容量 $S_b=100MV\cdot A$、主变压器额定容量 $S_N=180MV\cdot A$ 代入式（6-40），得主变压器三侧电抗标幺值：

$$X_{Th\cdot pu}=\frac{X_{Th}\%}{100}\times\frac{S_b}{S_N}=\frac{10.07}{100}\times\frac{100}{180}=0.0559$$

$$X_{Tm\cdot pu}=\frac{X_{Tm}\%}{100}\times\frac{S_b}{S_N}=\frac{-1.12}{100}\times\frac{100}{180}=-0.0062$$

$$X_{TL\cdot pu}=\frac{X_{TL}\%}{100}\times\frac{S_b}{S_N}=\frac{23.4}{100}\times\frac{100}{180}=0.13$$

2. 架空线路电抗及电抗标幺值计算

架空线路电抗值按式（6-41）计算，即：

$$X_L=X_0L \tag{6-41}$$

式中 X_L——线路电抗，Ω；

X_0——线路单位长度电抗，取 0.4Ω/km；

L——线路长度，km。

架空线路电抗标幺值按式（6-42）计算：

$$X_{L\cdot pu}=X_L\frac{S_b}{U_b^2} \tag{6-42}$$

式中 $X_{L\cdot pu}$——线路电抗标幺值；

X_L——线路电抗值，Ω；

S_b——基准容量，取 100MV·A；

U_b——基准电压，kV。

主变压器电抗标幺值等值电路如图 6-28 所示。

四、主变压器零序电抗的测量与计算

1. 零序电抗的测量

在测量零序电抗时，以额定频率的正弦波形的单相电压作电源，电压施加在星形绕组连接在一起的线路端子与中性点端子间进行测量，主变压器零序电抗测量值见表 6-9。

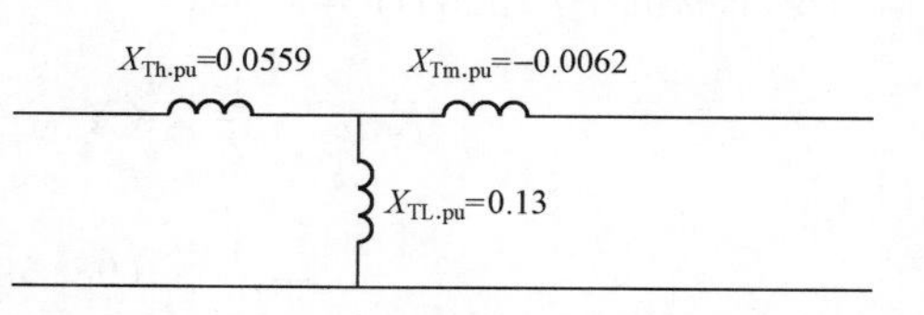

图 6-28 主变压器电抗标幺值等值电路

表 6-9 主变压器零序电抗测量值

分接头	HV 绕组接线方式	MV 绕组接线方式	LV 绕组接线方式	零序电抗 X_0（Ω）
4	ABC—O	开路	开路	119.29
		短路	开路	22.76
1	开路	$A_mB_mC_m$—O	开路	30.46
	短路		开路	5.82

2. 零序电抗的计算

零序电抗有名值的计算如下：

$$X_{hL} = X_{Th} + X_{TL1} = 119.29\Omega$$
$$X_{mL} = X_{Tm} + X_{TL1} = 30.46\Omega$$

归算到 220kV 侧，则：

$$X_{mL} = X_{mL}\left(\frac{U_{N1}}{U_{N2}}\right)^2$$
$$= 30.46 \times \left(\frac{220}{121}\right)^2 = 100.69\Omega$$
$$X_{hmL} = X_{Th} + \frac{X_m X_{L1}}{X_m + X_{L1}} = 22.76\Omega$$

或

$$X_{mhL} = X_{Tm} + \frac{X_h X_L}{X_h + X_L} = 5.82\Omega$$

归算到 220kV 侧，则：

$$X_{mhL} = X_{mhL}\left(\frac{U_{N1}}{U_{N2}}\right)^2 = 5.82 \times \left(\frac{220}{121}\right)^2 = 19.24\Omega$$
$$X_{L1} = \sqrt{X_{mL}(X_{hL} - X_{hmL})}$$
$$= \sqrt{100.69 \times (119.29 - 22.76)}$$
$$= 98.59\Omega$$
$$X_{L2} = \sqrt{X_{mL}(X_{hL} - X_{mhL})}$$
$$= \sqrt{100.69 \times (119.29 - 19.24)}$$
$$= 100.37$$

零序电抗平均值的计算，即：

$$X_{TL0} = \frac{1}{2} \times (X_{TL1} + X_{TL2})$$
$$= \frac{1}{2} \times (98.59 + 100.37)$$
$$= 99.48\Omega$$
$$X_{Th\cdot 0} = X_{ThL} - X_{TL} = 119.29 - 99.48 = 19.81\Omega$$
$$X_{Tm\cdot 0} = X_{TmL} - X_{TL} = 100.69 - 99.48 = 1.21\Omega$$

零序电抗有名值等效电路如图 6-29 所示。

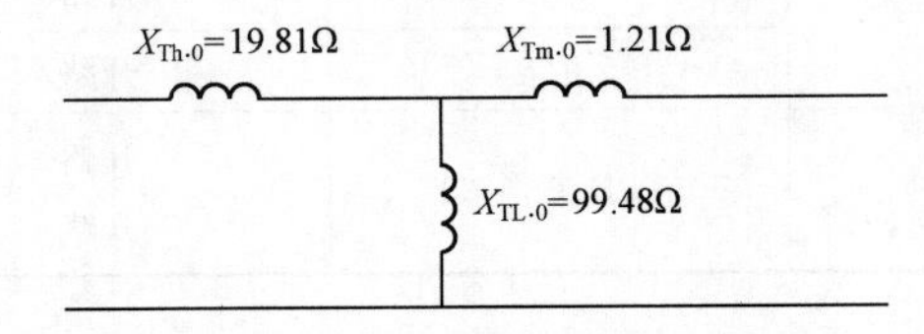

图 6-29　零序电抗有名值等效电路

3. 零序电抗标幺值的计算

（1）归算到主变压器额定容量 S_N＝180MV・A 时的零序电抗标幺值。

$$Z_T = \frac{U_{N1}^2}{S_N} = \frac{220^2}{180} = 268.9\Omega$$

$$X'_{Th\cdot0\cdot pu} = \frac{X_{Th\cdot0}}{Z_T} = \frac{19.81}{268.9} = 0.0737$$

$$X'_{Tm\cdot0\cdot pu} = \frac{X_{Tm\cdot0}}{Z_T} = \frac{1.21}{268.9} = 0.0045$$

$$X'_{TL\cdot0\cdot pu} = \frac{X_{TL\cdot0}}{Z_T} = \frac{99.48}{268.9} = 0.37$$

归算到主变压器额定容量 S_N＝180MV・A 时零序电抗标幺值等效电路如图 6-30 所示。

（2）归算到基准容量 S_b＝100MV・A 时的零序电抗标幺值。

$$X_{Th\cdot0\cdot pu} = X'_{Th\cdot0\cdot pu}\frac{S_b}{S_N} = 0.0737 \times \frac{100}{180} = 0.0409$$

$$X_{Tm\cdot0\cdot pu} = X'_{Tm\cdot0\cdot pu}\frac{S_b}{S_N} = 0.0045 \times \frac{100}{180} = 0.0025$$

$$X_{TL\cdot0\cdot pu} = X'_{TL\cdot0\cdot pu}\frac{S_b}{S_N} = 0.37 \times \frac{100}{180} = 0.2055$$

归算到基准容量 S_b＝100MV・A 时零序电抗标幺值等效电路如图 6-31 所示。

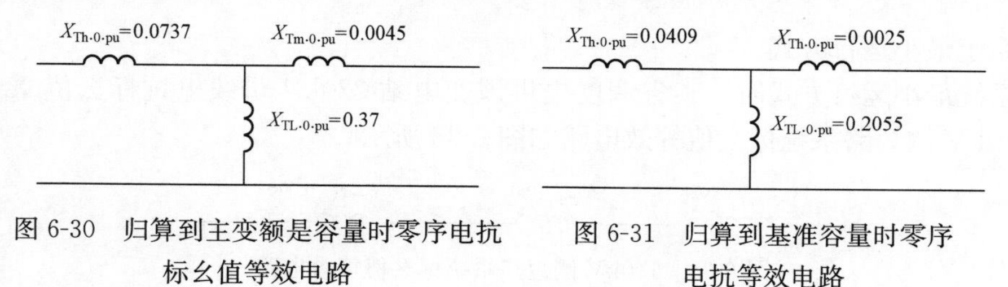

图 6-30　归算到主变额是容量时零序电抗标幺值等效电路

图 6-31　归算到基准容量时零序电抗等效电路

五、短路电流的计算

1. 110kV 母线侧短路电流计算

（1）系统最大运行方式。

电网系统最大运行方式时，某省调度提供该变电站 220kV 母线电抗标幺值 $X_{s\cdot pu\cdot max}$＝0.0117，110kV 侧短路系统标幺值等效电路如图 6-32 所示。

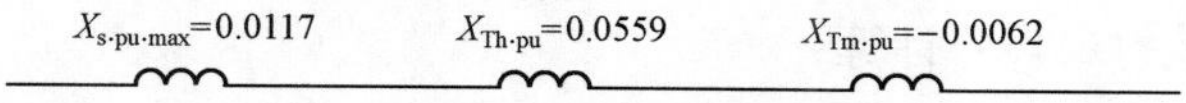

$X_{s\cdot pu\cdot max}$=0.0117　$X_{Th\cdot pu}$=0.0559　$X_{Tm\cdot pu}$=−0.0062

图 6-32　110kV 侧短路系统标幺值等效电路

短路系统标幺值等值计算为：

$$\begin{aligned}\Sigma X_{pu} &= X_{s\cdot pu\cdot max} + X_{Th\cdot pu} + X_{Tm\cdot pu} \\ &= 0.0117 + 0.0559 - 0.0062 \\ &= 0.0614\end{aligned}$$

三相短路电流按式（6-43）计算：

$$I_k^{(3)} = \frac{I_b}{\Sigma X_{pu}} \tag{6-43}$$

式中　$I_k^{(3)}$——110kV 三相短路电流，A；

I_b——110kV 基准电流，查表 6-8 得 $I_j=502$A；

ΣX_{pu}——短路系统电抗标幺值。

将上述数值代入式（6-43）得：

$$I_k^{(3)} = \frac{I_b}{\Sigma X_{pu}} = \frac{502}{0.0614} = 8176\text{A}$$

两相短路电流按式（6-44）计算：

$$I_k^{(2)} = \frac{\sqrt{3}}{2} I_k^{(3)} \tag{6-44}$$

式中　$I_k^{(2)}$——两相短路电流，A；

$I_k^{(3)}$——三相短路电流，A。

将上述数值代入式（6-44）则得两相短路电流，即：

$$I_k^{(2)} = \frac{\sqrt{3}}{2} I_k^{(3)} = \frac{\sqrt{3}}{2} \times 8176 = 7080\text{A}$$

（2）系统最小运行方式。

电网系统最小运行方式时，某省调度提供该变电站 220kV 母线电抗标幺值 $X_{s\cdot pu\cdot min}=0.024$，110kV 侧短路系统标幺值等效电路如图 6-33 所示。

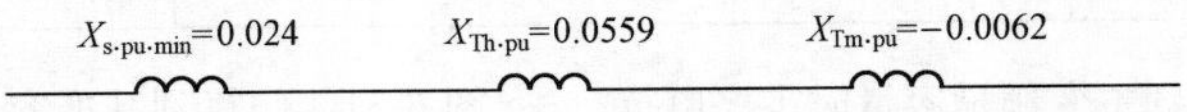

图 6-33　110kV 侧短路系统标幺值等效电路

110kV 侧短路系统标幺值计算为：

$$\begin{aligned}\Sigma X_{pu} &= X_{S\cdot pu\cdot min} + X_{Th\cdot pu} + X_{Tm\cdot pu} \\ &= 0.024 + 0.0559 - 0.0062 = 0.0737\end{aligned}$$

三相短路电流按式（6-43）计算：

$$I_k^{(3)} = \frac{I_b}{\Sigma X_{pu}} = \frac{502}{0.0737} = 6811\text{A}$$

两相短路电流按式（6-44）计算：

$$I_k^{(2)} = \frac{\sqrt{3}}{2} I_k^{(3)} = \frac{\sqrt{3}}{2} \times 6811.4 = 5899\text{A}$$

2. 35kV 母线侧短路电流计算

（1）系统最大运行方式。

短路系统标幺值等值计算为：

$$\begin{aligned}\Sigma X_{pu} &= X_{s\cdot pu\cdot max} + X_{Th\cdot pu} + X_{TL\cdot pu} \\ &= 0.0117 + 0.0559 + 0.13 \\ &= 0.1976\end{aligned}$$

三相短路电流按式（6-43）计算，查表 6-8 得 $I_b = 1560A$，则：

$$I_k^{(3)} = \frac{I_b}{\Sigma X_{pu}} = \frac{1560}{0.1976} = 7895A$$

两相短路电流按式（6-44）计算：

$$I_k^{(2)} = \frac{\sqrt{3}}{2} I_k^{(3)} = \frac{\sqrt{3}}{2} \times 7895 = 6837A$$

（2）系统最小运行方式。

短路系统标幺值等值计算为：

$$\begin{aligned}\Sigma X_{pu} &= X_{s\cdot pu\cdot min} + X_{Th\cdot pu} + X_{TL\cdot pu} \\ &= 0.024 + 0.0559 + 0.13 \\ &= 0.2099\end{aligned}$$

三相短路电流按式（6-43）计算：

$$I_k^{(3)} = \frac{I_b}{\Sigma X_{pu}} = \frac{1560}{0.2099} = 7432A$$

两相短路电流按式（6-44）计算：

$$I_k^{(2)} = \frac{\sqrt{3}}{2} I_k^{(3)} = \frac{\sqrt{3}}{2} \times 7432 = 6436A$$

短路电流计算值见表 6-10。

表 6-10　短路电流计算值

短路点	最大运行方式		最小运行方式	
	$I_k^{(3)}$ (A)	$I_{k\cdot max}^{(2)}$ (A)	$I_k^{(3)}$ (A)	$I_{k\cdot min}^{(2)}$ (A)
110kV 母线侧	8176	7080	6811	5899
35kV 母线侧	7895	6837	7432	6436

3. 110kV 母线侧单相接地短路电流的计算

（1）短路系统计算标幺值。

某省调度提供变电所 220kV 母线零序电抗标幺值，最大运行方式时 $X_{s\cdot pu\cdot max} = 0.016$，最小运行方式时 $X_{s\cdot pu\cdot min} = 0.0297$。110kV 短路系统计算标幺值如图 6-34 所示。

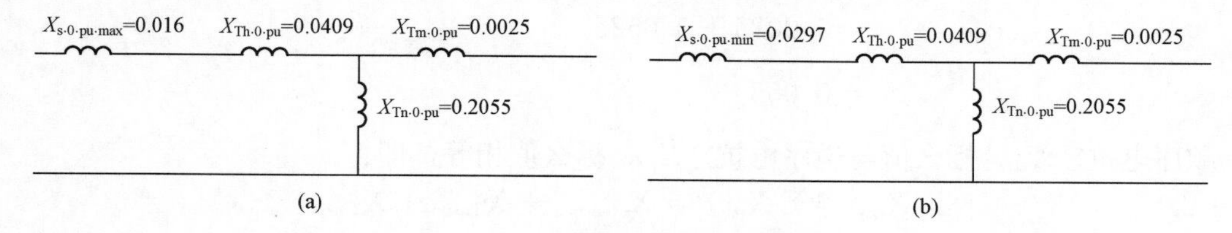

图 6-34　110kV 短路系统零序电抗标幺值

（a）最大运行方式；（b）最小运行方式

（2）系统最大运行方式时，110kV 母线单相接地电流计算。

零序电抗等值计算为：

$$\begin{aligned}\Sigma X_{pu\cdot 0} &= X_{Tm\cdot 0\cdot pu} + \frac{(X_{s\cdot 0\cdot pu\cdot max} + X_{Th\cdot 0\cdot pu})X_{TL\cdot 0pu}}{(X_{s\cdot 0\cdot pu\cdot max} + X_{Th\cdot 0\cdot pu}) + X_{TL\cdot 0\cdot pu}} \\ &= 0.0025 + \frac{(0.016 + 0.0409) \times 0.2055}{0.016 + 0.0409 + 0.2055} \\ &= 0.0025 + 0.0446 \\ &= 0.0471\end{aligned}$$

顺序电抗标幺值 $X_{pu\cdot 1}$ 与负序电抗标幺值 $X_{pu\cdot 2}$ 相等，即：

$$\begin{aligned}\Sigma X_{pu\cdot 1} = \Sigma X_{pu\cdot 2} &= X_{s\cdot pu\cdot max} + X_{Th\cdot pu} + X_{Tm\cdot pu} \\ &= 0.0117 + 0.0559 - 0.0062 \\ &= 0.0614\end{aligned}$$

零序电流按式（6-45）计算：

$$3I_0 = \frac{3I_b}{\Sigma X_{pu}} = \frac{3I_b}{\Sigma X_{pu\cdot 1} + \Sigma X_{pu\cdot 2} + \Sigma X_{pu\cdot 0}} \tag{6-45}$$

式中 $3I_0$——零序电流，A；

I_b——110kV 基准电流，A；

$\Sigma X_{pu\cdot 1}$——等值顺序电抗标幺值；

$\Sigma X_{pu\cdot 2}$——等值顺序电抗标幺值；

$\Sigma X_{pu\cdot 0}$——等值顺序电抗标幺值。

将上述数值代入式（6-45），则：

$$\begin{aligned}3I_0 &= \frac{3I_b}{\Sigma X_{pu}} = \frac{3I_b}{\Sigma X_{pu\cdot 1} + \Sigma X_{pu\cdot 2} + \Sigma X_{pu\cdot 0}} \\ &= \frac{3 \times 502}{2 \times 0.0614 + 0.0471} \\ &= 8864\text{A}\end{aligned}$$

（3）系统最小运行方式时，110kV 母线单相接地电流计算短路系统零序电抗标幺值计算为：

$$\begin{aligned}\Sigma X_{pu\cdot 0} &= X_{Tm\cdot 0\cdot pu} + \frac{(X_{s\cdot 0\cdot pu\cdot min} + X_{Th\cdot 0\cdot pu})X_{TL\cdot 0\cdot pu}}{X_{s\cdot 0\cdot pu\cdot min} + X_{Th\cdot 0\cdot pu} + X_{TL\cdot 0\cdot pu}} \\ &= 0.0025 + \frac{(0.0297 + 0.0409) \times 0.2055}{0.0297 + 0.0409 + 0.2055} \\ &= 0.0025 + 0.0525 \\ &= 0.055\end{aligned}$$

顺序电抗$\Sigma X_{pu\cdot 1}$标幺值与逆序电抗$\Sigma X_{pu\cdot 2}$标幺值相等，即：

$$\begin{aligned}\Sigma X_{pu\cdot 1} = \Sigma X_{pu\cdot 2} &= X_{s\cdot pu\cdot min} + X_{Th\cdot pu} + X_{Tm\cdot pu} \\ &= 0.024 + 0.0559 - 0.0062 \\ &= 0.0737\end{aligned}$$

零序电流按式（6-45）计算：

$$3I_0 = \frac{3I_b}{\Sigma X_{pu}} = \frac{3I_b}{\Sigma X_{pu\cdot1} + \Sigma X_{pu\cdot2} + \Sigma X_{pu\cdot0}}$$

$$= \frac{3 \times 502}{2 \times 0.0737 + 0.055}$$

$$= 7441\text{A}$$

220kV 主变压器 110kV 侧单相接地时短路电流计算值见表 6-11。

表 6-11　　110kV 侧单相接地时短路电流

短路点	系统最大运行方式时短路电流 $3I_0$（A）	系统最小运行方式时短路电流 $3I_0$（A）
110kV 母线侧	8864	7441

第六节　OSFS-180000/220 型变压器继电保护整定计算实例

某市 220kV 变电站，变压器为自耦变压器，额定容量为 180MV·A，额定电压为 220/121/38.5kV，选用 PST-1200 型数字式变压器保护装置，进行保护整定计算。

一、比率差动保护整定电流的计算

1. 起动电流 $I_{op\cdot0}$

比率差动保护起动电流 $I_{op\cdot0}$ 按式（6-4）计算：

$$I_{op\cdot0} = 0.35I_e = 0.35 \times 3.4 = 1.2\text{A}$$

电流互感器变比 k_{TA}＝1200/5＝240，则电流互感器一次侧起动电流为：

$$I_{op} = k_{TA}I_{op\cdot0} = 240 \times 1.2 = 288\text{A}$$

系统最小运行方式时，查表 6-10 得 35kV 母线侧两相短路电流 $I_k^{(2)} = 6436$A，变压器电流比 k_2＝5.7。则按式（6-7）校验保护动作灵敏度：

$$K_{sen} = \frac{I_{k\cdot min}^{(2)}}{I_{op}k_2}$$

$$= \frac{6436}{288 \times 5.7}$$

$$= 3.92 > 2$$

故灵敏度满足要求。

2. 拐点电流

PST-1200 系列数字式变压器差动保护装置，设定拐点 1 电流 $I_{res\cdot0} = I_e = 3.4$A，拐点 2 电流 $I_{res\cdot2} = 3I_e = 3 \times 3.4 = 10.2$A。

3. 比率制动系数 S

PST-1200 系列数字式变压器差动保护装置，设定比率制动系数 S_1＝0.5、S_2＝0.7。

4. 二次谐波制动比的整定

具有二次谐波制动的差保护二次谐波制动比，通常整定为 15%～20%。这是一个建立在大量统计数据基础上的经验值，因此，整定为 0.15。

5. 差动速断保护

(1) 整定电流的计算。

差动速断保护整定电流按式（6-6）计算：

$$I'_{op\cdot1} = kI_{N1} = 8 \times 472.4 = 3779.2\text{A}$$

电流互感器变比：

$$k_{TA} = I_{N1}/I_{n} = 1200/5 = 240$$

则差动速断保护，电流互感器二次整定电流为：

$$I_{op\cdot2} = \frac{I'_{op\cdot1}}{k_{TA}} = \frac{3779.2}{240} = 15.7\text{A}$$

差动速断保护电流互感器一次动作电流为：

$$I_{op\cdot1} = k_{TA}I_{op\cdot2} = 240 \times 15.7 = 3768\text{A}$$

(2) 校验灵敏度。

查表 6-10 得 110kV 侧两相短路电流 $I_{k\cdot min}^{(2)} = 5899\text{A}$，35kV 侧两相短路电流 $I_{k\cdot min}^{(2)} = 6436\text{A}$。110kV 两相短路时，变压器电流比 $k_1 = 1.82$，35kV 两相短路时，变压器电流比 $k_2 = 5.7$。按式（6-7）校验灵敏度。

$$k_{sen} = \frac{I_{k\cdot min}^{(2)}}{I_{op}k_1} = \frac{5899}{3768 \times 1.82} = 0.86 < 1.2$$

$$k_{sen} = \frac{I_{k\cdot min}^{(2)}}{I_{op}k_2} = \frac{6436}{3768 \times 5.7} = 0.3 < 1.2$$

由此可知，差动速断保护只能保护到主变的部分，作为差动保护的辅助保护。

二、过负荷保护整定计算

1. 220kV 高压侧过负荷整定值计算

变压器过负荷保护整定原则，其动作电流应躲过该变压器各侧的额定电流。

220kV 侧过负荷值按式（6-10）计算：

$$I = 1.1I_{N1} = 1.1 \times 472.4 = 520\text{A}$$

高压侧电流互感器变比 $k_{TA} = 240$，则电流互感器二次电流按式（6-2）计算：

$$I_{op} = \frac{I}{k_{TA}} = \frac{520}{240} = 2.17\text{A}$$

220kV 侧过负荷定值取 $I_{op} = 2.1 \times 240/2.1 = 504/2.1\text{A}$。

2. 110kV 中压侧过负荷整定值计算

110kV 侧过负荷值按式（6-10）计算：

$$I = 1.1I_{N2} = 1.1 \times 858.9 = 945\text{A}$$

中压侧电流互感器变比 $k_{TA} = 240$，则电流互感器二次电流按式（6-2）计算：

$$I_{op} = \frac{I}{k_{TA}} = \frac{945}{240} = 3.9\text{A}$$

110kV 侧过负荷定值取 $I_{op} = 3.8 \times 240/3.8 = 912/3.8\text{A}$。

3. 35kV 低压侧过负荷整定计算

35kV 侧过负荷值按式（6-10）计算：

$$I = 1.1I_{N3} = 1.1 \times 1350 = 1485A$$

低压侧电流互感器变比 k_{TA}＝400，则电流互感器二次电流按式（6-2）计算：

$$I_{op} = \frac{I}{k_{TA}} = \frac{1485}{400} = 3.71A$$

35kV 侧过负荷定值取 I_{op}＝3.5×400/3.5＝1400/3.5A。

三、110kV 侧复合电压闭锁方向过流保护

1. 复合电压闭锁方向过流Ⅰ段保护

（1）动作电流整定计算

该变电站 110kV 出线长度 L＝59.5km，线路单位长度电抗 X_0＝0.4Ω/km，则线路电抗按式（6-41）计算，即：

$$X_L = X_0 L = 0.4 \times 59.5 = 23.8\Omega$$

线路电抗标幺值按式（6-42）计算，即：

$$X_{L\cdot pu} = X_L \frac{S_b}{U_b^2} = 23.8 \times \frac{100}{115^2} = 0.18$$

系统最大运行方式时，系统短路电抗标幺值为 $X_{s\cdot pu\cdot max} = 0.0117$，短路系统电抗标幺值等效电路如图 6-35 所示。

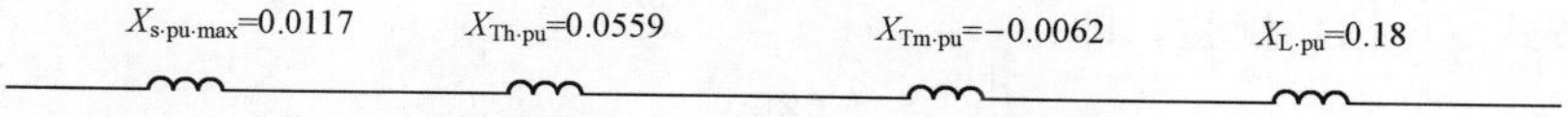

$X_{s\cdot pu\cdot max}$=0.0117　$X_{Th\cdot pu}$=0.0559　$X_{Tm\cdot pu}$=−0.0062　$X_{L\cdot pu}$=0.18

图 6-35　短路系统电抗标幺值等效电路

短路电抗标幺值计算为：

$$\begin{aligned}\Sigma X_{pu} &= X_{s\cdot pu\cdot max} + X_{Th\cdot pu} + X_{Tm\cdot pu} + X_{L\cdot pu} \\ &= 0.0117 + 0.0559 - 0.0062 + 0.18 \\ &= 0.2414\end{aligned}$$

110kV 线路三相短路电流按式（6-43）计算：

$$I_k^{(3)} = \frac{I_b}{\Sigma X_{pu}} = \frac{502}{0.2414} = 2080A$$

110kV 复合电压过流Ⅰ段整定电流按式（6-11）计算：

$$I_{op} = k_{rel} I_k^{(3)} = 1.2 \times 2080 = 2496A$$

110kV 电流互感器变比 $k_{TA} = 1200/5 = 240$，则电流互感器二次整定电流为 $I_{op} = 2496/240 = 10.4A$。

（2）校验灵敏度。

查表6-10得110kV母线侧两相短路电流 $I_{k\cdot min}^{(2)}=5899A$，按式（6-12）校验灵敏度，即：

$$k_{sen}=\frac{I_{k\cdot min}^{(2)}}{I_{op}}=\frac{5899}{2496}=2.4>1.5$$

故灵敏度满足要求。

（3）动作时限整定。

复压过流Ⅰ段保护第一时限 $t_1=0.8s$，跳110kV母联断路器。复压过流Ⅰ段保护第二时限 $t_2=1.1s$，跳110kV侧断路器。

（4）低电压定值。

复压低电压定值取 $U_L=70V$。

（5）负序电压定值。

复压负序电压定值取 $U_E=4V$。

2. 复合电压闭锁过流保护

（1）动作电流整定计算。

复压过流保护整定电流按式（6-17）计算：

$$I_{op}=kI_{N2}=1.5\times858.9=1288A$$

110kV侧电流互感器变比 $k_{TA}=240$，则电流互感器二次整定电流 $I_{op}=1288/240=5.4A$，取电流互感器一次整定电流 $I_{op}=5.5\times240=1320A$。

（2）校验灵敏度。

查表6-10得110kV侧两相短路电流 $I_{k\cdot min}^{(2)}=5899A$。

灵敏度按式（6-18）校验，即：

$$k_{sen}=\frac{I_{k\cdot min}^{(2)}}{I_{op}}=\frac{5899}{1320}=4.5>1.5$$

故灵敏度满足要求。

（3）动作时限整定。

复合电压过流第一时限 $t_1=3.5s$，跳110kV侧断路器，复合电压过流第二时限 $t_2=4.0s$，跳主变压器各侧断路器。

四、220kV侧复合电压闭锁方向过流保护

1. 复合电压闭锁方向过流Ⅰ段保护

（1）动作电流整定计算。

220kV侧复合电压闭锁方向过流Ⅰ段保护，应与主变压器110kV侧复合电压闭锁方向过流Ⅰ段保护整定电流 $I_{op\cdot Tm\cdot I}=2496A$ 相配合。变压器电流比 $k_1=1.82$，电流互感器变比 $k_{TA}=240$，按式（6-19）计算动作电流整定值，即：

$$\begin{aligned}I'_{op}&=k_{rel}\frac{I_{op\cdot Tm\cdot I}}{k_1k_{TA}}\\&=1.1\times\frac{2496}{1.82\times240}\\&=6.29A\end{aligned}$$

整定值取 $I_{op\cdot2}=6.2A$，则电流互感器一次整定电流为 $I_{op\cdot1}=I_{op\cdot2}k_{TA}=6.2\times240=1488A$。

（2）动作时限的整定。

复合电压闭锁方向过流Ⅰ段第一时限 $t_1=1.6s$，跳 220kV 侧断路器。

（3）校验灵敏度。

查表 6-10 得主变压器 35kV 侧母线两相短路电流 $I_{k\cdot min}^{(2)}=6436A$，变压器电流比 $k_2=5.7$，按式（6-20）校验灵敏度：

$$k_{sen}=\frac{I_{k\cdot min}^{(2)}}{I_{op}k_2}=\frac{6436}{1488\times5.7}=0.76<1.5$$

由此可知，220kV 复合电压闭锁方向过流Ⅰ段保护，不能作为 35kV 侧母线的后备保护。

查表 6-10 得主变压器 110kV 侧母线两相短路电流 $I_{k\cdot min}^{(2)}=5899A$，变压器电流比 $k_1=1.82$，按式（6-20）校验灵敏度：

$$k_{sen}=\frac{I_{k\cdot min}^{(2)}}{I_{op}k_1}=\frac{5899}{1488\times1.82}=2.2>1.5$$

故灵敏度满足要求。

（4）复合电压低电压的整定值。

复合电压低电压的整定值取 $U_L=70V$。

（5）复合电压负序电压的整定值。

复合电压负序电压的整定值取 $U_E=4V$。

2. 复合电压闭锁过流保护

（1）动作电流的整定计算。

220kV 侧复合电压过流保护，应躲过主变压器最大负荷电流，并与主变压器 110kV 侧复压过流 $I_{op\cdot Tm}=1320A$ 保护相配合。变压器电流比 $k_1=1.82$，电流互感器变比 $k_{TA}=240$，保护动作电流按式（6-21）计算

$$\begin{aligned}I'_{op}&=k_{rel}\frac{I_{op\cdot Tm}}{k_1k_{TA}}\\&=1.1\times\frac{1320}{1.82\times240}\\&=3.3A\end{aligned}$$

电流互感器一次动作电流整定值为：

$$I_{op}=k_{TA}I'_{op}=240\times3.3=792A$$

（2）校验灵敏度。

查表 6-10 得 35kV 侧两相短路电流 $I_{k\cdot min}^{(2)}=6436A$，变压器电流比 $k_2=5.7$，则按式（6-22）校验灵敏度：

$$k_{sen}=\frac{I_{k\cdot min}^{(2)}}{I_{op}k_2}=\frac{6436}{792\times5.7}=1.4<1.5$$

灵敏度略低，为了防止主变压器外部故障时，损坏主变压器。根据对主变压器外部故障切除时间应不大于 2s 的要求，因此，35kV 侧复合电压过流Ⅰ段保护第三时限 $t_3=1.5s$，跳主变压器各侧断路器。

（3）动作时间整定。

复合电压过流Ⅱ段第一时限 $t_1=4.1s$，跳 220kV 侧断路器，复合电压过流Ⅱ段第二时限 $t_2=4.5s$，跳主变压器各侧断路器。

五、35kV 侧复合电压闭锁过流保护

1. 复合电压过流Ⅰ段保护

（1）动作电流整定计算。

该变电站 35kV 线路长度 $L=15km$，线路单位长度电抗 $X_0=0.4\Omega/km$，线路电抗按式（6-41）计算：

$$X_L = X_0 L = 0.4 \times 15 = 6\Omega$$

线路电抗标幺值按式（6-42）计算：

$$X_{L\cdot pu} = X_L \frac{S_b}{U_b^2} = 6 \times \frac{100}{37^2} = 0.438$$

短路系统电抗标幺值等效电路如图 6-36 所示。

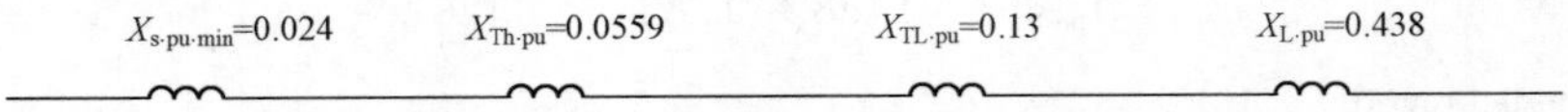

$X_{s\cdot pu\cdot min}=0.024$　$X_{Th\cdot pu}=0.0559$　$X_{TL\cdot pu}=0.13$　$X_{L\cdot pu}=0.438$

图 6-36　短路系统电抗标幺值等效电路

短路系统电流标幺值计算为：

$$\begin{aligned}\sum X_{pu} &= X_{s\cdot pu\cdot min} + X_{Th\cdot pu} + X_{TL\cdot pu} + X_{L\cdot pu} \\ &= 0.024 + 0.0559 + 0.13 + 0.438 \\ &= 0.6479\end{aligned}$$

35kV 线路三相短路电流按式（6-43）计算：

$$I_k^{(3)} = \frac{I_b}{\sum X_{pu}} = \frac{1560}{0.6479} = 2408A$$

复合电压过流保护动作电流整定值按式（6-23）计算：

$$I_{op} = k_{rel} I_k^{(3)} = 1.2 \times 2408 = 2889A$$

整定值取 $I_{op}=2800A$，电流互感器变比 $k_{TA}=400$，电流互感器二次整定电流 $I_{op}=7A$。

（2）校验灵敏度。

查表 6-10 得 35kV 母线侧两相短路电流 $I_{k\cdot min}^{(2)}=6436A$，根据对 35kV 母线故障时灵敏度要求 $k_{sen}\geqslant 1.5$，动作电流整定值 $I_{op}=2800A$，按式（6-24）校验灵敏度：

$$k_{sen} = \frac{I_{k\cdot min}^{(2)}}{I_{op}} = \frac{6436}{2800} = 2.3 > 1.5$$

故灵敏度满足要求。

（3）动作时限的整定。

复过流Ⅰ段第一时限 $t_1=0.8s$，跳 35kV 母联断路器，复合电压过流Ⅰ段第二时限 $t_2=1.1s$，跳 35kV 本侧断路器，复合电压过流Ⅰ段第三时限 $t_3=1.5s$，跳主变压器各侧断路器。

（4）复合电压低电压定值。

复合电压低电压定值取 $U_L=70V$。

（5）复合电压负序电压定值。

复合电压负序电压定值取 $U_E=4V$。

2. 复合电压过流Ⅱ段保护

（1）动作电流整定计算。

动作电流按躲过变压器的额定电流整定，查表 6-7 主变压器 35kV 侧额定电流 $I_{N3}=1350A$，电流互感器变比 $k_{TA}=400$，按式（6-25）计算整定电流，即：

$$I_{op}=\frac{k_{relL}I_{N3}}{k_r K_{TA}}=\frac{1.3\times1350}{0.95\times400}=4.6A$$

整定电流取 $I_{op}=4.5A$，电流互感器一次整定电流 $I_{op}=k_{TA}I_{op}=400\times4.5=1800A$。

（2）校验灵敏度。

查表 6-10 得 35kV 两相短路电流 $I_{k\cdot min}^{(2)}=6436A$，按式（6-24）校验灵敏度：

$$k_{sen}=\frac{I_{k\cdot min}^{(2)}}{I_{op}}=\frac{6436}{1800}=3.6>1.5$$

故灵敏度满足要求。

（3）动作时限的整定。

复合电压过流Ⅱ段第一时限 $t_1=2.5s$，跳 35kV 侧断路器，复合电压过流Ⅱ段第二时限 $t_2=3s$，跳主变压器各侧断路器。

六、110kV 侧零序方向过流保护

1. 零序方向过流Ⅰ段保护

（1）动作电流整定计算。

零序方向过流Ⅰ段保护的动作电流，应与主变压器 220kV 侧零序电流Ⅰ段保护相配合。从图 6-38 中可知，220kV 侧零序方向过流Ⅰ段保护动作电流整定值 $I_{op}=360A$ 时，归算到 110kV 侧时零序电流 $I_{op\cdot Th\cdot I}=879A$，可靠系数 $k_{rel}=1.1$，电流互感器变比 $k_{TA}=240$，动作电流按式（6-26）计算：

$$I_{op}=\frac{I_{op\cdot Th\cdot I}}{k_{rel}k_{TA}}=\frac{879}{1.1\times240}=3.2A$$

零序方向过流Ⅰ段保护的动作电流，应与相邻线路零序电流Ⅰ段保护相配合，其整定值 $I_{op\cdot L\cdot I}=600A$，动作电流按式（6-27）计算：

$$I_{op}=\frac{k_{rel}I_{op\cdot L\cdot I}}{k_{TA}}=\frac{1.1\times600}{240}=2.75A$$

动作电流整定值取平均值 $I_{op}=2.9A$，电流互感器一次动作整定电流 $I_{op}=700A$。

（2）校验灵敏度。

该变电站 110kV 出线长度 $L=33km$，线路单位长度电抗 $X_0=0.4\Omega/km$，线路电抗按式（6-41）计算：

$$X_L=X_0L=0.4\times33=13.2\Omega$$

线路电抗标幺值按式（6-42）计算：

$$X_{L\cdot pu}=X_L\frac{S_b}{U_b^2}=13.2\times\frac{100}{115^2}=0.1$$

线路零序电抗标幺值为：

$$X_{L\cdot o\cdot pu}=3X_{L\cdot pu}=3\times 0.1=0.3$$

短路系统电抗标幺值等效值如图 6-37 所示。

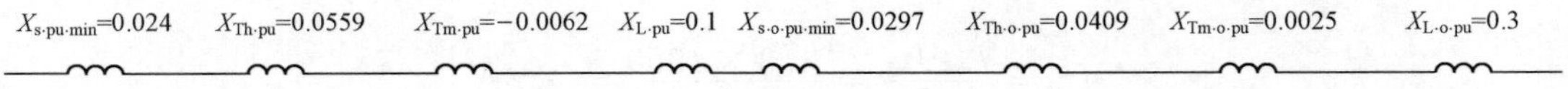

$X_{s\cdot pu\cdot min}=0.024$　$X_{Th\cdot pu}=0.0559$　$X_{Tm\cdot pu}=-0.0062$　$X_{L\cdot pu}=0.1$　$X_{s\cdot o\cdot pu\cdot min}=0.0297$　$X_{Th\cdot o\cdot pu}=0.0409$　$X_{Tm\cdot o\cdot pu}=0.0025$　$X_{L\cdot o\cdot pu}=0.3$

图 6-37　短路系统电抗标幺值等效值

短路系统标幺值计算为：

$$\begin{aligned}\Sigma X_{pu}&=X_{pu\cdot 1}+X_{pu\cdot 2}+X_{pu\cdot 0}\\&=(X_{s\cdot pu\cdot min}+X_{Th\cdot pu}+X_{Tm\cdot pu}+X_{L\cdot pu})\times 2\\&\quad+\frac{(X_{s\cdot o\cdot pu\cdot min}+X_{Th\cdot o\cdot pu})X_{TL\cdot o\cdot pu}}{X_{s\cdot o\cdot pu\cdot min}+X_{Th\cdot o\cdot pu}+X_{TL\cdot o\cdot pu}}+X_{Tm\cdot o\cdot pu}+X_{L\cdot o\cdot pu}\\&=(0.024+0.0559-0.0062+0.1)\times 2\\&\quad+\frac{(0.0297+0.0409)\times 0.2055}{0.0297+0.0409+0.2055}+0.0025+0.3\\&=0.3474+0.65255+0.0025+0.3\\&=0.70245\end{aligned}$$

按式（6-45）计算单相接地短路电流，即：

$$3I_0=\frac{3I_b}{\Sigma X_{pu}}=\frac{3\times 502}{0.70245}=2144\text{A}$$

按式（6-29）校验灵敏度：

$$k_{sen}=\frac{3I_0}{I_{op}}=\frac{2144}{700}=3.1>1.5$$

则灵敏度满足要求。

（3）动作时间确定。

零序方向过流Ⅰ段第一时限 $t_1=0.8$s，跳 110kV 母联断路器，零序方向过流Ⅰ段第二时限 $t_2=1.1$s，跳 110kV 侧断路器。

2. 零序方向过流Ⅱ段保护

（1）动作电流整定计算。

110kV 侧零序方向过流Ⅱ段保护，应与主变压器 220kV 侧零序方向过流Ⅱ段保护相配合。220kV 侧零序方向过流Ⅱ段保护整定电流 $I_{op}=240$A，归算到 110kV 侧短路电流由图

6-39中得知，$I_0=586A$，动作电流按式（6-30）计算：

$$I'_{op}=\frac{I_0}{k_{rel}k_{TA}}=\frac{586}{1.1\times 240}=2.1A$$

110kV侧零序方向过流Ⅱ段保护，应与相邻线路零序方向过流Ⅱ段保护相配合。线路零序方向过流动作电流 $I_{op\cdot L\cdot II}=300A$，动作电流按式（6-31）计算：

$$I'_{op}=\frac{k_{rel}I_{op\cdot L\cdot II}}{k_{TA}}=\frac{1.1\times 300}{240}=1.38$$

按式（6-32）计算整定电流平均值，即：

$$I_{op}=\frac{1}{2}(I'_{op}+I'_{op})=\frac{1}{2}(2.1+1.38)=1.74A$$

动作电流整定值取 $I_{op}=1.7A$，电流互感器一次侧动作电流整定值 $I_{op}=400A$。

（2）校验灵敏度。

110kV线路单相接地故障电流由上述计算得 $3I_0=2144A$。

灵敏度按式（6-33）校验，即

$$K_{sen}=\frac{3I_0}{I_{op}}=\frac{2144}{400}=5.4>1.5$$

故满足灵敏度的要求。

（3）动作时限的整定。

零序过流Ⅱ段第一时限 $t_1=2.1s$，跳110kV侧断路器，零序过流Ⅱ段第二时限 $t_2=2.5s$，跳主变压器各侧断路器。

七、220kV侧零序方向过电流保护

1. 零序电流Ⅰ段保护

（1）动作电流整定计算。

零序方向过流保护，设置方向指向主变压器。

110kV侧零序电流Ⅰ段保护整定电流 $I_{op\cdot T\cdot nL\cdot I}=700A$，按式（6-34）计算动作电流整定值，即：

$$I_{op\cdot Th\cdot I}=\frac{k_{rel}I_{op\cdot Tm\cdot I}}{k_1}=\frac{1.15\times 700}{1.82}=442A$$

220kV侧零序电流Ⅰ段保护，该省调整定限额为 $I_{op}\leqslant 360A$，故零序电流Ⅰ段整定值 $I_{op}=360A$，电流互感器二次电流为1.5A。

（2）校验灵敏度。

在系统最小运行方式时，110kV母线发生单相接地故障时应有灵敏度。短路系统零序电抗标幺值等效电路如图6-38所示。

220kV侧零序方向过流Ⅰ段电流定值 $I_{op}=360A$，110kV侧发生单相接地故障时，单相接地短路电流计算为：

$$I_{0\cdot110}=\frac{I_{0\cdot220}\times\frac{U_{N1}}{U_{N2}}(X_{s\cdot0\cdot pu\cdot min}+X_{Th\cdot0\cdot pu})\times(X_{s\cdot0\cdot pu\cdot min}+X_{Th\cdot0\cdot pu}+X_{TL\cdot0\cdot pu})}{(X_{s\cdot0\cdot pu\cdot min}+X_{Th\cdot0\cdot pu})X_{TL\cdot0\cdot pu}}$$

$$=\frac{360\times\frac{220}{121}\times(0.0297+0.0409)\times(0.0297+0.0409+0.2055)}{(0.0297+0.0409)\times0.2055}$$

$$=\frac{654.55\times0.07060\times0.2761}{0.01451}$$

$$=879\text{A}$$

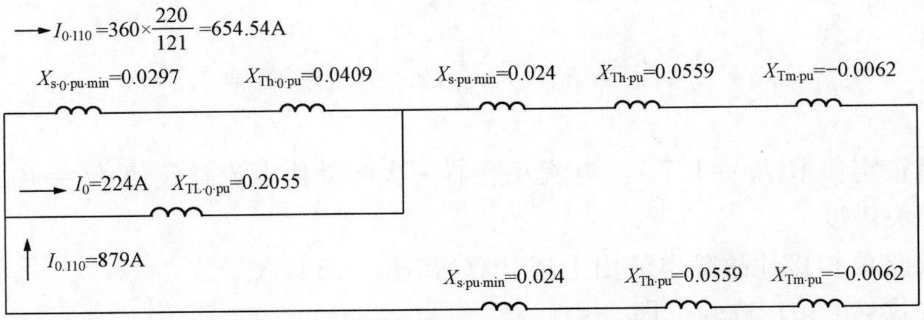

$I_{0\cdot110}=360\times\frac{220}{121}=654.54\text{A}$
$X_{s\cdot0\cdot pu\cdot min}=0.0297$ $X_{Th\cdot0\cdot pu}=0.0409$ $X_{s\cdot pu\cdot min}=0.024$ $X_{Th\cdot pu}=0.0559$ $X_{Tm\cdot pu}=-0.0062$
$I_0=224\text{A}$ $X_{TL\cdot0\cdot pu}=0.2055$
$I_{0.110}=879\text{A}$
$X_{s\cdot pu\cdot min}=0.024$ $X_{Th\cdot pu}=0.0559$ $X_{Tm\cdot pu}=-0.0062$

图 6-38 短路系统零序电抗标幺值等效电路

系统最小运行方式时，查表 6-11 得 110kV 单相接地短路电流 $I_k^{(1)}=7441\text{A}$，按式(6-35)校验灵敏度：

$$k_{sen}=\frac{3I_0}{I_{op}}=\frac{7441}{879}=8.5>1.5$$

故灵敏度满足要求。

(3) 动作时间的整定。

零序方向过流Ⅰ段动作时间 $t=1.6\text{s}$，跳 220kV 侧断路器。

2. 零序电流Ⅱ段保护

(1) 动作电流整定计算。

零序电流Ⅱ段保护的动作电流，应与主变压器 110kV 侧零序电流Ⅱ段保护的动作电流 $I_{op\cdot Tm\cdot II}=400\text{A}$ 相配合，保护动作电流按式（6-36）计算：

$$I_{op\cdot Th\cdot II}=\frac{k_{rel}I_{op\cdot Tm\cdot II}}{k_1}=\frac{1.15\times400}{1.82}=252.75\text{A}$$

该省调限额 $I_{op\cdot Th\cdot II}\geqslant240\text{A}$，故取整定值 $I_{op\cdot Th\cdot II}=240\text{A}$，电流互感器二次电流整定 $I_{op\cdot Th\cdot II}=1\text{A}$。

(2) 校验灵敏度。

短路系统电抗标幺值等效电路如图 6-39 所示。

主变压器 220kV 侧零序Ⅱ段保护整定电流 $I_{op\cdot II}=240\text{A}$，归算到 110kV 侧时的零序电流 $I_{op}=I_{op\cdot II}\times\frac{U_{N1}}{U_{N2}}=240\times\frac{220}{121}=436\text{A}$。

110kV 侧单相接地短路电流计算为：

$$I_{0.110}=\frac{I_{0.220}\times\dfrac{U_{\mathrm{Th}}}{U_{\mathrm{Tm}}}\times(X_{\mathrm{s\cdot 0\cdot pu\cdot min}}+X_{\mathrm{Th\cdot 0\cdot pu}})\times(X_{\mathrm{s\cdot 0\cdot pu\cdot min}})}{(X_{\mathrm{s\cdot 0\cdot pu\cdot min}}+X_{\mathrm{Th\cdot 0\cdot pu}})\times X_{\mathrm{TL\cdot 0\cdot pu}}+X_{\mathrm{Th\cdot 0\cdot pu}}+X_{\mathrm{TL\cdot 0\cdot pu}})}$$

$$=\frac{240\times\dfrac{220}{121}\times(0.0297+0.0409)\times(0.0297+0.0409+0.2055)}{(0.0297+0.0409)\times 0.2055}$$

$$=\frac{436.36\times 0.0706\times 0.2761}{0.0706\times 0.2055}$$

$$=\frac{8.506}{0.01451}$$

$$=586\mathrm{A}$$

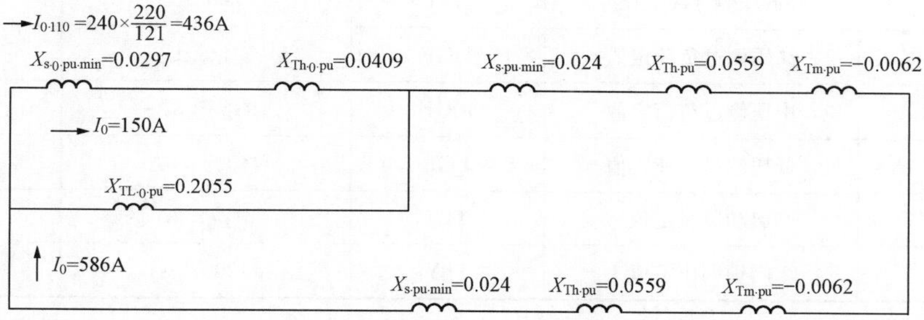

图 6-39　短路系统电抗标幺值等效电路

查表 6-11 得 110kV 侧单相接地短路电流 $3I_0=7441\mathrm{A}$，按式（6-37）校验灵敏度：

$$k_{\mathrm{sen}}=\frac{3I_0}{I_{\mathrm{op}}}=\frac{7441}{586}=12.7>1.5$$

故满足灵敏度要求。

（3）动作时限整定。

零序方向过流Ⅱ段第一时限 $t_1=2.6\mathrm{s}$，跳 220kV 侧断路器，零序方向过流Ⅱ段第二时限 $t_2=5.5\mathrm{s}$，跳主变压器各侧断路器。

八、继电保护整定值

某市 220kV 变电站安装 1 台容量为 180MV・A 的主变压器，采用 PST-1202A 型主变保护装置，二次谐波原理第一套差动保护整定值见表 6-12，控制字含义见表 6-13。

表 6-12　　二次谐波原理第一套差动保护整定值

序号	定值名称	定值符号	整定值	备注
1	控制字	KG	0820	
2	差动动作电流	ICD	288/1.2A	
3	差动速断动作电流	ISD	3768/15.7A	

续表

序号	定值名称	定值符号	整定值	备注
4	二次谐波制动系数	XB2	0.15	
5	高压侧额定电流	IN	472/1.97A	
6	高压侧额定电压	HDY	220kV	
7	高压侧 TA 变比	HCT	1200/5	Y 接线
8	中压侧额定电压	MDY	121kV	
9	中压侧 TA 变比	MCT	1200/5	Y 接线
10	低压侧额定电压	LDY	38.5kV	
11	低压侧 TA 变比	LCT	2000/5	Y 接线
12	高压侧过负荷定值	HGF	504/2.1A	
13	中压侧过负荷定值	MGF	912/3.8A	
14	低压侧过负荷定值	LGF	1400/3.5A	
15	启动通风定值	ITF	312/1.3A	
16	闭锁调压定值	ITY	1200/5A	未接线

表 6-13　　控制字含义

位号	代码	置 0 时的含义	置 1 时的含义	整定值
0	KB CTYH	高压侧 TA 星形接线	高压侧 TA 角形接线	0
1	KB CTYM	中压侧 TA 星形接线	中压侧 TA 角形接线	0
2	KB CTYL	侧压侧 TA 星形接线	低压侧 TA 角形接线	0
3		备用	备用	0
4	KG XB5	五次谐波制动退出	五次谐波制动投入	0
5	KG CTDX	TA 断线不闭锁差动保护	TA 断线闭锁差动保护	1
6～7		备用	备用	0
8	KG YH	主变压器高压绕组星形接线	主变压器高压绕组角形接线	0
9	KG YM	主变压器中压绕组星形接线	主变压器中压绕组角形接线	0
10	KG YL	主变压器低压绕组星形接线	主变压器低压绕组角形接线	0
11	KG YABC	Y/△-1 接线	Y/△-11 接线	1
12	KG IN	TA 额定电流 5A	TA 额定电流 1A	0
13～15		备用	备用	0

注　1. 第一套差动保护各侧 TA 按 Y 接线接入，动作后跳主变压器各侧断路器。
2. 差动接线系数由内部软件实现。

采用PST-1202A型主变保护装置，波形对称原理第二套差动保护整定值见表6-14，控制字含义见表6-15。

表6-14 波形对称原理第二套差动保护整定值

序号	定值名称	定值符号	整定值	备注
1	控制字	KG	0820	
2	差动动作电流	ICD	288/1.2A	
3	差动速断动作电流	ISD	3768/15.7A	
4	高压侧额定电流	IN	472/1.97A	
5	高压侧额定电压	HDY	220kV	
6	高压侧TA变比	HCT	1200/5	Y接线
7	中压侧额定电压	MDY	121kV	
8	中压侧TA变比	MCT	1200/5	Y接线
9	低压侧额定电压	LDY	38.5kV	
10	低压侧TA变比	LCT	2000/5	Y接线
11	高压侧过负荷定值	HGF	504/2.1A	
12	中压侧过负荷定值	MGF	912/3.8A	
13	低压侧过负荷定值	LGF	1400/3.5A	
14	启动通风定值	ITF	312/1.3A	
15	闭锁调压定值	ITY	1200/5A	未接线

表6-15 控制字含义

位号	代码	置0时的含义	置1时的含义	整定值
0	KB CTYH	高压侧TA星形接线	高压侧TA角形接线	0
1	KB CTYM	中压侧TA星形接线	中压侧TA角形接线	0
2	KB CTYL	低压侧TA星形接线	低压侧TA角形接线	0
3		备用	备用	0
4	KG XB5	五次谐波制动退出	五次谐波制动投入	0
5	KG CTDX	TA断线不闭锁差动保护	TA断线闭锁差动保护	1
6～7		备用	备用	0
8	KG YH	主变压器高压绕组星形接线	主变高压绕组角形接线	0
9	KG YM	主变压器中压绕组星形接线	主变中压绕组角形接线	0
10	KG YL	主变压器低压绕组星形接线	主变低压绕组角形接线	0
11	KG YABC	Y/△—1接线	Y/△—11接线	1
12	KG IN	TA额定电流5A	TA额定电流1A	0
13～15		备用	备用	0

注 1. 第二套差动保护各侧TA按Y接线接入，动作后跳主变压器各侧断路器。
2. 差动接线系数由内部软件实现。

采用PST-1202A/B型主变压器保护装置，220kV侧第一套、第二套后备保护整定值见表6-16，KG1控制字含义见表6-17，KG2控制字含义见表6-18。

表6-16　　220kV侧第一套、第二套后备保护整定值

序号	定值名称	定值符号	整定值	备注
1	控制字1	KG1	6022	
2	控制字2	KG2	9B11	
3	复合电压低电压定值	UL	70V	线电压二次值
4	复合电压负序电压定值	UE	4V	相电压二次值
5	复合电压方向过流Ⅰ段电流定值	FYFX1	1488/6.2A	
6	复合电压方向过流Ⅰ段Ⅰ时限	TFFX1	1.6s	跳220kV侧断路器
7	复合电压方向过流Ⅰ段Ⅱ时限	TFFX2	10s	停用
8	复合电压方向过流Ⅰ段Ⅲ时限	TFFX3	10s	停用
9	复合电压方向过流Ⅱ段电流定值	FYFX2	1488/6.2A	
10	复合电压方向过流Ⅱ段Ⅰ时限	TFFX4	1.6s	跳220kV侧断路器
11	复合电压方向过流Ⅱ段Ⅱ时限	TFFX5	10s	停用
12	复合电压方向过流Ⅱ段Ⅲ时限	TFFX6	10s	停用
13	复合电压过流电流定值	FYGL	792/3.3A	
14	复合电压过流Ⅰ时限	TFYGL1	4.1s	跳220kV侧断路器
15	复合电压过流Ⅱ时限	TFYGL2	4.5s	跳主变压器各侧断路器
16	零序方向过流Ⅰ段电流定值	LXFX1	360/1.5A	
17	零序方向过流Ⅰ段Ⅰ时限	TLFX1	1.6s	跳220kV侧断路器
18	零序方向过流Ⅰ段Ⅱ时限	TLFX2	10s	停用
19	零序方向过流Ⅰ段Ⅲ时限	TLFX3	10s	停用
20	零序方向过流Ⅱ段电流定值	LXFX2	240/1A	
21	零序方向过流Ⅱ段Ⅰ时限	TLFX4	2.6s	跳220kV侧断路器
22	零序方向过流Ⅱ段Ⅱ时限	TLFX5	5.5s	跳主变压器各侧断路器
23	零序方向过流Ⅱ段Ⅲ时限	TLFX6	10s	停用
24	本侧额定电流	IN	472/1.97A	

表6-17　　KG1控制字含义

位号	代码	置0时的含义	置1时的含义	整定值
0	KG FYGF1	复合电压方向过流Ⅰ段方向为正方向	复合电压方向过流Ⅰ段方向为反方向	0
1	KG FFX1	复合电压方向过流Ⅰ段Ⅰ时限不投入	复合电压方向过流Ⅰ段Ⅰ时限投入	1
2	KG FFX2	复合电压方向过流Ⅰ段Ⅱ时限不投入	复合电压方向过流Ⅰ段Ⅰ时限投入	0
3	KG FFX3	复合电压方向过流Ⅰ段Ⅲ时限不投入	复合电压方向过流Ⅰ段Ⅲ时限投入	0
4	KG F2FX	复合电压方向Ⅱ段方向不投入	复合电压方向Ⅱ段方向投入	0
5	KG FFX4	复合电压方向过流Ⅱ段Ⅰ时限不投入	复合电压方向过流Ⅱ段Ⅰ时限投入	1
6	KG FFX5	复合电压方向过流Ⅱ段Ⅱ时限不投入	复合电压方向过流Ⅱ段Ⅱ时限投入	0

续表

位号	代码	置0时的含义	置1时的含义	整定值
7	KG FFX6	复合电压方向过流Ⅱ段Ⅲ时限不投入	复合电压方向过流Ⅱ段Ⅲ时限投入	0
8	KG FYGF2	复合电压方向过流Ⅱ段方向为正方向	复合电压方向过流Ⅱ段方向为反方向	0
9	KG JXBH2	间隙保护Ⅱ时限不投入	间隙保护Ⅱ时限投入	0
10		备用	备用	0
11		备用	备用	0
12		备用	备用	0
13	KG FYGL1	复合电压过流Ⅰ时限不投入	复合电压过流Ⅰ时限投入	1
14	KG FYGL2	复合电压过流Ⅱ时限不投入	复合电压过流Ⅱ时限投入	1
15	KG FQX	非全相保护不投入	非全相保护投入	0

表 6-18　　KG2 控制字含义

位号	代码	置0时的含义	置1时的含义	整定值
0	KG LXFXT1	零序方向过流Ⅰ段Ⅰ时限不投入	零序方向过流Ⅰ段Ⅰ时限投入	1
1	KG LXFXT2	零序方向过流Ⅰ段Ⅱ时限不投入	零序方向过流Ⅰ段Ⅱ时限投入	0
2	KG LXFXT3	零序方向过流Ⅰ段Ⅲ时限不投入	零序方向过流Ⅰ段Ⅲ时限投入	0
3	KG JXBH1	间隙保护Ⅰ时限不投入	间隙保护Ⅰ时限投入	0
4	KG LXFXT4	零序方向过流Ⅱ段Ⅰ时限不投入	零序方向过流Ⅱ段Ⅰ时限投入	1
5	KG LXFXT5	零序方向过流Ⅱ段Ⅱ时限不投入	零序方向过流Ⅱ段Ⅱ时限投入	0
6	KG LXFXT6	零序方向过流Ⅱ段Ⅲ时限不投入	零序方向过流Ⅱ段Ⅲ时限投入	0
7	KG LXGF1	零序方向过流Ⅰ段方向为正方向	零序方向过流Ⅰ段方向为反方向	0
8	KG LXGL1	零序过流Ⅰ时限不投入	零序过流Ⅰ时限投入	1
9	KG LXGL2	零序过流Ⅱ时限不投入	零序过流Ⅱ时限投入	1
10	KG INGL	中性点过流保护不投入	中性点过流保护投入	0
11	KG GGFH	非全相电流闭锁不投入	非全相电流闭锁投入	1
12	KG LX2FX	零序方向过流Ⅱ段方向不投入	零序方向过流Ⅱ段方向投入	1
13	KG LXGF2	零序方向过流Ⅱ段方向为正方向	零序方向过流Ⅱ段方向为反方向	0
14	KG IN	TA 额定电流为 5A	AT 额定电流为 1A	0
15	KG UICHK	TA、TV 断线自检退出	TA、TV 断线自检投入	1

注　1. 复压方向过流Ⅰ段及零序方向过渡Ⅰ、Ⅱ段的方向元件指向主变压器。
2. 复合电压取三侧并联。
3. 220kV 第一套后备保护和第二套后备保护用相同定值。

采用 PST-1202A/B 型主保护，110kV 侧第一套、第二套后备保护整定值见表 6-19，KG1 控制字含义见表 6-20，KG2 控制字含义见表 6-21。

表 6-19　　110kV 侧第一套、第二套后备保护整定值

序号	定值名称	定值符号	整定值	备注
1	控制字 1	KG1	6167	
2	控制字 2	KG2	B0B3	
3	复合电压低电压定值	UL	70V	线电压二次值
4	复合电压负序电压定值	UE	4V	相电压二次值
5	复合电压方向过流Ⅰ段电流定值	FYFX1	2496/10.4A	
6	复合电压方向过流Ⅰ段Ⅰ时限	TFFX1	0.8s	跳 110kV 母联断路器
7	复合电压方向过流Ⅰ段Ⅱ时限	TFFX2	1.1s	跳 110kV 侧断路器
8	复合电压方向过流Ⅰ段Ⅲ时限	TFFX3	10s	停用
9	复合电压方向过流Ⅱ段电流定值	FYFX2	2496/10.4A	
10	复合电压方向过流Ⅱ段Ⅰ时限	TFFX4	0.8s	跳 110kV 母联断路器
11	复合电压方向过流Ⅱ段Ⅱ时限	TFFX5	1.1s	跳 110kV 侧断路器
12	复合电压方向过流Ⅱ段Ⅲ时限	TFFX6	10s	停用
13	复合电压过流电流定值	FYGL	1320/5.5A	
14	复合电压过流Ⅰ时限	TFYGL1	3.5s	跳 110kV 侧断路器
15	复合电压过流Ⅱ时限	TFYGL2	4.0s	跳主变压器各侧断路器
16	零序方向过流Ⅰ段电流定值	LXFX1	700/2.9A	
17	零序方向过流Ⅰ段Ⅰ时限	TLFX1	0.8s	跳 110kV 母联断路器
18	零序方向过流Ⅰ段Ⅱ时限	TLFX2	1.1s	跳 110kV 侧断路器
19	零序方向过流Ⅰ段Ⅲ时限	TLFX3	10s	停用
20	零序方向过流Ⅱ段电流定值	LXFX2	400/1.7A	
21	零序方向过流Ⅱ段Ⅰ时限	TLFX4	2.1s	跳 110kV 侧断路器
22	零序方向过流Ⅱ段Ⅱ时限	TLFX5	2.5s	跳主变压器各侧断路器
23	零序方向过流Ⅱ段Ⅲ时限	TLFX6	10s	停用
	公共绕组过负荷定值	IGGFH	440/3.7A	TA：600/5A
	本侧额定电流	IN	859/3.6A	

表 6-20　　KG1 控制字含义

位号	代码	置 0 时的含义	置 1 时的含义	整定值
0	KG FYGF1	复合电压方向过流Ⅰ段方向指向主变压器	复合电压方向过流Ⅰ段方向指向母线	1
1	KG FFX1	复合电压方向过流Ⅰ段Ⅰ时限不投入	复合电压方向过流Ⅰ段Ⅰ时限投入	1
2	KG FFX2	复合电压方向过流Ⅰ段Ⅱ时限不投入	复合电压方向过流Ⅰ段Ⅱ时限投入	1
3	KG FFX3	复合电压方向过流Ⅰ段Ⅲ时限不投入	复合电压方向过流Ⅰ段Ⅲ时限投入	0
4	KG F2FX	复合电压方向Ⅱ段方向不投入	复合电压方向Ⅱ段方向投入	0
5	KG FFX4	复合电压方向过流Ⅱ段Ⅰ时限不投入	复合电压方向过流Ⅱ段Ⅰ时限投入	1
6	KG FFX5	复合电压方向过流Ⅱ段Ⅱ时限不投入	复合电压方向过流Ⅱ段Ⅱ时限投入	1
7	KG FFX6	复合电压方向过流Ⅱ段Ⅲ时限不投入	复合电压方向过流Ⅱ段Ⅲ时限投入	0

续表

位号	代码	置0时的含义	置1时的含义	整定值
8	KG FYGF2	复合电压方向过流Ⅱ段方向指向主变压器	复合电压方向过流Ⅱ段方向指向母线	1
9	KG JXBH2	间隙保护Ⅱ时限不投入	间隙保护Ⅱ时限投入	0
10		备用	备用	0
11		备用	备用	0
12		备用	备用	0
13	KG FYGL1	复合电压过流Ⅰ时限不投入	复合电压过流Ⅰ时限投入	1
14	KG FYGL2	复合电压过流Ⅱ时限不投入	复合电压过流Ⅱ时限投入	1
15	KG FQX	备用	备用	0

表 6-21　　KG2 控制字含义

位号	代码	置0时的含义	置1时的含义	整定值
0	KG LXFXT1	零序方向过流Ⅰ段Ⅰ时限不投入	零序方向过流Ⅰ段Ⅰ时限投入	1
1	KG LXFXT2	零序方向过流Ⅰ段Ⅱ时限不投入	零序方向过流Ⅰ段Ⅱ时限投入	1
2	KG LXFXT3	零序方向过流Ⅰ段Ⅲ时限不投入	零序方向过流Ⅰ段Ⅲ时限投入	0
3	KG JXBH1	间隙保护Ⅰ时限不投入	间隙保护Ⅰ时限投入	0
4	KG LXFXT4	零序方向过流Ⅱ段Ⅰ时限不投入	零序方向过流Ⅱ段Ⅰ时限投入	1
5	KG LXFXT5	零序方向过流Ⅱ段Ⅱ时限不投入	零序方向过流Ⅱ段Ⅱ时限投入	1
6	KG LXFXT6	零序方向过流Ⅱ段Ⅲ时限不投入	零序方向过流Ⅱ段Ⅲ时限投入	0
7	KG LXGF1	零序方向过流Ⅰ段方向指向主变压器	零序方向过流Ⅰ段方向指向母线	1
8	KG LXGL1	零序过流Ⅰ时限不投入	零序过流Ⅰ时限投入	0
9	KG LXGL2	零序过流Ⅱ时限不投入	零序过流Ⅱ时限投入	0
10	KG INGL	备用	备用	0
11	KG GGFH	备用	备用	0
12	KG LX2FX	零序方向过流Ⅱ段方向不投入	零序方向过流Ⅱ段方向投入	1
13	KG LXGF2	零序方向过流Ⅱ段方向指向主变压器	零序方向过流Ⅱ段方向指向母线	1
14	KG IN	TA 额定电流为 5A	CT 额定电流为 1A	0
15	KG UICHK	TA、TV 断线自检退出	CT、PT 断线自检投入	1

注　1. 复合电压方向过流Ⅰ段及零序方向过流Ⅰ段、Ⅱ段的方向元件指向 110kV 母线，定值单中的方向控制字是均按 TA 极性端在母线侧整定的。

2. 复合电压取三侧并联。

3. 110kV 第一套后备保护和第二套后备保护用相同定值。

采用 PST-1202A/B 型主变压器保护装置，35kV 侧第一套、第二套后备保护整定值见表 6-22，KG1 控制字含义见表 6-23，KG2 控制字含义见表 6-24。

表 6-22　　35kV 侧第一套、第二套后备保护整定值

序号	定值名称	定值符号	整定值	备注
1	控制字 1	KG1	007F	
2	控制字 2	KG2	8000	
3	Ⅰ段复合电压低电压定值	UL	70V	线电压二次值
4	Ⅰ段复合电压负序电压定值	UE	4V	相电压二次值
5	复合电压过流Ⅰ段电流定值	FYGL1	2800/7A	
6	复合电压过流Ⅰ段Ⅰ时限	TFGL1	0.8s	跳 35kV 母联断路器
7	复合电压过流Ⅰ段Ⅱ时限	TFGL2	1.1s	跳 35kV 本侧断路器
8	复合电压过流Ⅰ段Ⅲ时限	TFGL3	1.5s	跳主变压器各侧断路器
9	复合电压过流Ⅱ段电流定值	FYGL2	1800/4.5A	
10	复合电压过流Ⅱ段Ⅰ时限	TFGL4	2.5s	跳 35kV 本侧断路器
11	复合电压过流Ⅱ段Ⅱ时限	TFGL5	3s	跳主变压器各侧断路器
12	复合电压过流Ⅱ段Ⅲ时限	TFGL6	10s	停用
13	本侧额定电流	IN	1386/3.46A	
14	中性点电压定值	UZ	100V	
15	中性点电压时限	TUZ	10s	停用

表 6-23　　KG1 控制字含义

位号	代码	置 0 时的含义	置 1 时的含义	整定值
0	KG FHDY	Ⅰ段复合电压元件不投入	Ⅰ段复合电压元件投入	1
1	KG FFX1	复合电压过流Ⅰ段Ⅰ时限不投入	复合电压过流Ⅰ段Ⅰ时限投入	1
2	KG FFX2	复合电压过流Ⅰ段Ⅱ时限不投入	复合电压过流Ⅰ段Ⅱ时限投入	1
3	KG FFX3	复合电压过流Ⅰ段Ⅲ时限不投入	复合电压过流Ⅰ段Ⅲ时限投入	1
4	KG FHDY2	Ⅱ段复合电压元件不投入	Ⅱ段复合电压元件投入	1
5	KG FFX4	复合电压过流Ⅱ段Ⅰ时限不投入	复合电压过流Ⅱ段Ⅰ时限投入	1
6	KG FFX5	复合电压过流Ⅱ段Ⅱ时限不投入	复合电压过流Ⅱ段Ⅱ时限投入	1
7	KG FFX6	复合电压过流Ⅱ段Ⅲ时限不投入	复合电压过流Ⅱ段Ⅲ时限投入	0

表 6-24　　KG2 控制字含义

位号	代码	置 0 时的含义	置 1 时的含义	整定值
0～13				0
14	KG IN	TA 额定电流为 5A	TA 额定电流为 1A	0
15	KG UICHK	TA、TV 断线自检退出	TA、TV 断线自检投入	1

注　1. 复合电压取三侧并联。
2. 35kV 第一套后备保护与第二套后备保护用相同定值。

第七节　OSFSZ11-240000/220 型变压器技术参数及保护定值

随着经济的发展，用电负荷迅速增长，故在城镇用电负荷中心，大量建设电压为 220/110/10kV、容量为 240000/240000/120000kV·A 的变电站。现以 OSFSZ11-240000/220 型有载调压自耦变压器为实例，阐述其技术参数及继电保护与系统自动装置整定值。

一、主要技术参数

OSFSZ11-240000/220 型变压器的铭牌参数为：

1）型号：OSFSZ11-240000/220。
2）相数：3 相。
3）额定频率：50Hz。
4）额定容量：240000/240000/120000kV・A。
5）额定电压：220±8×1.25%/115/10.5kV。
6）连接组标号：YNa0d11。
7）空载损耗：76.61kW。
8）负载损耗：高—中　463.70kW。
　　　　　　高—低　338.62kW。
　　　　　　中—低　352.45kW。
9）短路阻抗：高—中　11.07%。
　　　　　　高—低　42.59%。
　　　　　　中—低　30.52%。

变压器 220kV 高压侧分接开关位置见表 6-25。

表 6-25　　变压器 220kV 高压侧分接开关位置

指示位置	分接电压（V）	分接电流（A）	极性选择器连接	分接选择器连接
1	2420000	572.6		X1-Y1-Z1
2	239250	579.2		X2-Y2-Z2
3	236500	585.9		X3-Y3-Z3
4	233750	592.8		X4-Y4-Z4
5	231000	599.8	K+	X5-Y5-Z5
6	228250	607.1		X6-Y6-Z6
7	225500	614.5		X7-Y7-Z7
8	222750	622.1		X8-Y8-Z8
9A	220000	629.8		X9-Y9-Z9
9B				K-K-K
9C				X1-Y1-Z1
10	217250	637.8		X2-Y2-Z2
11	214500	646.0		X3-Y3-Z3
12	211750	654.4		X4-Y4-Z4
13	209000	663.0	K−	X5-Y5-Z5
14	206250	671.8		X6-Y6-Z6
15	203500	680.9		X7-Y7-Z7
16	200750	690.2		X8-Y8-Z8
17	198000	699.8		X9-Y9-Z9
中压		115kV		1204.9A
低压		10.5kV		6598.3A
公共				575.1A

变压器绕组电气接线原理如图 6-40 所示，三相变压器零序阻抗测量值见表 6-26。

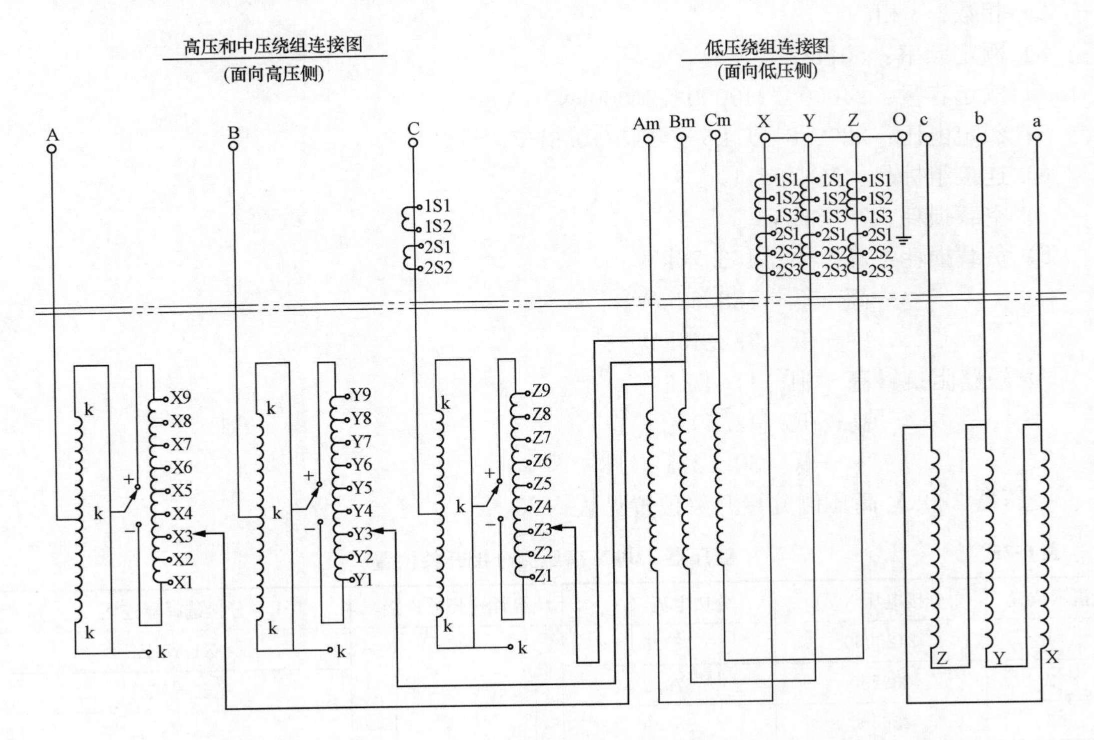

图 6-40　OSFSZ11-240000/220 型有载调压自耦变压器绕组电气原理接线图

表 6-26　　**三相变压器零序阻抗测量值**

联结组标号	供电端子	开路端子	短路端子	施加电流(A)	测量电压(V)	阻抗(Ω/相)
YNa0d11	ABC-O	AmBmCmO，abc	—	167.7	4781	85.53
	ABC-O	abc	AmBmCmO	165.1	1299	23.60
	AmBmCm-O	ABCO，abc	—	328.6	1883	17.19
	AmBmCm-O	abc	ABCO	327.7	522	4.78

注　分接位置：9B。

二、继电保护与系统自动装置整定值

QSFSZ11-240000/220 型有载调压自耦变压器继电保护与系统自动装置整定值见表 6-27～表 6-65。

1. 第一套差动保护（二次谐波制动）

被保护设备为自耦 240MV·A 主变压器，保护装置型号为 WBH-801T2/DA/G/EG。高压侧 TA 变比为 2500/1，中压侧 TA 变比为 1600/1，低压侧电抗器 TA 变比为 4000/1，低压侧 1 分支 TA 变比为 3000/1，低压侧 2 分支 TA 变比为 3000/1。

表 6-27 设备参数

序号	参数名称	整定值	序号	参数名称	整定值
1	被保护设备	1号主变压器	20	高压侧间隙 TA 二次值	1A
2	定值区号	由现场设置	21	中压侧 TA 一次值	1600A
3	主变压器高中压侧额定容量	240MVA	22	中压侧 TA 二次值	1A
4	主变压器低压侧额定容量	120MVA	23	中压侧零序 TA 一次值	0A（未接线）
5	中压侧接线方式钟点数	12	24	中压侧零序 TA 二次值	1A
6	低压侧接线方式钟点数	11	25	中压侧间隙 TA 一次值	0A（未接线）
7	高压侧额定电压	220kV	26	中压侧间隙 TA 二次值	1A
8	中压侧额定电压	115kV	27	低压 1 分支 TA 一次值	3000A（101）
9	低压侧额定电压	10.5kV	28	低压 1 分支 TA 二次值	1A
10	高压侧 TA 一次值	220kV	29	低压 2 分支 TA 一次值	3000A（102）
11	中压侧 TA 一次值	110kV	30	低压 2 分支 TA 二次值	1A
12	低压侧 TA 一次值	10kV	31	低 1 电抗器 TA 一次值	4000A
13	高压 1 侧 TA 一次值	2500A	32	低 1 电抗器 TA 二次值	1A
14	高压 1 侧 TA 二次值	1A	33	低 2 电抗器 TA 二次值	0A（未接线）
15	高压 2 侧 TA 一次值	0A（未接线）	34	低 2 电抗器 TA 二次值	1A
16	高压 2 侧 TA 二次值	1A	35	公共绕组 TA 一次值	600A
17	高压侧零序 TA 一次值	0A（未接线）	36	公共绕组 TA 二次值	1A
18	高压侧零序 TA 二次值	1A	37	公共绕组零序 TA 一次值	0A（未接线）
19	高压侧间隙 TA 一次值	0A（未接线）	38	公共绕组零序 TA 二次值	1A

表 6-28 差动保护定值

序号	定值名称	整定值
1	纵差差动速断电流定值	$7I_e$
2	纵差保护起动电流定值	$0.6I_e$
3	二次谐波制动系数	0.15

表 6-29 差动保护控制字

序号	定值名称	整定值
1	纵差差动速断	1
2	纵差差动保护	1
3	增量差动保护	1
4	二次谐波制动	1（二次谐波制动）
5	TA 断线闭锁差动保护	1（差流大于 $1.2I_e$ 时开放差动）

表 6-30 软压板（1—投入；0—退出）

序号	定值名称	整定值
1	主保护	1

续表

序号	定值名称	整定值
2	远方投退连接片	1
3	远方切换定值区	1
4	远方修改定值	0

注 1. 核对TA变比、版本号及校验码。
2. T1主变压器：OSFSZ11-240MV·A/220kV，220±8×1.25%/115/10.5kV，240/240/120MV·A，YNa0d11，I_e=629.8/1204.9/6598.3A，ONAN/ONAF（70%/100%）。
3. 主变压器第一套差动保护取各侧断路器独立TA，动作跳主变各侧开关（2501、701、101、102）。
4. 智能变电站各侧特有的SV接收软压板请现场根据实际接线及运行方式自行设定。

2. 第二套差动保护（波形判别原理）

被保护设备为自耦240MV·A主变压器，保护装置型号为WBH-801T2/DA/G/EG。高压侧TA变比为2500/1，中压侧TA变比为1600/1，低压侧电抗器TA变比为4000/1，低压侧1分支TA变比为3000/1，低压侧2分支TA变比为3000/1。

表6-31　　设备参数

序号	参数名称	整定值	序号	参数名称	整定值
1	被保护设备	1号主变压器	20	高压侧间隙TA二次值	1A
2	定值区号	由现场设置	21	中压侧TA一次值	1600A
3	主变压器高中压侧额定容量	240MVA	22	中压侧TA二次值	1A
4	主变压器低压侧额定容量	120MVA	23	中压侧零序TA一次值	0A（未接线）
5	中压侧接线方式钟点数	12	24	中压侧零序TA二次值	1A
6	低压侧接线方式钟点数	11	25	中压侧间隙TA一次值	0A（未接线）
7	高压侧额定电压	220kV	26	中压侧间隙TA二次值	1A
8	中压侧额定电压	115kV	27	低压1分支TA一次值	3000A（101）
9	低压侧额定电压	10.5kV	28	低压1分支TA二次值	1A
10	高压侧TA一次值	220kV	29	低压2分支TA一次值	3000A（102）
11	中压侧TA一次值	110kV	30	低压2分支TA二次值	1A
12	低压侧TA一次值	10kV	31	低1电抗器TA一次值	4000A
13	高压1侧TA一次值	2500A	32	低1电抗器TA二次值	1A
14	高压1侧TA二次值	1A	33	低2电抗器TA二次值	0A（未接线）
15	高压2侧TA一次值	0A（未接线）	34	低2电抗器TA二次值	1A
16	高压2侧TA二次值	1A	35	公共绕组TA一次值	600A
17	高压侧零序TA一次值	0A（未接线）	36	公共绕组TA二次值	1A
18	高压侧零序TA二次值	1A	37	公共绕组零序TA一次值	0A（未接线）
19	高压侧间隙TA一次值	0A（未接线）	38	公共绕组零序TA二次值	1A

表 6-32 差动保护定值

序号	定值名称	整定值
1	纵差差动速断电流定值	$7I_e$
2	纵差保护起动电流定值	$0.6I_e$
3	二次谐波制动系数	0.15

表 6-33 差动保护控制字

序号	定值名称	整定值
1	纵差差动速断	1
2	纵差差动保护	1
3	增量差动保护	1
4	二次谐波制动	0（波形对称判别制动）
5	TA 断线闭锁差动保护	1（差流大于 $1.2I_e$ 时开放差动）

表 6-34 软压板（1—投入；0—退出）

序号	定值名称	整定值
1	主保护	1
2	远方投退连接片	1
3	远方切换定值区	1
4	远方修改定值	0

注 1. 核对 TA 变比、版本号及校验码。
2. T1 主变压器：OSFSZ11-240MV · A/220kV，220 ± 8 × 1.25%/115/10.5kV，240/240/120MV · A，YNa0d11，I_e=629.8/1204.9/6598.3A，ONAN/ONAF（70%/100%）。
3. 主变压器第二套差动保护取各侧断路器独立 TA，动作跳主变压器各侧断路器（2501、701、101、102）。
4. 各侧 SV 接收软压板请现场根据实际接线及运行方式自行设定。

3. 220kV 侧第一套、第二套后备保护

被保护设备为自耦 240MV · A 主变压器，保护装置型号为 WBH-801T2/DA/G/EG。高压侧 TA 变比为 2500/1，高压侧 TV 变比为 220/0.1，高压侧 TV 变比为 110/0.1，低压侧 TV 变比为 10/0.1。

表 6-35 高压侧后备保护定值

序号	定值名称	整定值	序号	定值名称	整定值
1	低电压闭锁定值	70V（线）	14	零序过流Ⅰ段定值	20A（二次值）
2	负序电压闭锁定值	3.5V（相）	15	零序过流Ⅰ段 1 时限	10s（停用）
3	复合电压过流Ⅰ段定值	20A（二次值）	16	零序过流Ⅰ段 2 时限	10s（停用）
4	复合电压过流Ⅰ段 1 时限	10s（停用）	17	零序过流Ⅰ段 3 时限	10s（停用）
5	复合电压过流Ⅰ段 2 时限	10s（停用）	18	零序过流Ⅱ段定值	500/0.2A
6	复合电压过流Ⅰ段 3 时限	10s（停用）	19	零序过流Ⅱ段 1 时限	10s（停用）
7	复合电压过流Ⅱ段定值	1750/0.7A	20	零序过流Ⅱ段 2 时限	1.4s（跳本侧）
8	复合电压过流Ⅱ段 1 时限	10s（停用）	21	零序过流Ⅱ段 3 时限	10s（停用）
9	复合电压过流Ⅱ段 2 时限	1.4s（跳本侧）	22	零序过流Ⅲ段定值	300/0.12A
10	复合电压过流Ⅱ段 3 时限	10s（停用）	23	零序过流Ⅲ段 1 时限	5.1s（跳本侧）
11	复合电压过流Ⅲ段定值	1100/0.44A	24	零序过流Ⅲ段 2 时限	5.5s（跳各侧）
12	复合电压过流Ⅲ段 1 时限	4.1s（跳本侧）	25	间隙过流时间	10s（停用）
13	复合电压过流Ⅲ段 2 时限	4.5s（跳各侧）	26	零序过压时间	10s（停用）

表 6-36　　高压侧后备保护控制字

序号	定值名称	整定值	序号	定值名称	整定值
1	复合电压过流Ⅰ段带方向	0	18	零流Ⅰ段采用自产零流	1（自产）
2	复合电压过流Ⅰ段指向母线	0	19	零序过流Ⅱ段带方向	1
3	复合电压过流Ⅰ段经复压	1	20	零序过流Ⅱ段指向母线	0（指向变压器）
4	复合电压过流Ⅱ段带方向	1	21	零流Ⅱ段采用自产零流	1（自产）
5	复合电压过流Ⅱ段指向母线	0（指向变压器）	22	零流Ⅲ段采用自产零流	1（自产）
6	复合电压过流Ⅱ段经复压	1	23	零序过流Ⅰ段1时限	0
7	复合电压过流Ⅲ段经复压	1	24	零序过流Ⅰ段2时限	0
8	复合电压过流Ⅰ段1时限	0	25	零序过流Ⅰ段3时限	0
9	复合电压过流Ⅰ段2时限	0	26	零序过流Ⅱ段1时限	0
10	复合电压过流Ⅰ段3时限	0	27	零序过流Ⅱ段2时限	1
11	复合电压过流Ⅱ段1时限	0	28	零序过流Ⅱ段3时限	0
12	复合电压过流Ⅱ段2时限	1	29	零序过流Ⅲ段1时限	1
13	复合电压过流Ⅱ段3时限	0	30	零序过流Ⅲ段2时限	1
14	复合电压过流Ⅲ段1时限	1	31	零序电压采用自产零压	1（自产）
15	复合电压过流Ⅲ段2时限	1	32	间隙过流	0
16	零序过流Ⅰ段带方向	0（指向变压器）	33	零序过压	0
17	零序过流Ⅰ段指向母线	0	34	高压侧失灵经主变压器跳闸	1

表 6-37　　软压板（1—投入；0—退出）

序号	定值名称	整定值
1	高压侧后备保护	1
2	高压侧电压	1

表 6-38　　跳闸矩阵

序号	出口名称	高复压过流Ⅰ段1时限	高复压过流Ⅰ段2时限	高复压过流Ⅰ段3时限	高复压过流Ⅱ段1时限	高复压过流Ⅱ段2时限	高复压过流Ⅱ段3时限	高复压过流Ⅲ段1时限	高复压过流Ⅲ段2时限	高零序过流Ⅰ段1时限	高零序过流Ⅰ段2时限	高零序过流Ⅰ段3时限	高零序过流Ⅱ段1时限	高零序过流Ⅱ段2时限	高零序过流Ⅱ段3时限	高零序过流Ⅲ段1时限	高零序过流Ⅲ段2时限	高间隙过流	高零序过压	高压侧失灵联跳
	含义					跳本侧		跳本侧	跳各侧					跳本侧		跳本侧	跳各侧			跳各侧

续表

序号	出口名称	高复压过流Ⅰ段1时限	高复压过流Ⅰ段2时限	高复压过流Ⅰ段3时限	高复压过流Ⅱ段1时限	高复压过流Ⅱ段2时限	高复压过流Ⅱ段3时限	高复压过流Ⅲ段1时限	高复压过流Ⅲ段2时限	高零序过流Ⅰ段1时限	高零序过流Ⅰ段2时限	高零序过流Ⅰ段3时限	高零序过流Ⅱ段1时限	高零序过流Ⅱ段2时限	高零序过流Ⅱ段3时限	高零序过流Ⅲ段1时限	高零序过流Ⅲ段2时限	高间隙过流	高零序过压	高压侧失灵联跳
1	跳高压侧断路器					√		√	√					√		√	√			√
2	跳高压侧母联断路器																			
3	跳中压侧断路器								√								√			√
4	跳中压侧母联断路器																			
5	跳低1分支断路器								√								√			√
6	跳低1分支分段																			
7	跳低2分支断路器								√								√			√

表 6-39　　　GOOSE 连接片

序号	压板名称	整定值	序号	压板名称	整定值
1	跳高压1侧断路器	1	6	跳高压侧母联2	0
2	起动高压1侧失灵	1	7	跳高压侧分段1	0
3	跳高压2侧断路器	0	8	跳高压侧分段2	0
4	起动高压2侧失灵	0	9	高压1侧失灵联跳开入	1
5	跳高压侧母联1	0	10	高压2侧失灵联跳开入	0

注　1. 核对TA变比、保护版本及校验码。

2. 220kV两套后备保护用相同定值，复合电压取220kV、110kV、10kV（双次总）4侧并联。

3. 复压过流Ⅱ段及零序过流Ⅱ段带方向，方向指向主变压器；过负荷定值固定1.1I_e，延时10s发信；高压侧断路器失灵联跳主变压器各侧；复压过流Ⅰ段、零序过流Ⅰ段、间隙过流及零序过压保护不用。

4. GOOSE连接片基于全保护、全接线方式、当运行方式变动或保护需部分停用时，请现场根据实际情况自行调整整定值。

4. 110kV侧第一套、第二套后备保护

被保护设备为自耦240MV·A主变压器，保护装置型号为WBH-801T2/DA/G/EG。中压侧TA变比为1600/1，高压侧TV变比为220/0.1，中压侧TV变比为110/0.1，低压侧TV变比为10/0.1。

表 6-40　　中压侧后备保护定值

序号	定值名称	整定值	序号	定值名称	整定值
1	低电压闭锁定值	70V（线）	15	零序过流Ⅰ段1时限	10s（停用）
2	负序电压闭锁定值	3.5V（相）	16	零序过流Ⅰ段2时限	10s（停用）
3	复合电压过流Ⅰ段定值	20A（二次值）	17	零序过流Ⅰ段3时限	10s（停用）
4	复合电压过流Ⅰ段1时限	10s（停用）	18	零序过流Ⅱ段定值	960/0.6A
5	复合电压过流Ⅰ段2时限	10s（停用）	19	零序过流Ⅱ段1时限	0.8s（跳110kV母联）
6	复合电压过流Ⅰ段3时限	10s（停用）	20	零序过流Ⅱ段2时限	1.1s（备0.6s）（跳本侧）
7	复合电压过流Ⅱ段定值	2960/1.85A	21	零序过流Ⅱ段3时限	10s（停用）
8	复合电压过流Ⅱ段1时限	0.8s（跳110kV母联）	22	零序过流Ⅲ段定值	400/0.25A
9	复合电压过流Ⅱ段2时限	1.1s（备0.6s）（跳本侧）	23	零序过流Ⅲ段1时限	2.1s（跳本侧）
10	复合电压过流Ⅱ段3时限	10s（停用）	24	零序过流Ⅲ段2时限	2.5s（跳各侧）
11	复合电压过流Ⅲ段定值	1840/1.15A	25	间隙过流1时限	10s（停用）
12	复合电压过流Ⅲ段1时限	3.5s（跳本侧）	26	间隙过流2时限	10s（停用）
13	复合电压过流Ⅲ段2时限	4s（跳各侧）	27	零序过压1时限	10s（停用）
14	零序过流Ⅰ段定值	20A（二次值）	28	零序过压2时限	10s（停用）

表 6-41　　中压侧后备保护控制字

序号	定值名称	整定值	序号	定值名称	整定值
1	复合电压过流Ⅰ段带方向	0	19	零序过流Ⅱ段带方向	1
2	复合电压过流Ⅰ段指向母线	1（指向110kV母线）	20	零序过流Ⅱ段指向母线	1（指向110kV母线）
3	复合电压过流Ⅰ段经复压	1	21	零流Ⅱ段采用自产零流	1（自产）
4	复合电压过流Ⅱ段带方向	1	22	零流Ⅲ段采用自产零流	1（自产）
5	复合电压过流Ⅱ段指向母线	1（指向110kV母线）	23	零序过流Ⅰ段1时限	0
6	复合电压过流Ⅱ段经复压	1	24	零序过流Ⅰ段2时限	0
7	复合电压过流Ⅲ段经复压	1	25	零序过流Ⅰ段3时限	0
8	复合电压过流Ⅰ段1时限	0	26	零序过流Ⅱ段1时限	1
9	复合电压过流Ⅰ段2时限	0	27	零序过流Ⅱ段2时限	1
10	复合电压过流Ⅰ段3时限	0	28	零序过流Ⅱ段3时限	0
11	复合电压过流Ⅱ段1时限	1	29	零序过流Ⅲ段1时限	1
12	复合电压过流Ⅱ段2时限	1	30	零序过流Ⅲ段2时限	1
13	复合电压过流Ⅱ段3时限	0	31	零序电压采用自产零压	1（自产）
14	复合电压过流Ⅲ段1时限	1	32	间隙过流1时限	0
15	复合电压过流Ⅲ段2时限	1	33	间隙过流2时限	0
16	零序过流Ⅰ段带方向	0	34	零序过压1时限	0
17	零序过流Ⅰ段指向母线	1（指向110kV母线）	35	零序过压2时限	0
18	零流Ⅰ段采用自产零流	1（自产）	36	中压侧失灵经主变压器跳闸	0

表 6-42　　　　软压板（1—投入；0—退出）

序号	定值名称	整定值
1	中压侧后备保护	1
2	中压侧电压	1

表 6-43　　　　跳闸矩阵

序号	出口名称	中复压过流Ⅰ段1时限	中复压过流Ⅰ段2时限	中复压过流Ⅰ段3时限	中复压过流Ⅱ段1时限	中复压过流Ⅱ段2时限	中复压过流Ⅱ段3时限	中复压过流Ⅲ段1时限	中复压过流Ⅲ段2时限	中零序过流Ⅰ段1时限	中零序过流Ⅰ段2时限	中零序过流Ⅰ段3时限	中零序过流Ⅱ段1时限	中零序过流Ⅱ段2时限	中零序过流Ⅱ段3时限	中零序过流Ⅲ段1时限	中零序过流Ⅲ段2时限	中间隙过流1时限	中间隙过流2时限	中零序过压1时限	中零序过压2时限	中压侧失灵联跳
	含义				跳110kV母联	跳本侧		跳本侧	跳各侧				跳110kV母联	跳本侧		跳本侧	跳各侧					
1	跳高压侧断路器								√								√					
2	跳高压侧母联断路器																					
3	跳中压侧断路器					√		√	√					√		√	√					
4	跳中压侧母联断路器				√								√									
5	跳低1分支断路器								√								√					
6	跳低2分支断路器								√								√					

表 6-44　　　　GOOSE 连接片

序号	连接片名称	整定值	序号	连接片名称	整定值
1	跳中压侧断路器	1	5	跳中压侧分段 1	0
2	启动中压侧失灵	0	6	跳中压侧分段 2	0
3	跳中压侧母联 1	1	7	闭锁中压侧备自投	0
4	跳中压侧母联 2	0	8	中压侧失灵联跳开入	0

注　1. 核对 TA 变比、保护版本及校验码。

2. 110kV 两套后备保护用相同定值，复合电压取 220kV、110kV、10kV（双次总）4 侧并联，请在 110kV 侧第二套后备保护装置中设置备用区，将复压过流Ⅱ段 2 时限及零序过流Ⅱ段 2 时限改为 0.6s 跳本侧，其余定值同正常区。

3. 复压过流Ⅱ段及零序过流Ⅱ段带方向，方向指向 110kV 母线；过负荷定值固定 $1.1I_e$，延时 10s 发信；复压过流Ⅰ段、零序过流Ⅰ段、间隙过流及零序过压保护不用。

4. GOOSE 连接片基于全保护、全接线方式、当运行方式变动或保护需部分停用时，请现场根据实际情况自行调整整定值。

5. 主变压器 10kV 侧 101 后备保护

被保护设备为自耦 240MV·A 主变压器及 10kV 侧 120MV·A 主变压器，保护装置型号为 WBH-801T2/DA/G/EG。10kV 侧 TA 变比为 3000/1，10kV 侧 TV 变比为 10/0.1。

表 6-45　　低压 1 分支后备保护定值

序号	定值名称	整定值	备注
1	低电压闭锁定值	70V（线）	
2	负序电压闭锁定值	3.5V（相）	
3	复合电压过流Ⅰ段定值	6000/2A	
4	复合电压过流Ⅰ段 1 时限	0.5s	跳 10kVⅠ、Ⅵ段分段 110 断路器
5	复合电压过流Ⅰ段 2 时限	0.8s	跳 101 断路器并闭锁 110 断路器自投
6	复合电压过流Ⅰ段 3 时限	1.1s	跳各侧（2501、701、101、102）断路器并闭锁 110 断路器自投
7	复合电压过流Ⅱ段定值	4500/1.5A	
8	复合电压过流Ⅱ段 1 时限	1.4s	跳 10kVⅠ、Ⅵ段分段 110 断路器
9	复合电压过流Ⅱ段 2 时限	1.7s	跳 101 断路器并闭锁 110 断路器自投
10	复合电压过流Ⅱ段 3 时限	2s	跳各侧（2501、701、101、102）断路器并闭锁 110 断路器自投

表 6-46　　低压 1 分支后备保护控制字

序号	定值名称	整定值	备注
1	复合电压过流Ⅰ段带方向	0	不带方向
2	复合电压过流Ⅰ段指向母线	1	指向 10kV 母线
3	复合电压过流Ⅰ段经复压	1	
4	复合电压过流Ⅱ段经复压	1	
5	复合电压过流Ⅰ段 1 时限	1	
6	复合电压过流Ⅰ段 2 时限	1	
7	复合电压过流Ⅰ段 3 时限	1	
8	复合电压过流Ⅱ段 1 时限	1	
9	复合电压过流Ⅱ段 2 时限	1	
10	复合电压过流Ⅱ段 3 时限	1	
11	零序过压告警	0	不用

表 6-47　　软压板

序号	定值名称	整定值
1	低压 1 分支后备保护软压板	1
2	低 1 分支电压软压板	1

表 6-48　　跳闸矩阵

序号	出口名称	定义	低 1 复压过流Ⅰ段 1 时限	低 1 复压过流Ⅰ段 2 时限	低 1 复压过流Ⅰ段 3 时限	低 1 复压过流Ⅱ段 1 时限	低 1 复压过流Ⅱ段 2 时限	低 1 复压过流Ⅱ段 3 时限
1	跳高压侧断路器	2501			√			√
2	跳高压侧母联断路器							
3	跳中压侧断路器	701			√			√
4	跳中压侧母联断路器							
5	跳低 1 分支断路器	101		√	√		√	√
6	跳低 1 分支分段断路器	110	√			√		
7	跳低 2 分支断路器	102			√			√
8	跳低 2 分支分段断路器	130						
9	闭锁中压侧备自投							
10	闭锁低压 1 分支备自投	闭锁 110 自投		√	√		√	√
11	闭锁低压 2 分支备自投	闭锁 113 自投						
12～15	跳闸备用 1～4							

表 6-49　　GOOSE 连接片

序号	连接片名称	整定值	序号	连接片名称	整定值
1	闭锁低压 1 分支备自投	1	4	跳低压 1 分支分段	1
2	闭锁低压 2 分支备自投	1	5	跳低压 2 分支断路器	1
3	跳低压 1 分支断路器	1	6	跳低压 2 分支分段	1

注　1. 核对 TA 变比、保护版本及校验码。

2. 110kV 分支 1 两套后备保护用相同定值，复合电压取本分支电压，TV 断线或 TV 退出后，本侧复压过流变为纯过流；过负荷固定取两分支和电流，定值固定为 $1.1I_e$，延时 10s 发信。

3. GOOSE 连接片基于全保护、全接线方式，当运行方式变动或保护需部分停用时，请现场根据实际情况自行调整整定值。

6. 主变压器 10kV 侧 102 后备保护

被保护设备为容量 240MV·A、10kV 侧 120MV·A 主变压器，保护装置型号为 WBH-801T2/DA/G/EG。10kV TA 变比为 3000/1，10kV TV 变比为 10/0.1。

表 6-50　　低压 2 分支后备保护定值

序号	定值名称	整定值	备　注
1	低电压闭锁定值	70V（线）	
2	负序电压闭锁定值	3.5V（相）	
3	复合电压过流Ⅰ段定值	6000/2A	
4	复合电压过流Ⅰ段 1 时限	0.5s	跳 10kVⅡ、Ⅲ段分段 130 断路器
5	复合电压过流Ⅰ段 2 时限	0.8s	跳 102 断路器并闭锁 130 断路器自投

续表

序号	定值名称	整定值	备 注
6	复合电压过流Ⅰ段3时限	1.1s	跳各侧（2501、701、101、102）断路器并闭锁130断路器自投
7	复合电压过流Ⅱ段定值	4500/1.5A	
8	复合电压过流Ⅱ段1时限	1.4s	跳10kVⅡ、Ⅲ段分段130断路器
9	复合电压过流Ⅱ段2时限	1.7s	跳102断路器并闭锁130断路器自投
10	复合电压过流Ⅱ段3时限	2s	跳各侧（2501、701、101、102）断路器并闭锁130断路器自投

表6-51　低压2分支后备保护控制字

序号	定值名称	整定值	备注
1	复合电压过流Ⅰ段带方向	0	不带方向
2	复合电压过流Ⅰ段指向母线	1	指向10kV母线
3	复合电压过流Ⅰ段经复压	1	
4	复合电压过流Ⅱ段经复压	1	
5	复合电压过流Ⅰ段1时限	1	
6	复合电压过流Ⅰ段2时限	1	
7	复合电压过流Ⅰ段3时限	1	
8	复合电压过流Ⅱ段1时限	1	
9	复合电压过流Ⅱ段2时限	1	
10	复合电压过流Ⅱ段3时限	1	
11	零序过压告警	0	不用

表6-52　软压板

序号	定值名称	整定值
1	低压2分支后备保护软压板	1
2	低2分支电压软压板	1

表6-53　跳闸矩阵

序号	出口名称	定义	低1复压过流Ⅰ段1时限	低1复压过流Ⅰ段2时限	低1复压过流Ⅰ段3时限	低1复压过流Ⅱ段1时限	低1复压过流Ⅱ段2时限	低1复压过流Ⅱ段3时限
1	跳高压侧断路器	2501			√			√
2	跳高压侧母联断路器							

表6-54　跳闸矩阵

序号	出口名称	定义	低1复压过流Ⅰ段1时限	低1复压过流Ⅰ段2时限	低1复压过流Ⅰ段3时限	低1复压过流Ⅱ段1时限	低1复压过流Ⅱ段2时限	低1复压过流Ⅱ段3时限
1	跳中压侧断路器	701			√			√

续表

序号	出口名称	定义	低1复压过流Ⅰ段1时限	低1复压过流Ⅰ段2时限	低1复压过流Ⅰ段3时限	低1复压过流Ⅱ段1时限	低1复压过流Ⅱ段2时限	低1复压过流Ⅱ段3时限
2	跳中压侧母联断路器							
3	跳低1分支断路器	101			√			√
4	跳低1分支分段断路器	110						
5	跳低2分支断路器	102		√	√		√	√
6	跳低2分支分段断路器	130	√			√		
7	闭锁中压侧备自投							
8	闭锁低压1分支备自投	闭锁110自投						
9	闭锁低压2分支备自投	闭锁113自投		√	√		√	√
10	跳闸备用1～4							

表 6-55　　GOOSE 连接片

序号	连接片名称	整定值	序号	连接片名称	整定值
1	闭锁低压1分支备自投	1	4	跳低压1分支分段	1
2	闭锁低压2分支备自投	1	5	跳低压2分支断路器	1
3	跳低压1分支断路器	1	6	跳低压2分支分段	1

注　1. 核对TA变比、保护版本及校验码。

2. 110kV分支2两套后备保护用相同定值，复合电压取本分支电压，TV断线或TV退出后，本侧复压过流变为纯过流；过负荷固定取两分支和电流，定值固定为1.1I_e，延时10s发信。

3. GOOSE连接片基于全保护、全接线方式，当运行方式变动或保护需部分停用时，请现场根据实际情况自行调整整定值。

7. 公共绕组第一套、第二套后备保护

被保护设备为自耦240MV·A主变压器，保护装置型号为WBH-801T2/DA/G/EG，公共绕组TA变比为600/1。

表 6-56　　公共绕组后备保护定值

序号	定值名称	整定值
1	零序过流定值	300/0.5A
2	零序过流时间	5.5S（跳各侧）

表 6-57　　公共绕组后备保护控制字

序号	定值名称	整定值
1	零序过流保护跳闸	1

表 6-58　　软压板（1—投入；0—退出）

序号	定值名称	整定值
1	公共绕组后备保护	0（何时停启用听调度命令）

表 6-59　　跳闸矩阵

序号	出口名称	公共绕组零序过流跳闸
1	跳高压侧断路器	√
2	跳高压侧母联断路器	
3	跳中压侧断路器	√
4	跳中压侧母联断路器	
5	跳低 1 分支断路器	√
6	跳低 1 分支分段断路器	
7	跳低 2 分支断路器	√
8	跳低 2 分支分段断路器	
9	闭锁中压侧备自投	
10	闭锁低压 1 分支备自投	
11	闭锁低压 2 分支备自投	
12～15	跳闸备用 1～4	

注　1. 核对 TA 变比、保护版本及校验码。
2. 正常运行时，仅用公共绕组过负荷发信功能，公共绕组零序过流保护停用，现场取下“公共绕组后备保护”软压板；在主变压器 220kV 侧开口运行（由 110kV 侧倒供 10kV 侧）时，由调度发令启用公共绕组零序过流保护，现场投入“公共绕组后备保护”软压板；公共绕组零序过流保护动作后跳开主变压器各侧断路器。
3. 公共绕组过负荷发信功能固定投入，定值固定为公共绕组额定电流的 1.1 倍，延时 10s 发信。

8. 主变压器 10kV 侧电抗器保护

被保护设置为容量 240MV・A、10kV 侧 120MV・A 主变压器，保护装置型号为 WBH-801T2/DA/G/EG，10kV 侧 TA 变比为 4000/1，TV 变比为 10/0.1。

表 6-60　　低 1 电抗器后备保护定值

序号	定值名称	整定值	备　注
1	复合电压过流定值	6000/15A	
2	复合电压过流 1 时限	1.1s	跳 101、102 断路器
3	复合电压过流 2 时限	1.4s	跳 2501、701、101、102 断路器

表 6-61 **低 2 电抗器后备保护定值**

序号	定值名称	整定值	备注
1	复合电压过流定值	20A	二次，不用
2	复合电压过流 1 时限	10s	
3	复合电压过流 2 时限	10s	

表 6-62 **低 1 电抗器后备保护控制字**

序号	定值名称	整定值	备注
1	复合电压过流 1 时限	1	
2	复合电压过流 2 时限	1	

表 6-63 **低 2 电抗器后备保护控制字**

序号	定值名称	整定值	备注
1	复合电压过流 1 时限	0	
2	复合电压过流 2 时限	0	

表 6-64 **软压板**

序号	定值名称	整定值
1	低 1 电抗器后备保护软压板	1
2	低 2 电抗器后备保护软压板	0

表 6-65 **跳闸矩阵**

序号	出口名称	电抗器 1 复压过流 1 时限	电抗器 1 复压过流 2 时限	电抗器 2 复压过流 1 时限	电抗器 2 复压过流 2 时限
1	跳高压侧断路器		√		
2	跳高压侧母联断路器		√		
3	跳中压侧断路器		√		
4	跳中压侧母联断路器				
5	跳低 1 分支断路器	√	√		
6	跳低 1 分支分段断路器				
7	跳低 2 分支断路器	√	√		

注 1. 核对 TA 变比、保护版本及校验码。
2. 110kV 侧两套电抗器后备保护用相同定值，低 2 分支电抗器 TA 一次值整定为 0，电抗器复压取低压侧两分支电压。
3. 电抗器型号为 XKGKL-10-4000-10，额定电压为 10kV，额定电流为 4000A，电抗率为 10%。

第八节　变压器微机保护装置运行操作

一、保护装置的投运要求

(1) 检查装置背后插件插入可靠，插件固定螺栓及端子固定螺栓应拧紧，背部接线、端子排接线正确、牢固。

(2) 合上本屏后交流电压小开关。

(3) 合上本屏后直流电源小开关。

(4) 保护连接片位置与调度要求的运行方式相符。

(5) 液晶显示窗口显示正常，显示画画与实际相符。

(6) 显示的运行定值与定值单一致。

(7) 时间显示与北京时间相符。

(8) 检查面板上“运行”指示灯亮。

(9) 液晶显示窗口显示的差动保护的不平衡电流应不大于 100mA。

(10) 装置液晶框显示三相电压、三相电流的幅角应正常。

(11) 装置液晶框显示保护连接片的投退状态应正常。

二、保护装置运行操作注意事项

1. 在主菜单允许值班员操作的项目

(1) 保护切换定值区，定值的显示。

(2) 事件信息中的报告显示。

(3) 采样信息的显示。

(4) 时间设置。

2. 在主菜单不允许值班员操作的项目

(1) 系统测试中的开出传动、开入检查，综合自动功能检查。

(2) 定值操作中的定值修改、定值删除。

(3) 系统设置中的压板设置、测能设置。

三、PST-1200 数字式变压器保护的操作

1. 操作主菜单总体结构

PST-1200 系列数字式保护的键盘操作和液晶显示界面采用对话框结合菜单式操作方式，给出不同的菜单或显示画面下所能完成的各种操作。操作菜单总体结构如图 6-41 所示。

2. 保护操作的类型

(1) 整定值操作。包括定值的显示、打印、复制、修改（固化）、删除等操作。

(2) 事件报告操作。包括总报告的复制、显示、打印和各保护模件报告（即所谓的“分报告”）的复制显示、复制、打印操作。

(3) 采样信息。包括显示各交流模拟量通道的采样值的有效值和打印两个周波的波形等操作。

(4) 人机对话的设置。包括通信设置、MMI 模件本身的设置、时间设置和液晶对比度调节。

(5) 测试功能。包括开出传动、开入测试（开入量状态实时显示）、交流测试（实时显

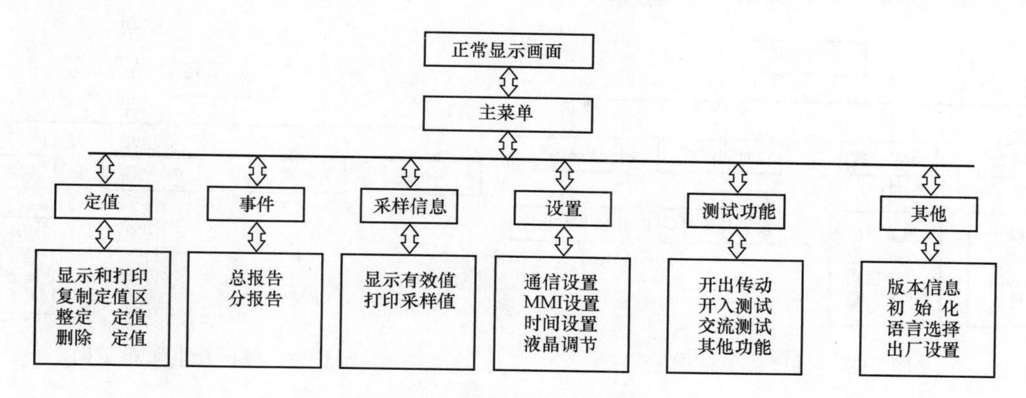

图 6-41 操作菜单总体结构

示各交流模拟量通道的幅值、相位和直流偏移量）等操作。为满足 PS 6000 变电站自动化的要求，增设了软压板设置、遥信核对、码表核对、码表打印 4 项功能。

（6）其他操作。包括版本信息提示、强制 MMI 进行初始化、选择 MMI 操作的提示语言或进行出厂设置（选择或自定义保护型号、软/硬压板类型选择、MMI 内部控制字）。

3. 主菜单的操作

（1）在正常显示画面下按“←┘”键进入主菜单。

（2）在事件显示画面下按“Q”键进入主菜单。

（3）在其他操作画面下按“Q”键并按提示退回到主菜单。

在 PST-1200 系列数字式保护的主菜单中，一个命令即代表一种类型的操作，进入主菜单后，当前被选择的操作类型以反显方式（黑底白字）显示，最下面的提示行提示当前被选择的操作类型所能进行的操作，操作人员以“▲”“▼”“▶”或“◀”键进行选择，最后以“←┘”键（“回车”键）进行确认，即进入相应的操作菜单。

4. 整定值操作

PST-1200 系列数字式保护装置，其定值菜单结构如图 6-42 所示。

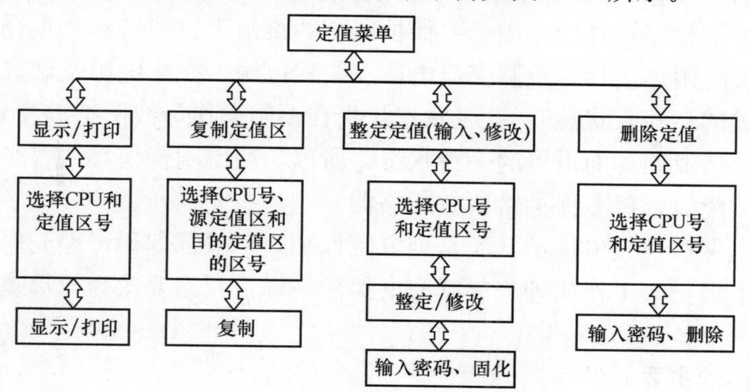

图 6-42 定值菜单结构

5. 设置操作

PST-1200 系列数字式保护装置，其设置菜单结构如图 6-43 所示。

6. 测试功能操作

PST-1200 系列数字式保护装置，其测试功能菜单结构如图 6-44 所示。

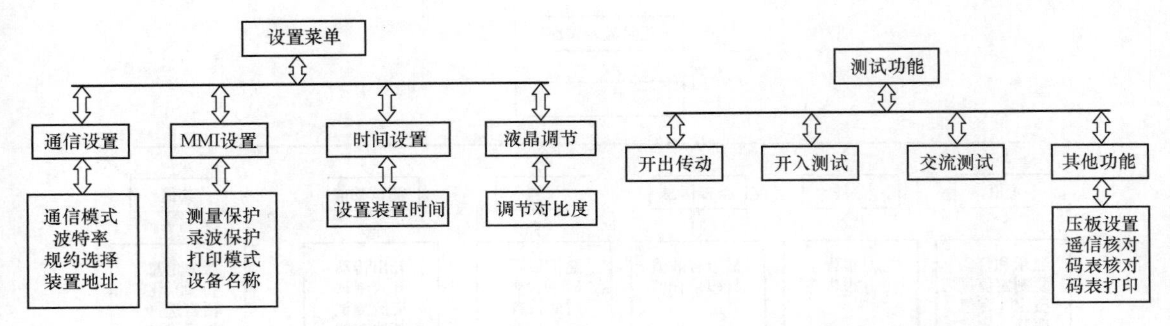

图 6-43　设置菜单结构　　图 6-44　测试功能菜单结构

第九节　BP-2B 母差保护装置

一、概述

BP-2B 型微机 110、220kV 母差保护装置，保护范围是全部母线和连接在母线上的所有电气设备，能快速有选择地切除故障。按电流差动原理构成母差保护。带制动特性的差动继电器，采用一次的穿越电流作为制动电流，以克服区外故障时由于电流互感器误差而产生的差动不平衡电流。

二、母差保护状态的含义

（1）母差保护的运行：是指母差保护各连接片应按调度要求停启用，装置电源和操作电源、交流电压断路器均应合上。

（2）母差保护的信号：是指停用所有的母差保护跳闸出口连接片（220kV 母差保护包括停用失灵启动母差保护跳闸连接片）。

（3）母差保护的停用：是指停用母差所有的跳闸出口连接片、重合闸闭锁连接片及失灵启动母差保护跳闸连接片。

（4）母差保护的检修：是指停用母差保护所有的跳闸出口连接片、重合闸闭锁连接片及失灵启动母差保护跳闸连接片，拉开交流电压、装置电源、操作电源及做好安全措施。

（5）母差保护的“互联状态”：互联状态是指在倒闸操作母线两把隔离开关同时合上时，保护会无法判别，造成误动而设置的一种状态，所以，在倒闸操作母线时必须投入互联保护连接片。当出现故障时，母差保护跳所有断路器。

（6）母差充电保护：充电保护其实是纯电流保护，一般都起用母差充电保护，不用母联断路器本身的充电保护。工作原理与母联充电保护一样，只是要改为投母差保护的充电保护连接片。

三、母差保护的主要元件

（1）起动元件：母差保护的起动元件由“和电流突变量”和“差电流越限”两个判据组成。“和电流”是指母线上所有连接元件电流的绝对值之和；“差电流”是指所有连接元件电流和的绝对值。与传统差动保护不同，微机保护的“差电流”与“和电流”不是从模拟电流回路中直接获得，而是通过电流采样值的数值计算求得。起动元件分相起动，分相返回。

（2）差动元件：母线保护差动元件由分相复式比率差动判据和分相突变量复式比率差动

判据构成。为防止母差保护在母线近端发生区外故障时，由于TA严重饱和出现差电流的情况下误动作，本装置根据TA饱和发生的机理以及TA饱和后二次电流波形的特点设置了TA饱和检测元件，用来判别差电流的产生是否由区外故障TA饱和引起。

（3）电压闭锁元件：以电流判据为主的差动元件，可以用电压闭锁元件来配合，提高保护整体的可靠性。母线3倍零序电压闭锁、母线负序电压闭锁和母线线电压闭锁，3个判据中的任何一个被满足，该段母线的电压闭锁元件就会动作，称为复合电压元件动作。如母线电压正常，则闭锁元件返回。相应母线段的母线差动复合电压元件必须动作后，差动元件出口便动作。

四、母差保护逻辑原理

大差比率差动元件的差动保护范围涵盖各段母线，大多数情况下不受运行方式的控制；小差比率差动元件受当时的运行方控制，但差动保护范围只是相应的一段母线，具有选择性。对于存在倒闸操作的双母线，差动保护使用大差比率差动元件作为区内故障判别元件，使用小差比率差动元件作为故障母线选择元件。即由大差比率元件是否动作，区分母线区外故障与母线区内故障。当大差比率元件动作时，由小差比率元件是否动作决定故障发生在哪一段母线。这样，可以最大限度地减少由于隔离开关辅助触点位置不对应造成的母差保护误动作。考虑到母线分段运行时发生区内故障，非故障母线有电流输出母线，影响大差比率元件的灵敏度，大差比率差动元件的比率制动系数可以自动调整。联络断路器处于合位时（母线并列运行），大差比率制动系数与小差比率制动系数相同（可整定）；联络断路器处于分位时（母线分列运行），大差比率差动元件自动转用比率制动系数低值。母线上的连接元件倒闸过程中，两条母线隔离开关相连时（母线互联），装置自动转入“母线互联方式”（非选择方式）——不进行故障母线的选择，一旦发生故障同时切除两段母线。

五、主要保护功能

1. 母联充电保护

（1）当任一组母线检修后再投入运行之前，利用母联断路器对该母线进行充电试验时可投入母联充电保护，当被试验母线存在故障时，利用充电保护切除故障。

（2）母联充电保护有专门的起动元件。在母联充电保护投入时，当母联电流任一相大于母联充电保护整定值时，母联充电保护起动元件动作去控制母联充电保护部分。

（3）充电保护一旦投入自动展宽200ms后退出。充电保护投入后，当母联任一相电流大于充电电流定值，经可整定延时跳开母联断路器，不经复合电压元件闭锁。

（4）充电保护投入期间是否闭锁差动保护，可设置保护控制字相关项进行选择，但必须按调度命令操作。

2. 母联过流保护

（1）当利用母联断路器作为线路的临时保护时，可投入母联过流保护。

（2）母联过流保护有专门的起动元件。在母联过流保护投入时，当母联电流任一相大于母联过流定值，或母联零序电流大于零序过流整定值时，母联过流起动元件动作去控制母联过流保护部分。

（3）母联过流保护在任一相母联电流大于过流整定值，或母联零序电流大于零序过流整定值时，经整定延时跳母联断路器，不经复合电压元件闭锁。

3. 母联失灵与母联死区保护

(1) 当保护向母联发跳闸命令后，经整定延时母联电流仍然大于母联失灵电流定值时，母联失灵保护经两母线电压闭锁后切除两母线上所有连接元件。只有母差保护和母联充电保护才起动母联失灵保护。

(2) 若母联断路器和母联 TA 之间发生故障，断路器侧母线跳开后故障仍然存在，正好处于 TA 侧母线小差死区，为提高保护动作速度，专设了母联死区保护。本装置的母联死区保护在差动保护发母线跳令后，母联断路器已跳开而母联 TA 仍有电流，且大差比率差动元件及断路器侧小差比率差动元件不返回的情况下，延时 100ms 跳开另一条母线。为防止母联在跳位时发生死区故障将母线全切除，当两条母线都有电压且母联在跳位时母联电流不计入小差。母联跳闸位置继电器 TWJ 为三相动合触点（母联断路器处跳闸位置时触点闭合）串联。

4. 断路器失灵保护

所谓失灵就是指保护动作，而断路器未跳，但仍有故障电流的存在。本装置的断路器失灵保护有两种方式可选择，即：

(1) 与线路的失灵起动装置配合，当母线所连接的某条线路断路器失灵时，该线路的失灵起动装置的失灵触点与电压切换触点串联提供给本装置。本保护检测到此触点动作时，经过失灵保护电压闭锁，经跳母联时限跳开母联，经失灵时限切除该元件所在母线的各个连接元件。

(2) 由该连接元件的保护装置提供的保护跳闸触点起动。输入本装置的跳闸触点有两种：一种是分相跳闸触点，通常与线路保护连接，当失灵保护检测到此触点动作时，若该元件的对应电流大于失灵相电流定值，则经过失灵保护电压闭锁起动失灵保护；另一种是三跳触点，通常与元件保护触接，当失灵保护检测到此触点动作时，若该元件的任一相电流大于失灵相电流定值，则经过失灵保护电压闭锁起动失灵保护。失灵保护起动后，经延时再次动作于该线路断路器，经延时跳母联断路器，经失灵延时切除该元件所在母线的各个连接元件。

5. 失灵电压闭锁元件

失灵电压闭锁元件与母差保护电压闭锁元件类似，也是以低电压（线电压）、负序电压和 3 倍零序电压构成的复合电压元件。只是使用的定值与差动保护不同，需要满足线路末端故障时的灵敏度。同样失灵出口动作，需要相应母线段的失灵复合电压元件动作。

六、微机母差保护验收项目

1. 一般性检查

(1) 全套符合实际的竣工图两份，设计变更通知书。

(2) 制造厂提供的出厂试验记录、产品说明书、合格证、出厂图纸齐全。

(3) 有签字有效的安装记录。

(4) 有签字有效的调试报告。

(5) 在项目建设过程中形成的其他所有技术文件。

(6) 所有有关该装置的反措已完成。

(7) 屏面整洁，各装置上的开关、插把、定值拨轮在正确位置。

(8) 屏面上所有的操作连接片、切换开关、按钮有确切的名称标注。

(9) 检查各 TA 的极性应符合要求，并已做总体极性验证。TA 接入的组别应符合反措要求，只应有一个可靠的接地点。有关 TA 的试验都已完成，交流采样精度合格。

(10) 各空气开关应进行动作试验，其额定值应符合设计要求，并与实际负载相符，测试的速动值应符合其动作曲线。直流电源的空气开关、隔离开关、熔丝要有名称及规范。

(11) 各直接接于变电站直流系统的动作后能跳闸的继电器，其最小动作电压应在 50%～65%U_n 间。

(12) 二次回路绝缘良好，单回路新建时不小于 10MΩ，定校时不小于 1MΩ。

(13) 检查各跳闸回路的端子与带正电源的端子间至少间隔一个端子。

(14) 断路器分合闸电压应在 30%～65%U_n 间。

(15) 该单元的直流回路已接入直流电源的绝缘监测系统，并能正确监测直流接地。

2. 装置整定值（含控制字）与软件版本检查

(1) 检查保护装置整定值与整定值单应一致。

(2) 检查各保护的控制字的设置与整定值单应一致，并符合观场的实际要求，其中包括 TA 二次额定电流、各绕组与 TA 二次的接线方式等。

(3) 保护的版本号码与 CRC 校验码与整定值单一致。

(4) 检查远方修改定值处于闭锁状态。

3. 保护功能及整组试验

(1) 检查隔离开关辅助触点与实际状态一致。

(2) 检查当双母线互联时“互联”信号正确。

(3) 模拟区内单相故障试验正确。

(4) 模拟区外单相故障试验正确。

(5) 母联断路器失灵动作正确。

(6) 母联死区保护试验动作正确。

(7) 母联充电及母联过流保护动作正确（如无单独的母联保护）。

(8) 线路断路器失灵保护动作正确。

(9) 交流电压回路断线告警。

(10) 交流电流回路断线闭锁及告警。

(11) 检查复合电压动作闭锁差动保护逻辑正确。

(12) 检查有关开关量已接入故障录波。

(13) 检查所有 TA 回路在保护屏处接地。

(14) 主变压器单元失灵解除母差复合电压动作正确。

七、母差保护的巡视检查

(1) 检查投差动、失灵切换开关位置正确，110kV 母差应在投差动退失灵位置，220kV 母差保护则应根据调度要求。

(2) 检查母差保护连接片所在位置应调度运行方式相一致。

(3) 检查母差保护面板上的显示屏中的接线方式应与实际一次运行方式相符。

(4) 检查母差保护面板上的灯光信号有无异常。

(5) 其他按继电保护一般规程检查。

八、母差保护面板布置及连接片与小开关的配置及操作要求

（1）面板布置。元器件门侧安装有复归按钮、保护切换把手。保护切换把手则是方便于运行人员投退差动保护和失灵出口时使用。键盘左侧的 3 列绿色指示灯，分别表示保护元件、闭锁元件和管理机的电源、运行、通信状态，指示灯闪亮表示相应回路正常。每列指示灯下方的隐藏按钮是各自的复位按钮功能，见表 6-66。

表 6-66　　　　复位按钮功能

按钮	功　能
保护电源	保护元件使用的＋5V、±15V 电平正常
保护运行	保护主机正常上电、开始运行保护软件
保护通信	保护主机正与管理机进行通信
保护复位	内藏按钮、正直按下使保护主机复位
闭锁电源	闭锁元件使用的＋5V、±15V 电平正常
闭锁运行	闭锁主机正常上电、开始运行保护软件
闭锁通信	闭锁主机正与管理机进行通信
闭锁复位	内藏按钮、正直按下使闭锁主机复位
管理电源	管理机与液晶显示使用的＋5V 电平正常
操作电源	操作回路使用的＋24V 电平正常
对比度	内藏旋钮，平口起左右旋转可调节液晶显示对比度
管理复位	内藏按钮，正直按下使管理机复位

（2）液晶左侧的两列红色指示灯，分别受保护主机和闭锁主机控制。最左边一列为差动保护、失灵保护的分段动作信号；右边一列为差动保护、失灵保护的复合电压闭锁分段开关放信号。装置一般考虑 3 个母线段，即有差动动作Ⅰ、差动动作Ⅱ、差动动作Ⅲ（不用）、失灵动作Ⅰ、失灵动作Ⅱ、失灵动作Ⅲ（不用）、失灵开放Ⅰ、失灵开放Ⅱ、失灵开放Ⅲ（不用）共 9 个指示灯，后 6 个指示灯不带自保持。

（3）液晶右侧的两列红色指示灯，分别为装置的出口信号灯和告警灯。出口信号包括差动动作、失灵动作、充电保护、母联过流和备用信号等。每一信号灯点亮分别对应一种保护功能出口动作，同时装置相应的中央信号接点（自保持）、远动接点和起动录波接点一起闭合。

（4）信号指示灯和界面显示。装置运行或操作时，相应的信号指示灯和界面显示见表 6-67。

表 6-67　　　　装置运行或操作时相应的信号指示灯和界面显示

装置运行或操作	装置指示灯	液晶界面
闸刀变位	开入变位灯亮，开入异常灯亮（开入校验错误时）	事件记录和运行方式变位记录，主界面自动刷新
信号复归	非跳闸过程中，信号复归	信号复归记录
保护自检异常	保护异常	自检记录
闭锁自检异常	闭锁异常	自检记录

续表

装置运行或操作	装置指示灯	液晶界面
TA 断线	TA 断线灯亮	装置告警记录
TV 断线	TV 断线灯亮，母线段的差动开放和失灵开放灯亮	电压闭锁记录装置告警记录
出口接点退出	出口闭锁灯亮	保护控制字显示
通信中断	通信指示灯灭	通信无响应和自检菜单
保护动作	对应的保护出口信号灯亮	液晶界面自动回到主界面，下窗口显示动作信息

九、母差保护异常故障处理

（1）电流回路断线闭锁：母线差电流大于 TA 断线定值，延时 9s 发 TA 断线告警信号，同时闭锁母差保护。电流回路正常后，0.9s 自动恢复正常运行。母联电流回路断线，并不会影响保护对区内、区外故障的判别，只是会失去对故障母线的选择性。因此，联络断路器电流回路断线不需闭锁差动保护，只需转入母线互联（单母方式）即可。母联电流回路正常后，需手动复归恢复正常运行。

（2）电压回路断线告警：某一段非空母线失去电压，延时 9s 发 TV 断线告警信号。除了该段母线的复合电压元件将一直动作外，对保护没有其他影响。

（3）每一告警信号也可引出相应的自保持和不带自保持接点。信号灯为自保持，由屏侧的“复归按钮”复归。保护装置异常告警信号的原因及处理方法见表 6-68。

表 6-68　保护装置异常告警信号的原因及处理方法

<table>
<tr><th>告警信号</th><th colspan="2">可能原因</th><th>导致后果</th><th>处理方法</th></tr>
<tr><td rowspan="4">TA 断线</td><td colspan="2">TA 的变比设置错误</td><td rowspan="4">闭锁差动保护</td><td rowspan="4">1. 查看各间隔电流幅值、相位关系；
2. 确认变比设置正确；
3. 确认电流回路接线正确；
4. 如仍无法排除，则建议退出装置，尽快安排检修</td></tr>
<tr><td colspan="2">TA 的极性接反</td></tr>
<tr><td colspan="2">接入母差装置的 TA 断线</td></tr>
<tr><td colspan="2">其他持续使差电流大于 TA 断线门槛定值的情况</td></tr>
<tr><td rowspan="4">TV 断线</td><td colspan="2">电压相序接错</td><td rowspan="4">保护元件中该段母线失去电压闭锁</td><td rowspan="4">1. 查看各段母线电压幅值、相位；
2. 确认电压回路接线正确；
3. 确认电压空气开关处于合位；
4. 操作电压切换把手；
5. 尽快安排检修</td></tr>
<tr><td colspan="2">TV 断线或检修</td></tr>
<tr><td colspan="2">母线停运</td></tr>
<tr><td colspan="2">保护元件电压回路异常</td></tr>
<tr><td rowspan="3">互联</td><td rowspan="3">母线互联</td><td>母线处于经隔离开关互联状态</td><td rowspan="3">保护进入非选择状态，大差比率动作则切除互联母线</td><td>确认是否符合当时的运行方式，是则不用干预，否则进入参数一运行方式设置，使用强制功能恢复保护与系统的对应关系</td></tr>
<tr><td>保护控制字中，强制母线互联设为“投”</td><td>确认是否需要强制母线互联，否则解除设置</td></tr>
<tr><td>母联 TA 断线</td><td>尽快安排检修</td></tr>
</table>

续表

告警信号	可能原因	导致后果	处理方法
开入异常	隔离开关辅助触点与一次系统不对应	能自动修正则修正否则告警	1. 进入参数—运行方式设置，使用强制功能恢复保护与系统的对应关系； 2. 复归信号； 3. 检查出错的隔离开关辅助触点输入回路
	失灵触点误起动	闭锁失灵出口	1. 断开与错误触点相对应的失灵起动连接片； 2. 复归信号； 3. 检查相应的失灵起动回路
	联络断路器动合与动断触点不对应	默认联络断路器处于合位	检查断路器触点输入回路
	误投“母线分列运行”连接片	母线分列运行	检查“母线分列运行”连接片投入是否正确
开入变位	隔离开关辅助触点变位 联络断路器触点变位 失灵起动触点变位	装置响应外部开入量的变化	确认触点状态显示是否符合当时的运行方式，是则复归信号，否则检查开入回路
出口退出	保护控制字中出口触点被设为退出状态	保护只投信号，不能跳出口	装置需要投出口时设置保护控制字
保护异常	保护元件硬件故障	退出保护元件	1. 退出保护装置； 2. 查看装置自检菜单，确定故障原因； 3. 交检修人员处理
闭锁异常	闭锁元件硬件故障	退出闭锁元件	1. 退出保护装置； 2. 查看装置自检菜单，确定故障原因； 3. 交检修人员处理
备用信号	根据具体工程定义		

装置显示自检异常信息、运行状态及处理方法见表 6-69。

表 6-69　　装置显示自检异常信息、运行状态及处理方法

自检信息	装置运行状态	处理方法
保护元件 RAM 区异常	保护异常信号灯亮，保护退出	更换差动板
保护元件定值区异常	保护异常信号灯亮，保护退出	
保护元件时钟异常	告警	
保护元件通信异常	告警	
保护元件 A/D 异常	保护异常信号灯亮，保护退出	更换差动板或单元板
保护元件出口接点异常	保护异常信号灯亮，保护退出	更换单元板或光耦板
闭锁元件 RAM 区异常	闭锁异常信号灯亮，保护退出	更换闭锁板
闭锁元件定值区异常	闭锁异常信号灯亮，保护退出	
闭锁元件时钟异常	告警	
闭锁元件通信异常	告警	
闭锁元件 A/D 异常	闭锁异常信号灯亮，保护退出	

续表

自检信息	装置运行状态	处理方法
闭锁元件出口接点异常	闭锁异常信号灯亮，保护退出	更换闭锁板或光耦板
管理元件 RAM 区异常	告警	更换管理机插件
管理元件时钟异常	告警	
管理元件通信异常	告警	

第十节 NSC-640电容器保护测控装置

一、概述

NSC 640 系列数字式电容器保护装置是以电流电压保护及不平衡保护为基本配置的成套电容器保护装置，适用于66kV及以下电压等级电容器组的保护。

二、装置的主要功能

1. 保护方面的主要功能

(1) 三段定时限过流保护。

(2) 过电压保护。

(3) 低电压保护突变量。

(4) 不平衡电压保护。

(5) 不平衡电流保护。

(6) 自动投切功能。

(7) 独立的操作回路及故障录波。

2. 测控方面的主要功能

(1) 遥信开放采集、装置遥信变位、事故遥信。

(2) 正常断路器遥控分合。

(3) 模拟量的遥测。

(4) 开关事故分合次数统计及事件 SOE 等。

三、注意事项

1. 投运前注意事项

(1) 检查保护投退、整定值输入是否正确。

(2) 检查保护连接片是否投入。

(3) 检查装置工作是否正常。

(4) 检查保护、远动、运行人员口令投入。

(5) 将装置校时，在本单元“时钟”菜单中进行校时，以便准确记录事件发生时间，或通过通信管理单元时钟校时，或通过主站或当地监控校时。

(6) 用“系统复归”清除试验时的各种记录。

2. 投运后注意事项

(1) 投入运行后注意检查电流、电压、有功功率、无功功率、功率因数显示与实际情况是否一致。

（2）检查电压、电流相位是否正确。

（3）检查断路器、隔离开关状态与实际状态是否一致。

（4）检查装置指示灯是否正常。

（5）检查远动功能是否完全正确。

3. 运行维护注意事项

（1）注意检查运行灯、跳/合闸指示灯、电源灯、通信指示灯是否正常。

（2）当运行灯变红色时，检查事件类型，一方面在液晶菜单上显示了时间类型，另一方面可进入事件记录中查看记录。

（3）检查液晶显示量值是否正确。

（4）就地操作后，将“远方/就地”切换开关切换到远方（无人值班或在当地监控上操作时）。

（5）不要随意更改有关口令设置。

（6）严禁随意修改有关设置。

（7）严禁带电插拔 CPU 板。

（8）严禁进行“系统复归”，以便调出有关事件记录，便于故障分析。

（9）技术人员一般在厂家指导下更换上备件。

四、电容器保护异常故障处理

1. 运行异常报警

（1）过电压报警：当母线电压大于过电压定值，并且过电压投入控制字退出，则延时过电压时间报警。

（2）TV 断线：①正序电压小于 30V，而任一相电流大于 0.1A；②负序电压大于 8V。满足上述任一条件后延时 10s 报母线 TV 断线，发出运行异常告警信号，待电压恢复正常后延时 1.25s 自动将 TV 断线报警返回。

（3）频率异常报警：系统频率在 45Hz 以下或 52Hz 以上时，延时 10s 报警。

（4）跳闸位置继电器 TWJ 异常：开关在跳位而线路有电流，延时 10s 报警。

（5）弹簧末储能：弹簧未储能开入为 1，经整定延时后报警。

（6）控制回路断线：装置检测既无跳位又无合位，延时 3s 报警。

（7）零序电流报警：零序电流报警功能投入时，零序电流大于整定值，经整定延时后报警。

（8）接地报警：装置自产零序电压大于 30V 时，延时 15s 报警。

（9）超温报警：超温报警功能投入（超温跳闸控制字状态为“0”），超温开入为 1 时瞬时报警。

（10）轻瓦斯报警：轻瓦斯开入为 1 时瞬时报警。

2. 异常故障处理原则

下述 5 个保护信号其中有一个有表示时，应记下时间，并记下装置的信号灯指示情况，根据打印机打印出的故障报告，运行人员作相应处理。

（1）保护动作：表示本装置出口动作，应记下各信号的指示情况，包括跳闸、重合闸等，并检查当时的断路器位置和装置打印输出的故障报告。信号指示及故障报告无误后，将信号复归。

（2）保护报警异常：此时保护已全部或部分退出，应汇报调度，建议退出该保护装置，并汇报工区，通知继保人员前往处理。

（3）控制回路断线：表示控制回路异常。应立即汇报调度，通知继保班工作人员处理。运行人员检查一下是否直流控制电源失去。

（4）TV 失压：检查母线隔离开关辅助触点和直流回路，此时必须检查保护装置是否失压，汇报调度和工区，尽快派人员处理。

（5）切换继电器同时动作：若正母线运行倒闸操作到副母线运行时（简称翻母线），两侧母线隔离开关同时在合上位置，此时光字牌亮，这是正常的。但若不是在翻母线操作中出现的，表示该装置异常，汇报调度和工区，尽快处理。

注意：电容器组正常运行时，端子箱内的灯应亮。

第十一节　RCS-9651 备用电源自投装置

一、典型电气主接线

1. 主变压器备用

若正常运行时，一台主变压器带两段母线并列运行，另一台主变压器作为明备用，采用进线（变压器）备自投；若正常运行时，两段母线分列运行，每台主变压器各带一段母线，两段母线互为暗备用，采用分段备自投。主变压器备用电气主接线如图 6-45 所示。

2. 线路备用

若正常运行时，一条进线带两段母线并列运行，另一条进线作为明备用。采用进线备自投；若正常运行时，每条进线各带一段母线，两条进线互为暗备用，采用分段备自投。线路备用电气主接线如图 6-46 所示。

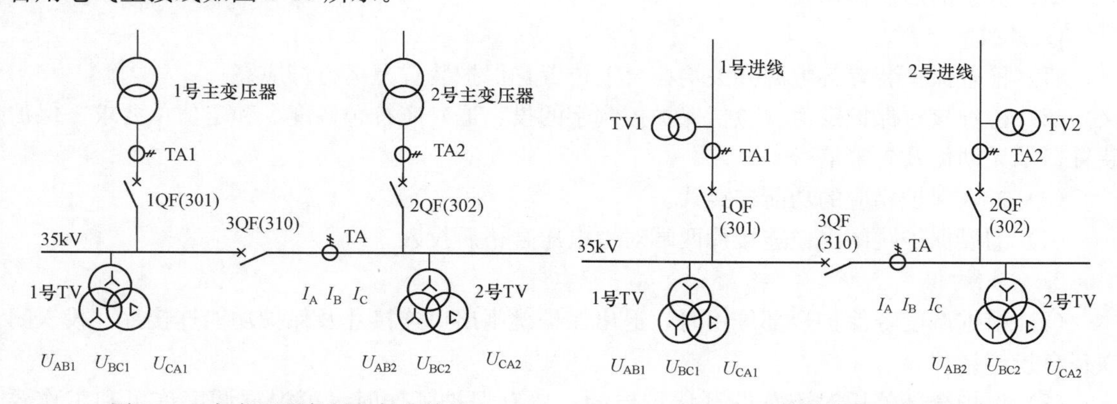

图 6-45　主变压器备用电气主接线　　　图 6-46　线路备用电气主接线

二、装置主要功能

1. 保护主要功能

（1）4 种方式的分段开关自投功能。

（2）经复压闭锁的二段定时限过流保护（三相式）。

（3）一段零序过流保护。

（4）三相一次重合闸（不检定）。

（5）合闸后加速保护（零序加速段或可经复压闭锁的过流加速段）。

（6）独立的操作回路及故障录波。

2. 测控主要功能

（1）5 路遥信开入采集、装置遥信变位、事故遥信。

（2）分段开关遥控分合。

（3）P、Q、I_A、I_C、$\cos\phi$ 等 5 个模拟量的遥测。

（4）分段开关事故分合次数统计及事件 SOE 等。

三、备用电源自投装置的一般运行规定

（1）保护校验或保护工作改定值后，由检修部门出具可投运结论并经运行人员验收合格后方可投入运行（新投运的保护必须经三级验收合格）。

（2）投入运行中的保护功能连接片时，不需要测量其两端对地电压。投入保护跳闸出口连接片时，必须测量其两端对地电压合格。

（3）运行中的保护更改定值时不需断开保护跳闸连接片，可直接输入保护定值并固化，但必须检查核对保护定值正确无误。

（4）运行人员与现场装置核对定值时，须进入保护菜单调出保护定值与保护定值单核对无误即可。

（5）35kV 某一段母线或母线 TV 检修时，应将备用电源自投装置停用。

（6）当保护装置在运行中发生死机时，运行人员应立即与当值调度联系，征得其同意后瞬间拉合一下保护直流电源，若装置故障信号可复归，则保护仍可继续运行。若在一天内连续死机或报警超过 3 次，则应申请停用保护，通知检修人员处理。禁止运行人员按保护装置的复位键来重新启动保护（包括保护发信无法复归）。

四、保护的启用停用

1. 保护的启用

（1）检查保护装置各电源开关均在合上位置，保护装置上运行灯应亮。

（2）检查核对保护定值（包括保护控制字的投、退）应符合调度令和定值单要求，保护装置显示无动作及告警信号。

（3）投入保护相应的功能连接片。

（4）测量保护跳闸出口连接片两端对地电压合格后投入。

2. 保护的停用

（1）根据调度令保护全部停用时，退出保护跳闸出口连接片及保护功能连接片。投入闭锁备自投连接片。

（2）保护全部停用时不需断开保护电源。遇有保护工作时，可根据调度许可和工作要求，投入置检修状态连接片，断开保护交、直流电源。

五、备用电源自投装置定值的更改及操作要求

（1）运行人员根据调度命令更改定值，首先应检查保护定值单及继电保护记录中有无该定值及所整定的定值区号，一般未预先输入的定值，运行人员不作更改。

（2）对于更改保护定值的操作，不需退出保护跳闸出口连接片。

（3）运行人员改定值时，应根据定值单及继电保护记录对保护定值区号进行更改。操作如下：

1）按“▲”进入“菜单选择”，选择“装置整定”，按“确定”键：

2）进入整定菜单，选择“装置参数”，按“确定”键；

3）用“＋”“－”键输入口令（密码为001）按“确定”键；

4）用“＋”“－”键选择定值区号；

5）按“确定”键将定值固化，按“复位”键保护自检后显示正常画面。

（4）核对保护定值，步骤如下：

1）按“▲”键进入主菜单；

2）选“装置整定”，按“确认”键，屏幕显示当前区保护定值清单；

3）根据保护定值单核对保护定值正确，按“取消”键退出。

六、35kV备用自源自投装置动作后及异常处理

（1）当“保护动作”光字牌亮，保护跳闸后，装置液晶显示屏将立即自动显示最新一次故障报告，格式包括保护动作时间、保护动作元件故障相别和故障电流最大数值，同时会将保护动作情况存入“TRIP REPORT”（跳闸报告）中，供以后调用。运行人员应将保护动作元件及故障相别等故障信息记录在运行日志和跳闸记录中，并汇报调度，再按“复归”键将有关动作信号灯复归。

（2）备用电源自投装置动作后，运行人员应及时检查主变压器负荷情况。若负荷过高，应及时向当值调度员汇报，转移负荷。

（3）当保护“交流电压消失”时，装置液晶显示屏将显示故障报告，装置面板告警灯亮，监控装置发“装置异常”，运行人员应汇报调度，检查保护电压断路器“35kVⅠ段母线TV电压”“35kVⅡ段母线TV电压”是否合上，关联的电压互感器是否失电，尽快恢复保护交流电源。如不能恢复，应立即汇报调度，停用保护，同时汇报检修部门及时处理。

（4）保护直流电源消失，监控装置发“装置异常”。运行人员应汇报调度，退出保护跳合闸连接片，检查保护装置直流电源供电回路是否正常，将保护直流电源尽快恢复，再将保护投入运行。如不能恢复，应立即汇报检修部门及时处理。

（5）当备用电源自投保护装置具备动作条件而不能正确动作时，运行人员应检查不能动作的原因以及是否符合装置闭锁的条件，否则应及时汇报调度和有关部门，申请停用备用电源自投保护装置。

（6）当运行方式满足备自投充电条件，装置面板上的备自投充电标志消失，运行人员应做下列检查。如不是以下原因造成的，应及时汇报调度，停用备自投装置，同时汇报检修部门及时处理：

1）TV电压是否正常；

2）TV二次空气开关是否断开；

3）装置内部的开关量是否与实际相符。

（7）当备用电源自投保护装置CPU检测到装置硬件故障时，发出装置故障信号，同时闭锁整套保护。装置液晶显示屏将立即自动转为显示故障报告、装置出错序号、故障时间和出错内容，同时将故障出错信息存入“FAIL REPORT”（自检出错报告）中，供以后调用，运行人员应将装置出错内容记录在运行日志中，并按缺陷管理流程汇报处理。

七、备用电源自投装置的巡视检查及定期试验要求

（1）检查保护装置、连接片、开关、按钮处于运行方式要求位置。

（2）保护液晶屏应显示正常信息，装置无异常信号，备自投充电灯应亮。

(3) 装置各插件插入位置正常，无过热、烟熏及异常气味，内部无放电异声。

(4) 运行人员巡视时，应检查保护装置的时间显示正确。

第十二节　继电保护运行维护及异常故障处理

一、继电保护装置的运行规定

(1) 继电保护的投入退出必须经调度命令或同意后方可进行，凡有电压闭锁过流保护的装置，其电压继电器接入的二次电压应和一次运行方式相符。事故处理时，值班员要按有关规定自行处理，事后报告调度。

(2) 设备正常运行时，保护装置应全部投入（调度不允许投入者除外）。特殊情况下，必须取得调度同意后，才能短时停用部分保护运行，但停用时间不得超过 1h。若超过或须全部退出，须经总工程师批准。变压器的瓦斯保护与纵差保护不能同时停用，线路不得同时停用过流和速切保护。

(3) 主变压器新装或大修后进行合闸充电时，重瓦斯、纵差保护及其他保护必须投跳，过流时限的更改应按调度命令执行。若纵差保护电流相位尚未测定，应待主变压器充电后，带负荷前，切出纵差保护出口连接片，测试相位正确后，根据调度命令再投入纵差保护出口连接片，过流保护改为原定值。

(4) 任何保护在停用或检修后（包括瓦斯保护由信号改为投跳）投用于运行设备上，必须用高内阻万能表直流档测量连接片两端确无电压后，才能将该保护出口连接片放上。严禁用低内阻电压表在两端子间进行测量。

(5) 一次设备在运行状态需切换 TA 二次回路时，应明确试验端子 TA 侧，必须执行“先短接后切出”的原则，防止 TA 二次开路，对切换可能引起保护误动的要申请停用保护。

(6) 继电保护回路上工作或更改定值时，应先切出该保护出口连接片，完毕后检查触点无闭合，才能将保护连接片投入。

(7) 在改变一次系统运行方式时，应同时考虑到二次设备及继电保护装置的配合，并在操作过程中注意不得使设备无保护运行或不正确动作。

(8) 户外端子箱在雨季期间，应常用防潮灯去湿，使用温控湿控加热器的应经常投入。

(9) 保护回路、控制回路、TV 回路、合闸回路应注意熔丝的匹配。

二、继电保护装置投运检查

1. 通电前检查

值班员应熟悉本变电站继电保护及自动装置情况，清楚运行状态，弄清二次展开图。

(1) 检查装置型号与电量参数是否与安装一致。

(2) 检查装置端子接线连接是否连接牢固。

(3) 检查装置内部插件是否齐全，插入深度是否到位。

(4) 检查箱体、装置接地是否良好。

(5) 检查装置通信线与管理机单元连接线是否完好。

(6) 用 1000V 绝缘电阻表测量交流回路对地，直流回路对地绝缘大于 100MΩ。

2. 通电检查

合上外部控制电源开关，合上装置工作电源开关（电源模块上），检查装置工作情况，正常工作特征如下：

（1）关上装置操作电源板上的电源开关，再合上电源板电源，电源指示等正常，能听到继电器“咔嚓”动作声。

（2）液晶正常显示，正常显示保护二次电流，测量一次电流，有事件时则显示事件。

（3）运行灯正常显示，无事件时显示为绿灯，有事件时显示为红灯。

（4）若此时HQ、TQ（跳合闸线圈）未接入，液晶显示控制回路断线；若已接入，则观察面板上的跳、合指示灯是否正常。指示灯为绿色时，主变压器低压侧断路器处于分位，若指示灯为红色时，则主变压器低压侧断路器处于合位。

（5）查看菜单中“电源”显示是否符合要求（＋5V±2％、＋12V±5％、－12V±5％、±24V±5％）。

3. 装置投运

（1）投入直流电源后，装置面板上LED运行灯、合位灯亮，其余灯应不亮。

（2）核对定值区号及保护定值清单，无误后存档。

（3）检查输入装置的交流电流、电压相序、极性正确，打印电流、电压采样值，核对采样报告正确。

（4）核对保护的投运连接片位置正确。

（5）面板上LCD显示开始时亮，2～3min后转入屏幕保护状态。

（6）根据菜单操作说明，进行菜单操作，检查菜单项目内容。

三、继电保护装置巡视检查

1. 日常巡视检查

（1）值班员每班应对继电保护和自动装置进行巡视检查：

1）外观完整，无破损、无过热现象；

2）无信号掉牌；

3）保护及自动装置连接片、切换开关及其他部件通断位置与运行方式相符；

4）事故音响、警铃、灯光信号设备完好，动作正常；

5）各种户外端子箱关闭紧扣，不漏雨。

（2）应定期对继电保护及自动装置进行清扫，清扫时用绝缘工具，不允许震动或碰撞继电器外壳，不允许开启保护装置罩壳。

（3）二次端子箱内装置除湿装置，正常运行时应将端子箱关闭严密，在雨季或大雾时应及时将除湿器投入运行，并可在天气晴朗时打开端子箱门进行除湿，以保证端子箱的绝缘水平。

（4）主变压器差动保护正常运行中应做如下检查：

1）液晶显示画面正常；

2）“运行”指示灯应亮，无保护动作及异常信号显示；

3）装置背后5V、24V指示灯应亮；

4）各装置内部无异声、异味。

（5）主变压器差动保护停、启用只需操作差动投入连接片即可，在放上连接片前后应检查微机保护装置液晶显示无差流、无动作及异常信号。

2. 特殊巡视检查

（1）当差动不平衡电流越限和TA回路断线时，PST-1200装置均延时发“TA回路异常”信号，但差流越限不闭锁差动保护，TA断线闭锁差动保护。应通过液晶显示信息来判断是差流越限还是TA断线；若是TA断线，应检查断线的TA回路是否有接触不良或开路现象、是否有异声，并立即汇报调度和工区，停用差动保护。

(2) 当“告警”灯亮，装置自动退出所有保护，若按“复归”按钮不能恢复时，汇报调度和工区，停用差动保护。

(3) 当保护动作引起断路器跳闸时，应对动作的继电保护装置进行检查，查看元件是否返回，信号是否掉牌，值班员除汇报调度，还应及时做好记录，复归掉牌信号。

(4) 继电保护出现不正常现象，有引起保护误动作的可能，又不能及时消除时，应立即汇报调度，申请将该保护退出运行。若发现保护装置冒烟或燃烧时，可立即断开相应熔断器，并汇报调度。

四、运行维护人员要求及注意事项

微机保护装置维护量较少，工作在数字化状态，抗高、低频电磁干扰性能好，其定值以数字形式存放在内存中，并不断自我校核，不会有任何偏差发生，保护执行固定程序，工作状态非常稳定。由于有着完善的自检功能，微机保护的硬件故障可及时地报警，无须人为检查，故障的处理也极为明确、简单。

1. 运行人员要求

(1) 熟悉保护装置回路接线。

(2) 熟悉保护面板各指示灯意义。

(3) 能操作保护回路及出口回路连接片。

(4) 能操作保护装置的复位及动作信号的复归。

(5) 管理好打印机和打印报告，防止其卡纸和报告丢失，熟悉打印信息。

(6) 了解保护装置现有定值。

(7) 熟悉保护装置的运行环境要求。

2. 运行维护注意事项

(1) 运行中严禁带电插拔任何插件。

(2) 运行中严禁随意操作如下指令：

1) 开出传动；

2) 修改保护整定值或改变定值区；

3) 改变本装置在通信网中的地址。

(3) 在运行中，可通过LCD显示观察交流输入量的数值、相位及断路器的运行状态。

(4) 阅读说明书、保护定值清单装置自带，可以随时打印。

(5) 不要轻易清除历史信息。

(6) 各层逆变电源的各级电源指示灯亮，面板装置运行灯闪亮，无电源消失指示。

(7) 正常运行时装置无事件指示灯亮，无“装置故障”信号灯亮。

(8) 保护出口连接片按运行要求分合。

(9) 如有打印机，打印机应处于“在线”状态，打印电缆连接可靠。

(10) 检查打印机有无输出，若有输出应及时通知继保人员取报告。

(11) 检查装置所处环境，以此决定是否计划安排进行清洁处理。

(12) 差动装置显示的“差流”应不超过“15%的当时负荷电流”。

五、保护装置异常及故障处理

1. 保护装置异常及故障的现象

(1) 主控屏发出“保护装置故障”“保护电源消失”“交流电压回路断线”“直流断线闭锁”“直流消失”等光字信号，且不能复归。

(2) 保护屏继电器掉轴、冒烟、声音异常等。

(3) 微机保护装置自检报警。

(4) 正常送行或系统冲击时发生断路器“偷跳”。

2. 保护装置异常的可能原因

(1) 继电器质量不良，继电器触点振动脱落，接触不良，过热冒烟，励磁回路异常等。

(2) 回路断线，电压互感器二次熔丝熔断或交流电压回路断线，电流互感器二次回路开路，直流熔断器熔断。

(3) 装置误动作，保护整定不匹配，误动误碰及保护装置内部元件损坏等。

(4) 保护电源失电，电源熔断器熔断。

3. 保护装置异常及故障的处理的一般原则

(1) 查明是哪个设备、哪套保护装置故障或发生异常现象。

(2) 申请停用该保护及其独立的失灵启动回路，高压闭锁装置故障时还应停用高压闭锁出口回路。

(3) 对保护外观、端子等进行检查，判明故障原因和可能范围。

(4) 若有“电压回路断线”“电流回路断线”光字信号，应按相关要求进行检查处理。

(5) 若是熔断器电源有故障，应对相关熔断器、端子排进行检查，查看熔断器是否熔断、端子有无松脱不牢现象，并进行处理。

(6) 若是保护内部继电器或元件有故障，或上述现象查找不到原因、无法处理，应报上级及专业人员处理。

(7) 保护误动时，应汇报调度将该保护停用，报继电保护人员处理。

4. 保护装置动作及异常情况处理的注意事项

(1) 无论是主保护或后备保护动作，值班员均应及时记录下发生的时间、光字牌信号、保护信号以及断路器的位置信号，根据规程的要求对一次设备进行巡查，在调度的指挥下进行事故处理。保护信号必须经两人核对并复归后，方可将一次设备送电。值班员在保护动作后应对保护动作的正确与否做出判断，动作不正确或动作原因不明不得将保护投入运行。

(2) 两套主变压器保护装置中任一套发生装置故障，可将该装置退出运行而不必停用主变压器，但屏上公用的操作箱和瓦斯保护等仍必须继续运行。两套主变压器保护装置同时发生故障不能复归时，应汇报调度及工区，建议停用主变压器。

(3) 装置发出“呼唤”信号后，值班员应及时检查画面显示信息是否正确，并及时复归信号。

(4)“过负荷”信号动作后，应检查主变压器电流，汇报调度，加强对主变压器的监视。

(5) 当差动不平衡电流达整定值时，装置延时发“TA 回路断线”信号，并闭锁差动保护，值班员应通过液晶显示的电流值来判别断线的 TA 回路或断线相，然后检查断线的 TA 回路是否有接触不良或开路现象、是否有异声，并立即汇报调度，停用相应的差动保护及零序保护，及时报告工区，派员处理。

（6）“TV 回路断线”信号动作后，值班员应检查 TV 回路小开关是否跳开，电压切换开关及信号是否正确，找出原因，及时恢复。不能恢复应立即汇报调度，并报告工区派员处理。

（7）装置告警后值班员应查看事件报告，依据事件信息做出判断，并及时汇报调度，经调度同意后，重新启动保护装置。如能恢复，则可继续运行，事后向工区汇报，否则应汇报调度停用保护。

（8）运行中发现“运行”灯熄灭，应检查装置背部电源开关是否正常，上一级直流开关是否跳开。如电源开关正常，应汇报调度、工区。

5. 常见故障及异常处理的原则

（1）逆变电源损坏。逆变电源正常时分别输出 5V、24V 电压，各相应指示灯正常发光。各级电压应在额定误差范围，其中 5V 电源误差为±1%，24V 电源误差为±5%，逆变电源经长期运行后会可能发生以下问题：

1）芯片由于过热而提前老化。

2）电解电容老化引起电解液干涸，从而发生滤波效果差、纹波系数过大；或者电解液渗漏而发生短路。

3）个别电阻由于过热而烧毁。

4）电压超差。

逆变电源损坏后将引起装置运行不正常，这时有电源消失信号输出以便及时检修。当微机系统正常时，5V 电压越限或过低均会通过自控而报警。当整个电源或任一方电压失去时可通过电源故障报警，由继电器动断触点输出信号。同时，相应指示灯将熄灭。

处理逆变电源故障最直接的方法就是更换逆变电源。

（2）装置接线松动。由于长期振动，或由于检修时不慎，可能发生接线端子接触不良，现象可能发生在电缆接口、背板端子或竖排端子。

接线松动表现为某些现象或信号时隐时现，尤其受强烈振动时出现接触不良现象，严重情况下会引起差动等保护误动。

为避免此现象发生，应在每次大检修时将背板、竖排端子螺栓紧固一次。紧固用力不应太大，避免压伤导线，而且应注意多线同孔径中几根线受力要均匀。

（3）插件电路损坏。装置的自检功能能及时查出主要芯片及其相关电路的功能故障，从而及时发出报警，根据打印信息一般将故障部位定位于插件。

可根据相关信息直接更换插件。

（4）橡皮键盘接触不良。键盘用多后易发生接触不良，影响保护正常运行，可与厂家联系解决。

（5）打印机卡纸或字迹模糊。调整打印机装纸机构，重新装纸。字迹淡即需要更换色带。打开打印机防尘盖，换上新色带（盒）。请注意带盒要压力到位，色带要嵌到位。

（6）若遇交流插件故障，或其他无法排除的故障，应及时与厂方联系。

（7）遇到任何非预期现象时，在确认无报告输出后，应及时复位一次或将相应的逆变电源关开一次，然后再处理。需要强调的是，用户千万不能自行改动插件和背板扎线，否则后果自负。

（8）若打印机异常，而微机保护装置无异常时，不必停用保护装置，只需对打印机做适当处理。

6. 保护高频通道异常及故障

(1) 保护高频通道异常及故障的现象有：

1) 测试中收不到对端信号。

2) 通道异常告警。

3) 线路载波故障或导频消失告警，信号不能复归。

4) 测试中收信裕度不足。

5) 出现功率放大器电源未复归信号，信号不能复归。

6) 高频通道受严重干扰，频繁误收信。

7) 带有远方启信回路的保护，对方正常时，本侧不能启动远方发信。

(2) 保护高频通道异常及故障的处理为：

1) 保护通道故障时，应立即向调度汇报，汇报中要报清是哪条线路、哪套保护的高频通道异常。

2) 对闭锁式的高频方向保护，通道异常时应申请停用以防止区外故障造成误动。

3) 对允许式的高频方向保护，通道异常时将失去速断功能，按调度命令授退。

4) 高频相差保护通道异常时应申请停用，以防止保护误动。

5) 高频闭锁距离、零序保护在通道异常时，保护将无法正确动作，应申请改为普通距离、零序保护运行。

6) 收信机长期发信，可能为收发信机内部元件故障，应申请停用；若对侧长期发信，本侧长期收信，可能为对侧收发信机内部故障，应汇报调度处理。

7) 若运行人员无法处理，应汇报上级，通知专业人员检修。

7. SF-600 型收发信机异常

(1) 装置简介。

SF-600 型收发信机采用故障启动发信的工作方式。正常时装置处于停信状态，通道无高频信号传递；当电力系统故障时，受控于继电保护装置启信和停信。该装置仍采用自发自收方式，收信和发信频率相同。

电源回路由两个插件组成，一个插件提供±15V、＋5V、＋24V 电源，供发信回路中的载供电路、前置放大及收信回路、控制电路使用，另一个插件提供功率放大用＋48V 电源。＋48V 电源完全独立，彻底消除发信时对±15V、＋5V、＋24V 电源的影响，同时装置具有良好的电源异常监视回路，每一路电压失电都将给装置异常信号。

面板设有 3 个四芯插座，“本机、通道”表示装置与高频通道相连；“本机—负载”表示装置与通道断开并接到装置内部附设的 75Ω 模拟负载电阻上；“通道、负载”表示收发信机开路，通道与装置内设 75Ω 模拟负载接通。

装置上的“启信按钮”用于检查本收发信机完好性，正常运行时按下“启信按钮”仅同时发信 10s（不闭锁本侧 5s）；交换信号时应按下屏上“通道检测”按钮；按下“高频电压”检测按钮可区分收发信的 3 个阶段。

发信输出面板中部设有测量表头，它有 4 条刻度线，最上端的用于测量收信输出电压，满刻度为 20V，装置正常工作状态（即停信状态）下，表针应指示在刻度线的绿色标志区；第二条刻度线用于测量通道端的高频电压和高频电流，满刻度为 80V 和 800mA；第三条刻度线用于测量通道阻抗为75Ω的通道端功率电平；最下端刻度线测量通道阻抗为100Ω的通道端功率电平。

（2）高频信号交换过程。

当按下A侧保护上的“通道检测”按钮时，A侧瞬时启动发信200ms，将高频信号送到B侧。B侧收到信号后，通过远方发信回路，向A侧发10s高频信号。由于A侧远方启信电路被自己本侧手动启信信号闭锁5s，所以在0～5s内为对侧发信，5～10s内为同时发信，10～15s内为本侧发信。收到B侧信号的前5s，A侧不发信，5s后闭锁解除而启信，发信10s后自动解环停信。

（3）高频信号交换方法及标准。

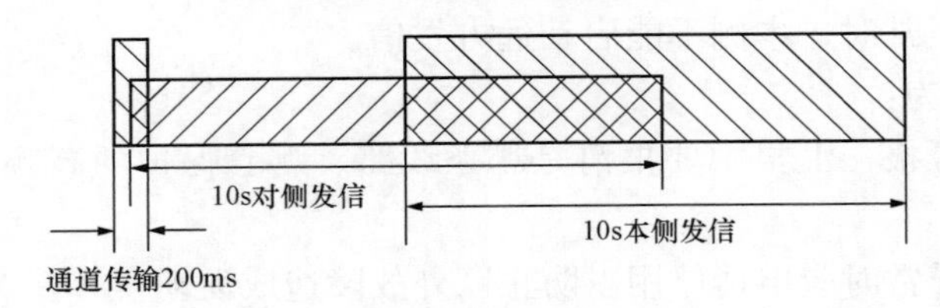

图6-47 高频通道试验状态信号交换

1）按下保护屏上的“通道检测”按钮，此时高频信号在通道中自动交换，如图6-47所示。

2）按下“高频电压”检测按钮，记录测量的通道高频电压数值（收信电平为25～28dB；发信电平为40～43dB）。

3）交换信号完毕后，应按下“信号复归”按钮复归信号，并将“高频电压”弹起。

（4）异常处理。

1）当实际收信电平较正常低4dB时，“通道异常”灯亮，此时仅有18dB、15dB、12dB、9dB灯亮时，收发信机尚可继续运行。

当实际收信电平较正常低8dB时，“裕度告警”灯亮，此时只有15dB、12dB、9dB指示灯亮时，收发信机已不能正常工作。

出现上述情况时，值班人员应及时向调度申请将高频保护停用，然后将收发信机“本机一通道”插头切换至“本机一负载”位置，按下装置上的“启信按钮”，并按下“高频电压”和“高频电流”按钮，测量高频电压和电流值，检查其比值是否为75Ω。如果比值为75Ω左右，则表示收发信机无故障，可判断通道出现故障，然后对高频设备（电缆插头、结合滤波器、阻波器、线路等）进行检查，最后将检查情况汇报调度和供电公司生产部门听候处理；如果比值不为75Ω左右，则表示收发信机本机有故障，应汇报调度和供电公司生产部门，由专业人员处理。

2）当测量的收发信电压较以往的值有较大的变化时，值班人员应及时向调度和供电公司生产部门汇报，检查收发信机（方法同上），听候处理。

8. 微机故障录波及测距装置异常处理

（1）装置组成：

1）远传MODEM，为远传设备。

2）辅助变换器箱，由电流、电压变换器组成。

3）前置机，由2个POWER（逆变电源）、4块CPU（中央处理器）、1个MONITOR（人机对话接口）、1个ALARM（告警）插件等组成。

4）后台机，由计算机主机、屏幕显示器、键盘、打印机组成。

（2）装置作用：

1）MODEM远传设备可将本装置测量到的故障数据经过通信远动设备传递到调度所，也可接收由调度发送经本装置的文件。

2）前置机先接入各断路器的交流电压、交流电流、高频通道等模拟量，经压频变换器变换成一定频率的脉冲量，经CPU中的计数器、计算器等与整定的高低定值相比较后，选择是否输出启动录波。

3）前置机输出的节点将电源供给计算机系统，前置机故障数据传给后台机（即主机）硬盘上进行存储。通过键盘操作将存储在计算机硬盘上的数据进行远传，分析波形显示、测距、打印的详细制表内容和波形。

（3）装置特点：

1）可记录多路模拟量和数字量，记录的时间可达10min。记录不同时段参数显示及打印，不仅能节省内存，而且能满足记录分析数据和事故的需要。

2）装置的启动方式采用负序、零序和正序的突变量启动。

3）故障量参量和输出有表格和图形两种方式，全部是汉字和数字。

4）输出的故障数据报告首先直接存后台计算机硬盘，便于长期保存和复制故障报告。

5）记录的故障参量比一般的故障录波装置丰富。除了记录一般的电流、电压数字量、高频信号外，还可记录三相综合功率及非周期分量的初始值，以及衰减时间常数和频率变化。

6）具有对单双线的精确测距功能，对金属性故障误差不大于±2%。

（4）后台机主菜单功能：

在热启动后台机后，显示屏幕显示“软件封面”，其中显示有F1帮助、F10主菜单等。在“软件封面”下按F10键进入主菜单。

1）正常工作状态。表示后台机与前置机通信正常装置处于可接收状态。

2）选择录波。后台机硬盘上可以存放100次故障录波资料，需要查询某一次的故障资料时，可进入此项查找。

3）紧急输出制表文件。系统发生故障时，首先准确输出一份简明扼要的文件以文字表格的形式显示（或打印）出来。

4）输出制表文件。详细输出故障的资料，作为紧急制表文件的补充。

5）远传。实现远方信号传输的设置。

6）图形显示。将录到的故障波形（电流、电压或高频信号）显示（或打印）出来。

7）系统及配置。首先已由调试人员设置好，一般不再变更，查询时最好不要进入此项。在“软件封面”下按F1键，以汉字形式说明操作方法，以帮助使用人员操作使用。

（5）屏面开关按钮的作用：

1）复归RST按钮。当装置动作后，数据已传递完毕，按此按钮，使计算机系统整组复归。

2）手动启动HR按钮。手动启动录波器进行录波，检查装置是否完好。

3）前台机电源开关。前台机的直流电源开关。

4）手动通电开关。手动对计算机系统及MODEM远传装置供电的开关。

（6）装置事故启动的操作：

在系统发生事故时，装置便立即起动录波，前置机告警插件上的“呼唤”灯亮，中控屏上发出“220kV、110kV微机故录呼唤”光字牌，后台机自动通电，屏幕上会立即显示：

正在接收前置机数据，请稍候……

＋＋＋＋＋＋＋＋＋＋＋＋＋＋＋……

当不断显示“＋”时，表示接收正常，“＋”的多少表明了前置机报告的长短。

数据已保存好，正在制表，请稍候……

之后，屏幕上显示出紧急输出制表内容，显示出故障线路、故障相别、跳闸相别、故障发出的时间、重合时间、故障持续时间及故障后第一周波的峰值等，以使运行人员快速了解事故情况。若需详细了解故障情况，可按ESC键进入后台机主菜单查看“输出制表文件”或“图形显示”，若需要打印，在“紧急输出制表”或“输出制表文件”或“图形显示”状态下按“F7”键并输入CPU号（1、2、3、4），即可在打印机上打印出有关故障资料。全部处理完毕后，按一下屏上的“RST”复位按钮，使自动上电回路复归，后台机恢复不带电状态。

（7）异常处理：

1）装置发出“呼唤”信号，后台机启动，但中央信号控制屏无“微机故障录波呼唤”光字牌，应在录波任务完成后再检查信号回路予以消除。

2）装置发出“呼唤”信号，中央信号屏光字牌亮，但后台机或显示器未启动，应按以下步骤进行处理：

① 首先检查打印机的电源开关，若电源未断，打印机已通电，则应断开打印机的电源开关，然后断开后台机的电源开关再合上，后台机即可起支接收前置机数据。

② 检查后台要和显示器的电源回路。此时应注意不要切断前置机的电源，以免丢失数据。将手动上电SQ开关拨至ON位置，使后台机通电启动（录波完成后，应维持OFF位置，并通知专业人员查找原因，尽快消除缺陷）。

③ 若以上两种处理方法都不能使后台机起动，且一次系统有明显冲击，则应维持现状，尽快通知专业人员到现场处理，不能采取断前置机电源的方法来复归“呼唤”信号，不能按前置机的面板上的复归按钮，这样会丢失录波数据。

3）装置发出“呼唤”信号，后台机不启动，中内信号光字牌也不亮，处理方法同上。

4）前置机面板上的“告警”信号灯亮，中内信号“微机故录装置异常”光字牌亮，此时通过打印机住处进行判断。

第七章

线路微机保护装置

第一节　CSL-101B 型数字式线路保护装置

一、概述

CSL-101B 型数字式线路保护装置以高频保护作为 220kV 线路全线速动主保护，以距离、零序方向保护作为后备保护。高频、距离、零序方向保护功能，由三个独立的 CPU 插件分别完成。该装置适用于各种接线方式的 220kV 高压输电线路。

二、主要功能

（1）高频闭锁距离保护。

（2）距离保护。

（3）零序方向保护。

（4）综合重合闸。

（5）故障录波。

三、保护整定值

为方便运行与维护，下面将 CSL-101（2）的定值代码及 CSL-101（2）/H 定值名称一并列出（其代码的意义相同），可对照使用。另外，所给整定范围中的数值仅供继电保护整定人员参考使用，做整组调试时一定要考虑定值间的配合。

（一）高频保护定值（CPU1）

1. 整定值范围

CSL-101、CSL-102 高频保护的原理不同，但整定值一样。CSL-102 中高频突变量方向元件的突变量电流定值固定为突变量起动元件定值 IQD 的 2 倍，不用整定。高频保护定值名称及整定值范围见表 7-1。

表 7-1　　高频保护定值名称及整定值范围

序号	CSL-101（2）定值代码	CSL-101（2）/H 定值名称	整定值范围
1	KG1	高频保护控制字	0000～FFFF
2	KG2	功能投退控制字	0000～FFFF
3	IQD	电流突变量启动元件定值	$0.08I_n$～$4.4I_n$
4	IWI	无电流判别元件定值	$0.08I_n$～$20I_n$
5	KX	电抗分量零序补偿系数	0～7.99
6	KR	电阻分量零序补偿系数	0～7.99
7	XDZ	高频距离电抗分量定值	0.01～100Ω

续表

序号	CSL-101（2）定值代码	CSL-101（2）/H定值名称	整定值范围
8	RDZ	高频距离电阻分量定值	0.01～100Ω
9	IJW	静稳电流元件定值	$0.08I_n$～$20I_n$
10	310	高频方向零序电流定值	$0.08I_n$～$20I_n$
11	312	高频方向负序电流定值	$0.08I_n$～$20I_n$
12	104	零序电流辅助启动元件定值	$0.08I_n$～$20I_n$
13	TRS	整组复归时间	0～20s

注 1. 未加特别说明的定值均指二次值。

2. I_n 为TA二次额定电流值。下同。

3. 表中电抗、电阻整定范围为 $I_n=5A$，当 $I_n=1A$ 时整定范围为0.05～150Ω。

2. KG1控制字含义及注意事项

（1）KG1控制字含义。KG1高频保护控制字1是一个由16位的二进制数转换而来的4位十六进制数，16位的二进制数中每一位代表着对某一种功能的取舍选择，各位的定义见表7-2。

表7-2　KG1控制字含义

位	置“1”含义	置“0”含义
KG1.15	模拟量求和自检投入	模拟量求和自检退出
KG1.14	M键功能投入（运行时必须置0）	M键退出（运行时必须置0）
KG1.13	备用	
KG1.12	备用	
KG1.11	解除闭锁功能投入	解除闭锁功能退出
KG1.10	非专用收发信机方式	专用收发信机方式
KG1.9	阻抗瞬时加速功能投入（指重合闸后加速时）	阻抗瞬时加速功能退出（指重合闸后加速时）
KG1.8	采用闭锁式逻辑	采用允许式逻辑
KG1.7	弱馈跳闸功能投入，（仅在弱馈功能投入条件下有效）	弱馈跳闸功能退出
KG1.6	弱馈功能投入	弱馈功能退出
KG1.5	TV断线后退出高频零序保护	TV断线后零序电压取自开口三角
KG1.4	备用	
KG1.3	备用	
KG1.2	备用	
KG1.1	备用	
KG1.0	TA二次侧额定电流为1A	TA二次侧额定电流为5A

（2）注意事项。

1）电压、电流求和自检：在正常运行时应投入。

2）M键功能：当用PC机调试时，投入M键功能，能查看软件执行情况，正常运行时禁止投入。

3）解除闭锁功能：用于复用允许式时，线路故障引起高频通道阻塞可能造成拒动，“解除闭锁”逻辑可解决这一问题。本侧保护判为正方向区内相间故障，收不到对侧的允许信号，在投入解除闭锁功能的情况下，只要解除闭锁端子（X102）有开入，保护即可出口。解除闭锁只适用于相间故障，且只在保护突变量起动后的100ms内投入。

4）通道接口方式：采用专用高频收发信机或模拟专用高频收发信机动作逻辑的接口设

备时 KG1.10 置“0”，其他情况下均应置“1”。对专用收发信机均采用闭锁式逻辑，即 KG1.8 置“1”，非专用高频收发信机方式一般采用允许式逻辑，即 KG1.8 置“0”，只有个别地区采用非专用高频收发信机方式用闭锁式逻辑。

5）阻抗瞬时加速功能：如投入此功能，重合闸后加速时，不利用通道，即无须判别对侧是否停信，本侧保护高频距离正方向元件动作就永跳出口，阻抗瞬时加速功能保护的动作区为停信阻抗定值所限定的偏移特性动作区，包括坐标原点。

6）弱馈跳闸功能：若投入此功能，弱馈侧保护在满足一定条件时可以出口跳闸，仅在弱馈功能投入条件下有效。

7）弱馈功能：如果被保护线路的一侧为弱电源或无电源，弱电源侧保护正方向发生线路故障时，流过弱电源侧保护的电流不再与通常双端电源线路故障时特征相同。此时弱电源侧高频保护应投入弱馈功能，对强电侧禁止投入弱馈功能。

8）关于 $3U_0$：KG1.5=0，必须接入开口三角电压且保证极性正确，则 TV 断线时，将采用开口三角电压判零序方向；KG1.5=1，则 TV 断线时，无论是否接入开口三角电压，都将退出高频零序保护。

9）对于控制字中的备用位应置“0”。

3. KG2 控制字含义及注意事项

（1）KG2 控制字含义。KG2 控制字含义见表 7-3。

表 7-3　KG2 控制字含义

位	置“1”含义	置“0”含义
KG2.15～13	备用	
KG2.12～8	自动测试通道时间（整点）	
KG2.7～4	备用	
KG2.3	远方启信逻辑由保护完成（3 型装置专用闭锁式方式下置 1）	远方启信逻辑由收发信机完成（2 型装置专用闭锁式方式下置 0）
KG2.2	高频通道定时自动测试功能投入（3 型装置专用闭锁式方式下有效）	高频通道定时自动测试功能退出（3 型装置专用闭锁式方式下有效，2 型方型置 0）
KG2.1	三相故障时永跳不重合	三相故障时三跳
KG2.0	相间故障时永跳不重合	相间故障时三跳

（2）注意事项。

1）3 型装置和专用收发信机配合，KG2.2 置“1”时，即投入高频通道定时自定测试功能，可用设置 KC2.8～KG2.12 各位来设置线路两侧自动交换信号整点时间，KG2.8～KG2.12 为用 16 进制数表示的 24h 制整点时钟：

自定测试时间=KG2.12×16+KG2.11×8+KG2.10×4+KG2.9×2+KG2.8×1

例如：若 KG2 为 110CH，其中高位 11H 是 KG2.12=1（表示 16 点）；KG2.8=1（表示 1 点），设定的是每天 17 点 0 分 0 秒开始自动测试。线路两侧自动交换信号整点时间不能相同。

2）若为复用载波机闭锁式或允许式，KG2.3 和 KG2.2 应置“0”。

4. 定值代码含义及注意事项

（1）定值代码含义。

1）IQD：相电流差突变量起动元件 DI1 的动作定值，一般建议取 $0.2I_n$OCSL-102 高频突变量方向元件的突变量电流定值固定为 2 倍的 IQD，不需单独整定，应保证在本线路末端发生故障时有足够的灵敏度。

采用“三取二”闭锁时，保护装置中高频、距离和零序保护IQD应取相同定值。

2）IWI：与0.4A（I_n=5A）或0.1A（I_n=1A）比，取较小者来判断发出跳闸令后故障是否已切除，以及跳闸成功后检测是否已重合。它应保证重合于线路末端故障时有灵敏度，还应躲开单相重合闸一侧先合的稳态电容电流（算法能去除暂态分量），以免先合侧在对侧未合前误认为已恢复全相而误动作。

3）KX：电抗分量零序补偿系数，应按线路实测参数计算。

4）KR：电阻分量零序补偿系数，应按线路实测参数计算。

5）XDZ：高频距离停信范围电抗分量定值，应注意高频接地、相间距离共用XDZ定值。

6）RDZ：高频距离停信范围电阻分量定值，应注意高频接地、相间距离共用RDZ定值。RDZ不宜太大，发生高阻接地故障时由零序方向保护切除。

7）IJW：静态破坏检测元件电流定值，仅装设于A相，按躲最大负荷电流整定。

8）3I0：高频零序方向零序电流停信门槛值，注意为3倍的零序电流。整定原则应保证本线路末端接地故障的有足够的灵敏度。

9）3I2：高频负序方向负序电流门槛值，注意为3倍的负序电流。高频负序元件整定时能保证本线路末端发生两相短路时有灵敏度即可。

10）I04：零序辅助电流启动元件整定值，注意为3倍的零序电流值。I04为辅助起动元件，采用“三取二”闭锁时，保护装置中高频、距离和零序保护I04应取相同值，即零序Ⅳ段定值。

11）TRS：高频保护整组复归时间。应躲过相邻线重合闸周期及最长可能的振荡周期，投入“三取二”闭锁时，还应照顾到“三取二”闭锁的需要，即应大于距离保护第Ⅲ段的整定时间，一般推荐整定为3～4s。应注意整组复归时间从所有保护元件均不动作开始计时。

（2）注意事项。

1）一般情况下，同一条线路两侧高频保护IQD、XDZ、RDZ、3I0、3I2等各项定值应一致。但在某些特殊情况下，两侧保护灵敏度相差过大时，也允许两侧的整定值不同。

2）弱馈保护功能只能在弱电源侧投入，对强电侧必须退出弱馈保护功能，严禁两侧同时投入弱馈功能。

（二）距离保护定值（CPU2）

1. 距离保护整定值

CSL-101（2）距离保护整定值范围见表7-4。

表7-4　距离保护整定值范围

序号	定值代码	定值名称	整定范围
1	KG1	距离保护控制字	0000～FFFF
2	KG2	功能投退控制字	0000～FFFF
3	RD1	接地距离电阻分量定值（Ⅰ、Ⅱ、Ⅲ段公用）	0.01～100Ω
4	XD1	接地距离Ⅰ段电抗分量定值	0.01～100Ω
5	XD2	接地距离Ⅱ段电抗分量定值	0.01～100Ω
6	XD3	接地距离Ⅲ段电抗分量定值	0.01～100Ω
7	TD2	接地距离Ⅱ段时间定值	0～20s

续表

序号	定值代码	定值名称	整定范围
8	TD3	接地距离Ⅲ段时间定值	0～20s
9	RX1	相间阻抗电阻分量定值（Ⅰ、Ⅱ、Ⅲ段公用）	0.01～100Ω
10	XX1	相间Ⅰ段电抗分量定值	0.01～100Ω
11	XX2	相间Ⅱ段电抗分量定值	0.01～100Ω
12	XX3	相间Ⅲ段电抗分量定值	0.01～100Ω
13	TX2	相间Ⅱ段时间定值	0～20s
14	TX3	相间Ⅲ段时间定值	0～20s
15	IQD	电流突变量启动元件电流	$0.08I_n$～$4.4I_n$
16	I04	零序电流辅助启动元件定值	$0.08I_n$～$20I_n$
17	IJW	静稳电流元件定值	$0.08I_n$～$20I_n$
18	IWI	无电流判别元件定值	$0.08I_n$～$20I_n$
19	KX	电抗分量零序补偿系数	0～7.99
20	KR	电阻分量零序补偿系数	0～7.99
21	KA	线路正序电阻与正序电抗之比	0～99.9
22	DBL	每欧姆二次电抗值代表的线路公里数	0～99.9
23	TRS	整组复归时间	0～20s

注 表中电抗、电阻整定范围为I_n=5A，当I_n=1A时整定范围为0.05～150Ω。

2. KG1控制字含义及注意事项

（1）KG1控制字含义。KG1距离保护控制字是一个由16位的二进制数转换而来的4位十六进制数，16位的二进制数中每一位代表某一种功能的取舍选择，各位的定义见表7-5。

表7-5　KG1控制字含义

位	置“1”含义	置“0”含义
KG1.15	模拟量求和自检投入	模拟量求和自检退出
KG1.14	M键投入（运行时必须置0）	M键退出（运行时必须置0）
KG1.13	备用	
KG1.12	X相近加速投入	X相近加速退出
KG1.11	备用	
KG1.10	1.5s加速距离Ⅲ段投入	1.5s加速距离Ⅲ段退出
KG1.9	0s加速距离Ⅲ段投入	0s加速距离Ⅲ段退出
KG1.8	0s加速距离Ⅱ段投入	0s加速距离Ⅱ段退出
KG1.7	快速距离Ⅰ段投入	快速距离Ⅰ段退出
KG1.6～5	备用	
KG1.4	振荡闭锁中1s距离Ⅱ段投入	振荡闭锁中1s距离Ⅱ段退出
KG1.3	振荡闭锁中0.5s距离Ⅰ段投入	振荡闭锁中0.5s距离Ⅰ段退出
KG1.2	距离Ⅱ段不经振荡闭锁	距离Ⅱ段经振荡闭锁
KG1.1	距离Ⅰ段不经振荡闭锁	距离Ⅰ段经振荡闭锁
KG1.0	TA二次侧额定电流1A	TA二次侧额定电流5A

（2）注意事项：

1）投入X相近加速时，重合后原故障相的测量阻抗在Ⅱ段内，且X分量同跳闸前相近（相对误差小于12.5%），则判为重合于同一点的永久性故障，保护瞬时加速出口。

2）投入1.5s加速距离Ⅲ段、0s加速距离Ⅲ段和0s加速距离Ⅱ段，均指重合闸后加速。

3）快速距离Ⅰ段的定值自动取0.25倍的距离Ⅰ段定值，不需单独整定，用于发生近处故障时快速跳闸。

3. KG2控制字含义

KG2功能投退控制字，各位含义见表7-6。

表7-6 **KG2控制字含义**

位	置“1”含义	置“0”含义
KG2.15～KG2.6	备用	
KG2.5	距离Ⅲ段永跳	距离Ⅲ段三跳
KG2.4	距离Ⅱ段永跳	距离Ⅱ段选跳
KG2.3～KG2.2	备用	
KG2.1	三相故障永跳	三相故障三跳
KG2.0	相间故障永跳	相间故障三跳

4. 定值代码含义及注意事项

（1）定值代码含义。

1）RD1：接地距离电阻分量定值，为接地距离Ⅰ、Ⅱ、Ⅲ段公用。

2）XD1、XD2、XD3：分别为接地距离Ⅰ、Ⅱ、Ⅲ段电抗分量定值，注意进行折算。

3）TD2、TD3：接地距离Ⅱ、Ⅲ段时间定值。

4）RX1：相间距离电阻分量定值，为相间距离Ⅰ、Ⅱ、Ⅲ段公用。因为相间故障时，电弧电阻不可能很大，因此对于相间距离保护，定值RX1不宜太大。

5）XX1、XX2、XX3：相间距离Ⅰ、Ⅱ、Ⅲ段电抗分量定值，注意进行折算。

6）TX2、TX3：相间距离Ⅱ、Ⅲ段时间定值。

7）IQD：相电流差突变量起动元件DI1的动作定值，建议取$0.2I_n$。采用“三取二”闭锁时，保护装置中高频、距离和零序保护IQD应取相同定值。

8）I04：零序辅助电流启动元件整定值，注意为3倍的零序电流值。I04为辅助起动元件，采用“三取二”闭锁时，保护装置中高频、距离和零序保护I04应取相同值，即零序Ⅳ段定值。

9）IJW：静态破坏检测元件的电流定值，仅装设于A相，按躲最大负荷电流整定。

10）IWI：与0.4A（I_n=5A）或0.1A（I_n=1A）比，取较小者来判断发出跳闸令后故障是否已切除，及跳闸成功后检测是否已重合。它应保证重合于线路末端故障时有灵敏度，还应躲开单相重合闸一侧先合的稳态电容电流。

11）KX：电抗分量零序补偿系数，应按线路实测参数计算，实用值宜小于或接近计算值。

$$KX=(X_0-X_1)/3X_1$$

12）KR：电阻分量零序补偿系数，应按线路实测参数计算，实用值宜小于或接计算值。

$$KR=(R_0-R_1)/3R_1$$

13）KA：线路正序电阻与正序电抗之比。

14）DBL：每欧姆线路二次电抗值代表的线路公里数。

$$DBL=(L/X)\times(KPT/KCT)$$

式中 L——线路长度；

X——线路正序电抗一次值，Ω；

KPT——TV 变比；

KCT——TA 变比。

15）TRS：距离保护整组复归时间。

整组复归时间应躲过相邻线重合闸周期及最长可能的振荡周期，投入“三取二”闭锁时，还应照顾到“三取二”闭锁的需要，即应大于距离保护第Ⅲ段的整定时间，一般推荐整定为3～4s。应注意整组复归时间从所有保护元件均不动作开始计时。

（2）注意事项。

距离保护中相间距离与接地距离的整定完全独立，对于相间距离保护，其 R 方向定值 RX1 不必太大，对于接地距离元件，用户可以根据实际情况整定 RD1，保护中高频零序方向元件对高阻故障具有非常高的灵敏度，对特大电阻接地故障靠零序保护切除。

（三）零序保护定值（CPU3）

1. 保护定值范围

CSL-$\frac{101}{102}$零序保护整定值范围见表 7-7。

表 7-7 零序保护整定值范围

序号	定值代码	定值名称	整定范围
1	KG1	零序保护控制字	0000～FFFF
2	KG2	功能投退控制字	0000～FFFF
3	I01	零序Ⅰ段电流定值	$0.08I_n$～$20I_n$
4	I02	零序Ⅱ段电流定值	$0.08I_n$～$20I_n$
5	I03	零序Ⅲ段电流定值	$0.08I_n$～$20I_n$
6	I04	零序Ⅳ段电流定值	$0.08I_n$～$20I_n$
7	INI	零序不灵敏Ⅰ段电流定值	$0.08I_n$～$20I_n$
8	IN2	零序不灵敏Ⅱ段电流定值	$0.08I_n$～$20I_n$
9	T02	零序Ⅱ段时间定值	0～20s
10	T03	零序Ⅲ段时间定值	0～20s
11	T04	零序Ⅳ段时间定值	0～20s
12	TN2	零序不灵敏Ⅱ段时间定值	0～20s
13	IQD	电流突变量起动元件定值	$0.08I_n$～$4.4I_n$
14	IWI	无电流判别元件定值	$0.08I_n$～$20I_n$
15	TRS	整组复归时间	0～20s

2. KG1 控制字含义

KG1 零序保护控制字是由 16 位的二进制数转换而来的 4 位十六进制数，16 位的二进制数中，每一位代表某一种功能的取舍，各位的定义见表 7-8。

表 7-8　　**KG1 控制字含义**

位	置“1”含义	置“0”含义
KG1.15	模拟量求和自检投入	模拟量求和自检退出
KG1.14	M 键投入（运行时必须置 0）	M 键退出（运行时必须置 0）
KG1.13	零序不灵敏Ⅱ段带方向	零序不灵敏Ⅱ段不带方向
KG1.12	零序不灵敏Ⅰ段带方向	零序不灵敏Ⅰ段不带方向
KG1.11	零序Ⅳ段带方向	零序Ⅳ段不带方向
KG1.10	零序Ⅲ段带方向	零序Ⅲ段不带方向
KG1.9	零序Ⅱ段带方向	零序Ⅱ段不带方向
KG1.8	零序Ⅰ段带方向	零序Ⅰ段不带方向
KG1.7	加速零序Ⅳ段投入	加速零序Ⅳ段退出
KG1.6	加速零序Ⅲ段投入	零序加速Ⅲ段退出
KG1.5	加速零序Ⅱ段投入	加速零序Ⅱ段退出
KG1.4	经 $3U_0$ 突变量闭锁	不经 $3U_0$ 突变量闭锁
KG1.3-2	备用	
KG1.1	TV 断线后零序保护不带方向，（采用零序过流，即不接开口三角电压时置“1”）	TV 断线后电压取自开口三角（接开口三角电压时置“0”）
KG1.0	TA 二次侧额定电流 1A	TA 二次侧额定电流 5A

3. KG2 控制字含义

KG2 控制字含义见表 7-9。

表 7-9　　**KG2 控制字含义**

位	置“1”含义	置“0”含义
KG2.15～KG2.6	备用	备用
KG2.5	零序Ⅳ段永跳	零序Ⅳ段三跳
KG2.4	零序Ⅱ、Ⅲ段永跳	零序Ⅱ、Ⅲ段选跳
KG2.3～KG2.1	备用	备用
KG2.0	相间故障永跳	相间故障三跳

（四）B 型装置重合闸定值（CPU4）

1. 重合闸整定值范围

CSL-$\frac{101}{102}$B 型重合闸整定值范围见表 7-10。

表 7-10　　**重合闸整定值范围**

序号	定值代码	定值名称	整定范围
1	KG	综合重合闸控制字	0000～FFFF
2	TS1	单相重合闸短延时定值	0～20s
3	TL1	单相重合闸长延时定值	0～20s
4	TS3	三相重合闸短延时定值	0～20s
5	TL3	三相重合闸长延时定值	0～20s
6	VTQ	检同期合闸角度	20°～5°（步长为 1°）

2. KG 控制字含义

KG 控制字含义见表 7-11。

表 7-11　**KG 控制字含义**

<table>
<tr><th>位</th><th colspan="3">置“1”含义</th><th>置“0”含义</th></tr>
<tr><td>KG. 15</td><td colspan="3">模拟量求和自检投入</td><td>模拟量求和自检退出</td></tr>
<tr><td>KG. 14</td><td colspan="3">M 键投入（运行时必须置“0”）</td><td>M 键退出（运行时必须置“0”）</td></tr>
<tr><td>KG. 13</td><td colspan="4">备用</td></tr>
<tr><td>KG. 12</td><td colspan="3">同期电压选线电压</td><td>同期电压选相电压</td></tr>
<tr><td>KG. 11</td><td colspan="4">本装置为 CSL-101B 或 CSL-102B 时必须置“1”</td></tr>
<tr><td>KG. 10</td><td colspan="3">三相偷跳闭锁重合闸</td><td>三相偷跳启动重合闸</td></tr>
<tr><td>KG. 9</td><td colspan="3">单相偷跳闭锁重合闸</td><td>单相偷跳启动重合闸</td></tr>
<tr><td>KG. 8</td><td colspan="4">本装置为 CSL-101B 或 CSL-102B 时必须置“0”</td></tr>
<tr><td>KG. 7</td><td colspan="3">U_x 额定电压为 100V</td><td>U_x 额定电压为 57.7V</td></tr>
<tr><td>KG. 6</td><td colspan="4">装置为 CSL-101B 或 CSL-102B 时必须置“0”</td></tr>
<tr><td rowspan="4">KG. 5
KG. 4
KG. 3</td><td>KG. 5</td><td>KG. 4</td><td>KG. 3</td><td></td></tr>
<tr><td>1</td><td>0</td><td>0</td><td>检同期工作电压取 A 相或 AB 相</td></tr>
<tr><td>0</td><td>1</td><td>0</td><td>检同期工作电压取 B 相或 BC 相</td></tr>
<tr><td>0</td><td>0</td><td>1</td><td>检同期工作电压取 C 相或 CA 相</td></tr>
<tr><td rowspan="4">KG. 2
KG. 1</td><td>KG. 2</td><td>KG. 1</td><td colspan="2"></td></tr>
<tr><td>0</td><td>X</td><td colspan="2">非同期方式（X 表示为“0”或“1”任意）</td></tr>
<tr><td>1</td><td>0</td><td colspan="2">检无压方式</td></tr>
<tr><td>1</td><td>1</td><td colspan="2">检同期方式</td></tr>
<tr><td>KG. 0</td><td colspan="3">TA 二次侧额定电流 1A</td><td>TA 二次侧额定电流 5A</td></tr>
</table>

以线路侧 TV 二次侧相电压额定为 57.7V 为例，对综合重合闸 KG.3、KG.4、KG.5、KG.6、KG.7、KG.11、KG.12 位与二次接线方式进行整理见表 7-12。

表 7-12　**综合重合闸 KG 控制字位与二次接线方式**

抽取电压 U_x		KG. 12	KG. 11	KG. 7	KG. 6	KG. 5	KG. 4	KG. 3
检 A 相同期	U_x=57.7V	0	1	0	0	1	0	0
	U_x=100V	0	1	1	0	1	0	0
检 B 相同期	U_x=57.7V	0	1	0	0	0	1	0
	U_x=100V	0	1	1	0	0	1	0
检 C 相同期	U_x=57.7V	0	1	0	0	0	0	1
	U_x=100V	0	1	1	0	0	0	1
检 AB 相同期	U_x=57.7V	1	1	0	0	1	0	0
	U_x=100V	1	1	1	0	1	0	0
检 BC 相同期	U_x=57.7V	1	1	0	0	0	1	0
	U_x=100V	1	1	1	0	0	1	0
检 CA 相同期	U_x=57.7V	1	1	0	0	0	0	1
	U_x=100V	1	1	1	0	0	0	1

四、220kV 线路保护装置投运前验收项目

1. 一般性检查

(1) 全套符合实际的竣工图两份，设计变更通知书。

(2) 制造厂提供的出厂试验记录、产品说明书、合格证、出厂图纸齐全。

(3) 有签字有效的安装记录。

(4) 有签字有效的调试报告。

(5) 在项目建设过程中形成的其他所有技术文件。

(6) 所有有关该装置的反措已完成。

(7) 屏面整洁，各装置上的开关、插把、定值拨轮在正确位置。

(8) 屏面上所有的操作连接片、切换开关、按钮要有确切的名称标注。

(9) 检查各 TA 的极性应符合要求，并已做总体极性验证。TA 接入的组别应符合反措要求，只应有一个可靠的接地点。有关 TA 的试验都已完成，交流采样精度合格。

(10) 各空气开关应进行动作试验，其额定值应符合设计要求，并与实际负载相符，测试的速动值应符合其动作曲线。直流电源的空气开关、隔离开关、熔丝要有名称及规范。

(11) 各直接接于变电所直流系统的、动作后能跳闸的继电器，其最小动作电压应在 50%～65%U_e 间。

(12) 二次回路绝缘良好，单回路新建时不小于 10MΩ，定校时不小于 1MΩ。

(13) 检查各跳闸回路的端子与带正电源的端子间至少间隔一个端子。

(14) 断路器分合闸电压应在 30%～65%U_n 间。

(15) 该单元的直流回路已接入直流电源的绝缘监测系统，并能正确监测直流接地。

2. 装置整定置（含控制字）与软件版本检查

(1) 检查保护装置整定值与整定值单应一致。

(2) 检查各保护的控制字的设置与整定值单应一致，并符合现场的实际要求，其中包括 TA 二次额定电流、各绕组与 TA 二次的接线方式等。

(3) 保护的版本号码与 CRC 校验码与整定值单一致。

(4) 检查远方修改定值处于闭锁状态。

3. 保护功能反整组试验

各保护动作后，应检查动作定值、出口时间应正确；线路保护、开关保护故障报告内容应正确；中央信号光字牌亮出应正确。

(1) 模拟分相电流差动、高频闭锁保护区内单相瞬时故障。

(2) 模拟分相电流差动、高频闭锁保护区内单相永久故障。

(3) 模拟分相电流差动、高频闭锁保护区外故障。

(4) 模拟 A 套 TV 断线时 A（B、C）相故障。

(5) 模拟 B 套 TV 断线时 BC（AB、CA）相故障。

(6) 模拟 A 套接地距离Ⅰ(Ⅱ)段瞬时故障。

(7) 模拟 A 套相间距离Ⅰ(Ⅱ)段故障。

(8) 模拟 B 套接地距离Ⅰ(Ⅱ)段瞬时故障。

(9) 模拟 B 套相间距离Ⅰ(Ⅱ)段故障。

(10) 模拟 A 套零序保护Ⅱ(Ⅲ)段瞬时故障。

(11) 模拟B套接地距离Ⅱ段永久性故障（重合后加速）。

(12) 模拟A套手合于单相、多相故障加速三跳（兼操作电源80%U_n防跳试验）。

(13) 检查重合闸充电时间，并模拟断路器不对应保护启动重合闸动作正确。

(14) 模拟断路器失灵，检查起动母差保护触点动作正确性。

(15) 检查开入量与实际状况一致。

(16) 三相不一致保护动作正确。

五、保护装置运行维护及操作

1. 装置投运前检查

(1) 选择定值拨轮开关后核对保护定值清单无误，投入直流电源，装置面板LED的（运行监视）绿色灯亮，其他灯灭；液晶屏正常情况下循环显示（H型）“四方线路保护装置 年 月 日 时 分 秒；当前定值区号：00：重合闸：充满电（B型）”的运行状态，按“SET”键即显示主菜单。按一次或数次“QUIT”，可一次或逐级退出当前菜单，返回正常显示状态。拉合一次直流电源再核对装置时钟。

(2) 接入电流和电压，在正常循环显示状态下按“SET”键进入主菜单，依次进入VFC-Ⅵ（模拟量—刻度）查看各模拟量输入的极性和相序是否正确；由菜单进入VFC-SAM（模拟量—采样打印）核对保护采样值与实际相符。

(3) 核对保护定值，由菜单进入SET-PNT（定值—定值打印）打印出各种实际运行方式可能用的各套定值，一方面用来与定值通知单核对，另一方面留做调试记录。

(4) 由菜单进入VFC-Ⅵ-S（控制—连接片投退）核对各连接片投退情况及核对其他开入量的位置与实际相符合，并做好记录。

2. CSL-101B装置正常工作时的检查

(1) 面板上工作指示绿灯亮，其他指示灯灭。

(2) 液晶显示器LCD第一行显示实时时钟，并无通信异常报警。

3. CSL-101B装置保护的操作

(1) 保护的停、启用操作应按调度员的命令执行。

(2) CSL-101B装置高频保护起用接跳闸：

1) 值班员应检查CSL-101B、BSF-3收发信机正常，通道试验正常；

2) 汇报调度“装置及通道正常，可以投运”；

3) 按调度员命令放上1LP11高频保护投入连接片。

(3) CSL-101B装置高频保护信号状态：按调度命令取下1LP11高频保护投入连接片。

(4) CSL-101B装置停用高频保护时，必须断开高频保护连接片，才能将收发信机退出运行，并且需得到调度同意。

4. CSL-101B装置的重合闸启用

(1) 将重合闸方式断路器1QK切至与调度要求的运行方式相符的位置。

(2) 重合闸时间控制1LP16连接片根据调度定值单决定是否投入。

(3) 放上重合闸正电源连接片1LP19。

(4) 放上重合闸出口连接片1LP9。

重合闸停用时，取下以上连接片及将1QK切至停用位置。

5. CSL-101B装置打印报告的操作

（1）在运行状态下，按面板上四方键盘中央的“SET”键。

（2）按上、下移动光标进入RPT菜单，用上、下键选择报告号，按“SET”键即可打印故障报告。

（3）进入“SET”菜单中的“PNT”可打印定值。

（4）打印报告完毕后，按面板上“QUIT”键即可退出。

六、运行中注意事项

（1）投入运行后，任何人不得再对装置的带电部位触摸或拔插设备及插件，不允许随意按动面板上的键盘，不允许操作开出传动、修改定值、固化定值、设置运行CPU数目、改变装置在通信网中地址等命令。

（2）运行中面板上“运行监视”灯亮，液晶屏正常情况下循环显示：四方线路保护装置 年 月 日 时 分 秒；当前定值区号：00；重合闸：充满电（B型）的运行状态。运行中要停用装置的所有保护，要先断跳闸压板再停直流电源。运行中要停用装置的一种保护，只停该保护的连接片即可。

（3）运行中系统发生故障时，若保护动作跳闸，则面板上相应的跳闸信号灯亮，MMI显示保护最新动作报告，若重合闸动作合闸，则“重合闸动作”信号灯亮，应打印保护动作总报告、分报告和分散录波报告，并详细记录信号。不要轻易停保护装置的直流电源，否则部分保护动作信息将丢失。

（4）运行中直流电源消失，应首先退出跳闸连接片。

（5）运行中若出现告警Ⅰ，应停用该保护装置，记录告警信息并通知继电保护负责人员，此时禁止按复归按钮。若出现告警Ⅱ，应记录告警信息并通知继电保护负责人员进行分析处理。

（6）整套保护上电应先投辅助屏操作箱电源，后投保护屏保护装置电源；整套保护装置停电时，应先停保护装置电源，后停辅助屏操作箱电源。

（7）设备在运行中出现不能处理的问题须更换CPU板，更换CPU板后应注意：

1）重新输入并固化定值；

2）检查CPU软件版本号及CRC检验码；

3）对于更换软压板的CPU，若出现“＊SZONER”（相应保护定值区出错），须重新固化定值、切换定值区及投退连接片。

（8）更换MMI板后应注意：

1）设置与MMI通信的CPU号；

2）设置装置在网络中的地址；

3）重新设置时钟。

七、保护动作异常处理

（1）“微机保护及装置动作”，检查所保护线路有无故障，操作箱有无动作信号，检查记录CSL101B的动作信息及信号，经第二人核对无误后按复归按钮，复归信号。

（2）“装置异常及告警”的处理：

1）各保护CPU自检发现有严重异常情况，断开本CPU的24V跳闸正电源，此时面板上告警信号灯点亮，且发中央告警光字牌，此种告警信号属于告警Ⅰ，根据打印信息判断是什么原因，征得调度同意后用面板上的信号复归按钮复位各 CPU，如不能恢复正常，将此保护投入连接片退出运行，此时其他 CPU 保护仍能正常运行。

2）发告警信息及光字信号，不断开保护 24V 跳闸正电源为告警Ⅱ，根据打印信息，汇报调度，根据实际决定保护运行及停用。

（3）装置发“CTDX”信息，此时零序保护经 12s 被闭锁，应汇报调度，停用零序保护，并检查电流回路有无开路；装置发“PTDX”信息，此时距离保护被闭锁，应汇报调度，停用距离保护，并检查交流电压断路器及电压回路是否正常。

（4）装置载波机通道异常告警时，应汇报调度，停用两侧高频保护。

（5）装置直流电源消失，检查装置逆变电源是否失去，检查保护柜直流 DK 断路器是否跳开，并汇报调度，停用整套保护后，恢复电源，如不能恢复，则汇报调度，整套保护不再用。

（6）装置发生异常在汇报调度停用有关保护后，应立即汇报工区，联系处理。

（7）CSL-101B 220kV 线路保护装置的事故报文信息见表 7-13。

表 7-13　CSL-101B 220kV 线路保护装置的事故报文信息

编码	符号	报文信息
2	GPALJQD	高频静稳态过电流元件起动
	JLALJQD	距离静稳态过电流元件起动
3	GPBCZQD	高频阻抗元件起动
	JLBCZQD	距离阻抗元件起动
4	JLI0QD	距离零序辅助元件起动
	LXI0QD	零序 $3I_0$ 辅助元件起动
6	G-SCHG0	高频定值区改变
	G-SCHG0	距离定值区改变
	G-SCHG0	零序定值区改变
24	GPQD	高频起动
25	GPJLCK	高频距离出口
26	GPI0CK	高频零序出口
27	GPI2CK	高频负序出口
28	GPTBCK	高频突变量出口
29	GPDEVCK	高频发展性故障出口
2A	RKCK	高频弱电源保护出口
2B	GJJSCK	高频保护瞬时距离加速出口
2C	GPSHCK	高频保护手合加速出口
	LXSHCK	零序保护手合加速出口
2D	KGTT	断路器偷跳
2E	GPI0TX	高频零序停信
2F	GPI2TX	高频负序停信
30	GPJLTX	高频距离停信
31	GPTBTX	高频突变量方向停信

编码	符号	报文信息
32	QTBHTX	其他保护动作停信
33	DEVTX	高频发展性故障信
34	GPTDZD	高频通道中断
35	RKTX	高频弱电源保护停信
36	RDHS	高频弱电回授
38	GPI0QD	高频零序辅助元件起动
39	1ZKJCK	距离Ⅰ段出口
3A	2ZKJCK	距离Ⅱ段出口
3B	3ZKJCK	距离Ⅲ段出口
3C	2ZKJSCK	距离Ⅱ段加速出口
3D	3ZKJSCK	距离Ⅲ段加速出口
3E	JLSHCK	距离手合出口
40	GHBRTCK	高频后备永跳出口
	JHBRTCK	距离后备永跳出口
	LHBRTCK	零序后备永跳出口
42	1DEVCK	零序Ⅰ段发展生故障出口
43	2DEVCK	零序Ⅱ发展生故障出口
44	GHB3TCK	高频后备三跳出口
	JHB3TCK	距离后备三跳出口
	LHB3TCK	零序后备三跳出口
45	I02JSCK	零序Ⅱ段加速出口
46	I03JSCK	零序Ⅲ段加速出口
47	I04JSCK	零序Ⅳ段加速出口
48	ZKQD	阻抗起动

续表

编码	符号	报文信息	编码	符号	报文信息
49	CJZK	测距阻抗	4D	I03CK	零序Ⅲ段出口
4A	CJ	测距	4E	I04CK	零序Ⅳ段出口
4B	I01CK	零序Ⅰ段出口	4F	IN1CK	零序不灵敏Ⅰ段出口
4C	I02CK	零序Ⅱ段出口	50	IN2CK	零序不灵敏Ⅱ段出口

第二节　RCS-9611 型线路保护测控装置

一、概述

RCS-9611 型线路保护测控装置适用于 110kV 以下电压等级的非直接接地系统或小电阻接地系统中的线路保护及测控装置，可在开关柜就地安装。

二、主要功能

（1）保护方面的主要功能有：二段定时限过流保护；零序过流保护；三相一次重合闸（检无压或不检）；过负荷保护；合闸加速保护（前加速或后加速）；低周减载保护；独立的操作回路及故障录波。

（2）测控方面的主要功能有：9 路遥信开入采集、装置遥信变位、事故遥信；正常断路器遥控分合、小电流接地探测遥控分合：P、Q、I_A、I_C、U_A、U_B、U_C、U_{AB}、U_{BC}、U_{CA}、U_0、F、$\cos\varphi$ 等 13 个模拟量的遥测；断路器事故分合闸次数统计及事件 SOE 等；4 路脉冲输入。

三、软件功能原理

1. 定时限过流

本装置设两段定时限过流保护，各段电流及时间定值可独立整定，分别设置整定控制字控制这两段保护的投退。专门设置一段加速段电流保护在手合和重合闸后投入 3s，而不是选择加速Ⅰ段或Ⅱ段。加速段的电流及时间可独立整定，并可通过控制字选择是前加速或是后加速。

2. 过负荷保护

过负荷保护动作可通过控制字整定，“0”时只发信号，“1”时跳闸并且闭锁重合闸。

3. 重合闸

重合闸启动方式有两种：不对应启动和保护启动，当重合闸不投时可选择整定控制字退出，装置可选取检无压重合方式，无压定值固定为额定电压的 30%。重合闸必须在充电完成后投入，线路在正常运行状态（KKJ＝1，TWJ＝0），无外部闭锁重合信号，经 15s 充电完成。

重合闭锁信号有：手动分闸（KKJ＝0）；低周动作；外部端子闭锁输入；遥控跳闸；控制回路断线；弹簧未储能接点输入；过负荷刀闸。

4. 低周减载

装置配有低电压闭锁及滑差闭锁功能的低周减载保护。当装置投入工作时，频率必须在（50±0.5）Hz 范围内，低周保护才允许投入。当系统发生故障，频率下降过快超过滑差闭锁定值时，瞬时闭锁低周保护。另外，线路如果不在运行状态，则低周保护自动退出。低周保护动作同时闭锁线路重合闸。

5. 接地保护

由于装置应用于不接地或小电流接地系统，在系统中发生接地故障时，其接地故障点零序电流基本为电容电流，且幅值很小，用零序过流继电器来保护接地故障很难保证其选择性。在本装置中接地保护实现时，由于各装置通过网络互联，信息可以共享，故采用上位机比较同一母线上各线路零序电流基波或五次谐波幅值和方向的方法来判断接地线路，并通过网络下达接地试跳命令来进一步确定接地线路。

在经小电阻接地系统中，接地零序电流相对较大，故采用直接跳闸方法，装置中设一段零序过流继电器，零序过流投入。整定控制字整定“0”时只报警，整定为“1”时跳闸。

当然，在某些不接地系统中，电缆出线较多，电容电流较大，也可采用零序电流继电器直接跳闸方式。

6. TA 断线检查

装置具有 TA 断线检查功能，可通过控制字投退。装置检测母线电压异常时报 TA 断线，待电压恢复正常后保护也自动恢复正常。

如果重合闸选择检无压方式，则线路电压异常时发出告警信号，并闭锁自动重合闸，待线路电压恢复正常时保护也自动恢复正常。

7. 遥控、遥测、遥信功能

遥控功能主要有三种：正常遥控跳闸操作，正常遥控合闸操作，接地选线遥控跳闸操作。

遥测量主要有：I、N、$\cos\varphi$、F、P、Q，通过积分计算得出有功功率、无功功率。所有这些量都在当地实时计算，实时累加，三相有功、无功的计算消除了由于系统电压不对称而产生的误差，且计算完全不依赖于网络，精度达到 0.5 级。

遥信量主要有：9 路遥信开入、装置变位遥信及事故遥信，并作事件顺序记录，遥信分辨率小于 2ms 及 4 路脉冲电度输入。

8. 对时功能

装置具备软件或硬件脉冲对时功能。

四、装置定值整定

装置整定值见表 7-14～表 7-16。

表 7-14　　装置参数整定

位置	名称	范围	备注
1	保护定值区号	0～13	
2	装置地址	0～240	
3	规约	1：LFP 规约，0：DL/T 667—1999（IEC 60870-5-103）规约	
4	串口 A 波特率	0：4800，1：9600 2：19200，3：38400	
5	串口 B 波特率		
6	打印波特率		
7	打印方式	0 为就地打印；1 为网络打印	
8	口令	00～99	
9	遥信确认时间 1	开入量 1、2 遥信确认时间（ms）	

续表

位置	名称	范围	备注
10	遥信确认时间 2	其余开入量遥信确认时间（ms）	
11	电流额定一次值		
12	电流额定二次值		
13	零序电流额定一次值		
14	零序电流额定二次值		
15	电压额定一次值		
16	电压额定二次值		

表 7-15　　装置定值整定

序号	定值名称	定值	整定范围	整定步长
1	Ⅰ段过流	I1zd	$0.1I_n \sim 20I_n$	0.01A
2	Ⅱ段过流	I2zd	$0.1I_n \sim 20I_n$	0.01A
3	过负荷保护	Igfhzd	$0.1I_n \sim 20I_n$	0.01A
4	加速段过流	Ijszd	$0.1I_n \sim 20I_n$	0.01A
5	零序过流	I0zd	0.02～12A	0.01A
6	低周保护低频整定	F1zd	45～50Hz	0.01Hz
7	低周保护低压闭锁	U1fzd	10～90V	0.01V
8	df/dt 闭锁整定	Dfzd	0.3～10Hz/s	0.1Hz/s
9	过流Ⅰ段时间	T1	0～100s	0.01s
10	过流Ⅱ段时间	T2	0～100s	0.01s
11	过负荷时间	Tgfh	0～100s	0.01s
12	过流加速时间	Tjs	0～100s	0.01s
13	零序过流时间	T0	0～100s	0.01s
14	低频保护时间	Tf	0～100s	0.01s
15	重合闸时间	Tch	0～9.9s	0.1s

表 7-16　　控制字位置含义

1	过流Ⅰ段投入	GL1	0/1	
2	过流Ⅱ段投入	GL2	0/1	
3	过流加速段投入	GLjs	0/1	
4	低周保护投入	LF	0/1	
5	df/dt 闭锁投入	DF	0/1	
6	重合闸投入	CH	0/1	
7	重合闸检无压	JWY	0/1	
8	投前加速	QJS	0/1	
9	零序过流投入	GL0	0/1	“1”跳闸，“0”报警
10	过负荷投入	GFH	0/1	“1”跳闸，“0”报警
11	PT 断线检测	PT	0/1	

注　控制字位置“1”相应功能投入，置“0”相应功能退出。

第三节　NSL-640型线路保护测控装置

一、概述

NSL-640型数字式线路保护测控装置是以电流电压保护及三相重合闸为基本配置的成套线路保护测控装置，适用于66kV及以下电压等级的配电线路。

二、主要功能

1. 保护功能

（1）三段定时限过流保护。

（2）三段零序过流保护，小电流接地选线。

（3）三相一次重合闸。

（4）过负荷保护。

（5）独立的操作回路及故障录波。

（6）合闸加速保护。

（7）低周、低压减载保护。

2. 测控功能

（1）开关量变位遥信、开关量输入。

（2）开关电流、电压、有功功率、无功功率、电度计算、功率因数等模拟量的输入。

（3）正常断路器遥控分合、小电流接地探测遥控分合。

（4）遥控事件记录及事件SOE等。

三、继电保护整定

1. 整定值范围

NSL-640数字式线路保护装置的整定值范围见表7-17。

表7-17　NSL-640数字式线路保护装置的整定值范围

序号	定值名称	定值范围	单位	备　注
1	控制字一	0000～FFFF	无	参见控制字说明
2	控制字二	0000～FFFF	无	参见控制字说明
3	电流Ⅰ段	0.20～100.0	A	
4	电流Ⅱ段	0.20～100.0	A	
5	电流Ⅲ段	0.20～100.0	A	
6	电流Ⅰ段时间	0.00～20.00	s	
7	电流Ⅱ段时间	0.10～20.00	s	
8	电流Ⅲ段时间	0.10～20.00	s	
9	零序Ⅰ段电流	0.10～20.00	A	
10	零序Ⅱ段电流	0.10～20.00	A	
11	零序Ⅲ段电流	0.10～20.00	A	
12	零序Ⅰ段时间	0.00～20.00	s	
13	零序Ⅱ段时间	0.10～20.00	s	

续表

序号	定值名称	定值范围	单位	备　注
14	零序Ⅲ段时间	0.10～20.00	s	
15	电流加速段	0.20～100.0	A	
16	电流加速段时间	0.00～5.00	s	
17	零序加速段电流	0.10～20.00	A	
18	零序加速段时间	0.00～5.00	s	
19	电流保护闭锁电压	1.00～120.0	V	线电压
20	电流反时限基准电流	0.20～100.0	A	
21	电流反时限时间	0.005～250.0	s	
22	零序反时限基准电流	0.10～20.00	A	
23	零序反时限时间	0.005～250	s	
24	反时限指数	0.01～10.00	无	置0.02、1、2
25	过负荷电流	0.20～100.0	A	
26	过负荷告警时间	6.0～9000	s	
27	过负荷跳闸时间	6.0～9000	s	
28	重合闸检同期定值	10.00～50.00	度	
29	重合闸时间	0.20～20.00	s	
30	低周减载频率	45.00～49.50	Hz	
31	低周减载时间	0.10～20.00	s	
32	低周减载闭锁电压	10.00～120.0	V	线电压
33	低周减载闭锁滑差	0.50～20.00	Hz/s	
34	低压解列电压	20.00～60.00	V	相电压
35	低压解列时间	0.10～20.00	s	
36	闭锁电压变化率	1.00～60.00	V/s	
37	TA变比（kA/A）	0.001～10.00	无	一次保护TA变比/1000
38	TV变比（kV/V）	0.01～10.00	无	一次TV变比/1000
39	开入位置定义	0000～0FFF		

2. 控制字含义

KG1控制字含义见表7-18。

表7-18　　KG1控制字含义

位	置“1”含义	置“0”含义
15	模拟量求和自检投入	模拟量求和自检退出
14	TA额定电流为1A	TA额定电流为5A
13	TV断线时带方向或电压闭锁的保护段退出运行	TV断线时带方向或电压闭锁的保护段仅退出方向及电压
12	备用	备用

续表

位	置“1”含义	置“0”含义
11	零序反时限带方向	零序反时限不带方向
10	电流反时限带方向	电流反时限不带方向
9	零序Ⅲ段带方向	零序Ⅲ段不带方向
8	零序Ⅱ段带方向	零序Ⅱ段不带方向
7	零序Ⅰ段带方向	零序Ⅰ段不带方向
6	电流加速段经电压闭锁	电流加速段不经电压闭锁
5	电流Ⅲ段经电压闭锁	电流Ⅲ段不经电压闭锁
4	电流Ⅱ段经电压闭锁	电流Ⅱ段不经电压闭锁
3	电流Ⅰ段经电压闭锁	电流Ⅰ段不经电压闭锁
2	电流Ⅲ段带方向	电流Ⅲ段不带方向
1	电流Ⅱ段带方向	电流Ⅱ段不带方向
0	电流Ⅰ段带方向	电流Ⅰ段不带方向

KG2控制字含义见表7-19。

表7-19　　KG2控制字含义

位	置“1”含义	置“0”含义
15	保护选择反时限方式	保护选择定时限方式
14	选择前加速方式	选择后加速方式
13	过负荷跳闸	过负荷不跳闸（仅发告警信号）
12	准同期合闸投入	准同期合闸退出
11	二次重合闸投入	二次重合闸退出
10	备用	备用
9	重合无压检任一侧	备用
8	低压解列投入	低压解列退出
7	断路器偷跳不重合	断路器偷跳重合
6	U_x=100V	U_x=57V
5	检同期选线压	检同期选相压

3. 软连接片功能

NSL-640数字式线路保护装置的软连接片功能见表7-20。

表7-20　　软连接片功能

连接片名称	对应功能
电流Ⅰ段	电流Ⅰ段保护功能投退
电流Ⅱ段	电流Ⅱ段保护功能投退
电流Ⅲ段	电流Ⅲ段保护功能投退

续表

连接片名称	对应功能
零序Ⅰ段	零序Ⅰ段保护功能投退
零序Ⅱ段	零序Ⅱ段保护功能投退
零序Ⅲ段	零序Ⅲ段保护功能投退
加速	加速保护功能投退
过负荷	过负荷保护功能投退
低周减载	低周减载功能投退
重合投入	重合闸功能投退

四、装置的巡视检查及保护动作异常处理

1. 装置的巡视项目

(1) 装置运行指示灯应亮。

(2) 检查面板上重合闸“充电”指示灯应亮。

(3) 液晶显示框显示的电流、电压值与实际相符，连接片位置符合调度运行要求。

(4) 装置无异常气味、异声。

2. 保护动作及装置的异常处理

(1) 保护动作后，值班员均应及时记录下发生的时间、后台机上光字牌信号、保护信号以及断路器的位置信号，根据一次规程的要求对一次设备进行巡查，及时汇报调度、工区，在调度的指挥下进行事故处理。

(2) 装置告警后值班员应查看事件报告，依据事件信息做出判断，并及时汇报调度，经调度同意后，重新起动保护装置，如能恢复，则可继续运行，事后向工区汇报，否则应汇报调度停用保护。

(3) 运行中发现“运行”灯熄灭，应检查装置电源开关是否正常，上一级直流断路器是否跳开。如电源开关正常，应汇报调度、工区。

第八章

变电站综合自动化

第一节　综合自动化的主要功能

一、基本功能

变电站自动化系统应实现的基本功能有数据采集、运行监测和控制、继电保护、当地后备控制和紧急控制、与远方控制中心的通信。

（1）随时在线监视电网运行参数、设备运行状态，自检、自诊断设备本身的异常运行，发现变电站设备异常变化或装置内部异常时，立即自动报警并闭锁相应的出口动作，以防止事态扩大。

（2）电网出现事故时，快速采样、判断、决策，迅速隔离和消除事故，将故障限制在最小范围。

（3）完成变电站运行参数在线计算、存储、统计、分析报表、远传和保证电能质量的自动和遥控调整工作。

二、应用功能

变电站自动化系统应实现的应用功能有监视控制与数据采集（SCADA）、安全防误操作闭锁、电压无功自动控制（AVQC）、远动、继电保护及故障信息管理。

（1）监视控制与数据采集功能应包括数据采集与处理、事件处理与报警、遥控/遥调、人机接口（MMI）、统计与计算、报表生成及打印等。

（2）防误闭锁功能应包括变电站自动化系统防误闭锁以及操作票的编制、预演与模拟操作等功能。

（3）电压无功自动控制（AVQC）功能是指根据设置的220kV及以下电压或无功目标值自动控制无功补偿设备，调节主变压器分接头，来实现电压无功自动控制。

（4）远动功能是指在变电站中实现直接与相关的调度中心进行实时数据通信的功能，应包括遥测、遥信、遥控及遥调。

（5）继电保护及故障信息管理功能指对变电站内继电保护、故障录波器等智能装置的统一接入、集中管理，并能对采集的数据进行处理，形成统一有序的数据格式，通过网络送到各调度中心的继电保护及故障信息系统主站。

三、在线计算功能

在线计算包括对所采集的各种电气量原始数据进行工程计算和对变电站运行参数、运行状况进行统计计算，它包括以下内容：

（1）交流采样后计算出电气量一次值 I、U、P、Q、f、$\cos\varphi$，并计算出日、月、年最大、最小值及出现的时间。其中，日、月可设置为非自然日和非自然月，相应的统计值也应按设定时间段进行计算。

（2）电量累计值和分时段值。

（3）主变压器温度、室温等温度值。

（4）日、月、年电压合格率。

（5）功率总加，电能总加。

（6）变电站送入、送出负荷及母线电量的平衡率。

（7）主变压器的负荷率及损耗。

（8）断路器的正常及事故跳闸次数、停用时间、月及年运行率等。

（9）变压器的停用时间及次数。

（10）站用电率计算。

（11）安全运行天数累计。

四、保护管理的功能

保护管理功能实现对各变电站保护装置的集中统一管理，包含以下内容：

（1）运行数据采集、监测及传送。在子站内，系统接入采用不同介质、不同规约的各变电站保护装置，采集保护的动作信号、连接片投切状态、异常告警信号、保护测量值（电压、电流、功率、阻抗、频率等）、通信状态等运行信息，以及采样值、动作事件记录等故障记录信息，并根据实时性要求有选择、分优先级地上传到主站端；系统在有异常或事故时，通过图形和声光电信号等形式及时提醒运行人员；运行信息根据重要性、用户设定要求等保存到历史数据库中，供以后查询和分析。

（2）设备操作和控制。继电保护工程师在子站上可对保护进行定值召唤、定值修改、定值切换、连接片投退、历史记录查询等保护支持的操作，这些操作都要经过合法性检查，以保障安全；同时，在子站上可对保护进行远方复归。

（3）设备信息管理。集中管理各保护装置的生产厂家、装置型号、软件版本、铭牌参数等信息。

五、人机对话功能

（1）CRT 显示画面的内容。显示采样和计算的实时运行参数（U、I、P、Q、$\cos\varphi$、有功电能、无功电能及主变压器温度 T、系统频率 f 等）、显示实时主接线图、事件顺序记录显示、越限报警显示、值班记录显示、历史趋势显示、保护定值和自控装置的设定值显示、故障记录和设备运行状态显示等。

（2）输入数据。电流互感器和电压互感器变比，保护定值和越限报警定值，自控装置的设定值，运行人员密码。

（3）打印功能。定时打印报表和运行日志，断路器操作记录打印，事件顺序记录打印，越限打印，召唤打印，抄屏打印，事故追忆打印。

（4）通过 CRT 屏幕可实现对断路器和隔离开关（如果允许电动操作的话）进行分、合操作，对变压器分接开关位置进行调节控制，对电容器进行投、切控制；能接受遥控操作命令，进行远方操作。为防止计算机系统故障时无法操作被控设备，在设计时，应保留人工直接跳闸、合闸手段。

六、报表功能

应提供专门和通用的报表生成工具，具有全图形的人机界面，能方便地生成各种报表，报表的生成时间、内容格式、打印时间可由用户确定。报表宜具备智能数据处理功能（包括数据有效性分析等）。

1. 各种报表的主要内容

（1）实时值表。

（2）正点值表。

（3）电能量表。

（4）事件顺序记录一览表。

（5）报警记录一览表。

（6）日、月、年最大负荷报表。

（7）母线电压合格率统计表。

（8）母线电量平衡表。

2. 报表的输出方式及要求

（1）实时及定时显示。

（2）定时或召唤打印，可以由操作员设置。

（3）可在操作员站上定义、修改、制作报表。

（4）各类报表应汉化。

（5）报表应按时间顺序存储，存储数量应满足用户要求，存储时间至少2年，报表可以转存为Excel格式，报表生成时间应可调。

七、数据与模拟量的采集功能

变电站的数据采集有两种：一是变电站原始数据采集，二是变电站自动化系统内部数据交换或采集。原始数据指直接来自一次设备的模拟量和开关量。

变电站的内部数据有：电能量数据、直流母线电压信号、保护动作信号等。

模拟量的采集有：各段母线电压、线路及馈出线电压、电流、有功功率、无功功率，主变压器电流、有功功率和无功功率，电容器电流、无功功率以及频率、相位、功率因数等。另外，还有少数非电量，如变压器温度、气体保护等。

模拟量的采集有交流和直流两种形式。交流采样如电压、电流信号不经过变送器，直接接入数据采集单元。直流采样是将外部信号，如交流电压、电流，经变送器转换成适合数据采集单元处理的直流电压信号后，再接入数据采集单元。在变电站综合自动化系统中，直流采样主要用于变压器温度、气体压力等非电量数据的采集。

开关量的采集有：断路器的状态、隔离开关状态、有载调压变压器分接头的位置、同期检测状态、继电保护动作信号、运行告警信号等，这些信号都以开关量的形式，通过光隔离电路输入至计算机。

八、运行监视和控制功能

1. 具体监视和控制项目

（1）安全监视功能。

（2）事件顺序记录。

（3）故障记录、故障录波和测距。

（4）操作控制功能。

（5）人机联系功能。

（6）数据处理与记录功能。

（7）谐波分析与监视。

2. 运行监视的操作

（1）能通过显示器对主要电气设备运行参数和设备状态进行监视，画面调用采用键盘、鼠标或跟踪球。

（2）对显示的画面应具有电网拓扑识别功能，即带电设备颜色标识，能够根据颜色区分出不同电压等级。所有静态和动态画面应存储在画面数据库内，用户可方便和直观地完成实时画面的在线编辑、修改、定义、生成、删除、调用和实时数据库连接等功能，并能与其他工作站共享修改生成后的画面。

（3）画面应采用 X-Window 标准窗口管理系统，窗口颜色、大小、生成、撤除、移动、选择及通过鼠标或键盘进行缩放等操作可由操作人员设置和修改。

（4）图形管理系统应具有汉字生成和输入功能，支持矢量汉字字库。应具有动态棒型图、动态曲线、历史曲线制作功能。屏幕显示、打印制表、图形画面中的画面名称、设备名称、告警提示信息等均应汉字化。

（5）应显示的主要画面至少包括以下各项：

1）电气主接线图，包括显示设备实时运行状态（包括变压器分接头位置等）、各主要电气量（电流、电压、频率、有功功率、无功功率、变压器及高抗绕组温度及油温等）的实时值，并能指明潮流方向，可通过移屏、分幅显示方式显示全部和局部接线图及可按不同的详细程度多层显示。进行挂牌操作时，应该有选择的屏蔽间隔报文或者屏蔽间隔遥控。

2）二次保护配置图，反映各套保护投切情况和连接片位置等。

3）直流系统图。

4）站用电系统状态图。

5）趋势曲线图。对指定测量值，按特定的周期采集数据，并可按运行人员选择的显示间隔和区间显示趋势曲线；同时，画面上还应给出测量值允许变化的最大、最小范围。每幅图可按运行人员的要求显示 4 个以上测量值的当前趋势曲线。

6）棒状图。

7）自动化系统运行工况图。用图形方式及颜色变化显示自动化系统的设备配置，工作状态和通信状态。

8）各种保护信息及报表。

9）控制操作过程记录及报表。

10）事件顺序记录报表。

11）通信设备运行工况图。

12）光字牌图。

13）直流逆变电源状况图。

（6）监控系统在运行过程中，对采集的电流、电压、主变压器温度、频率等量要不断进行越限监视，如发现越限，立刻发出告警信号，同时记录和显示越限时间和越限值。另外，还要监视保护装置是否失电、自控装置是否正常等。

九、控制及安全操作闭锁功能

通过键盘能实现对断路器、隔离开关和接地隔离开关等变电站的开关设备实现一对一或选择控制。在控制过程中，通过CRT画面显示出被控对象的变位情况，并且通过软件能实现断路器与隔离开关、接地隔离开关之间的安全操作闭锁。

十、继电保护功能

继电保护功能是变电站综合自动化系统的最基本、最重要的功能，它包括变电站的主设备和输电线路的全套保护：高压输电线路的主保护和后备保护、变压器的主保护、后备保护以及非电量保护、母线保护、低压配电线路保护、无功补偿装置如电容器组保护、站用变压器保护等。

各保护单元除应具备独立、完整的保护功能外，还应具备以下附加功能：

（1）具有事件记录功能。包括发生故障、保护动作出口、保护设备状态等重要事项的记录。

（2）具有与系统对时功能，以便与系统统一时间，准确记录各种事件发生的时间。

（3）储存多套保护定值。

（4）具备当地人机接口功能。可显示保护单元各种信息，且可通过它修改保护定值。

（5）具备通信功能。提供必要的通信接口，支持保护单元与计算机系统通信协议。

（6）故障自诊断功能。通过自诊断，及时发现保护单元内部故障并报警。对于严重故障，在报警的同时，应可靠闭锁保护出口。

各保护单元满足功能要求的同时，还应满足保护装置的快速性、选择性、灵敏性和可靠性要求。

十一、报警功能

（1）告警管理功能将各种必要的信息反馈给运行人员，告诉运行人员当前工况，提醒注意。当系统有异常信息（包括一、二次设备及系统本身）、运行提示消息等发生时，告警管理功能按照信息的严重程度分类进行不同的处理：自动弹出告警窗、提供声光告警信号（电铃/电笛输出、语音提示）。告警窗口的大小、位置、告警颜色、图标、告警提示、字体应能灵活配置。

（2）子站本身的报警信息应发送到监控后台。

（3）当所采集的模拟量发生越限、数字量变位及计算机系统自诊断故障时，应进行报警处理。事故发生时，公用事故报警立即发出音响报警，主机/操作员工作站的显示器画面上应有相应的颜色改变并闪烁，同时推出报警条文。

（4）报警方式应分为两种：一种为事故报警，一种为预告报警。前者为非操作引起的断路器跳闸和保护装置动作信号，后者为一般性设备变位、状态异常信号、模拟量越限、自动化系统的事件异常等。对于事故报警和预告报警应有统一检索查询的工具，应能方便地显示整个系统未被确认和一直保持的报警信号。

（5）事故报警和预告报警应采用不同颜色、不同音响予以区别。事故信号采用电笛报警，预告信号采用电铃报警，对重要模拟量越限或发生断路器跳闸等事故时，应自动推出相关事故报警画面和提示信息，并自动启动事件记录打印机。

（6）事故报警通过手动方式和自动方式确认，手动确认应能确认单条或全部报警，自动确认时间可调。闪烁在报警确认后停止，声音按照配置时间自动复归，但报警信息仍保存。

对第一次事故报警发生阶段，若发生第二次报警，应同样处理，不应覆盖第一次。

十二、对事件顺序记录（SOE）及事故追忆功能

（1）应将变电站内重要设备的状态变化列为事件顺序记录，主要包括断路器、隔离开关和保护动作信号等。

（2）事件顺序记录报告所形成的各项内容是重要的原始数据，作为一次事件的报告，它的任何信息都不能被修改。但可对多次事件中的某些次进行选择、组合，以利于事后分析。

（3）事件顺序记录功能的分辨率应不大于2ms，事件顺序记录的存储容量不少于500条。

（4）事故追忆的时间跨度、记录点的时间间隔应能自行方便设定，事故前5min和事故后10min的数据都应保存。事故追忆应具备同时多重事故记录功能，每重事故应记录完整。

（5）事故追忆既可手动触发，也可选择不同的模拟量、数字量或其组合构成不同的触发条件。

（6）应提供图形界面，对事故发生的过程进行反演。

（7）事故总信号由保护动作信号与开关变位信号逻辑合成。挂检修牌时，检修间隔的信号正常上传并在单独界面显示，但不参与逻辑运算，不产生事故总信号，不推画面，也不产生音响。

十三、故障录波管理的功能

故障录波管理是指根据所采集的电网故障数据对电网事故、保护装置动作情况进行各类判断、分析以及故障点的确定，使调度人员及时掌握系统故障情况及保护动作行为，快速查找故障点，迅速进行事故处理和恢复，同时还包括各种故障分量的计算和管理工作等。电网故障数据包括故障录波器数据和保护提供的采样值数据等。

故障录波管理提供以下内容：

（1）故障录波数据的采集、处理及传送。在子站内应配置相应的故障分析软件，系统接入不同厂家的录波器，正常运行时巡检录波器，当有故障录波记录时可以由用户手动召唤或者自动接收录波器主动上传的数据，并把数据转换为标准的COMTRADE格式保存，并根据设置有选择地上传到主站端，以进行故障分析和处理。

（2）录波器运行状态监视和控制。子站可巡检录波器，获得录波器当前运行状态，在有异常时发出告警信息；同时在子站上可对故障录波进行远方启动。

（3）设备信息管理。集中管理各录波器装置的生产厂家、装置型号、软件版本、铭牌参数。

（4）录波曲线。可以任意选择一条、几条录波曲线，画在同一个或不同窗口内，进行分析、比较。可以对波形曲线进行幅度缩放、时间轴拉伸压缩以及曲线局部无级缩放，在波形图上可以显示每一条曲线的即时值、有效值、最大/最小值、相角值、功率值、谐波值、采样间隔、时间点等信息。

（5）谐波分析。可以计算故障量的1～9次谐波。

（6）相量图。可以绘制出故障数据的序分量相量图和相分量相量图。

（7）打印输出。录波图形的全部/局部及分析报告等都可打印输出保存。

（8）故障测距。根据源数据进行单端/双端测距，提供包括故障线路、故障时间、故障相别、故障距离、故障后电流电压有效值、跳闸时间、重合闸时间、再次故障以及启动线

路、开关量变化等信息的故障分析报告。

十四、通信功能

(1) 各保护测控单元与变电站计算机系统通信。

(2) 各保护测控单元之间互通信。

(3) 变电站综合自动化系统与电网自动化系统通信。

(4) 其他智能化电子设备 IED 与变电站计算机系统通信。

(5) 变电站计算机系统内部计算机间相互通信。

十五、电量处理的功能

(1) 自动化系统应对变电站用各种方式采集到的电能量进行处理。

(2) 自动化系统应能对电能量进行分时段的统计分析计算。

(3) 自动化系统应能适应运行方式的改变而自动改变计算方法，并在输出报表上予以说明，如旁路代线路时的电能量统计。

十六、计时功能

变电站中要求时间统一的装置包括测控单元、微机保护装置和故障录波器等，这些装置宜能接受 IRIG-B（DC）时码来满足对时需求。

变电站时钟同步的要求为：

(1) 每个变电站内配置一套时间同步系统来实现装置时间的同步。时间同步系统由主时钟、二级时钟、时间信号传输设备和时间信号用户设备接口组成。在变电站内应采用两台主时钟，互为备用，提高系统的可靠性。

(2) 主时钟应能接收 GPS 卫星发送的信息，作为时间基准，还应能接收另外一台主时钟发出的 IRIG-B（DC）时码（RS-422），作为主时钟的备用外部时间基准。

(3) 主时钟和二级时钟内部应具备时间保持单元，当接收到外部时间基准信号时，时钟被外部基准信号同步；当接收不到外部时间基准信号时，保持一定的走时准确度，使输出的时间同步信号仍能保证一定的准确度。时间保持单元的时钟准确度应优于 7×10^{-8}。

(4) 主时钟和二级时钟需提供以下各种标准同步时钟信号，以满足不同装置的对时需求：1pps 秒脉冲（空触点输入）、1ppm 分脉冲（空触点输入）、1pph 时脉冲（空触点输入）、IRIG-B（DC）时码（RS-422）、IRIG-B（DC）时码（TTL）、IRIG-B（AC）时码、差分信号、时间日期报文串口（RS-232）。

第二节　无人值班变电站信息量管理

一、概述

无人值班变电站应加强信息量管理，应规范监控中心的信息采集量的数量及术语，提高远程监控的工作效率，保障电网及变电站电气设备的安全可靠运行。

二、遥信量

1. *术语命令*

对于术语命名，规定如下：

(1) 一次设备方面的遥信：××变××线××断路器（开关）。

(2) 二次设备方面的遥信：××变××线××断路器（开关）××保护。

(3) 公共设备方面的遥信：××变。

为方便起见，将变电站划分为：线路（旁路）单元、主变压器单元、母线单元、电容（电抗）器单元、中央信号及其他单元等。

2. 线路（旁路）单元

(1) 断路器位置信号。

分相操作机构断路器分闸信号由分闸触点并联发出，合闸信号由合闸接点串联发出；三相联动操作机构断路器分合闸信号由分合闸触点分别发出。

(2) 隔离开关位置信号（新建站）。

(3) 断路器异常信号。

1) 弹簧机构：弹簧未储能，SF_6 压力低闭锁。

2) 液压机构：油泵运转；
油泵超时运转；
合闸闭锁，包括 N_2 泄漏；
分闸闭锁，包括油压总闭锁，氮（N_2）、变压器油（OIL）、六氟化硫（SF_6）分合闸总闭锁，液压异常，SF_6 压力低闭锁等。

3) 空气压缩机构：空气压缩机启动；
空气压缩机超时运转；
合闸闭锁：空气压力低闭锁重合闸；
分闸闭锁：包括空气压力低闭锁分合闸、SF_6 压力低闭锁等，空气高压报警。

4) 公用：储能电机回路异常，SF_6 压力低报警。

5) 断路器控制回路断线信号。控制回路断线，包括第一组、第二组控制回路、电源断线。

6) 保护动作信号。保护动作，双套保护分别列出，包括第一组、第二组出口跳闸等。

7) 保护装置异常信号。保护装置异常，双套保护分别列出，包括保护异常、闭锁、电源异常等，及保护装置呼唤信号不接入，失灵装置异常。

8) 交流回路断线信号。保护交流回路断线，线路无压。

9) 装置异常或通道告警信号。收发信机（光端机）装置异常（双套装置应分别列出）。

10) 重合闸动作信号。重合闸动作。

11) 断路器三相位置不一致。

3. 主变压器单元

(1) 各侧断路器位置信号。

(2) 各侧隔离开关（含中性点接地隔离开关）位置信号（新建站）。

(3) 有载调压开关位置信号（如具备条件，可由遥测送）：

1) ×号主变压器有载调压分接头从×档调至×档；

2) ×号主变压器有载在线滤油装置动作。

(4) 各侧断路器操作机构异常信号。

(5) 冷却系统异常信号：

1) 备用冷却器投入；

2）备用冷却器故障。

（6）冷却器全停信号。

（7）控制回路断线信号。

（8）主变油位异常信号。

（9）消弧线圈异常信号：

1）消弧线圈动作；

2）消弧线圈接地状态；

3）消弧线圈档位到头（包括容量不足）；

4）消弧线圈装置异常，包括消弧线圈拒动、位错误、协调装置异常、交直流电压消失等。

（10）油、线圈温度高信号：×号主变压器温度高（包括油温、线圈温）。

（11）交流回路断线信号：×号主变压器××kV电压回路断线（各电压等级应分别列出）。

（12）主保护动作信号：

1）×号主变压器本体重瓦斯保护动作；

2）×号主变压器有载重瓦斯保护动作；

3）×号主变压器差动保护动作（双套保护分别列出，包括差动速断）。

（13）后备保护动作信号：×号主变压器后备保护动作（双套保护分别列出，包括高、中、低后备保护动作）。

（14）保护异常信号：×号主变压器××保护装置异常（双套保护分别列出，包括内部故障或电源故障等）。

（15）过负荷信号。

（16）轻瓦斯动作信号：

1）×号主变压器本体轻瓦斯动作；

2）×号主变压器有载轻瓦斯动作。

（17）调压装置异常信号：

1）×号主变压器有载调压装置紧急停止；

2）×号主变压器有载调压装置异常（包括电源、机构等方面）；

3）×号主变压器在线滤油装置异常（包括电源异常、滤芯失效、除水报警、除颗粒报警等）；

4）×号主变压器过负荷闭锁有载调压。

（18）压力释放信号。

（19）辅助冷却器投入信号。

（20）冷却器工作电源故障信号：

1）主变压器冷却器工作电源Ⅰ或Ⅱ故障；

2）主变压器冷却器操作电源故障。

4. 母线单元

（1）母联及分段断路器位置信号。

（2）母线隔离开关位置信号。

（3）母线保护信号：

1）××kV母差保护动作；

2）××kV母联保护动作（包括充电、过流等）；

3）××kV正副母线互联，××kV正副母线电压回路联络。

（4）母联及分段断路器控制回路断线信号。

（5）保护装置异常信号：××kV母差保护装置异常（包括装置内部故障或电源异常等）。

（6）母联及分段断路器操作机构异常信号。

（7）交流电流回路断线信号：××kV母差TA回路断线。

（8）交流电压回路断线信号：××kV母差交流电压回路断线。

（9）断路器失灵保护动作信号：××kV母线失灵保护动作。

5. 电容（电抗）器单元

（1）断路器位置信号。

（2）保护动作信号：保护动作，包括不平衡电压、电流保护出口跳闸等。

（3）交流回路断线信号。

（4）控制回路断线信号。

（5）保护装置异常信号：保护装置异常，包括装置内部故障及电源故障等。

6. 中央信号单元

（1）事故总信号：事故信号动作（如具备条件，优先采用硬接点接入）。

（2）直流接地信号：直流母线绝缘降低。

（3）直流装置异常信号：

1）直流充电机异常（包括失压、缺相等）；

2）直流母线电压越限（±10%）；

3）直流分屏绝缘监测装置异常；

4）电池组异常（包括过欠压、事故放电等）；

5）蓄电池回路断开。

（4）35kV、10kV系统接地信号：

1）××kV正（Ⅰ）母线接地；

2）××kV副（Ⅱ）母线接地。

（5）TV二次回路异常信号（计量、同期）：

1）切换继电器同时动作；

2）正（Ⅰ）母线电能表回路电压消失；

3）副（Ⅱ）母线电能表回路电压消失（中央信号）。

（6）故障录波器异常信号：故障录波器装置异常（包括装置内部故障、电源异常等）。

（7）低周（低压）装置动作信号：低周（低压）减载装置动作。

（8）低周（低压）装置异常信号：低周（低压）装置异常，包括装置内部故障、电源异常等。

（9）备用电源自投装置动作信号（按电压等级）：

1）自投动作；

2）自投方式（包括线路备自投和内桥备自投，10kV包括分段备自投等）。

（10）备用电源自投装置异常信号（按电压等级）：自投装置异常，包括装置内部故障、电源异常等。

（11）站用电系统异常信号（站用电要求有自投功能）：

1）站用电电压异常（包括母线和两条进线电压监视）；

2）站用电母线电压越限（±10%）；

3）逆变装置异常（包括装置内部故障、电源异常等）。

（12）站用电次级开关位置信号。

三、遥测量

（1）220kV、110kV线路有功功率、无功功率、三相电流。

（2）35kV线路有功功率、无功功率、单相电流，10kV线路单相电流。

（3）220kV、110kV母线线电压U_{ab}，相电压U_{an}、U_{bn}、U_{cn}。

（4）35kV、10kV母线线电压U_{ab}，相电压U_{an}、U_{bn}、U_{cn}，$3U_0$。

（5）分段、母联电流，旁路有功功率、无功功率、电流。

（6）电容（电抗）器三相电流、无功功率。

（7）主变压器各侧有功功率、无功功率、三相电流。

（8）直流电压（正对地、负对地）。

（9）变压器油温、线温。

（10）站用变压器母线三相电压。

四、遥控量

（1）高压断路器。

（2）主变压器中性点接地隔离开关。

（3）GIS设备隔离开关。

（4）接地信号复归。

（5）110、220kV隔离开关。

（6）保护装置复归。

（7）保护及自动装置投切。

五、遥调量

（1）变压器分接开关（为备用调压措施）。

（2）无功补偿装置投切。

六、其他量

（1）远动、通信装置异常信号：测控单元通信中断，包括通信中断、电源异常等。

（2）控制方式由遥控转为当地控制的信号。

（3）GIS设备的有关信号。

第三节　无人值班变电站的设备运行维护

一、无人值班变电站MB88RTU主机

MB88RTU设备最多可以实现64路遥控输出，每路遥控输出由一对遥控继电器实现，

它们分别提供给控制回路一对合闸触点和一对分闸触点。在施工中，将两个触点分别和控制回路中的合闸触点和分闸触点并接。为了防止设备故障时对变电站操作的影响，在控制回路中加了遥控/近控切换开关锁，值班员在必要时可以将遥控/近控开关切至近控，恢复传统的值班员操作。

MB88RTU 主机信号输入与输出：

（1）遥测：线路负荷；主变压器测温；充电机电压与电流。

（2）遥信：断路器开关状态；保护信号；遥控。由远/近控制开关锁、就地操作、控制出口组成遥控信号输出。

MB88RTU 设备对运行环境的要求较低，运行温度可从－40℃到 80℃，湿度要求 5%～95%，无露。由于现场的 RTU 设备与继电保护屏、控制屏、直流屏及主变压器有载调压装置组成了一个有机的整体，所以在调度或监控运行发现问题时，要求运动人员首先分析和判断继电保护故障点。

MB88RTU 设备在变电站内主要故障有：

（1）个别变送器失电损坏或超差，使得遥测量不能正常监视。

（2）继电保护提供的辅助触点接触不良，使得遥信量反映不正确。

（3）主变压器有载调压装置的分接头档位出口板光偶故障，使其一直处于导通与开断的临界状态。

MB88RTU 设备在处理这类故障时，会认为这个遥信点在一直发信。由于处理遥信变位的特殊要求，使得设备在与调度和监控通信时连续不断地将变位遥信进行插入传输，使得正常的通信被打断，影响了调度和集控中心对变电站的实时监控。

二、BJ-3 型监控系统

BJ-3 型监控系统将每条线路的遥测、遥信、遥控设备集合成一个测控单元。它和保护单元直接配置到每一个配电间隔，节省了大量的信号线与控制线，减轻了 TA 负担，减少了安装调试的工作量，缩短了安装周期。

BJ-3 监控系统的系统结构为：

（1）单元测控层。这是最底层，它直接与现场发生关系，采集开关间隔各种数据，并将采集数据上传，将接收到的控制命令输出执行。

（2）数据交换层。这是中间层，主要完成串行数据的接收与转发任务。

（3）主计算机层。这是最高层，由变电站主计算机及其外围设备构成。主计算机系统可采用微机工作站。

BJ-3 监控系统的主要特点为：

（1）单元化设计、模块化结构，可扩性强。

（2）分层分布式结构，可靠性高。

（3）各部分间可靠隔离，一部分故障时，其他部分正常动作，安全性好。

（4）功能齐全，配置灵活。

（5）交流采样，精度高，节约了大量的变送器。

（6）电气隔离和屏蔽按国际标准电磁兼容设计，抗干扰能力强。

（7）简化了一次系统设计，减少了占地面积和二次电缆。

（8）采用了先进的卫星时钟校时。

(9) 安装、使用、维护简便。

虽然 BJ 系列监控系统在功能上相当先进，但它对环境的要求较高。在日常运行中，会遇到如下问题：

(1) 遥测插件直流电原隔离电源的过热损坏，引起某条线路或某个插箱对应的几条线路的遥测量不更新。

(2) 遥信板上的个别光偶损坏，引起对应遥信量不反应。

(3) 由于相电压遥测板在设计上的原因，使得当线路某一相接地时，某余两相电压不能达到线电压的幅值。

(4) 有些变电站在基建时将线路的开关信号从 ISA 保护柜的管理单元转发到监控系统的，使得保护信息不一定在要求的时间内传到监控系统，给事故的判别造成了困难。在解决时，将有关保护信号的引出方式进行了改进，把每条线路的开关信号直接进 RTU 设备。

(5) 通信口的维护的重点是防雷。为了防止雷击对设备的通信口的影响，在每个设备的每个通道上都加了防雷装置，在防雷方面起到了较好的效果。

(6) 随着变电站容量的增加和站内保护的更新及改造，RTU 设备也需要及时地进行信息量的增加。

MB88RTU 设备在增加信息量时的主要任务是增加相应扩展的数量。在硬件连接好后，再使用调试程序通过主基板上的 B 口进行参数的重新调整即可。

第四节　计算机监控系统现场验收

新建变电站安装的计算机监控系统投运时，其现场验收项目如下：

一、UPS、站控层和间隔层硬件检验

(1) 机柜、计算机设备的外观检查。

(2) 监控系统所有设备的铭牌检查。

(3) 现场与机柜的接口检查：检查电缆屏蔽线接地良好；检查接线正确；检查端子编号正确；检查 TV 端子熔丝接通良好；检查各小开关、电源小刀闸电气接触良好。

(4) 遥信正确性检查：检查断路器、隔离开关变位正确；检查设备内部状态变位正确。

(5) 遥测正确性检查：二次回路压降和角差的测量；电压 100%、50%、0%量程和精度检查；电流 100%、50%、0%的量程和精度检查；有功功率 100%、50%、0%量程和精度的检查；无功功率 100%、50%、0%量程和精度的检查；频率 100%、50%、0%量程和精度的检查；功角 100%、50%、0%量程和精度的检查；非电量变送器 100%、50%、0%量程和精度的检查。

(6) UPS 装置功能检查：交流电源失压，UPS 电源自动切换至直流功能检查；切换时间测量；故障告警信号检查。

(7) I/O 监控单元电源冗余功能检查：I/O 监控单元任一路进线电源故障，监控单元仍能正常运行；I/O 监控单元电源恢复正常，对 I/O 监控单元无干扰功能检查。

二、间隔层功能验收

(1) 数据采集和处理：开关量和模拟量的扫描周期检查；开关量防抖动功能检查；模拟量的滤波功能检查；模拟量和越死区上报功能检查；脉冲量的计数功能检查；BCD 解码功

能检查。

（2）与站控层通信应正常。

（3）开关同期功能检查：电压差、相角差、频率差均在设定范围内，断路器同期功能检查；相角差、频率差均在设定范围内，但电压差超出设定范围同期功能检查；电压差、频率差均在设定范围内，但相角差超出设定范围同期功能检查；相角差、电压差均在设定范围内，但频率差超出设定范围同期功能检查；断路器同期解锁功能检查。

（4）I/O监控单元面板功能检查：断路器或隔离开关就地控制功能检查；监控面板开关及隔离开关状态监视功能检查；监控面板遥测正确性检查。

（5）I/O监控单元自诊断功能检查：输入/输出单元故障诊断功能检查；处理单元故障诊断功能检查；电源故障诊断功能检查；通信单元故障诊断功能检查。

三、站控层功能验收

（1）操作控制权切换功能：控制权切换到远方，站控层的操作员工作站控制无效，并告警提示；控制权切换到站控层，远方控制无效；控制权切换到就地，站控层的操作员工作站控制无效，并告警提示。

（2）远方调度通信：遥信正确性和传输时间检查；遥测正确性和传输时间检查；断路器遥控功能检查；主变压器分头升降检查（针对有载调压变压器）；通信故障，站控层设备工作状态检查。

（3）电压无功控制功能：电压在目标范围内，电抗器和电容器投切、主变压器分接头调节功能检查；电压高于、低于目标值，电抗器和电容器投切、主变压器分接头调节功能检查；电压高于、低于合格值，电抗器和电容器投切、主变压器分接头调节功能检查；电压无功控制投入和切除功能检查；优先满足主变低压侧功能检查；断路器处于断开状态，闭锁电压控制功能检查；设备处于故障或检修闭锁电压控制功能检查；主变压器分接头退出调节，电抗器和电容器协调控制功能检查；电压无功控制对象操作时间、次数、间隔等统计检查。

（4）遥控及断路器、隔离开关、接地隔离开关控制和联闭锁：遥控断路器，测量从开始操作状态变位在CRT正确显示所需要的时间；合上断路器，相关的隔离开关和接地隔离开关闭锁功能检查；合上隔离开关，相关接地开关闭锁功能检查；合上接地隔离开关，相关的隔离开关闭锁功能检查；合上母线接地隔离开关，相关的母线隔离开关闭锁功能检查；模拟线路电压，相关的线路接地隔离开关闭锁功能检查；设置虚拟检修挂牌，相关的隔离开关闭锁功能检查；主变压器二侧、三侧联闭锁功能检查；联闭锁解锁功能检查。

（5）画面生成和管理：在线检修和生成静态画面功能检查；在线增加和删除动态数据功能检查；站控层工作站画面一致性管理功能检查；画面调用方式和调用时间检查。

（6）报警管理：断路器保护动作，报警声、光报警和事故画面功能检查；报警确认前和确认后，报警闪烁和闪烁停止功能检查；设备事故告警和预告及自动化系统告警分类功能检查；告警解除功能检查。

（7）事故追忆：事故追忆不同触发信号功能检查；故障前1min和故障后5min时间段，模拟量追忆功能检查。

（8）在线计算和记录：检查电压合格率、变压器负荷率、全站负荷率、站用电率、电量平衡率；检查变电站主要设备动作次数统计记录；电量分时统计记录功能检查；电压、有功功率、无功功率年月日最大、最小值记录功能检查。

（9）历史数据记录管理：历史数据库内容和时间记录顺序功能检查；历史事件库内容和时间记录顺序功能检查。

（10）打印管理：事故打印和 SOE 打印功能检查；操作打印功能检查；定时打印功能检查；召唤打印功能检查。

（11）时钟同步：站控层操作员工作站 CRT 时间同步功能检查；监控系统 GPS 和标准 GPS 间误差测量；I/O 间隔层单元间事件分辨率顺序和时间误差测量。

（12）与第三方面的通信：与数据通信交换网数据通信功能检查；与保护管理机数据交换功能检查；与 UPS、直流电源监控系统数据传送功能检查。

（13）系统自诊断和自恢复：主用操作员工作站故障，备用的工作站自动诊断告警和切换功能检查，切换时间测量；前置机主备切换功能检查，切换时间测量；冗余的通信网络或 HUB 故障，监控系统自动诊断告警和切换功能检查；站控层和间隔层通信中断，监控系统自动诊断和告警功能检查。

四、相关功能验收

（1）性能指标验收：精度为 0.1 级的三相交流电压电流源；精度合格的秒表；标准 GPS 时钟和精度位 1ms 的时间分辨装置；网络和 CPU 负载率测量装置。

（2）检查打印机各种是否正常。当有事故或预告信号时，能否即时打印等。

（3）检查“五防”装置与后台机监控系统接口是否正常，能否正常操作。

（4）设备投运后，应检查模拟量显示是否正常。

五、验收报告

验收报告主要包括上述所列出的功能；性能指标验收报告应包括要求的性能参数和测量设备精度；验收报告至少有测量单位和用户签字认可。

第五节　综合自动化系统常见异常故障处理

一、一般性异常故障处理

1. 液晶完全没有显示

程序运行正常还是不正常，可以通过控制回路断线时是否正常报警来区别或者做保护试验定性判断。

（1）程序运行正常。

1）扁平电缆的问题；

2）主板的问题：有一脚点亮液晶；电阻焊错或者断路；对应的驱动液晶的三极管损坏或者型号焊错（如 NPN 型焊成 PNP 型）；调整液晶亮度的电位器损坏。

（2）程序不正常运行。可能是主板原因，CPU 系统未正常工作。

1）CPU 系统的主要芯片损坏；

2）晶振坏或旁边的小电容损坏；

3）看门狗电路，如 MAX813 损坏；

4）数据地址线短路或者开路，除了芯片的内部损坏外，一般是印刷电路板的制造、焊接原因引起。通过示波器和万用表，结合单片机的知识可以加快判断。

2. 显示错位和乱码

显示错位和乱码的现象是：汉字在上电时明显错位且复位后不能恢复正常，或者开始时显示正常，一段时间之后出现莫名符号，息屏之后出现满屏乱码。

这是由于 CPU 总线频率和液晶总线频率相差太大引起的，一般是由 CPU 频率高于液晶造成。解决方法是更换更高频率的液晶，同时尽量减短液晶和主板间的扁平电缆长度。

3. 所有通信口上均无报文

（1）检查 SAS501Z 是否处于备用状态。

（2）检查背板模块上收发信号线、信号地线接线是否完全正确。

（3）如上述操作无效，可判定为 CPU 模块异常。

4. 无法修改定值

（1）检查 CPU 模块上 PROG 位置的跳线是否处于正确位置。

（2）如上述操作无效，可判定为 CPU 模块异常。

5. 下载操作无法进行

（1）检查下载数据线是否断线，话机插头是否损坏。

（2）检查下载软件设置是否与面板上“通信设置”的 0 号端口设置匹配。

（3）检查背板上接线是否完全正确。

6. 开机时显示“跳合闸控制出错”

（1）检查开入开出组件板是否插紧。

（2）排除不了，可判定为 CPU 模块异常。

7. 通信网络出错

（1）是否所有保护/测控节点处于关闭状态或 SAS501Z 未与任何节点相连。

（2）CAN 总线有短路，按相应要求解决。

8. 通信出错

（1）检查该节点的 CAN 驱动器电源是否丢失。

（2）检查该节点的通信线是否短路或短路。

（3）含有终端电阻的节点丢失，而该节点恰好位于这一子系统中。

（4）CAN 总线驱动器（位于电源组件）或 CAN 总线控制器故障（位于 CPU 组件）。

9. CAN 节点信息无法获取

检查该节点是否投入。

10. 遥测、遥信及遥脉异常变化

（1）检查 SAS3××保护/测控节点的系统设置参数，是否有重叠。

（2）SAS501Z 用户程序的接入智能设备通信程序有错误。

11. 遥控成功率低

（1）SAS3××节点设置为就地方式。

（2）用户数据通道误码大，检查用户通信设备及通信连接线。

（3）用户数据环路延时较长，测试用户通道。

（4）用户链路下行通道断。

12. RAM 自检出错

SAS501Z 的 RAM 损坏，应立即联系制造商解决。

二、软件故障处理

1. 遥测值与实际值差异很大且相对稳定

(1) 检查通信原码，分析有无误码。

(2) 检查遥测是否越限，可使用LAP文件服务器重新配置遥测系数表。

2. 动作事件点号对不上

检查远动信息映射表是否正确，可使用LAP文件服务器重新配置信息表。

3. 遥控点号对不上

(1) 检查是否有误操作。

(2) 检查遥控映射表是否正确，可使用IAP文件服务器重新配置遥控表。

4. ROM自检出错

SAS501Z的用户程序丢失，应立即联系制造商解决。

三、保护监控系统计算机“死机”故障处理

1. 采集单元“死机”

(1) 在监控系统“遥测表”画面下，如果发现某一间隔的所有遥测数据不更新，且站内网络通信正常、支持程序运行正常、采集装置运行指示正常，即可判断该间隔的采集单元已“死机”或已损坏。

(2) 在检查日负荷或电压报表时，如果发现某一间隔的所有报表数据一直都未改动过，且站内网络通信正常、支持程序运行正常、采集装置运行指示正常，此时应该检查该间隔的采集单元是否已经“死机”。

2. 由硬件引起的“死机”原因

(1) 散热不良。工作时间长，计算机发热引起“死机”。

(2) 移动不当。振动大，微机内部元件松动，导致计算机“死机”。

(3) 设备积灰尘多，环境三潮湿，造成电气短路。

(4) 设备不匹配。无法保证设备稳定运行，因而导致频繁“死机”。

(5) 软硬件不兼容。计算机不能正常启动。

(6) 内存条故障。内存条松动、虚焊或内存芯片本身质量所致。

(7) 硬盘故障。硬盘老化或由于使用不当造成坏道、坏扇区，这样机器在运行时就很容易发生死机。

(8) CPU超频。超频是为了提高CPU的工作频率，同时，也可能使其性能变得不稳定。CPU在内存中存取数据的速度本来就快于内存与硬盘交换数据的速度，超频使这种矛盾更加突出，加剧了在内存或虚拟内存中找不到所需数据的情况，这样就会出现“异常错误”。

(9) 硬件资源冲突。由于声卡或显卡的设置冲突，引起异常错误。此外，其他设备的中断，DMA或端口出现冲突的话，也可能导致少数驱动程序产生异常，以致“死机”。

(10) 内存容量不够。内存容量越大越好，应不小于硬盘容量的0.5%～1%，如出现这方面的问题，应该换上容量大的内存条。

(11) 劣质零部件。使用低质量的板卡、内存等，使机器在运行时发生“死机”。

3. 由软件引起的“死机”原因

(1) 病毒感染。病毒可使计算机工作效率急剧下降，造成频繁“死机”。

（2）设置不当。如硬盘参数设置、模式设置、内存参数设置不当从而导致计算机无法启动。

（3）系统文件的误删除。

（4）动态链接库文件（DLL）丢失。

（5）硬盘剩余空间太少或碎片太多。

（6）软件升级不当。

（7）滥用测试版软件。

（8）非法卸载软件。

（9）使用盗版软件。

（10）应用软件的缺陷。

（11）启动的程序太多。

（12）非法操作。

（13）非正常关闭计算机。

（14）内存冲突。

（15）驱动程序冲突。

（16）编制的软件是否合理。

（17）通信死锁。

4. 解决“死机”的方法

根据“死机”发生的现象和特点，建立相应的解决办法和采取相应的措施。

（1）完善软件开发编程能力，建立合理的软件运行机制。软件是监控自动化系统的核心，软件的稳定性主要取决于软件编制的水平和软件运行的机制。

（2）选择与软件稳定运行相适应的硬件平台。在选择硬件平台时，应注意对一些关键部件的选择，比如是否可以用低功耗产品取消风扇和硬盘等转动设备，是否可以采用性能更可靠的风扇（如磁悬浮风扇等）。

（3）选择合适的、稳定的、成熟的操作系统。

（4）为了增加系统的稳定性，在硬件的设计时采用冗余机制。

（5）采用“看门狗”监视、恢复机制。

（6）判断保护管理机“死机”时，可采用不定期调阅“保护配置图”中微机保护整定单及实时采样值，通过检查定值区号、系统时间、电流、电压实时采样值等信息能否被刷新，以此判断保护管理机是否死机。

四、抗电磁干扰的措施

（1）屏蔽措施。

1）当屏蔽层一点接地时，屏蔽层为零电位，可以显著地减少静电感应电压。当屏蔽层两点接地时，干扰磁场在屏蔽层中产生感应电流，该电流产生的反向磁通与干扰磁通方向相反，在理想情况下，这种反向磁场与干扰磁通全部抵消。

2）采样回路中各类中间互感器的一、二次绕组之间加设屏蔽层，可以起到电场屏蔽作用，防止高频干扰通过分布电容进入综合自动化系统。

3）装置或屏柜的输入端子上对地接一耐高压的小电容，外部高频干扰进入端子时，通过电容对地短路，可避免高频干扰进入系统内部。

（2）减少强电回路的感应耦合。

1）强电和弱电回路不得合用同一根电缆。

2）保护和电力电缆不应同层敷设。

3）电流互感器的 A、B、C 相线和中性线应在同一根电缆内，避免形成环路。

4）电压电流互感器的二次交流回路电缆及现场的控制电缆，敷设路径应尽可能离开高压母线及高频暂态电流的入地点，并应尽量靠近接地体，减少高频瞬变漏磁通。

（3）采取工作接地或安全接地。

参 考 文 献

[1] 江苏省电力工业局. 变电运行技能培训教材(220kV 变电所). 北京：中国电力出版社，1995.
[2] 全国电力工人技术教育供电委员会. 变电运行岗位培训教材(110kV). 北京：中国电力出版社，1998.
[3] 国家电力调度通信中心. 电力系统继电保护实用技术问答(第二版). 北京：中国电力出版社，2000.
[4] 张全元. 变电运行现场技术问答. 北京：中国电力出版社，2003.
[5] 张惠刚. 变电站综合自动化原理与系统. 北京：中国电力出版社，2004.
[6] 江苏省电力公司. 电力系统继电保护原理与实用技术. 北京：中国电力出版社，2006.
[7] 周立红. 变电站综合自动化技术问答. 北京：中国电力出版社，2008.
[8] 张全元. 变电站综合自动化现场技术问答. 北京：中国电力出版社，2008.
[9] 贾学堂. 数字电子技术基础. 上海：上海交通大学出版社，2010.